Marketing

行銷學

Richard L. Sandhusen◎著

江伯洋◎譯

序

　　本書針對需要對行銷概念、行銷流程、行銷所面臨之困擾與應用有明確與清晰概念的學生及企業人士，提供完整的正規行銷課程，並且充分反映出21世紀市場與行銷活動之變化的現況。而其重心，則在於行銷規劃的過程，並分析行銷環境、行銷的使命與目標，以及策略與控管流程，因而充分使行銷組合與目標市場相呼應。同時也探討市場區隔、銷售額估計以及行銷四P組合的相關工具與技巧。每章一開始都提供本章概述以及重要觀念之整理，並且將重要觀念融入整章觀點。

　　然而本版也將加強對如下五項重要基本行銷課程的探討：

1. 單一個案：每一章都將以虛擬的莫頓電子公司的超級腦（Mighty Mind）電子化訓練系統，供讀者練習針對此一產品模擬策略行銷計畫。這些計畫包括對威脅與機會的評估，以及在國內與國際市場，針對超級腦擬定的開發、定價、促銷與配售之策略。其中包括了自動化銷售與網路發展的各種現代化工具與技巧。

2. 國際市場：除了廣泛地探討美國市場的行銷議題以外，本書也將延伸至國際市場與國際行銷。有關全球性議題，將於兩章中分別探討全球市場的威脅與機會，並且在每一章中增加「國際觀點」的小節，以便說明從國內市場發展至國際市場的行銷概念與行銷活動。

3. 市場重要特性：每一章中增加「市場焦點」與「全球焦點」兩個篇幅，藉由生活中實際狀況來說明該章概念，例如，從巨型企業如福特（Ford）、AT&T以迄Judith Sans Inc.的獨資企業等各種不同的企業，探討如何在國內與國際市場因應行銷問題與行銷機會。

4. 網路行銷專屬章節：這一章的重心，在於探討網路的普及，是如

i

何影響及於市場競爭態勢，以及如何協助企業透過策略性行銷的各個階段，而開發新產品與新服務。重點則在於莫頓電子公司所擬定的網路行銷策略，包括品牌、銷售額與網路服務，經由審慎選擇供應商與通路商，而打入歐洲市場，進行市場調查，定義出目標市場，產品設計、生產、定價與促銷，物暢其流，並且衡量績效與進行管控。

5. 每章最後都有一嶄新的篇幅「配對練習」，以個案為基礎，並且以簡短的答案，是審查每章內容並且測試讀者學習的有效方式。

本書係以緊湊的敘述風格撰寫，去除繁瑣贅詞，裨益探討全球行銷與網路行銷等內容。

章節內容與順序

每一章內容的順序，係依據策略行銷規劃程序的邏輯而訂：

前三章將行銷概念與行銷流程先予以定義，以作為討論之基礎（第一章），探討行銷經理在策略行銷規劃的擬定與執行時所擔負的角色（第三章），以及探討國內與國際市場中環境力量、威脅與機會（第四章與第五章）。

其後的三章，重心在於透過行銷規劃與活動的執行而整合企業體，包括組織、規劃與控管行銷活動（第六章），以及行銷資訊體系，以行銷研究的投入，印證策略行銷流程（第七章與第八章）。

其次的四章中，則探討市場、對消費者市場與消費者行為的本質與範圍提出定義（第九章），其重心在於購買決策流程的各個步驟。第十章探討組織市場，重心則在於其與消費者市場的區別，以及對購買行為的定義。第十一章探討區隔消費者與組織市場的方法與技巧，並且在這些市場中進行產品定位，第十二章的重心在於預估市場與銷售潛力的方法與技巧。

序

　　第十三章至二十章的重心，在於為滿足目標市場需求，並完成企業
交易與行銷目標的行銷組合四項要素。第十三章與十四章檢視產品管理
決策，包括品牌、包裝、商標、開發新產品與服務，以及運用產品生命
週期而擬定產品／市場策略。

　　第十五與十六章的重心在於定價目標、策略與戰術等議題，第十七
章與十八章則是在國內與國際市場間接與直接促銷，包括廣告、銷售促
銷、宣傳與直接銷售。第十九章與二十章的重心在於行銷組合中的地點
因素，包括在國內與國際市場中，行銷管道類別、功能與流程以及有關
運輸、倉儲與配銷產品。第二十一章網路行銷，說明網際網路在行銷流
程的各個階段中，有助於企業開發與銷售產品提供服務。

Richard Sandhusen

目錄

第十三章　產品規劃Ⅰ：產品／市場成長策略　367

第十四章　產品規劃Ⅱ：產品設計與發展策略　411

第二十章　通路計畫Ⅱ：物流系統　601

第二十一章　網路行銷　629

Marketing

第一章

行銷流程：基本概念

本章概述

本章將說明貫穿本書的策略行銷規劃（Strategic Marketing Planning, SMP）之行銷功能、價值觀、哲學與觀點。此外，亦將以莫頓電子公司（Merton Electronics Company）為例，說明策略行銷規劃流程的本質與活動內涵。

莫頓電子公司介紹

自本章起，重心將放在行銷經理人員依據企業的目標、所擁有的資源以及轉變契機等因素而擬定的策略行銷規劃活動上。整本書當中，將以下述虛擬的莫頓電子公司個案為例，說明策略行銷規劃的流程。

莫頓電子公司是一家晶片電路與其他電子零組件的大型製造商，該公司產品的主要顧客是以消費性電子的產業市場為主。90年代初期，莫頓的研發部門與工程與產品設計部門共同發展出一款輕型電腦，配備了莫頓新一代的晶片，以及必要時可以遙控方式連接桌上型電腦、傳真機與電訊設備的紅外線連接器。被稱之為莫頓月晶片超級腦（Merton Moonchip Mighty Mind，簡稱MM系統）的先進電腦。這些先進的產品在各種應用領域，包括視訊會議、空白表單、電子郵件以及文字處理等方面都備受讚揚。MM系統膝上型與筆記型電腦在消費市場的問世，意謂著與目前並不特別在意莫頓的既有最佳顧客競爭。在高度競爭的消費性電子市場之中，這是極為難以預知的情況。該公司最關切的是這種競爭狀況。由於更快、更敏銳、更輕型的電腦隨時會進入市場，莫頓的管理階層瞭解市場上既有的大型競爭對手〔如IBM與蘋果（Apple）等〕將很快地趕上，並且將莫頓的MM筆記型與桌上型電腦甩在後面。

為避免使該公司面臨這種可能，莫頓採取了兩個行動而使其MM系統成功地進入當地市場：

1. 聘用蘿拉・摩爾（Lora Moore）為莫頓的行銷經理：身為行銷顧問的摩爾，其專長是開發與新產品商品化，在莫頓首度發展MM概念與原型產品發展時受聘。她的任務是全力發展這些原型產品使其成為市場化的商品，找出這些產品的適合銷售市場，擬定進入這些市場的行銷計畫，並且執行這些行銷計畫。她也籌組本身所負責莫頓電子公司新部門——MM系統部門，並且發展出為達成其策略目標的行銷體系（如行銷資訊與控管系統）。

2. 鞏固MM系統在堅強利基市場的地位：摩爾主要的目標之一，就是把MM的行銷重心放置於專業的利基區隔市場（如會計師、律師、工程師、建築師、醫師等）。雖然這些專業人士可以向莫頓購買個別產品（如個人電腦或傳真機），但都被鼓勵購買由軟體與硬體所組合而成的套裝產品，可以因應如下三個領域之需求：電訊、訓練與發展以及行政作業。

   例如，針對建築師所設計的MM系統，可能包括訓練工作成員、協助他們掌握該領域最新趨勢與發展，以及行政管理作業。摩爾對這項套裝系統策略的優勢，包括隔絕競爭對手單獨銷售硬體或軟體，充分掌握專業市場區隔，以及以整個系統的銷售取代系統中個別零組件的銷售，預期可帶來更大的獲利空間。

   莫頓在促銷這些系統時，強調其軟體的品質與時效，MM系統硬體（如電腦、傳真與行動電話等）的功能特性，以及最重要的，即所有的MM系統都是針對個別顧客的需求而設計。

本書其餘部分中，將探討摩爾針對MM系統在國內以及國際市場的觀念與行動，成立一個高效率的行銷團隊，以進入這些市場，並且提供團隊成員各種策略性與實質資源，以便達成任務。

支援行銷計畫的行銷概念

摩爾所規劃之各項活動的基礎，包括需要、需求、相互交換、市場、行銷組合、行銷環境、競爭與行銷本身等各種行銷概念。這些概念的定義，將在本章稍後導向有關行銷流程的討論，以往的行銷的觀念，以及行銷哲學。第三章中，我們將探討這些概念如何組合而成策略行銷規劃流程。

需求是指生理或心理方面受到剝奪的狀況。就先進經濟學而言，需要的數量龐大且有各種不同的水準。例如，在美國的一項節食招募計畫，便可能同時滿足了功能上（減輕體重）、心理上（對自己外表感到較滿意）以及社交上（吸引異性）等需要。行銷經理的一個重要任務，就是針對各個顧客族群，找出與產品相關的需要，然後把重心放在該一產品的需求／買足之利益，而將這些需要轉換為欲望。

欲求是以購買力為基礎的欲望。例如，在莫頓的國內市場中，稅務會計公司的經理人員花錢購買MM系統，是藉助該一系統而可對顧客提供更好的服務，而形成這些程式在此單一市場的需求。所有顧客族群的採購，便形成莫頓MM系統的整體需求。

相互交換係兩個或兩個以上的群體，為滿足欲望而相互提供有價值之事物。因此，相互交換是所有行銷活動的目標，也是共同的特性，除了針對有形產品的金錢交換以外，也可能有各種型式的交換，例如，以學費交換教育機會，以選票換得某項政治活動，以及以技能換得某一工作。一名稅務會計支付莫頓美金3,000元而獲得莫頓MM系統，便說明了一種自願交換的狀況：

1.至少有兩方，每一方都向另一方提供某種價值。
2.每一方都具有溝通與遞送的能力。

3.每一方都可自行決定接受或拒絕另一方的提議。

4.每一方都認同與另一方交易的適當性與必要性。

5.法律權威，如合約法，將可保障合同。

　　在國內市場中，這些狀況可能發生於各種價值交換的情況：價格代表著雙方皆同意的價值，且產品是經過購買與遞送。如果任何一方稍後感到不滿，則合法的合約將提供追索之權利，例如，退貨以換回金錢，或因受損而提出告訴。

　　市場是實質或潛在買主所組成的族群，他們有能力購買產品，具備採購產品的權力，需要這項產品，並且對某一行銷組成訴求會產生類似的反應。代表著金錢（Money）、權力（Authority）、欲望（Desire）與反應（Response）的**MAD-R**縮寫名稱，將有助於你記住這些特性。充分具備這種**MAD-R**屬性的一群人，就稱之爲目標市場。例如，在莫頓內市場中，稅務會計師便代表了MM系統的絕佳目標顧客市場，他們的公司能夠負擔對他們持續性教育的大幅度投資，他們具有採用MM系統的權力（亦即他們都是專業人士），他們需要這些程式以便掌握影響到企業顧客的稅務變動狀況，且他們通常都有類似的反應，並且對MM系統如何可協助會計師滿足其顧客需要的行銷訴求表示認同。

　　廣義的市場類別，是依據所採購的內容與行爲而定，消費者市場是由一群爲個人、家人或家庭用途而採購商品者所組成，組織市場則是爲進一步加工而採購，應用於組織運作或再銷售予消費者的個人與群體所組成。國內與國外消費者市場將於第九章探討，組織市場則在第十章探討。

　　行銷組合是行銷經理人員爲滿足顧客與企業目標而採用之工具的組合。從顧客的觀點而言稱之爲「供應」（offering）的行銷組合，通常包括四個P：產品（Product）、價格（Price）、促銷（Promotion）與地點（Place）。

　　1.產品：就行銷上的定義而言，係指爲吸引人或促使人購買、使用

或消耗的所有有形或無形的事物，而滿足對方的需求。可能包括物件、人、地點、服務與想法。人們從產品中所獲得的滿足感，可能來自產品的任何一項因素，例如，品質、品牌名稱、服務保證、包裝、輔助功用或其他象徵意義。第十三與第十四章將探討對產品的管理。

2.價格：顧客必須支付給產品的價錢，將影響到該一產品的形象與購買的可能性。這是行銷組合當中唯一可以創造營收，並且最容易改變的一項因素。第十五章與十六章所探討的價格，主要是源自對成本、顧客需求、競爭價格、政府法規及法令為基礎進行的分析而得。

3.促銷：促銷活動的設計，係為說服顧客購買產品，包括個人式銷售、廣告（媒體播出的付費訊息）、宣傳（媒體播出的免費訊息）以及銷售促銷活動（除了已經提過的行銷活動以外，專為激使消費者購買而設計的行銷活動）。間接與直接促銷策略將於第十七與十八章討論。

4.地點：地點係指市場成員得以接觸到產品的所在，包括兩個領域：(1)配銷管道，例如，負責處理產品自生產者以迄消費者之間的批發商或零售商，以及(2)實體配銷，例如，為使產品在適當時間送達行銷管道運輸、倉儲與存貨控制設施等。配銷管道與實體配銷將於第十九與二十章討論。

任何一項行銷計畫的成敗，都在於類似莫頓電子公司行銷經理摩爾是否與其他團隊成員成功地擬定出符合特定目標市場需求的行銷組合。**市場焦點1-1**即說明了具創意與即時性的行銷組合要素，是如何開創出電影史上最高的毛利。

行銷環境（marketing environments）係指影響行銷經理開創與執行符合組織目標與目標市場需求之能力的因素。個體環境（micro environment）是足以影響企業為顧客提供服務的因素所組成，包括企業的優勢

與弱勢，以及企業的供應商、公眾以及競爭對手等。總體環境（macro environment）則由較廣泛的政治、法律、經濟、文化與技術等，足以影響個體環境的因素所組成。總體與個體環境將於第四及第五章探討。

競爭（competition）的定義，是除了以某一特定的供應而進行交換，而以直接與間接方式，使得顧客得以滿足其需求。例如，某一潛在

市場焦點1-1

《鐵達尼號》：神奇的電影

電影《鐵達尼號》於1997年開拍，是史上最昂貴的電影，由於花費極昂貴以致必須達到5億美元的收益，才僅能達到損益平衡。

這部史上最昂貴的電影輕易地超出了這個數字，並且成為影史上獲益最高的影片，則是精心規劃之行銷組合的最佳證明，其產品、促銷、地點、價格等四項要素，皆精準而適時地整合。

這部影片，是依據1912年一艘「永不可能沉沒」而沉沒的船「鐵達尼號」為背景，具備了包括男人、女人、年輕人、老年人等吸引所有目標市場成員的要素，並且也擁有壯觀的特效、歷史史實、動作與冒險、英雄、小人物，以及一個美妙的愛情故事。該影片的品質與效果，可由其獲得第1998年奧斯卡十一個獎項獲得證明。這部影片的邊際利益，則是該片其他許多周邊產品，包括音效錄音、授權商品、暢銷書，以及國內與全球的戲院與影片出租市場。

《鐵達尼號》的促銷初期，即有大量的宣傳與公關活動，大多數都是在新聞版面上敘述這部片子的拍攝已落後數月（並且超支數十萬美元），以期在正式上片以前，提高知名度與預期心理。在上映日期前，促銷活動包括由該片導演詹姆斯·科麥龍與主角凱特·溫斯雷及李奧納多·迪卡皮歐均參加脫口秀，此外，並輔以強大的收音機與電視廣告以及網路訊息。

最關鍵的配銷決策，是何時與何處上映該片。由於該片已錯過暑期檔期，因而片商決定於1997年12月上映，如此將可以配合奧斯卡提名時間，並且也不致於與其他重要影片撞檔。該片在全美三千家戲院同時放映，兩週後全球上片。

由於前三項行銷組合發揮了功效，票價多半以7至9美元的範圍為主，且許多人都是重複購票觀看。

買主可能會購買MM教育系統，或者購買某一競爭品牌，或花錢以其他間接方式達到相同的教育目的，例如，透過函授，或在當地學院接受教育。直接與間接競爭將於第四章中探討。

美國行銷協會（American Marketing Association, AMA）近期將行銷的定義擴大延伸，同時強調行銷的過程與工作內容：

> 行銷是產品、服務、組織與活動等定價、促銷與配銷之概念的規劃與執行的過程，以期創建與維繫符合個別與組織目標的人際關係。

一如其他大多數針對複雜現象訂定的簡短定義，這個定義也存在許多無法解答的疑問。例如，就行銷意涵中，何謂「規劃與執行」？「觀念、產品、服務」是如何予以解讀、定價、促銷與配銷？哪些「個別與組織目標」透過行銷關係而達成？這些概念在國際市場與國內市場中有何不同？本書當中將針對這些相關問題逐一探討。就目前而言，我們將把重心放在摩爾針對莫頓MM系統部門的行銷流程。

行銷流程可縮減缺口（gap）並提升效益。行銷過程不僅可建立令人滿意的關係，也有助於縮小市場缺口，並為買賣雙方增進效益。

為說明這些行銷利益對個人、組織與整個社會的好處，請以某一典型交易的某些特性為例做參考。一家小型會計公司的員工花了3,000元向當地一家電子設備與供應品零售商購買一套莫頓MM系統。你將可以看到數個缺口得以補足。

1. 空間缺口：將該一產品運輸至某一方便買主的地點而補足了缺口。
2. 知識缺口：經由提供買主有關競爭特性以及該系統之優點而補足。
3. 價值缺口：當最後的價格談妥，代表買賣雙方對該系統的價值認定已獲得協議。

4.時間缺口：當會計師需要此一系統，而MM系統立即可發揮用途時，即補足了這個缺口。

5.所有權缺口：當新擁有者在MM系統中，擁有其稱謂時，即滿足了此一缺口。

在補足這些缺口的同時，行銷流程也開創了四種有益於個人、組織與社會的功能，包括地點、時間、所有權與型式。當MM系統位於會計師期望它所在的位置時，便開創出了地點效益。當會計師在需要這個系統的時間時能夠獲得，便開創了時間效益。當他擁有了系統稱謂時，所有權效益便開創出來了。當系統的所有組合因素都是基於他的需求而設計時，型式效益便達成了。

行銷基本功能

稍早我們已經討論過本書的重心，將於行銷經理在結合目標市場與行銷組合的策略性行銷規劃作業中所扮演的角色。在扮演這個角色時，行銷經理也將發揮幾種重要且不能忽視的基本行銷功能，他必須能夠確實做到，才能獲得令人滿意的交易。

交易功能

要進行一項交易，賣方首先必須擁有一個有價值的東西，因此購買功能是很重要的，尋找與購買產品，對潛在顧客而言是具有吸引力的。其次，要完成這些交易行為，潛在顧客必須獲得相關資訊，並且被說服去購買這些產品，因而銷售功能也是非常重要的。買與賣這兩項功能，便被稱之為交易功能。

實體配銷功能

一旦產品已被購買或用於零售，便必須從製造者手中運送到買主手中，並且或許被儲存當成存貨，直到再度被購買。運送與儲存這兩種功能，便稱之為實體配銷功能。

輔助功能

行銷經理要負責處理四種輔助功能以便完成交易。

1. 分級：再銷售的產品依據不同的品質與數量分類儲存，以便提升儲存與展示的效率。
2. 財務：以合約便於企業用以作為支付供應商以及顧客購買產品與服務的依據。
3. 風險承擔：企業將假設一些與購買、銷售、儲存與財務支援產品的風險。這些風險包括人們不購買或不付錢的風險，以及產品因為更新的產品出現而過時的風險。
4. 發展行銷資訊：這個功能是所有其他功能的基礎，即提供行銷經理做出正確決策之資訊，而可減低風險的功能。

行銷經理找出買主，確認買主的需求，並確保企業的獲利能夠獲得滿足，發展出有效的行銷組合以達成企業的目標與顧客的需求，並且掌控行銷計畫的進度與成果。

為何要學習行銷？

就一門研習領域而言，行銷對個人、企業與整個社會都是非常重要的。

對個人的重要性

個人對行銷的回應，是每當人們購買某一項產品的時候。該項產品只要能夠符合某個人的需求，就代表著有效的促銷，並且是在一個方便的時間與地點等條件下，達成行銷的功能。行銷領域也提供了一些較不受景氣變動的工作機會，並且比其他工作領域對個人的發展有更佳的成長與進步的空間（**表1-1**）。行銷工作職位的薪資，在各種工作領域之中獨占鰲頭（**表1-2**），並且也提供了較佳的前景（**表1-3**）。

對企業的重要性

行銷所創造的收入，是企業唯一開創營收的系統（另兩項重要的系統為會計財務與生產，係把營業收入應用於營運作業），係由財務人員負責經管而產生的利潤。行銷透過擴張銷售量與營業額，而將固定成本分攤於更多較小的單位，因而提升整個企業的獲利。

表1-1 某些行銷職位中女性與少數族裔受僱情形

職位	占整體受雇者比例		
	女性	非裔美國人	西班牙裔
採購經理	41.5	6.6	3.1
行銷、廣告、公關經理	35.7	2.2	3.3
銷售職位	49.5	7.8	6.9
督導人員	38.9	5.6	5.6
業務代表：			
廣告銷售	52.6	4.2	4.7
保險銷售	37.1	5.8	4.6
地產銷售	50.7	3.4	4.5
零售／個人服務	65.6	11.4	8.9
證券／金融服務	31.3	5.7	5.0

資料來源：U.S. Bureau of the Census, *Statistical Abstract of the United States*, 116th edition (Washington, DC: U.S. Government Printing Office, 1996), pp. 405-406.

表1-2 行銷管理職位平均薪資

行銷助理	24,000
廣告經理	44,000
銷售經理	45,000
品牌經理	61,000
直銷經理	66,000
地區銷售經理	69,000
行銷副總經理	146,050

資料來源：Justin Martin, "How does your pay really stack up?" *Fortune*, June 26,1995, pp. 79-86; U.S. Department of Labor, Bureau of Labor Statistics, *Occupational Outlook Handbook* (Washington, DC: U.S. Government Printing Office, 1996), p. 60.

表1-3 預估2005年某些行銷職位受僱情形

職位	近期受僱情形	預期至2005年成長狀況（%）
保險銷售人員	418,000	14-24
工廠與批發銷售代表	1,503,000	14-24
行銷、廣告與公關經理	461,000	超過35
採購代表與經理	621,000	14-24
地產經紀、掮客與估價師	374,000	14-24
零售人員	4,261,000	25-34
證券與金融業務代表	246,000	超過35
服務業銷售代表	612,000	超過35
批發與零售採購人員	621,000	14-24

資料來源：U.S. Department of Labor, Bureau of Labor Statistics, *Occupational Outlook Handbook* (Washington, DC: U.S. Government Printing Office, 1996), pp. 61, 69-71, 236-239.

對社會的重要性

在自由化企業、市場導向的經濟體制下，擔負開創大眾市場、大量生產與大規模配銷最主要功能的行銷流程作業，也有助於開創高水準的

企業活動，增加投資機會與就業機會。以下統計資料印證了行銷的豐富
角色：

1. 消費者支付款項中，超過50%是用於行銷活動，如廣告、個人銷
   售、零售、包裝與運送費用。
2. 家庭支出中，約45%係用於以行銷而非生產活動爲主的服務業
   （如醫療保健、教育、娛樂等）。
3. 美國就業人口中約30-40%的工作，係直接或間接與行銷相關。

80年代後期共產集團開始崩解，從計畫經濟轉換至自由市場經濟的
巨幅轉變，使得行銷所扮演的角色重要性大幅提升。在低度開發的第三
世界國家中，行銷機構則代表著打破貧窮循環的要素。

行銷的演變：自足以迄集中規劃

爲說明行銷流程的發展階段，以及與各個階段相關的思想，可假設
一個由四個家庭所組合而成的社區。

初期階段：自足、分散式

行銷流程初期的自足階段，約爲中古時期，每一個家庭都自行供應
所需：縫製衣服、打獵與製作家具。隨後的階段裡，分散式市場模式開
始，每一個家庭開始從事家庭成員最擅長的某一單項活動，某一個家庭
縫衣，另一個家庭建遮蔽之處，而其他的家庭便負責提供食物等。

伴隨專業分工而來的是：(1)勞力分配，每一個家庭成員專門負責自
己最擅長的工作；(2)標準化，每一個家庭成員在工作產出過程中，發展
出例行性的程序與工作內容。

集中式市場階段

隨著生產效益日益提升，配銷方式亦然。在這一個由四個家庭所組成的社區裡，隨著專業化、標準化與勞力分配，每一個家庭都可以經由向其他家庭購買東西而滿足需求。這就需要每一個家庭負責三趟，共計十二趟旅行，而方得以滿足每一個家庭的需求。

隨著每一個家庭更具有效率與生產力，他們便發現可以生產多於需求，且是自己所專長的產品，以滿足四個家庭以外之所需。為消耗這些多餘的部分，每一個家庭會在中央市場設置攤位，把多餘的產品與其他社區中其他家庭多餘的產品進行交換。在行銷流程的這一個集中市場階段，原來社區中的每一個家庭，只須進行一次前往中央市場的旅程，便可以滿足需求、進行交易，這也就是行銷流程的本質，也更具有效率。

金錢與中間商的加入

雖然這類早期集中式市場的交易效率已提升，但仍有部分不足之處。一方面，由於每一個家庭成員都照顧自己的攤位，便無法專心生產可供販售的多餘產品。另一方面，把多餘產品與其他家庭交換的過程，也可能相當複雜與麻煩，三條豬究竟值幾張椅子？誰將把牠們牽回家？

這兩個問題都隨著金錢與仲介者的出現迎刃而解。金錢成為取代家庭為滿足需求而進行交換的普及價值單位，並且提升了交易的效率。而專長於安排買、賣雙方交易，承擔起幫家庭銷售多餘產品之責任的仲介者，便使得這些家庭得以把較多的時間放在自己專長的工作上。

其後的三百年裡，由於多餘產品的數量，已累積至可以超越當地市場的交易，因而大型的批發商便出現了。隨著這些多餘產品配銷到更遠的地方，且集中市場也亦趨複雜，因而市場也更多樣化。現代化的市場可以處理所有有價值者，包括勞力、金錢、地產、慈善事業與觀念。

如今的現代化與市場導向的社會裡，生產者與仲介者都被賦予滿足顧客需求的責任，而顧客則可自行依據各種市場的交易價值而做決定。政府，更大形態的社區，制定出規範交易程序的規定，以繳稅交換選票，提供某些私人組織所無法匹敵的必要服務（如常備軍隊）。一般而言，市場將依據供需狀況，在沒有非必要的官僚體系干擾下，可自行發展或衰退。

▼ 行銷哲學的演變：依據社會需求而生產

由於行銷從自足式演變至如今各種多樣且複雜的形態，為符合交易雙方的需求，包括買方、賣方與整個社會，也衍生了四種絕然不同的行銷哲學。這些哲學包括了生產、銷售、行銷概念與社會行銷概念。這些哲學引領著蘿拉·摩爾將行銷理念，轉換為策略行銷規劃，以使莫頓MM系統進入國內與國際市場。

生產哲學

回到工業革命的時代，當時已建立起重要的生產中心與配銷網路，生產哲學的重心，在於製造與配銷足夠數量的產品，以符合逐漸萌芽的需求。最普及的哲思是「好產品自己能促銷」意指生產重於銷售。

銷售哲學

20年代時，生產哲學為銷售哲學所取代，隨著工業革命而造成的大量生產技術開發，生產出遠多於市場所能消耗的量。這種產品的供給過剩，以及消費者可自行支配的收入巨幅增加，導致對銷售能力與廣告活動的著重，以期找出新顧客，並說服持抗拒態度的顧客購買。然而，一

如以生產為主的哲思時期，此際在組織內部也仍然缺乏一個整合定義，並可以滿足顧客需求的銷售導向的力量，與顧客的溝通仍然屬於單方面，且銷售的功能仍然次於財務、生產與工程領域之下。

行銷概念哲學

行銷概念哲學被定義為顧客導向與獲利導向哲學的整合，與稍早強調產品的哲學有所不同（好產品自己能促銷），並且以幾種不同的方式進行銷售（不要賣牛排，而是銷售熱騰騰的氣氛）：

1.行銷概念係定義出企業的使命，包括利潤與滿足顧客，而非僅只是所生產與銷售的產品。
2.強調雙向溝通，確認出顧客的需求，並且發展與銷售產品以滿足這些需求。強調說服人們購買已生產好之產品的單向溝通不再是唯一的重點。
3.強調滿足顧客需求以達成獲利目標的長期與短期規劃。以往純以達成銷售目標的短期規劃已不存在。
4.強調整合所有部門以達成獲利目標。以往純以個別部門與銷售部門為重心的情況不再存在。

近年來，行銷概念哲學，從定義出顧客的需求，以迄滿足這些需求，而至獲得利潤的行銷組合概念，受到越來越多的批評，被批評為迎合各種不同需求的「顧客最瞭解」想法是浪費時間、無效率，並且與環境意識的時代是相違背的。

社會行銷概念哲學

社會行銷概念哲學是對於行銷概念之批判的回應，並非與訂定目標市場成員之需求，並且提供比競爭者更有效益與效率的服務之自由企業

的觀點相左。然而，這種哲思仍然保留了在提供顧客滿意度的同時，也應該增進社會的福祉。簡而言之，行銷經理應該在擬定政策與行銷計畫時，應該力求買方、賣方與社會整體這三方利益的平衡。針對軟性飲料廠商之間激烈競爭而推動，以環境保護為訴求的飲料法規（the bottle laws）就是一例。

身為在市場中優良成員的莫頓，將社會行銷概念哲學，作為其策略規劃的指導原則。

國際觀點

本章前數節中，探討的重點在於應用於國內市場的行銷概念、行銷觀點與哲學。在最後一節當中，我們將探討在國際市場中，應如何定義與應用。為便於說明，將持續以莫頓電子公司為個案。

莫頓的MM系統於90年代後期，鞏固了在不同專業族群所組成的重要利基市場（如會計師、律師、工程師、醫師等）中的地位，並且由於可將一般演說以極快速度與正確性，轉換為文字檔之軟體之助下，在下一世紀的高度競爭擠壓了市場占有率與獲利情形下，仍擁有穩定與高度的成長。這些壓力也警示了蘿拉‧摩爾必須為MM系統開發新的獲利市場，以因應這些可預期到的損失。摩爾在執行這個工作時，也探討諸如以下的問題：莫頓的產品與服務是否具有國際市場的獲益性？如果答案是肯定的，這些市場是否可以透過行銷四P的產品、價格、促銷與地點等因素而進入？不同的文化、人口統計、技術、競爭與經濟狀況因素，將如何影響行銷規劃？進入並且在國際市場成長的最有效策略是什麼？

全球市場與國內市場的差異

有關莫頓從國內市場進軍國際市場的發展途徑，摩爾最關切的重點

之一，是在國際市場的行銷流程：

行銷流程不因環境的不同而有異。無論公司規模大小，銷售的是有形或無形產品，以獲利或非獲利為目標，或是於國內或國際市場銷售，基本的行銷流程都是相同的。必須找到買方，必須訂定價格、促銷與配售管道，而未能控制的因素，例如，不同的經濟與競爭狀況，也必須在促使交易雙方結合時予以考量。這些基本因素，便稱之為行銷的一般技術面特性。

國內與國際市場另一個相似之處，是行銷流程的基本功能，例如，市場調查與規劃、採購、定價、促銷、運輸、儲存與販賣產品。透過行銷流程而產生利潤的情形也相似，包括在適當時機，把適當對象帶至適當地點，以適當價格銷售適當的產品。

一般而言，國際市場風險較高，但是報酬也較國內市場高。如果國內與國際市場的活動、功能與利潤特性皆相同，在國際市場上推動這些活動將具更高的風險，也更為困難，行銷人員必須考量各個國家在文化、技術、經濟、人口統計、政治與競爭上的差異性，考量其策略規劃的方向。另一個限制，則是通常不易掌握他國的市場資訊，以及在蒐集資訊時將面臨許多困難。**全球焦點1-1**即說明了某一個有創意的國內市場行銷人員，如何克服國內與國際市場的差異，而在海外市場大有斬獲。

除了這些限制以外，國際行銷也提供了許多潛在的報償，這些將在第二章中探討，例如，增加營業額與獲利，並且規避美國市場行銷活動的衰退。

在國際市場上成功的行銷組合，通常有別於在國內市場的行銷組合。摩爾在擬定MM系統進入國際市場的行銷組合時，瞭解自己將面對迥異於國內市場所面臨的問題。例如，就產品而言，MM系統必須考量語言與習俗的差異。以地點而言，則意謂著必須具備將MM系統運送、儲存與配銷至消費者手中，或許在某些國家中，這些功能仍然相當有限。在定價方面，則有許多問題會產生，包括不同的匯率與通貨膨脹

全球焦點1-1

達美樂披薩改變其行銷組合

當日裔美籍的鄂尼斯日賀（Ernest Higa）考慮授權達美樂時，他發現披薩以往在日本並不受歡迎。日賀從研究得知披薩與日本的文化並不相合，他決定改變這個現象。他認為最重要的是提供適於該一市場的各種可能選擇。

在日本，披薩的面積開始有所變化。日賀表示：「日本人胃口不大，尤其是女性。」因此他把披薩由十二吋改為十吋。在日本，通常都有專業的食品運送方式。面臨人潮擁擠以及缺乏停車位等不利狀況，日賀為員工提供新款的摩托車，以便於他們運送匹薩。日賀發現日本消費者把運送事業與小規模營運與服務能力相提並論。因此，他透過美國總部提供更高階的行銷素材，提供四色廣告與傳單。當然，也引進新的披薩口味，因此也吸引消費者要求以米飯來搭配。

如今，日賀在日本已擁有九十八個授權商，是達美樂最成功的海外事業，而它的授權數量是美國達美樂的兩倍。

資料來源：Greg Matusky, "Going Global: Franchisors Crack New Overseas Markets," *Success*, April 1993, pp. 59-63.

率、不同的經銷商折扣率，以及出口成本上揚對MM系統價格所造成的影響。有關促銷的問題，則包括消費者的態度，以及政府對資訊提供方面的限制，配銷體系將促銷產品遞送至消費者的能力，把產品訴求翻譯爲不同的語言與所花費的成本，以及散布這些訴求的媒體。

在待克服的問題之中最重要者，是找出解決問題的訊息。要確認潛在顧客眞正的產品需求，或是在不同市場中的競爭環境，或是不同促銷訴求的相對效益。這些訊息對於擬定行銷組合中的各個要素，以及摩爾針對全球市場之策略規劃所要強調的重點，都是非常重要的。

因應不同的國際市場，行銷概念也必須有不同的解讀。摩爾非常瞭解莫頓的需求模式、競爭狀況與交易行爲，在國內市場與國際市場上的差異。

1.需求：摩爾瞭解在基於不同的社會、文化、經濟與技術因素所形

成的多樣全球市場中，要確實掌握MM產品與服務所能滿足的需求，遠比在熟悉的國內市場中來得困難。

2.競爭：進入國際市場的產品，通常都面臨著比國內市場更為多樣的競爭。初期時產品將面臨比在國內市場中更多的間接競爭，隨後當產品獲得市場占有率以後，便將面臨在國內市場中可能不一定會面臨的直接品牌競爭。例如，在美國市場裡，吉列（Gillette）是拋棄式刮鬍刀的銷售冠軍，遠遠把BIC甩在後面，但是在歐洲則情況正好相反。

由於產品在國際市場的導入、升級與配銷，均面臨著複雜的環境與極快的速度，摩爾瞭解MM的行銷計畫中一個重要的關鍵，是必須持續地在每一個市場中掌控競爭的狀況與規模，追蹤競爭的源頭，並且針對這些競爭源起進行評估與回應。

3.交易：在國內市場中，成功交易的所有條件，可適於大部分的價值交換情況，例如，某一個價格代表買賣雙方都接受的適當價值，因而產品便得以被購買與交貨。如果某一方稍後感到不滿，將有合法的合約予以保障，例如，退貨還錢或訴請賠償損失。

然而，摩爾瞭解這種情況在國際市場比在國內市場更為常見。例如，MM系統的「價值」，在一個匯率或通膨率每天變化的國家，就難以有一致的估計。此外，美國法院所定義的「法律機構」，便可能在外國法院有全然不同的涵義。例如，在某些前東歐集團國家，如個人資產、所有權與負債等這些重要的觀念，都仍然缺乏一致的定義。

在國內市場導引行銷流程的行銷哲學，未必適用於國際市場。在國內市場中，莫頓是一個好鄰居，採用社會行銷哲學作為其策略規劃的依據。然而，在其他不同環境與外在條件的國家裡，摩爾體認到採取不同的行銷哲學，例如，生產或銷售哲學，可能更為適宜。最有趣的是摩爾所看過的一篇文章，說明莫頓的競爭對手成功打入海外市場的方法。

戴爾（Dell）電腦公司於1987年展開歐洲地區的營運，1994年

時營業額達到2億6,000萬美元，占戴爾總營業額30%，已占歐
洲個人電腦市場的2%（同一時期，IBM歐洲地區個人電腦市場
營業額從21%掉至17%）。戴爾的成功，最重要的是因素是旁觀
者認為不可能有效的直接郵件折扣活動：電腦買主通常不會透
過郵購購買大型產品（如個人電腦），並且認為折扣商品多半
是瑕疵品。戴爾的管理階層不以為然。研究結果顯示歐洲地區
的個人電腦價格是由布爾集團（Gruope Bull）的增你智資料系
統（Zenith Data System）與澳利維堤（Olivetii）等所定，大約
是美國價格的兩倍，此外，歐洲經銷商網路相當蕭條且費用昂
貴。戴爾開始密集的教育訓練，在電腦雜誌刊出一系列廣告，
並且在英國與歐陸進行直接郵件行銷，強調戴爾高品質、快速
服務與低價格等的聲譽。未來的計畫：擬定一個歐洲市場的單
一價格，保證五天內送達貨品與二天之內提供服務。

　　因此，在有限的研究與銷售導向的模式下，戴爾以較廉價的消費產
品在海外市場獲得快速的成功。

本章觀點

　　行銷將以滿足個體與組織的目標為原則，經由調合行銷組合中各項
要素而開創出交易機會。在創造這些機會時，行銷也發展出其他功能，
並且補足了將產品在何時、何處以及如何遞送給顧客的缺口。瞭解行銷
流程的基礎，是先瞭解諸如需求、競爭、交易、行銷環境與行銷組合等
基本概念。同樣地，瞭解行銷流程各個階段，包括生產、銷售、行銷概
念與社會行銷概念哲學，也是非常重要的。這些行銷哲學往往必須因應
海外市場不同的文化、人口統計、經濟、政治與技術的差異而有不同的
解讀。無論是從個別企業的微觀角度，或是整體經濟的宏觀角度，研習
行銷，就個體、企業與整體經濟的觀點而言，都是非常值得的。

觀念認知

學習專用語

Buying function	購買功能	Marketing evolution	行銷的演變
Centralized markets	集中市場	Marketing functions	行銷功能
Competition	競爭	Marketing mix	行銷組合
Consumer market	消費市場	Marketing philosophies	行銷哲學
Decentralized markets	分散市場	Marketing utilities	行銷功效
Demand	需求	Needs	需求
Exchange	交換	Organizational market	組織市場
Form utility	型式效益	Physical distribution	實體配銷
Global markets	全球市場	Societal marketing concept	社會行銷概念
MAD-R	金錢、權力、欲望與反應	Standardization	標準化
Markets	市場	Target markets	目標市場
Marketing	行銷	Technical universals	技術特性
Marketing concept	行銷概念	Uncontrollables	無法控制因素
Marketing environment	行銷環境		

配對練習

1. 把第一欄中所列出之行銷組合元素與第二欄的敘述配對。

1.產品	a.刺激顧客消費並提升經銷商績效
2.價格	b.滿足需求的一切事物
3.配銷	c.最難以標準化的事物
4.促銷	d.最容易改變者

2. 把第一欄的行銷哲學與第二欄的敘述配對。

1.銷售	a.必須販售給顧客的東西
2.行銷概念	b.顧客最瞭解的事物
3.社會行銷	c.好產品自己會促銷
4.生產	d. 交易的三方

3. 把第一欄的概念與第二欄的敘述，依據百科全書銷售人員的銷售
計畫所列各項要素予以配對。

1. MAD-R	a.因正確目標而獲得的滿足
2.目標市場	b.有才華者的家長
3.間接競爭	c.圖書館的服務台
4.需求	d.目標市場的成員

問題討論

1. 討論在國內與國際市場之行銷流程的異同。
2. 請以某一新型自行車生產商的角度，列舉這項產品可能得以滿足
的各種需求，以及消費者可能為滿足這些需求而購買的其他競爭
產品。這些考量因素何以對行銷經理而言非常重要？
3. 請簡要就以下對行銷的批評進行辯解：
行銷是／不是浪費資源
行銷是／不是形成獨占
行銷是／不是騙人的把戲
4. 一位住宅所有人向當地木材廠購買材料以便在後院為孩子建一個
遊戲間。請說明這個交易過程中，行銷活動如何彌補缺口並且開
創出四種功效。
5. 請說明兩種不同的市場——消費者與組織市場——如何同時可以
成為MM系統的顧客。行銷組合將如何因應這些市場不同的特性
與需求？

6. 行銷概念哲學與銷售及生產哲學主要的差異為何？行銷概念哲學與社會行銷概念哲學的差異為何？

7. 請依據以下狀況：(1)大學畢業後的第一份工作；(2)僱用你的企業總經理，以及(3)企業所在地之國家的總裁，提出你可能對研習行銷產生興趣的兩個理由。

8. 請說明達美樂披薩領先必勝客（Pizza Hot）的最新行銷計畫中四P的互動情形。例如，外帶菜單（配銷或地點與內含物）如何影想到其他三個行銷組合要素？

解答

配對練習

1.1b，2d，3c，4a

2.1a，2b，3d，4c

3.1d，2b，3c，4a

問題討論

1. 在國內與國際市場的行銷流程是類似的（例如，產品與服務皆需要開發、定價、配銷與促銷，以滿足目標顧客的需求與企業的目標）。此外，也都必須考量市場的威脅與機會，以及企業本身的優勢與弱勢。國內與國際市場行銷流程的差別，主要在於環境的差異。例如，語言、文化價值觀、經濟發展狀況、幣值穩定度、基礎設施發展、法律體系與政治因素，都可能把最積極的行銷策略破壞無遺，然而，也將可能比國內市場獲得更多利潤。

2. 自行車可能可以滿足對運動、娛樂、社交與地位的需求，這一切都可以因為加入一個自行車俱樂部而達成。其他可能得以滿足一部分或全部的上述需求的競爭產品，包括其他類似的腳踏車，其他不同的自行車（例如，五段變速而非十段變速），其他可以滿足社交、娛樂與運動需求的方式，例如，參加一個健身俱樂部，或者其他增進個人地位的方式，如參加一個鄉村俱樂部。從行銷經理的角度而言，瞭解滿足潛在顧客所有需求的各種直接與間接方法，並且在發展產品行銷策略時予以考量是非常重要的。

3. 行銷是／不是浪費資源：就針對顧客需求而定的行銷，可能被視為無必要，如果把資源投入其他方面將有助於達成更多的重要社會目標，而把行銷視為浪費。另一方面，誰能否認在一個市場導向的經濟裡，依據顧客需求而配置資源不是一個最有效率的作法？即使不然，社會行銷概念也專用以彌補這個不足之處。

行銷是／不是形成獨占：用國內汽車業為例，有人可能會認為過去數十年來大量的行銷使得進入這個產業會非常困難。也有人可能會認為其他因素，如整個產業的資本密集是造成這個困難的主因，而行銷則是可以幫助國外競爭者進入並且獲得市場占有率的原因。

行銷是／不是騙人的把戲：宣傳騙人的把戲確實不少，但是也有人認為欺瞞大眾是自殺的行為，企業多不願冒此風險。即使真的有企業採取這種方式，仍然有許多看守的機關會負責把關（如消費者、政府與廣告商）。

4. 買方需要而提供產品時，不是讓買方跑到工廠購買，而是補足這個空間缺口而產生地點效益。當買方需要而提供產品時，補足這個時間缺口而產生時間效益。在處理交易過程的細節時，所有權的缺口得以補足而產生所有權效益。消費者支付的價格，代表消費者願意支付而製造者願意接受的一種協調的價值，所以價值缺口得以補足。之後，供應者將依據消費者與其他買方的反應而改

變產品的型態。

5. MM系統在組織市場中，最可能的購買者是公協會組織的訓練團體（如律師樓、會計師事務所、醫療中心），而在消費者市場中，個別專業人士則購買個別的MM系統在家中使用。其中有幾種可能的行銷組合意涵。在每一個市場之中，MM系統都有不同的定價，反映出其他個人所無法獲得的折扣與品質。MM系統的配銷方式也不同，而是透過各個不同的市場管道（如批發商與零售商）。此外，也可能運用不同的訴求與媒體。例如，在組織市場中，在專業雜誌上的廣告可能是強調可節省企業使用MM系統的經費。而在消費者市場中，可能是透過直接郵件促銷，強調的是透過MM軟體的資訊與訓練功能，而提升專業能力。

6. 行銷概念哲學與銷售與生產哲學最主要的差別，在於顧客導向。銷售與生產哲學是以產品為起始點，並且重心在於單向地把產品提供給顧客，而行銷概念哲學則以顧客為起始點，重心在於滿足顧客需求，雙向發展產品／價格／地點與促銷等的機制。社會行銷概念哲學與行銷哲學不同，因為在交換過程中包含了另一個對象——即交易發生之所在地的社會福祉。

7. (1)行銷工作的所得較高，並且比其他工作有較多的晉升機會；(2)行銷是企業中唯一創造營收的次級體系，並且對於獲利具有舉足輕重的影響（例如，因為產生量化生產的規模經濟而降低每一單位的生產成本）；(3)經濟的健全發展與成長，主要仰賴於總體行銷活動（例如，美國經濟在90年代的驚人成長，主要是基於國內企業與全球企業的銷售額與獲利所致）。

8. 這個計畫或許可以僅增加外包（地點）菜單小額費用（價格）而增加達美樂披薩的訂單。這個計畫也可以確保當產品送達時仍保證是熱的。

Marketing

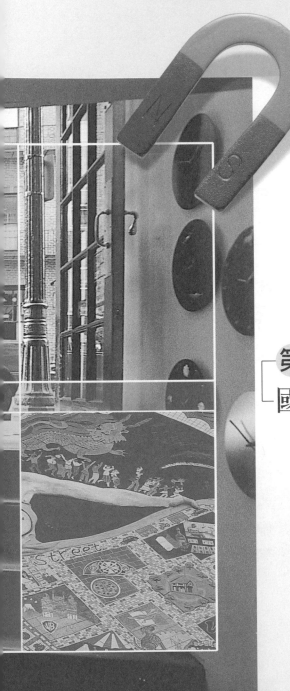

第二章
國際市場：威脅與機會

本章概述

　　本章將檢視世界貿易的成長，美國在這個成長趨勢中較少參與的原因，參與世界貿易的優、缺點，將會形成對全球市場威脅與機會的發展趨勢，以及全球市場中，這些機會與威脅仍存在的地點。

國際貿易何以會成長

　　始於20世紀後半期，以各國之間商品與服務的交換爲基礎的國際貿易，已成爲全球經濟成長最快速的一部分，從1975年的200億美元，成長至1999年的5兆美元。以下這些相互關聯的狀況，促成了這種成長：

全球長期處於和平

　　20世紀前半段時期，許多先進國家的資財多半投注於軍備，而20世紀後半期時，則多半僅爲低度開發國家境內的衝突，因而造就了全球經濟的穩定健全與快速的成長。全球經濟的成長，透過開放的貿易關係，創造了財富、生產力，並提升了生活水準，抑制了侵略的必要性，相對地也促進了和平。

科技的突飛猛進

　　很諷刺地，本世紀中期以前，把資源轉換到和平的貿易行爲的戰爭，卻是本世紀後半段促進貿易發展的技術動力。尤其是電力、電訊與運輸（例如，噴射機、電子資訊傳輸、電視），這些科技的進步，促進

了新產品的貿易，也開發出新的製程，以及在各種不同市場的嶄新行銷方式。賴維特（Levitt）表示：

> 科技創造出了一個嶄新的商業實體……標準化消費性產品全球市場的出現，是以往難以想像的……幾乎在任何地點，任何人都渴望獲得自己所聽過的、看過的，或透過最新科技而用過的東西❶。

🔍 國際貿易協定

　　如果和平與科技是促進國際貿易發展的主要動力，則各國之間為避免不當貿易行為，並促進全球經濟成長而產生的約定，就是促進各個國家簽訂產品與服務流通協定的最大動力。這類協定包括：關稅及貿易協定（General Agreement on Tariffs & Trade, GATT），該協定於1995年被世界貿易組織（World Trade Organization, WTO）所取代，國際貨幣基金（International Monetary Fund, IMF），以及世界銀行（World Bank）。世界貿易組織規範出各種減低關稅與促進自由貿易的原則與程序，例如，最惠國待遇原則，每一個簽約國均須把最優惠之貿易條件提供各國享有。國際貨幣基金則創立了跨國的保留資產，以備會員國作為財務支援之用。這些資產多半是由面臨嚴重國際收支問題的開發中國家所使用，這些國家的回報，則多半是一些令人不滿的特許權。例如，當墨西哥披索的匯率於1995年跌落幾乎為一半的價值，不但降低當地的生活水準，並且造成許多企業幾近破產，來自美國財政部與國際貨幣基金之貸款的代價，是導致景氣衰退的嚴峻經濟計畫。

　　世界銀行最初是於1944年為協助戰後重建國家而設立，主要目的，是扮演一個較國際貨幣基金在協助各國調整基本經濟政策以獲得支助之

---

❶Theodore Levitt, "The Globalization of Markets, " *Harvard Business Review*, May-June 1983, p. 92.

工作上更積極的角色。這些支助通常是以發展基礎設施為主，例如，交通、通訊與電力。近來，世界銀行與國際貨幣基金共同致力於解決開發中國家的負債問題，包括把前共產集團國家帶向市場經濟的工作上，承擔起更積極的角色。

美國在國際貿易上的角色

身為促進國際貿易之科技創新與協定的主要發起國，美國在國際市場上所擔負的角色，似乎並未真正發揮潛力。

圖2-1與表2-1、2-2與2-3主要為美國在國際市場上以往的狀況與未來的預期。

圖2-1是將主要國家的進、出口相對占有率做比較。請注意在這些國家當中，美國進口了全球16%的產品與服務，而出口則為12%，造成進口額大於出口額約1,300億美元的貿易逆差。最極端的是日本，出口全

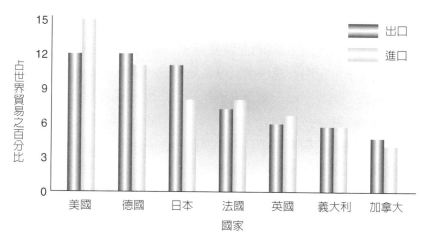

圖2-1 全球商品進出口比例

資料來源：Industrial Marketing Data and Statistics, 1995, Euromonitor Plc, London ECIM SNA.

表2-1 商品出口占國民生產毛額之百分比

時間	美國	法國	德國	義大利	荷蘭	英國	日本	加拿大
1980	8.1	17.5	23.6	17.1	43.7	20.5	12.2	24.6
1981	7.7	18.2	25.7	18.4	48.5	19.8	13.0	23.5
1982	6.7	17.5	26.8	18.2	48.0	20.0	12.8	22.6
1983	5.9	18.0	25.7	17.5	48.3	19.9	12.4	22.3
1984	5.8	19.5	27.6	17.7	52.4	21.6	13.5	27.1
1985	5.3	19.3	29.1	18.4	53.7	22.0	13.2	26.5
1986	5.1	17.2	27.1	16.1	45.4	18.8	10.7	25.7
1987	5.4	16.8	26.3	15.4	43.7	18.8	9.5	24.3
1988	6.6	17.4	26.9	15.3	45.6	17.3	9.1	24.5
1989	7.0	18.6	28.6	16.3	48.0	18.2	9.5	22.7
1990	7.2	18.2	27.2	15.8	47.0	18.8	9.7	22.8
1991	7.4	18.1	23.6	14.7	45.6	18.3	9.3	21.5
1992	7.4	17.8	22.2	14.5	43.7	18.2	9.2	23.6
1993	7.2	16.4	19.9	16.4	缺	19.4	8.6	25.9
1994	7.3	17.0	20.0	16.4	缺	19.0	8.3	26.0

資料來源：Various 1994 editions of OECD Main Economic Indicators, January 1994;
Deutsche Bundesbank; Wirtschaft und Statistik; Information Rapides; U.S.
Bureau of the Census; and London Telegram.

表2-2 美國與主要貿易夥伴之貿易型態

	出口至			進口自			結餘		
	1992	1993	1994	1992	1993	1994	1992	1993	1994
加拿大	91	100	104	98	111	115	-7	-11	11
日本	48	48	52	97	107	112	-49	-59	-60
歐盟	103	97	103	94	98	101	9	-1	2
德國	21	19	19	29	29	28	-8	-10	-9
英國	23	26	30	20	22	22	3	4	8
墨西哥	41	42	47	35	40	45	6	2	2
東亞	49	53	55	62	65	63	-13	-12	-8
台灣	15	16	17	25	25	24	-10	-9	-7
中國	7	9	9	26	32	30	-19	-23	-21

資料來源：U.S. Bureau of the Census, *Statistical Abstract of the United States: 1995*
(115th edition), Washington, DC, 1995.

表2-3 最終產品之貿易結餘

	出口			進口			結餘		
	1992	1993	1994	1992	1993	1994	1992	1993	1994
食品與飲料	40	40	40	28	28	30	12	12	10
工業材料	109	112	113	138	145	146	-29	-33	-33
資本財	177	183	195	134	153	171	43	30	24
汽車	47	52	55	92	102	108	-45	-51	-53
消費品	50	53	55	123	134	138	-73	-81	-82
服務	180	187	191	123	131	136	56	56	55

資料來源：U.S. Bureau of the Census, *Statistical Abstract of the United States: 1995* (115th edition), Washington, DC, 1995.

球10%的產品與服務，而進口僅7%，造成1,000億美元的貿易順差。美國的個人平均出口金額（1,816美元）在工業國家中最低，約為德國個人平均出口金額（5,334美元）的三分之一，並且低於加拿大（4,898美元）、法國（4,111美元）、英國（3,284美元）與日本（2,734美元）。雖然美國個人平均進口金額（2,270美元）也相當低，但仍高於出口額，因而形成貿易逆差。

　　以出口額占國民生產毛額（Gross Domestic Product, GDP）的比例計算，1994年美國的出口比例為7.3%（**表2-1**），其他國家，如加拿大（26.0%）、德國（20.0%）、英國（19.0%）、法國（17.0%）及日本（8.3%）。

貿易逆差如何形成

　　表2-2說明了美國與主要貿易夥伴的貿易型態。請注意日本在美國總體貿易逆差的1,040億美元中，約占半數的600億美元，向美國出口1,120億美元，而僅自美國進口520億美元。其他對美國造成貿易逆差的國家，包括中國（210億美元）、加拿大（110億美元）、德國（90億美元）以及新興東亞國家（8億美元）。在這些重要貿易夥伴之中，美國唯一享

有貿易順差的是1994年與英國及墨西哥（1995年，由於披索貶值，對墨西哥的順差也變成逆差）。

表2-3顯示了美國貿易逆差的主要終端產品使用類別。請注意其中三個項目——消費品、汽車與工業材料——造成了1,680億美元的逆差，這是實際逆差的1.5倍。

平衡此一逆差的主要項目是資本產品，有240億美元的順差，100億美元順差的食品與飲料，以及最大項的服務業，創造了550美元的順差。

 ## 美國如何喪失優勢

從美國目前在全球貿易的角色，與以往的情形相較，可以看出美國從主要的已開發貿易夥伴國家進口較多，而出口較少，而喪失了其競爭的優勢。這種損失是長期趨勢所造成，可以看出美國在全球出口的比重，自50年代中期的25%，衰退到今日的12%。過去十年當中，美國的貿易逆差超越了1兆美元，使其從以往的債權國，變成最大的債務國。這種財務的轉移，以及美國債務高築，造成了許多不利的影響，例如，美元在國際市場弱勢，並引發了許多外國直接投資活動。例如，目前化學產業中，三分之一的美國員工是為外國主雇工作，許多美國人工作的辦公大樓房東是外國人，且日本與德國等國家如今擁有的債權，將足以影響美國的債務結構與美國企業擴張的能力。

積極致力於外銷而降低美國貿易逆差，對美國的經濟將有正面的影響。1994年，商品出口在美國提供了超過七百萬個工作機會，出口每增加10美元，便可以創造二萬個新工作，而這些工作平均薪資均高於國內工作。

美國在國際市場中不積極的參與，可以從財務部的數據中得知。這些數據顯示1998年時，超過十萬家美國企業或多或少從事於出口，但其中不到三百家，主要包括全球巨型企業如通用汽車（General Motors）、

IBM、福特（Ford）、波音（Boeing）與奇異（General Electric），即占了美國出口的85%。

　　依據美國審計總署（General Accounting Office, GAO）的統計，進一步證明美國在國際市場的相對消極角色。例如，在整個80年代，外國在美國的直接投資成長了616%，而美國對外投資僅成長了9.9%，美國企業原定要出口，但實際真正從事者僅五分之一。

　　此種國際投資不平衡的原因，主要是各個國家機會的差異。例如，美國的政治穩定，並且致力於自由貿易，代表對外國資金較具吸引力的投資機會，遠勝於外國對美國企業的吸引力。許多開發中國家（約占全球人口半數），則不具吸納美國資金且成為獲利市場的條件。

　　相對而言，美國未積極參與國際市場的其他原因，包括關稅障礙，勞工成本高往往造成美國產品喪失競爭力，美國企業決定放棄如電視與盒式磁帶錄影機等的市場，以及美國政府普遍認為美國是全球勢力最大、世界貿易的領導國家，應該協助其他國家提升貿易績效，而並未太過留意培養美國企業的出口市場。例如，美國對非農產品出口的輔助，每1,000元國民生產毛額僅有0.03分，低於所有的貿易夥伴國家。

　　然而，最主要的原因或許是對國內市場的規模已感到自滿，國內市場可以在不仰賴國際市場的情況下，而滿足消費者需求。這種觀點使得許多美國經理人員樂觀地忽視了海外市場，而美國的教育通常也並不重視全球的環境、語言與文化，或是開發國際生意機會的方法。

打進海外市場的好處

　　打進海外市場的好處為有助於全球貿易成長的環境，使各個國家體會到貿易將帶來更好的社會環境，改善生活水準，甚至帶來一個更和平的世界。這種環境也有助於個別企業體會到積極參與國際市場的好處。

獲得比較利益

　　企業與國家從海外市場貿易獲益的主要原因，是基於比較利益（comparative advantage），意指他們以具有相對優勢的貨品與服務（例如，較佳的資源、專業度、機制或氣候）交換相對弱勢之產品與服務而獲得利益。例如，某些國外製造商相對於美國，擁有製造鞋子的優勢，因為製鞋屬於勞力密集，而最好是在工資低廉的國家。另一方面，美國在生產資本比率高於勞力的產品方面具有相對優勢，例如，噴射機、保健醫療服務、電訊衛星與能源設備。廉價進口產品（如鞋子與衣服）的普及，增進了美國人民的生活水準，並且把這些勞力密集產業所需的資本與勞力，轉向美國擅長的產品（如汽車、電腦、房子）。**全球焦點2-1**

全球焦點2-1

自由市場發揮功能：從黑手迄技術勞工

　　南韓在低廉且生產力高的勞工優勢下，80年代掌握了全球運動鞋的市場。位於南韓釜山的Kukje Corporation工廠，在最高峰時擁有二十四條生產線與兩萬名工人，使其成為全球最大的製鞋工廠。韓國大商社HS Corporation的製鞋廠，於80年代後期聘用了九千人，並且為巨型企業如〔耐吉（Nike）及銳跑（Reebok）〕生產了數百萬雙鞋。

　　在到達頂峰以後，這個產業都發生了一件有趣的事。這兩家大型製鞋工廠都關閉並且將轉為公寓大樓。這些類似工廠的關閉，與台灣的情況類似。原因為何？由於台灣與韓國曾經都是低工資國家，由於開放對中國的貿易與投資，過去三年來，包括鞋業與成衣及玩具等其他產業數以萬計的工作機會都不再存在。工資高漲的結果，造成產品價格在全球市場無法競爭。

　　「這是自由市場發揮功能。」香港經濟學家表示：「由低工資與低生產力產業的勞力釋出……而移往高附加價值、高生產力的產業與服務業」。這種轉變的速度非常快，在鞋類等產業中工作機會的流失，幾乎無法顯示於失業率統計之中。「人們已經從黑手轉變至技術勞工──這就是該地區成長的動力」。

資料來源：Paul Blustein, "Asia's Dragons Accept Trade's Pain and Gains," *The Washington Post*, November 7, 1993.

說明實際的比較利益。

表面上看，比較利益可能是基於各個國家之間的相異之處，而導向彼此間更緊密的貿易（例如，資本密集的生產商與勞力密集生產商之間互相交換產品）。實際上，大部分的全球貿易，是發生於類似的國家之中（例如，溫帶地區高教育水準的工業化國家之間）。追求利益的理論可以解釋這個現象：經由觀察到國內市場對某一產品的需求，生產商將轉向最近似於國內市場的海外市場。然而，即使各個國家的貿易對象，多半是與其本身在經濟、政治與技術層面相似的國家，但是在獲得比較利益的專長上仍有所不同。例如，英國在生化上擁有優勢，而法國專長於製藥，德國則擅長於合成製品，這幾個國家的優勢，都是基於技術而非自然資源。

增加營收

由於全球擁有更強購買力的人數，遠比單一國內市場多，因而企業如果進入國際市場，將可提升營業額。此外，國際市場往往比國內市場對產品的接受度更高。例如，在國內市場處於衰退期時，外國市場卻由於時間差而不受影響。海外市場是多餘庫存的絕佳出口，也是充分運用產能的好機會。**全球焦點2-2**即說明了三家小型企業如何從全球市場獲得比較利益。

此外，大部分的固定成本可以由國內市場分攤，亦指企業可以僅僅用變動成本，而以具競爭力的定價策略，進入海外市場（第十六章中將詳細探討有關擬定定價策略的成本，以及這些策略的風險與機會）。

槓桿作用

當企業成功地打入海外市場，企業的資源與市場的資源將可產生「槓桿作用」效益。因此，更大的國際市場，再加上企業的資源發揮的

全球焦點2-2

以出口因應美國市場的停滯

出口可幫助美國企業在國內市場停滯時，維持與提升整體的營業額。

· 「80年代後期，我們決定擴張海外市場，以因應國內市場的衰退」巴爾的摩RTKL企業（RTKL Associates）總裁哈洛德·亞當（Harold Adams）表示。這一家建築工程公司在六年前開始間接地輸出其服務。自從那時開始，該公司的業務已遍及四十多國。

· 康乃迪克州漢丹市（Hamden）的新英格蘭房屋公司（New England Homes Inc.）發現美國國內房屋市場停滯，便開始出口房子。該公司資深副總裁彼得·哈特（Peter M. Hart）表示：「想要克服房屋市場不景氣的建築商與建材廠，應該考慮建築物出口至住房不足的國家。」該公司在日本與以色列都有良好的開始，並且開始進軍其他海外市場。

· 北卡羅來那州陶門市（Troutman）的C. R. Onsrud Inc.木工機廠商的一名主管告訴商業部：「我們所學習到的一個非常重要的教訓，就是銷售額來源越多，就越不至於受到美國衰退的影響。」近幾年來，出口額的增加，使得該公司雖然在美國的營業額衰退三分之一，但仍然保有盈餘。

資料來源：*Business America*, U.S. Department of Commerce, Washington, DC; *World Trade Week*, Vol. 114, No. 9, 1993, p.7.

效益，如獨特的產品、專業管理、掌握自然資源、獨有之行銷資訊等，將可助於該一企業在國內市場的成功。此外，一旦企業成功地滲透進入國際市場，便可以將在某一個國家市場印證成功的策略、體系、勞力資源、原材料與資金，應用於其他國家。例如，一個正在規劃新產品開發的消費電子的全球製造商，可能會發現低利率與穩定的幣值，使美國成為最佳的財務來源，而技術專業上，則印度可能是提供這些產品工程技術的來源，而就工資與勞工技術而言，則墨西哥是組裝這些產品的理想所在。波士頓顧問集團（Boston Consulting Group）的研究中，顯示擴張國際營運，將可提升企業在所有市場的競爭力，該公司發現隨著全球擴張而導致產能加倍，形成規模經濟並縮短學習曲線，將可使生產成本減少30%。這將降低成本與價格，並且回饋給所有市場中的消費者。

獲得競爭優勢

成功打入國際市場的企業，對於仍留在國內的企業產生兩種競爭威脅：(1)仍留在國內者將因為其他企業透過國際行銷活動而產生的槓桿作用效益，而喪失市場占有率；(2)這些仍留在國內者，將喪失目前由先進入海外市場者所獲得之海外市場成長機會。

例如，美國雖然具有技術專業，但在國內市場已無法與在全球領先行銷錄影機、電視機與其他消費電子產品的亞太地區國家競爭。

獲得稅務利益

許多國家會在初期以提供廉價廠房、降低進口稅與所得稅等誘因，鼓勵企業發展。跨國企業也可能會調整營業報表或營運報告，而使得最主要的獲利是發生於稅率最低的國家（這是一個有風險的策略，將在第十五章中討論）。

在美國依據國稅局（Internal Revenue Service, IRS）所訂定的嚴格規定，以及國際協定的原則，而設立的一個稅務機構，稱之為海外營業公司（Foreign Sales Corporation, FSC），將可提供企業某些稅務減免，而使得國際行銷活動獲利較高。例如，如果某一企業的海外分公司符合海外營業公司標準，則其收入的一部分將可從美國所得稅中扣除。

延長產品生命

通常出口可為在國內市場已不再有競爭力的產品與服務提供第二春。例如，亞洲是美國葡萄酒與電影的蓬勃市場。

增加獲利

美國企業透過槓桿作用、稅務與競爭優勢等海外策略，將可以創造比國內市場更佳的獲利。例如，美國汽車公司在80年代中期，在國內市場獲利損失極大，而其歐洲的營運則仍然有相當大的獲利。1999年，可口可樂的日本市場一地的獲利約10億美元，占該公司獲利的20%，而僅為全部營業額的5%。其他從海外市場獲利高於國內市場的大型企業，包括法國的Michlin、日本的新力（Sony）、荷蘭的飛利浦（Philips），以及德國的巴斯夫（BASF）。

進入海外市場的困難

相對於這些潛在的好處，企業要進入海外市場並獲得成長，也面臨了許多環境障礙。以下將簡述這些困難之處（第四章中將說明）。

政治與法律影響

當地國政府對外國企業的敵意，可能阻礙成功發展的情況，包括充公稅與關稅、限制進口量的配額，以及規定採用當地國產品、人員、資金與設備的「本國自製率」（local content）。

經濟與人口統計的影響

衡量經濟變數，包括生活水準與該國的經濟發展階段，以及貨幣的穩定度，往往並不足以保障進入海外市場的支出與風險。不適當的人口統計環境，可能包括缺乏適合於購買該產品之年齡、收入或職業的族群。

社會文化因素

每一個國家的個人信仰、動機、語言、人際關係與社會結構都不相同，對產品的感觀與接受度不同，而要克服這些障礙，所必須支付的成本也不同。

技術

運輸與通訊等基礎設施如果不足，將使得產品進入海外市場時花費昂貴的費用。

控管問題

大部分的跨國企業都發現由於不同的習俗、語言、交通與溝通媒體，故對於製造與行銷活動，以及競爭者的掌握等，都十分不易。

全球市場的成長

自80年代中期，一連串的改革，包括共產計畫經濟的瓦解，民主與自由經濟的普及，已如火如荼擴張，並且改變全世界的市場，及導致以下的成果：紛亂與整合、成長與衰退、新聯盟形成與舊結盟瓦解，以及許多新的競爭機會與威脅。

另一個重要的結果，是全世界國家加速形成全球性與區域性經濟共同體，1999年時，全世界超過90%的國家，都隸屬於某些經濟組織。這些整合的原因，主要是降低或消除政治、法律、金融、技術與競爭障礙等的貿易障礙。

亞太經濟合作組織、世界貿易組織、北美自由貿易協定與歐盟

各個國家整合至經濟共同體的行動，在五年的期間內達到最高峰，四個組織有效整合全球的生產、人口與購買力。

1989年，亞太經濟合作組織（Asia Pacific Economic Cooperation Group, APEC）的成立，逐漸撤除了十五個太平洋國家之間的貿易藩籬。1993年，馬斯垂克條約（Maastricht Treaty）通過成立歐盟（European Union, EU），承諾於1999年通用歐洲共同貨幣（歐元）。1993年，通過的北美自由貿易協定（North American Free Trade Agreement, NAFTA），結合加拿大、美國與墨西哥成為一個總人口三億六千萬，國民生產毛額達6兆美元的自由貿易區。

最後，1993年，一百一十七個會員國同意遵行關稅及貿易協定（GATT）降低關稅與推行自由貿易的規範。1995年，世界貿易組織取代了關稅及貿易協定而成為規範國際貿易的主要組織。

本章其餘部分，將探討組成這些組織的國家，重心則在於各國目前的發展狀況、未來展望，以及貿易機會。我們將從美洲地區開始，然後從西半球（太平洋盆地與東亞）到東半球（西歐）。

美洲：北與南

美洲從北到南，分別包括：加拿大、美國、墨西哥、貝里斯、瓜地馬拉、薩爾瓦多、宏都拉斯、尼加拉瓜、哥斯大黎加、巴拿馬、哥倫比亞、委內瑞拉、厄瓜多、秘魯、巴西、波利維亞、巴拉圭、烏拉圭、阿根廷與智利等國家。我們將從最北方的北美自由貿易協定（NAFTA）三個國家，然後再探討南方各國的經濟革命。

加拿大與美國：謹慎的友誼

　　雖然加拿大人口僅及美國的十分之一，但兩國在許多方面均十分類似。個人國民所得幾乎相同（約20,000美元），消費者支出項目也相似。加拿大與美國所得支付於交通與電訊、休閒與教育以及衣著、鞋類與紡織品的比例也相似。加拿大擁有全民保險，故支付於保健方面的費用較少，而美國人住房方面支出較少。1996年，這兩國的國民生產毛額成長率相同（2.6%），並且通貨膨脹與失業率都很低。

　　然而，從一項統計來看，加拿大與美國則有不同，身為一個全球傑出的出口國，加拿大1996年的貿易順差為180億美元，而美國的貿易逆差卻為1,760億美元。雖然美元貶值有利於出口，且美國自1985-1995年出口占國民生產毛額的百分比由7.2%成長至10.2%，但美國仍累積了大量的貿易逆差。由於美國經濟成長而造成的進口需求，使得這方面的考慮也被忽略了。

　　加拿大與美國在語言與生活型態方面有文化差異，事實上加拿大區分為兩個國家：法語加拿大及英語加拿大。1980年，法系分離主義者在主權公民投票中，以60對40而失敗。1995年的獨立投票，法語加拿大獲得較高比例：49：51。從行銷人員的角度而言，這兩種不同文化，一個是保守、有效率與僵硬的英語加拿大，一個是活潑有創意的法屬魁北克，在接觸加拿大時必須考量到這些因素。例如，由於不同的族群看的電視、書籍或報紙都不同，因此便必須推出不同的促銷活動。理性的促銷訴求，在英語加拿大可能比較有效，而感性訴求在魁北克可能比較有效。魁北克人也比較近似於美國人，主張自由貿易，並且比英語加拿大人較未感受到美國文化的威脅。

　　1989年，在三度失敗後，美國與加拿大簽署了一項自由貿易協定，而形成了一個5兆美元的經濟體，比美國本身大10%，且比歐盟大15%。這項協定遲未能簽署最大的問題，在於加拿大亟欲在南方的美國強勢主

導的廣播、電影、出版等產業的情況下，仍然保留其文化。最終所簽署的協定，目的為在保留加拿大的文化之餘，針對其他較不敏感的產業（如汽車），立即推動自由貿易，並且逐漸擴展而至較敏感之產業（如紡織與鋼鐵）。

墨西哥：蓬勃與衰退

美加自由貿易協定於1994年擴張，墨西哥加入並成為北美自由貿易協定，美國與墨西哥貿易去年激增超過1,000億美元，而使墨西哥成為次於加拿大，並超越日本而成為美國第二大出口市場。在這一段期間，美國出口至墨西哥，主要是汽車、農產品、消費電子產品、鐵礦、鋼與其他金屬，增加了20%。然而就美元而言，貿易量的增加，進一步地加遽了墨西哥於1987年開始的貿易逆差，當時墨西哥與大部分的南美鄰近國家實施了自由市場措施，並且大幅開放以往受到進口限制的項目，而在六年內造成了300億美元的貿易不平衡。由於國內存款額低，彌補這種不平衡的唯一辦法就是國外投資，通常是透過墨西哥公債的銷售。為吸引投資者，墨西哥保證披索不貶值，並且以購買流通於外的披索之政策作為保證。

接著，一連串的政治與經濟風暴、政變與刺殺，在開爾皮斯（Chiapis）農民反叛，比美國及其他已開發及開發中國家高的利率，使得投資的金額從墨西哥流出，而到其他投資機會所在。同時，墨西哥中央銀行一個月花費數十億支撐如今在控制區以外買賣的披索，但無法抵擋國內貨幣供應的暴增。當銀行不再有足夠外匯買回原先促使利率降低造成景氣的披索時，整個情況便無法控制了。在絕望的情形下，墨西哥政府把披索對美元的價錢，從金融危機以前的1美元兌3.5披索，貶值為6披索。墨西哥原本已低於已開發國家的生活水準更進一步跌落，個人存款也隨之減少。投資人對政府的信心以及其協商自由市場的能力都降低了，導致資金進一步流失。許多擁有資金的企業都受到傷害。通貨膨脹

升高，1995年升至52%。

就正面角度而言，原本即由低工資工人所生產的墨西哥產品，貶值後再度降低了50%，突然間在國際市場的競爭性增高，使得墨西哥1994年180億美元的逆差，至1995年轉成為74億美元的順差，並且使得墨西哥擺脫了因為逆差而延緩經濟成長的現象。這個嶄新的競爭力，也有助於其他國家的企業與消費者，現在購買墨西哥產品所支付的價錢更少了。然而，由於墨西哥消費者無法再負擔購買美國產品，很快地使美國從對墨西哥的順差，1996年轉變為86億美元的逆差，亦即每10億美元的逆差，將減少一萬七千個工作機會，而代表著把十四萬六千個工作機會轉移給墨西哥。

這些對墨西哥經濟的有利條件，加上控制物價與工資，減少支出，並且強制存款等嚴格的經濟計畫，使得經濟在1995年開始好轉，並且再度吸引國外投資者。這種轉變的一個明證，是1998年墨西哥遠比預期提早償還向聯合國資助其因應金融危機的借款。

驚人的拉丁美洲經濟奇蹟

從40年代中期以迄80年代中期，拉丁美洲的市場多半是中央集權、保護主義與反美情緒。80年代中期，整個拉丁美洲都瀕於經濟崩潰。銀行與國際組織借貸政府與國營企業的數千億美元，用於補足貿易逆差，並且資助一些因官僚體系、貪瀆與不當管理的計畫。經常性的無法履行償還，形成對國際銀行體系的穩定造成威脅。外國企業必須面臨左派或右派執政、國家化、獨厚本國企業的保護主義，以及通貨膨脹率上升。高關稅障礙遏阻了貿易，而拉丁美洲各國的經濟合作情況極少。

在東歐共產集團瓦解以前，由智利領軍的政治革命橫掃整個拉丁美洲，降低或撤除了關稅，取消進口許可，並且逐步將經濟整合於全球經濟體。1993年，大部分拉丁美洲國家都邁向自由市場民主化。大部分拉

丁美洲政府所採取的經濟模式，強調開放市場、低通膨率以及收支平衡等，使得這些國家減少一度極為龐大的債務。關稅降低，出口增加，所得稅減少，資金市場現代化，鼓勵小型企業的成長，交易官樣文章與規定減少，司法程序改變，公平保障外國投資者。產業私有化，因應市場需求而生產，並且面臨市場的競爭。

仍然有許多問題存在

　　貧富不均仍然壓抑著拉丁美洲正要崛起的階層。整個區域裡，銀行服務功能電腦化、電訊、購物中心、超市、旅館、保險與其他服務皆不足。許多新的民主化措施都仍然不完整。為繼續引進投資，中央銀行持續保持高利率，這也影響到經濟成長。政府有追隨墨西哥腳步，並且將貨幣貶值以增加出口的壓力。

　　然而，從世界其他地區的反應判斷，拉丁美洲的活躍新經濟有利條件，超越了其不利情況。在消費產品、科技與服務領軍下，美國、日本與歐洲在拉丁美洲的投資，1991-1996年，自300億美元成長了五倍，超過1,500億美元。1994年，拉丁美洲國家在國際市場的股票與債券金額，從80年代以來年平均10億美元，成長到超過200億美元。依據世界銀行與國際貨幣基金會的預測，拉丁美洲與亞洲在21世紀將成為全球主要的成長區域。

　　拉丁美洲的經濟在智利與秘魯等國家的領軍下，在90年代初期大幅成長，1994年國民生產毛額達到4.6%的成長率，1995年，墨西哥與阿根廷面臨金融危機，導致國民生產毛額僅成長0.6%。然而，1996年成長曲線再度呈現上揚。

亞太地區市場

　　整個亞太地區國家，包括日本、中國、南韓、香港、台灣、新加坡、泰國、印尼、馬來西亞、汶萊、菲律賓、越南、寮國、澳洲與紐西蘭，是全球最強的經濟區域，國民生產毛額在14兆美元之譜。從60年代初期起，幾乎未曾被破壞的成長趨勢，亞太地區在全球產出的總比重從4%成長到25%，共成長了六倍。1993年，亞太地區貿易額2兆3千億美元，占全球貿易總額的7兆美元的35%。1989年，美國與加拿大加入了這些亞太國家而組成亞太經濟合作組織（APEC），其目的是逐漸撤除貿易障礙，並且促成會員國家的自由貿易區。

　　該區域經濟成長的另一個指標，以及中國的發展在整個狀況中的重要性，1995年各國的國民生產毛額之成長率：中國11%，馬來西亞9%，泰國9%，台灣6%，新加坡9%，印尼7%，香港5%，南韓10%。唯有日本一直處於不景氣，因而呈現負成長。

　　以下是重要的亞太國家資料。

日本：謙虛的巨人

　　日本的經濟猶如一隻從灰燼中升起的火鳳凰，從第二次大戰後逐步向上攀升。日本的成長某些原因是由於美國在韓國與越南的冷戰與戰爭期間，擔任美國軍方供應品與駐防所在。大部分的原因，則基於日本人在嚴守紀律的文化下，所培養出來的堅毅精神與勤奮的工作，政府的產業政策為長期性支援與補助成長性產業，教育水準高的勞工，可以輕易地從衰退產業移往高度成長產業，而企業界、金融機構與貿易公司（大貿易商）之間的緊密結合，足以有效地阻擋海外競爭者。日本也擁有高存款率，足以因應資金成長的產業，其可支配所得存款率為14%，而美國僅5%。

如今，日本已擁有全世界最先進科技的生產工廠與最大的投資金額。日本也是全世界最富有的債權國，1996年貿易順差達1,354億美元（美國1996年貿易逆差為1,760億美元，是歷史上最大的負債國）。

身為全球最大的債權國，日本也是全球最大的投資國，日本在海外的投資與外國在日本的投資比重為17：1（而此一比重額在美國是1.05：1，英國為1.19：1）。日本自70年代在海外的大量投資（利率高期間），大幅資助了美國的負債，並且也是東南亞國家最大的資金來源。由於日本用強勢日圓購買勞力市場便宜的工廠，也降低了本國的勞力成本，並且抵消了強勢日圓對出口的不利因素。

然而，即使在這些金融、文化、政治、科技與經濟力量之下，日本自1992年仍然由於無效率的金融系統、強勢的日圓，以及一連串的危機（政治貪污醜聞、地震、無效的保護政策、神經瓦斯攻擊）等造成對日本競爭力的影響。

在1991-1996年期間，日本的衰退持續，僅有一年達到1%的成長率。失業率仍然很高，工資與所得持平，財產價值縮水（金融機構的房產貸款壞帳至少有4,000億美元）。其他國家經濟開放與改革，活躍生機對日本的影響極小。

為了瞭解日本與美國及其他國家之間的關係所造成的影響，可參考日本國內汽車的獨占，這是日本市場中，其他許多獨占產品的一個代表。1953年，美國汽車在日本市場的占有率為60%，至1960年，低於1%，並且從此以後一直如此（80%的美國汽車經銷商同時銷售外國車與本國車，僅有7%日本經銷商同時銷售外國車與本國車，而外國車中多半非美國車）。

由於日本汽車在美國汽車市場占有率高達25%以上，造成貿易不平衡，使得日本成為美國全球最大的貿易逆差來源。然而，日圓自1985年以來對美國的大幅升值，意謂著日本製造的汽車（1996年，幾乎60%在美國賣出的日本車是用美國製零件且在美國生產）更難在美國銷售，獲利也降低。這些在美國市場獲利的損失，由日本汽車在受保護的日本市

場的銷售而獲得補償，付出代價的是日本消費者，他們無法在一個競爭的自由市場之中購物。

美國為了要改善貿易不平衡，並且說服日本人開放汽車與其他美國產品的市場，自70年代起，即間歇性地威脅，並偶而實施對日本產品的貿易制裁（關稅、配額、進口許可等）。這些措施都非具建設性。通常日本人會忽略或規避這些開放市場的承諾，或者對美國產品也採取報復性措施，而造成美國經常帳（貿易逆差）與失業率仍無改善。近年來，全球也產生了一個共識，即美國直接與日本交涉的錯誤策略，而應該運用專為解決國際貿易紛爭而設置的世界貿易組織。

然而，身為全世界第二大經濟體，並且為出口財富而為難的日本，開始擺脫其沉寂狀況，並且掌握了最新生物、超導體與微電子等技術。

四隻成長中的嘯虎

南韓、台灣、香港與新加坡，亞洲「四虎」在勤奮勞工、教育水準高的勞力素質，政府對企業的補助，以及積極邁向新領域（如汽車與電腦）與地區的措施下，正追隨著日本模式而發展。與日本一樣，這些國家也不反對保護自己的市場，因而至1995年，這一地區對美國的貿易逆差已占美國貿易逆差20%。

這些經濟體成長的一大原因，是來自中國與印尼等經濟體對高科技與重工業產品，包括鋼鐵、機械、石化、消費電子與汽車等產品的需求（1995年，中國購買了南韓汽車出口量的22%）。

當勞力從低工資與低生產力產業，移向服務業與較高附加價值之產業時，很快地便補足了工業化與後工業化狀況，這種轉移發生的速度很快，並未顯現於統計數字之中，1992-1996年，這四個國家的失業率都低於3%。

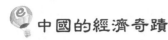
中國的經濟奇蹟

中國在過去十年經濟的卓越成長，都市所得增加了400%，鄉村所得成長300%，可以解釋為基於以往較低的生產力，使得其幅度驟升。

即使目前，雖然中國有十一億人口，是次於美國及日本的全世界第三大經濟體，但中國個人所得低於2,000美元，仍低於大部分的亞洲鄰國。以其目前的成長率而言，中國與台灣及香港（1997年併入），將於本世紀成為全球最大經濟體。

以下是中國經濟將持續成長的一些原因。

1.這是一個擺脫沉滯共產主義計畫經濟模式而邁向自由市場經濟體。

2.這是一個重視勤奮工作、教育、儲蓄與投資的文化。

3.這是一個會尋求外在奧援的體制。雖然有目前的規模與未來成長的展望，但中國的經濟仍然落後，中國對基礎建設，包括鐵路、公路、電訊網路等仍有大量需求，且其古老與勞力密集製造業也需要進行現代化。

4.持續獲得來自日本、美國與海外華人穩定的投資款項，以支應其成長與現代化之所需。

美國企業在中國蓬勃的經濟之中的機會，可見之於以下的實例：可口可樂（Coca-Cola）自1985年起，在中國的平均成長率是54%，使得中國成為成長最快速的市場，而摩托羅拉（Motorola）呼叫器的銷售額從1991年的十萬個，成長至1995年的四百萬個。肯德基炸雞（Kentucky Fried Chicken）授權商店於1996年在三十一個城市開張，蘋果、IBM、惠普（Hewlett Packard）與康柏（Compaq）以合資型式一年組裝銷售三萬個個人電腦（1999年，中國每四千人才有一個人有電腦，而至21世紀，電腦市場預期將每年成長30%）。該區域對金融服務、重工業、運

輸、航太科技、汽車、手機、農業、能源與品牌消費品等也預期有強大的需求。整體而言，美國預期將在這些領域占有60%的銷售額。

然而，在這些成功故事的背後，中國仍然存在有許多市場經濟的絆腳石。其貨幣仍然無法兌換，銀行體系老舊過時不健全，缺乏金融法規，貪瀆盛行，商業法任意施行〔1994年，全世界最大的麥當勞（McDonald）雖然擁有二十年租約，但卻無預警地被趕出在北京的所在地〕。此外，其共產政府雖然已在自由市場中體驗過成功的經驗，但卻仍然堅持推動費事的五年計畫，並且補貼許多獲利不佳、管理不當的國營事業〔1991年在香港上市的十七家中國企業，僅有一家上海石化工業公司（Shanghai Petrochemical）至1996年是以高於原價買賣〕。

打算在中國做生意的企業，必須對進入市場與開發的階段中，政府插手與官樣文章有心理準備。工廠許可必須經過重重政府階層，營運限制繁多，政府管制的事情包括合資事業、擴張計畫與稅務政策可能反覆無常（1995年，北京取消了原先承諾給出口生意的60億美元的退稅金額）。這些在中國做生意的困難，較之於進入美國市場的相對容易，至少局部反映了中國對美國貿易順差的成長，1994年成長了30%，達300億美元。（中國出口量與進口量之比為4：1，這個比數大於日本迄今與美國之間的比數）。

造成美國與中國貿易的困擾，遠遠超過營運的階層，而包括了違反人權、向不友善國家銷售軍品、核子試爆、對台灣的攻擊行為，以及抄襲美國軟體、音樂與電影。1995年，美國與中國協商出一項有關仿冒之協定，中國同意立即採取行動減少對智慧財產權的侵占行為。1996年，一項新的協議簽定，包括關稅、撤除最惠國待遇以及進入世界貿易組織等制裁的威脅，但是很顯然地第一次的合約，多半都被忽略了。

印度：喚醒的巨人

1991年起，在經過四十年的社會經濟政治以後，印度開始推動激進

的經濟改革計畫，採行市場經濟與外國投資，美國企業在許多產業當中都是最主要的投資者，包括早餐穀物、電腦、軟性飲料、能源工廠與電話系統。印度市場最主要的吸引力是其龐大的規模：八億九千萬人口，中產階級與美國人口一樣多。其他的吸引人之處，包括印度的民主政治，得以從事仲裁的獨立司法系統，且英語普及。此外，印度似乎偏愛美國的投資，1991-1996年期間，美國在印度的投資占所有企劃案的40%，並且自1985年的3億5,000萬美元，成長至1995年的8億美元。

除了這些正面訊息以外，投資人在印度也面臨了許多與在中國及越南相同的障礙：官僚體系對交易的干預、國營事業、對許多外國製消費品與新計畫之設備課徵懲罰性關稅與禁止令、基礎設施不足，以及大部分人民生活水準低落，文盲占60%。其他的問題，包括傳統的國有化產業，以及嚴刻的勞工法令，如嚴禁印度工人被辭退。

這些不利因素，使得印度自1991年的成長率僅達3.5%，而如果印度要趕上快速成長的東亞鄰國（如馬來西亞、泰國、新加坡與南韓等），則這個成長率應該加倍，這些國家的年個人所得都多於印度350美元的數倍。

遲滯的歐盟

1980-1996年期間，原先的歐洲自由貿易區（European Free Trade Area, EFTA），演變而成歐洲共同市場（European Community, EC），並最後成為歐盟（EU），聯合了十五個國家成為單一的經濟共同體。成員國家承諾人員、產品、服務與資金自由流通，並且把許多國家主導權力，轉移至超越國土的組織，如薩爾斯堡的歐洲議會（European Parliament）與在布魯賽爾的歐洲委員會（European Commission）。

期望會員國於1999年起，調和政府支出、關稅與貨幣政策，並且使用共同貨幣與固定匯率。

　　1996年，歐盟國家的成長呈現遲緩，只達美國成長率的一半，並且僅及太平洋盆地國家的三分之一（法國與德國為1.6%，瑞典、英國、荷蘭與奧地利為2.1%），失業率是美國的兩倍，是太平洋國家的三倍（比利時為14%，法國為12%，德國11%，義大利12%，西班牙24%）。歐盟國家的貿易逆差平均占國民生產毛額5.5%，而美國僅為2%。這些衰退的情況於1998年開始，隨著歐盟國家以固定匯率加入歐元而開始反轉。

　　1999年1月1日，十五個歐盟國家正式加入嶄新的單一貨幣政策，政府的支出、關稅與貨幣政策都予以調合，以因應歐元的實施。可替代所有會員國家之貨幣的歐元紙鈔與硬幣，於2002年通行。

　　雖然歐盟國家至21世紀仍持續成長，但是無論從整體或個別而言，仍然面臨了如下的問題：

1. 來自全球更激烈的競爭。邁向21世紀，歐盟國家持續面對來自亞洲的競爭壓力，該地區較具生產力的經濟，以及面對亞洲的壓力而造就更具競爭力的美國。如今，歐洲技術在許多領域已落後美國與亞洲，在高工資與不具彈性的勞工法等情況下，更削弱了歐洲原來的競爭優勢。

2. 歐洲人將難以在全球高度競爭的環境下維持的社會福利制度，包括昂貴的醫療體系、老人年金、失業保險，以及自第二次世界大戰後，歐洲最著名的家庭補助之社會與經濟政策。例如，在德國每週工作三十七小時，全薪育兒假，以及每年強制有四十天休假。在法國，每週工作四天已成為實際狀況。這些社會成本，使得逆差更形增加，且在缺乏改變目前福利政策的共識情況下，也難也改變。自第二次世界大戰以後，英國是唯一在政黨綱目中條列縮小政府規模的國家，1996年，法國的勞工保護者癱瘓部分地區，只因為社會福利的輕微縮減。

3. 從西非與北非、東歐、亞洲與土耳其來的移民潮，進一步地拖累社會福利體系與經濟。德國原來慷慨的庇護法，也不得不因應這些大量移民潮而緊縮，這對於數百萬在西德尋求庇護者是一大打

擊。

4. 德國統一的龐大負擔。傳統上是歐洲經濟復甦與成長動力的德國，由於統一而造成經濟停滯，並且拖累了其他歐陸國家經濟體。東德失業率高達30%，落後的基礎建設，必須耗費數兆馬克的費用進行現代化，並且對民主政治或自由市場企業未經相關訓練，是值得憂心的問題。兩德統一與居民移出等的成本，造成德國龐大預算超支，使得中央銀行面臨提高利率，並且延展至整個歐洲，以便進一步刺激生產力的壓力

5. 冷戰結束，也終結了把歐洲國家基於共同合作目標而團結的力量。自從柏林圍牆於1989年倒下，由於一些危機事件，包括北大西洋公約組織在整合的影響力式微，以及對波士尼亞與科索夫等地之衝突事件的策略相左，造成歐洲人對美國的領導地位已不再認同。對美國的信賴，進一步因為許多歐洲人視之為經濟機會主義者，利用弱勢美元而進入歐洲與其他市場而逐漸式微。許多人也認為美國基於其在亞洲與西半球的利益，不再可被視為歐洲安全的主要保護者。

6. 大企業的心態。另一個未受到歐盟協議之影響，而妨礙歐洲競爭力的因素，是歐洲的經濟，主要是由缺乏彈性與創意的大型企業所主宰，然而科技的創新，卻往往是由小型企業所為。

7. 傳統的保護主義遍布歐陸，最明顯的是法國（即使面對來自世界貿易組織與歐盟貿易夥伴的強烈抗議，仍堅持保護其受補貼之農人）、德國以及荷、比、盧等三小國。這種傳統所展現出來的現象，是歐洲人認為無須仰賴全球經濟而仍能維持高所得與生活水準的看法日漸普及。目前，80%的歐洲貿易是內部的貿易，約為對太平洋盆地貿易額的兩倍，而歐盟貿易夥伴角色的吸引力，被視為低於柏林圍牆倒塌以前。

如果探討歐洲經濟問題，例如，德國減少了70億對煤的補貼，並且

正減少支出,減少社會福利,並且增稅(然而,納稅者已經支付了國民生產毛額的45%,法國是49%,並沒有太多可增加的空間了)。義大利1995年推動社會福利改革,預期至2005年可省下600億美元,瑞典大幅降低其社會安全網經費,而法國則把消費稅提高到20.9%。

然而,即使歐洲的經濟與亞洲與美洲活躍的經濟呈對比現象,但仍然有一些可以鼓舞經濟的誘因,例如,產業大規模私有化,社會福利的縮減與稅務改革,以因應全球的競爭。

本章觀點

何以五分之四美國企業不打算進入海外市場的原因,包括缺乏在海外市場的潛力,以及進入其他市場的障礙,在全球競爭的新世紀來臨時,這些因素都將減低影響。進入國際市場的不利因素,逐漸因為獲利增加的利益而抵消,包括節稅、競爭減少以及在全球市場所可獲取的槓桿效益。一般而言,企業進入國際市場將可獲得連貫的、國際性、跨國性與全球性的地位。隱藏在全球策略之下的,是依據對市場的威脅與機會,以及對顧客的本質與需求,以及為滿足這些需求,而依據產品、地點、價格、促銷等行銷組合要素的調查研究,而擬定的策略行銷規劃。加入世界貿易組織、北美自由貿易協定、歐盟以及亞太經濟合作組織的國家,將可獲得貿易障礙撤消、資金、勞力之流通,以及全球自由市場與自由企業經濟所形成之專業等好處。總體而言,這些將形成美國的主要市場,但是就未來的成長而言,則同時也代表著威脅。

觀念認知

 學習專用語

Acquired advantage	獲得優勢	Legal／political factors	法律／政治因素
Comparative advantage	比較利益	Leverage	槓桿作用
Currency stability	貨幣穩定度	Most-favored-nation principle	最惠國原則
Economic communities	經濟共同體	Tax advantage	稅務優勢
Financial flows	財務流動	Trade deficit	貿易逆差
Foreign sales corporation	海外營業	Trade surplus	貿易順差
International monetary fund	國際貨幣基金	World bank	世界銀行
WTO	世界貿易組織		

 配對練習

1. 請把第一欄中的組織名稱與第二欄的說明配對。

1. IMF	a.提供合格企業減稅優惠
2. WTO	b.最惠國待遇原則
3. World Bank	c.協助初開發之經濟體成長
4. FSC	d.會員國交付之保留款

2. 請把第一欄中的國家與第二欄的說明配對。

1.加拿大	a.是美國最大的貿易逆差國
2.美國	b.工業國家中最低個人出口額
3.德國	c.最大出口絕對值
4.日本	d.出口占國民生產毛額最大比重

3.請把第一欄中的全球貿易階段與第二欄的所列之特性說明配對。

1. 國際性	a.基於比較利益、整合與互動式管理而達到綜效
2. 跨國性	b. 追求國際市場目標的同時，重點放在國內市場，上至下的管理方式
3. 全球性	c.要獲得成功，必須瞭解全球場在行銷組合（產品、價格、地點與促銷）之差異，由下至上的管理方式

4.請把第一欄中的經濟體名稱與第二欄的說明配對。

1.APEC	a. 墨西哥成為美國第二大的貿易夥伴
2.NAFTA	b.十五個太平洋國家撤除貿易障礙
3.EU	c.1999年簽定使用共同貨幣

問題討論

1. 法國與德國以往數個世紀的世仇，如今是對方的最大貿易夥伴。請討論貿易協定、和平與科技發展在導致這種情況中所扮演的角色。

2. 請舉例說明自然優勢與後天優勢兩者的差異，並解釋何以大部分的全球貿易都發生於已開發國家。

3. 何謂貿易逆差？請列出三種理由說明美國把貿易逆差轉為貿易順差的好處？

4. 假設美國採取了一個透過增加對目前最大經常帳逆差國家之商品營業額，以減少貿易逆差的政策。這個政策是否正確？如果是，哪些產品應該拓銷哪些地區？

5. 以下哪些趨勢有助於企業從事於消費性電子產品之製造，而能在全球市場上競爭：各國之間的經濟合作，各國之間的差異性縮小，來自新興國家之競爭。

6. 雖然身處地球的兩個極端，中國與智利自80年代至90年代中期，

都是維持兩位數成長率的國家。哪些共同的經濟因素可以解釋這些成長
率？

解答

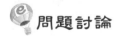 配對練習

1.1d，2b，3c，4a   3.1b，2c，3a

2.1d，2b，3c，4a   4.1b，2a，3c

問題討論

1.法國與德國都是以撤消進出口關稅、改善勞力、資金與技術之互
通，而加強十五個會員國間貿易的歐盟強盛中堅分子。過去半個
世紀以來，由於歐洲大陸沒有大規模戰爭，促進法國與德國之間
的貿易，經由把資源從軍事行動，轉化為更有建設性的經濟成
長，不僅受到全球貿易的正面影響，也促進了全球貿易。尤其是
電訊與交通運輸技術的發展，而促使貿易相關的產品、製程與行
銷方法更有效率與更經濟。

2.所謂自然優勢，是指因為氣候條件或掌握到某些自然資源，而使
得某一個國家或地區掌握到其他國家渴求但無法得到的優勢。例
如，氣候條件使得某些國家具備種植其他國家需要，但卻無法種
植之水果（如鳳梨與香蕉）。這些自然資源豐沛的國家，把水果賣
給其他需要的國家，而為該產品創造了一個更大的市場，並且獲
得了購買本身沒有但需要之產品的資金。後天優勢通常是指某一
個國家透過複雜的技術與專業（如電腦），而創造出有大量需求的

產品或流程資源。由於大部分這類後天優勢資源是已開發國家所創造與購買，並且由於這些後天優勢比自然優勢商品昂貴，因此全球貿易的大部分，是在已開發國家發生，多於低度開發國家。

3. 貿易逆差是一個國家進口額超過出口額的數額。例如，1999年6月，美國進口（如原油、汽車、咖啡等）超過出口（如服務業、穀物、電腦等）200億美元。這種逆差水準將無法長期任其發展。此代表這一個國家的國際活動上，消耗多於生產，進而把就業機會轉給其他國家，而影響到國內的就業率。相反地，貿易順差則可以創造就業機會，依據商務部的統計數字，10億美元的出口額平均將可以提供二萬二千個工作機會（90年代初期經濟發展遲緩的時候，出口對經濟成長的槓桿效應最大，當時出口成長即等於所有的國內成長與最新的就業機會）。從個別企業的角度觀之，可以擴大市場的出口，達到降低生產成本的規模經濟，並且提高國內與國外市場的獲利。出口由於不僅只依賴國內市場，也有利於企業的穩定性，並且雖然有較高的交易成本與不同需求結構及文化背景，但仍然可以證明企業在不熟悉市場存活的能力。

4. 對於與美國有大幅貿易逆差的國家，如日本、中國、德國與台灣，也是美國主要顧客的國家而言，這項政策確實有其功效，尤其是美國具有比較優勢的產品（如銷售日本的木製品）。這些國家屬於已開發或快速開發國家，因此，具有支付與消費這些進口品的能力。在這些潛力條件下，這種策略可能會把重心放在出口日本、中國與德國的行銷服務（美國具有最大貿易順差的項目）、資本財產品（如整廠作業工廠）與食品飲料。

5. 各個國家之間的經濟合作，透過區域經濟共同體之型式，如北美自由貿易協定與歐盟等，將有效地把較小的市場轉換為大型市場，貿易障礙減少，且人員與財務資源的流通更具彈性與快速。再加上各國之家差異性縮小，意謂者製造商在與這些市場交易時，可以採用相同的行銷組合，即無須因應不同的國家而大幅改

變產品特性、價格、配銷通路與促銷策略，而可以進入一個較大的市場。來自新興國家的競爭，意指他們把餅做得更大，例如，在美國許多電腦製造商彼此之間的競爭，即因為快速擴張的市場而獲益，而市場也不斷成長，成為這些企業生產產品的重要顧客。

6.由於這兩個國家的成長都是以極低的基期為準，所以即使極少的進步，都可能在整體國民生產毛額成長率中顯現。更重要的是兩個國家都採取了促進貿易的政策。這些政策包括降低關稅、鼓勵外國投資，以及其他誘因：事業私有化（中國較少）、鼓勵創業、銀行現代化、投資、以司法程序刺激成長，並且加入經濟共同體〔中國加入亞太經濟合作會議（APEC），智利加入南方共同市場（Mercosur）〕，而獲得槓桿效益與比較優勢。

Marketing

第三章

行銷管理與策略行銷規劃

◆ 本章概述

　　本章重心在於行銷管理流程，與行銷經理與其他經理人員共同擬定策略行銷計畫時所擔負的角色。這些計畫是經過系統化的流程，分析內部與外部環境，擬定目標明確的願景與使命，並且訂定將行銷組合與目標市場相結合之目標、策略、方法與控管流程。

◆ 行銷管理創造出令人滿意的交易

　　依據美國行銷協會（AMA）的定義，行銷管理係指「目標族群為滿足顧客與達成組織目標之貨物、服務與觀念等，而規劃與執行之定價、促銷與配銷」。在成功的行銷管理流程中，行銷經理通常會進行一系列的活動，稱之為策略行銷規劃，包括使命說明、環境分析，並且訂定目標、策略、活動與控管。

　　本章其餘部分，我們的重心將在於行銷經理人員如何經歷策略行銷規劃各個階段的工作，而訂定與達成企業與顧客的目標。在第六章至第八章中，我們將探討該流程的組織、訊息傳遞與控管之彼此相互連結的系統。

◆ 行銷經理的工作為何？

　　面對多變的市場機會，在調合企業的目標與資源而規劃行銷活動時，行銷經理將與其他有類似目的與目標的高階或低階經理共同合作。

　　例如，蘿拉·摩爾的直接主管，莫頓的行銷副總，便在其他消費者

與組織市場部門之經理人員（財務、生產等）的協助下，擬定整體的行銷政策。摩爾遵循這個整體性的政策，而與她部門的經理們，共同發展與執行詳盡的策略行銷計畫。例如，她與產品發展經理與行銷研究經理發展出的獲利產品超級腦即可滿足顧客的需求。她的銷售經理負責擬定銷售目標，分配業務區域，訓練業務人員銷售MM產品線，並且督導所有工作。她的廣告經理與莫頓廣告代理合作，負責開創與發送廣告，以及其他促銷資料，以支援整個銷售事宜。在第六章的組織系統中，我們將探討各種有利於這種具生產力，整合各種觀點與活動的組織架構。

在共同開創、執行與控管策略行銷規劃時，整個組織內所有的經理人員都會分析、規劃、組織、執行與控管。

例如，從質化與量化研究資料，即可能爲莫頓 MM系統找出一個潛在獲利潛力的新目標市場。依據這一個分析，摩爾爲成功滲透這個市場的策略做規劃，將特別釐清MM系統的產品、價格、配銷與促銷策略，滿足目標市場成員的需求，並且達成公司的獲利目標。這個計畫也將特別說明爲實際執行該一計畫而必要之組織變更。

依據該計畫而執行的活動，將以對莫頓在新市場適應狀況的評估爲依據，並且考慮其他未顯現的環境變化，並且容許對原先計畫做改變。在執行活動的同時，控管機制也將運作，控管環境的因素、競爭對手、配銷管道參與者，與顧客的接受度，找出所規劃活動未達成預期目標之處，並且提供回饋意見，以確保未來的計畫，將可達成預期目標。**市場焦點3-1**說明這種策略規劃流程的作業。

創造與維持需求水準

摩爾與其他人共同開發與執行策略行銷規劃，以便使行銷組合的產品與目標市場需求相結合時，把MM產品線中的產品與服務，視爲一個投資組合，並且依據需求與預期獲利，針對各種情況逐一擬定適合的策

溫瑞特公司的策略規劃獲得包得瑞獎

通用汽車（General Motors）所發出的訊息相當令人沮喪：由於來自國外競爭者的壓力，通用汽車必須把供應商從四百減至二百，並且要求留下來的供應商提供更高品質的產品。

對於唐・溫瑞特，這家位於密蘇里州的汽車、航太精密零件與資訊處理的契約製造商之董事長而言，從該公司最大的顧客的決定，將成為其積極策略規劃的動力，並且訂定了成為如通用汽車這種大型企業之「世界級供應商」的使命。

溫瑞特遵循著這個使命，訂定了一個重要的營運目標：獲得包得瑞（Malcolm Baldrige）國家品質獎中專針對小型企業的「品質管理卓越獎」。要達到這個目標所必備的條件，包括品質、顧客滿意度與自我評估，也是溫瑞特為公司所設定的目標。

為達成這些目標，溫瑞特推動了一個計畫，激勵員工共同合作，以滿足顧客的需求。這項計畫的內容如下：

・賦予員工對於改善工作與溫瑞特產品的決策權，並且保證管理階層將提供支援，並且分享相關資訊。為能夠更具生產力的方式運用人力資源，而提出一項正式的建議計畫。

・推出包括如下領域的訓練計畫，例如，數學、字彙技巧、問題解決與人際關係技巧，以協助員工達成公司對他們的期許。

・訂定一套標竿活動，讓員工與其他曾經獲得包得瑞獎的得主會面，瞭解溫瑞特應該如何仿照之。

・實施顧客滿意度測量系統，要求顧客在品質與服務等項目上對溫瑞特的績效予以評分。另一個測量系統，則要求員工對經理人員與國際供應部門的績效予以評分。這些評估結果，以及有關安全、顧客滿意度、品質與營運績效等策略指標，都公布於一間會議室，供所有員工觀看。

溫瑞特的激勵、協調與控管績效計畫的具體結果，是獲得1994年包得瑞獎，並且仍舊保留了通用汽車這個重要的顧客。其他有形的成果，則包括大幅降低顧客拒絕的比率，報廢與重做的成本，以及營運的支出。

較非屬於有形的結果，包括員工的所有權意識，以及工作滿意度提升，並且讓經理人員有較多時間花在未來的規劃、發展與重要顧客的關係，並且找出嶄新生意機會。

溫瑞特把行銷概念與策略規劃相結合，而因市場成長率與獲利率持續成長，而使顧客與其本身皆獲得利益。

略。就這個觀點而言，策略行銷規劃可以廣義地被視爲一個開創與維繫符合企業目標之各種需求的流程。

科特（Kotler）❶指出了八種需求狀況，是行銷經理人員必須瞭解並予以回應的：

1. 負面需求：即某一個市場區隔不喜歡該產品，並且可能想法避開。例如，1999年旅遊休閒業面臨Y2K威脅時，說服旅遊者不要取消千禧年前幾個月的旅行。此際，行銷經理的任務，是確認這種需求狀況的發生原因，並且採取行動以便因應。折扣價、額外的安全保障，以及以廣告保證安全措施，都是這種行動的例子。

2. 無需求：當目標市場顧客對產品漠視或毫不動心時，例如，百老匯戲劇未曾引起任何反應。行銷經理的工作，就是把產品優點與潛在顧客的需求與興趣予以結合。

3. 隱性需求：是當許多潛在顧客都對某一個滿足有強烈的欲望，但卻無法由既有產品獲得滿足。頭髮重建與無痛苦節食，都是這種滿足的例子。行銷經理的工作，是衡量潛在需求的規模，並且開發足以滿足需求的產品。

4. 衰退需求：是莫頓目前所面臨的問題，即競爭對手殘食了國內市場占有率。行銷經理的工作，如摩爾的狀況，就是分析原因，並且擬定行銷策略，以因應這個趨勢。

5. 不規則的需求：是季節性、每天甚至每小時的需求都不斷變化，造成對產品使用的明顯差異。大部分的大眾運輸系統都面臨這種問題，每天只有尖峰時間的幾小時需求最大。行銷經理的工作是試著以改變行銷組合變數，例如，以彈性定價，或特殊的季節促銷活動，而改變需求模式。

6. 完整需求：是企業掌握了所有設定的需求。行銷經理的工作是控

❶Philip Kotler, *Marketing Management*, 8th ed. (Englewood Cliffs, NJ: Prentice-Hall, 1994), pp. 14-15.

制顧客需求的變化，並且維持這種需求水準。

7.過度需求：是需求高於組織所能或所願意提供的能力。黃石公園的露營人口即是過度需求的例子，而透過控制行銷組合變數而抑制，例如，以較高價格，或提供較少的產品特色。運用行銷組合變數，降低需求的方式稱之為「行銷抑制」(demarketing)。

8.令人不悅的需求：類似香菸、酒精與色情文學等產品，對於這些產品行銷人員要考慮公眾對這些產品的負面印象而擬定出行銷計畫與組合，是一大挑戰。在國際市場之中，這種需求狀況的滿足，也可能不被美國視為合於道德或合法的，例如，販賣熱帶雨林橡樹。

透過策略行銷規劃管理需求

策略行銷規劃是一個開發與維繫組織之資源與目標，以及不斷變化之市場機會的管理流程。必須仰賴於明確的企業使命，輔以目標與目的，並具備堅強的業務組合，協調功能策略與有效的控管。

策略行銷規劃是一個由上至下的流程，始於企業階層，在大型企業（如莫頓），再向下至各部門，業務單位，以迄產品階層。**圖3-1**即顯示了一個企業階層的策略行銷規劃模型。

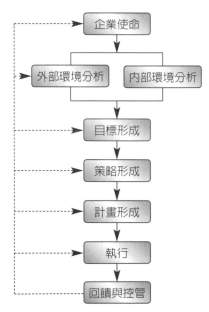

圖3-1 企業策略行銷規劃流程

使命說明定義出目標與方向

　　企業階層的策略規劃，始於一個一般的企業使命說明，這將可作為組織方向的廣義說明，並且針對以下疑問提出解答：我們的業務範圍為何？我們的顧客是誰？我們將提供顧客哪些價值？我們的業務應該如何發展？使命說明之中的主要元素，包括企業的歷史與傳統，市場的威脅與機會、資源，與競爭環境。要反映這些要素，一個良好的使命說明，應該把重心放在少數重要的目標，並且定義出企業主要經營範圍，包括市場、產品、用途與配銷管道。這些都將依據對企業的優點與缺點，以及市場的威脅與機會等之深入分析，並且通常都必須強調帶給顧客的利益。

　　IBM的使命說明即包含了這些特色。IBM經營的業務，是把先進的資訊科技，應用於解決企業、政府、科學界、太空探索、國防、教育、醫學與其他人類活動領域的問題。IBM以資訊處理系統、軟體、通訊系統與其他產品與服務，解決顧客特定的需求。這些工作是由IBM全球行銷組織，以及該公司的營運夥伴，包括授權經銷商所共同提供。

　　除了作為企業整體政策、目標與策略的一個起始點，所有經理人員、員工、顧客與其他公眾所認同的使命說明，應該形成對目的、方向與機會的共識，應該鼓舞員工，協助他們獨立作業，並且共同達成組織目標。

企業階層的策略規劃

　　在企業使命說明的指導原則，以及從這個使命所演發出來的目標與策略之下，摩爾對於她的獨立事業單位，即超級腦產品線與服務，此一階層的策略規劃，便更為集中。

例如，莫頓為MM產品線所擬定的行銷計畫，始於下述以顧客利益為主的使命說明：

> 莫頓電子公司的超級腦系統部門的業務，是透過特殊與一般領域的現代化工具與技術，協助企業主管與專業人士提高生產力與效率，而提供最先進之電腦化訓練與溝通課程。

從環境分析確認出威脅與機會

使命說明，與從此而演生出的目標，都是依據為找出目標市場，並且確認在滲透這些市場時所面對之機會與威脅的內部與外部環境的分析為基礎。外部環境分析，包括了各種總體環境與個體環境的力量，包括競爭因素、潛在目標市場的成長率、接觸這些市場時所面臨之供應商與配銷商的問題，以及足以影響到MM系統行銷活動的相關技術、金融、社會、經濟與政治因素。

內部環境分析，係指攸關MM行銷活動成敗的莫頓各個功能領域的能力，包括行銷效益（產品與服務品質、配銷、促銷與業務能力），財務能力（資金、現金流量等），製造專業（設備、勞動力、規模經濟），以及組織（領導品質、企業定位等）。第四及第五章將說明這些總體與個體環境因素，第七及第八章將探討行銷資訊與行銷研究體系與蒐集、處理與解讀這些環境資訊的程序。

形成與使命相關的目標

環境分析也跟使命說明同樣地有助於形成事業與行銷目標，而成為摩爾策略規劃的關鍵。例如，在諸多使命說明所定義的事業目標之中，莫頓必須吸引最高階軟體工程師，針對特定的專業族群而開發最先進的參考資訊與訓練課程。其行銷目標將是找出與定義專業目標市場族群，並且準備行銷組合（例如，對這些族群產生吸引力設計、配銷並促銷

MM系統）。

其他與使命說明相關的目標，包括獲利、銷售額成長率、市場占有率成長率、避險與創新。所有的目標都依據階梯式，從最重要項目依序排到最不重要項目（例如，提高獲利的目標，必須經由如存貨管理、現金流量、營業額與成本控制等次級目標的完成才可達成）。每一個目標都必須有量化標準，如此才得以衡量其進展，並且能夠與其他目標與各部門的使命保持一貫性。

形成與目標相關的策略

第六章中在討論規劃體系時的各種分析法，是產品與服務在企業的行銷策略的最高點，每一種策略都視為經由行銷組合元素的平衡，並且都代表整體行銷策略的一個子集，而滿足選定之目標市場中顧客的需求。

在摩爾的部門中，企業的產品組合，持續依據是否符合部門使命與目標而評估，以找出新產品機會與適合於既有產品的策略。

這些產品組合的評估，將指向以下四種廣義策略選項之一：維持策略（hold strategy），保持既有市場占有率；收穫策略（harvest strategy），無論長期結果為何，先增加產品的現金流量；剝奪策略（divest strategy），清算產品並且運用其他的行銷資源，或成長策略（growth strategy），增加獲利與市場占有率。這些選項的決定標準，將於第六章中的規劃系統中討論。

在摩爾新成立的MM系統部門，重心在於既有產品的成長策略，以及擴增產品組合。這些策略將分類為密集成長、整合成長、分散成長、市場領導者、市場挑戰者、市場追隨者與市場利基掌握者。

1.密集成長策略：密集成長策略係指企業對目前市場的密集耕耘，適用於既有產品／市場機會尚未被充分開發的情況。包括：

(1)滲透策略：其重心在於針對既有產品採取更積極的行銷手法，

通常可經由下列途徑而創造營業額與獲利：說服既有顧客多使用產品；吸引競爭對手的顧客；說服尚未做決定的顧客成為潛在顧客。

(2)市場開發策略：其重心在於吸引新市場的成員。例如，就MM訓練系統而言，新顧客可能是來自於尚未服務過的專業市場區隔，新的地理區隔（如海外市場），或新的機關市場區隔（如醫院人員參與電子行政課程）。

(3)產品開發策略：係開發新產品以吸引既有市場中的成員。就MM系統的個案而言，額外的顧客可能來自於針對既有目標市場而開發新的訓練軟體，例如，涵括最新稅務決定的稅務會計師的課程。新顧客也可能來自於既有產品訓練課程新的配套與促銷，例如，作為購買系統時的附加產品。

2.整合成長策略：整合成長策略通常較適宜於該公司所處的產業實力堅強，並且企業得以向後、向前或水平移動。

(1)向後整合：是當企業增加對供應來源的控制，例如，西爾斯百貨公司與A&P控制其批發商的供應來源。

(2)向前整合：是當企業增加對配銷體系的控制，大規模精選與控制其服務網路。

(3)水平整合：是當企業提高了對競爭對手的控制。例如，醫院與大學，往往會協調某些組合條件，其中每一個成員都有其專長的單一領域（例如，心臟移殖或會計博士學位。）

3.分散成長策略：是當企業所屬領域的成長機會有限時所採用，通常包括水平分散、聚合分散與集中分散等。

(1)水平分散策略：在企業既有產品線外，增加與既有產品毫不相干，但是可吸引該企業目標市場成員的新產品。例如，必勝客與其他速食店賣玩具，及其他與主要產品線毫無關聯性的手工產品。

(2)聚合分散策略：行銷與既有產品線毫不相關的新產品。這種策

略與水平分散策略不同的是可吸引新的顧客類型。例如，大型釀酒廠西格拉姆（Seagram Corp）購買環球電影公司。

(3)集中分散策略：以既有產品類似的技術或行銷方式推出新產品，以吸引新的市場區隔。例如，當新聞集團（News Corp.）與維康（Viacom）購買20世紀福斯公司與派拉蒙的影片，以增加其有線頻道與電視網的內容，並且建立電影圖書館，就是採取這種策略。

4.市場領導者策略：這種策略是可口可樂、寶鹼與吉列等企業所採行，以優勢的產品或競爭力主導市場。領導者廠商多半對競爭威脅較具備免疫能力，並且因此可以維持其領導地位。例如，當固銳啓（Goodrich）與領導者固特異競爭時，固特異獲得固銳啓的市場占有率，多於固銳啓從固特異手中獲取的市場占有率。此外，由於固特異擁有較大的市場占有率，因而可以從產品的生產與行銷獲得較大的量產規模經濟。然而，領導者企業也面臨了所有競爭對手之主要標的威脅。

在規劃MM產品線的策略時，摩爾體認到獲得領導者地位的價值。一旦獲得了這個地位，該部門將有兩個選擇而持續成長。第一，合作策略，可以找出新的使用者，與產品的新用途，而增加MM系統與競爭系統的市場規模。其次，競爭策略，將可以大量投資，吸引來自競爭對手的顧客，而獲得額外的市場占有率。摩爾決定她的部門將採取第一種策略，即合作策略，並且也採取一種先發制人策略，推出新計畫與產品，阻絕造成重大威脅之主要競爭者。

5.市場挑戰者策略：是挑戰者企業所採取的策略，當領導者已經建立，摩爾期望採取三種型式：

(1)正面攻擊：對MM系統整體市場組合，包括課程、價格、配銷與促銷的強力挑戰者。

(2)側面攻擊：較弱的挑戰者，其重心在於攻擊MM的弱點，例如，MM系統的成本。

(3)迂迴攻擊：在非MM系統所涵蓋的領域競爭，例如，政府市場中的電子教育課程。

6.市場追隨者策略：是不願意直接或間接挑戰領導者之追隨者企業所採取的策略。摩爾認為這類企業將緊緊追隨MM系統部門的產品、價格、地點與配銷策略，而維持市場占有率與獲利。

7.市場利基掌握者策略：是擅長於大型競爭對手所忽略之利基市場，而屬於較小型競爭對手所採取的策略（如MM部門無法獲利的市場區隔）。

摩爾認為，MM部門最理想的情況，是在由大型、追隨型與利基型企業，並且僅有少數堅強的挑戰者所組成的競爭環境之中成長發展。她期望所規劃的合作領導者策略，將有助於形成這樣的環境。

計畫形成

使命、環境分析、目標、目標市場之定義、行銷組合之說明、將市場與產品結合之策略與戰術等，都在一項策略行銷計畫中以書面寫明。此外，這項計畫之中也包括第六章中所探討的執行及控制行銷策略的方法，以便衡量績效，確保可以達成目標。

國際觀點

在莫頓的國內市場之中，摩爾瞭解策略行銷計畫的要素，諸如環境分析、目標、策略、執行計畫與控管，都相當容易擬定。這是一個穩定、定義完備與可預期的市場，她與她的同事可以花許多年的時間漸漸熟悉。

然而，在國際市場之中，策略行銷計畫卻不容易制定與執行，因為各個國家環境的不同，以及通常缺乏這些差異性的相關資訊。進入一個

海外市場，往往意謂著使用不同的貨幣，學習新的語言與法律，面臨政治與法律的差異性與騷亂的情況，並且必須重新設計產品以符合不同的顧客之需求。**全球焦點3-1**中即展示了部分問題。

在全球市場的策略規劃

由於環境差異，在進入海外市場而進行策略規劃時，最重要的是進行「環境分析」，其中所要探討的問題如下：

1.我們是否應該進入這個市場？具體而言，即進入某一海外市場的潛在報酬是否足以涵括相關的成本與風險？（進入海外市場的理由請參考第二章）

2.我們應該進入哪些海外市場？企業要進入海外市場的一個重要決策領域，是打算進入海外市場的數量，從這些市場獲得的銷售額與利潤比率，以及國家特性。這些問題的答案，受到來自於環境分析之結論的影響，包括成長潛力、競爭優勢、物流問題、進入障礙與財務與政治穩定性。

雖然進入高風險海外市場有許多方法，大部分企業都採取謹慎、階段性的方法，以降低風險與成本，以便充分控制並且保持彈性。這種方法通常包括如下階段：

初期，企業將進入一或兩個與母國市場特性最相容的國家。加拿大就是美國企業的主要選擇。獲得國際地位的企業，主要出口或進口產品，或買賣產品以從在不同國家的價差獲得利潤。母國的設備最初是為銷售該公司產品，稍後，則由母國的人員、供應、財務與設備所支援。

跨國性的地位，是進入了其他海外國家，並充分運用當地國的人員、供應、財務與設備時而得。跨國事業並非僅只是在許多國家做生意，而是指企業在一個或多個國家生產產品，或有分支機構進行產品附加價值工作，而非僅只是從事貿易。例如，日本人在行銷多年以後，把

擬定一個成功的出口策略

一般而言,一個成功的出口策略,將包括至少四種相互關聯的因素,並且這四種因素將集結,而決定出最適當的出口運作:(1)企業的出口目標,包括短期與長期目標;(2)企業所採用的特定戰術;(3)以及反映出所選定之目標與戰術的活動順序、截止日期等;(4)各項排定之活動的資源分配。

行銷計畫與排定活動,應該以出口產品的類別、競爭對手的能力、目標市場的條件等因素,而以二至五年為期。

以下是遵循這種策略規劃方式而滲透全球市場的三個成功的故事:

· 俄亥俄州愛克容的SIT公司,強調其高品質的吉他絃,並且亟於建立其耐用的聲譽。副總裁羅伯·哈德(Robert Hird)說:「我們不斷開發更結實的絃。外國客戶特別渴望找到一個可靠與長期供應的美國供應商。建立這種聲譽要花費相當長的時間,但是我們正在如此做,因為我們的出口正在成長。」SIT所生產40%的產品銷往海外三十六個國家,哈德表示:「我們才剛開始呢。」

· 喬治亞州亞特蘭大Purafil Inc.也採取類似的出口策略,展現其空氣清淨設備的卓越技術。「為獲得領導地位,美國企業必須展現領先的技術」總裁威廉·威勒(William Weiller)說:「我們發現技術是使我們產品獲得差異化的關鍵。」為獲得這些聲譽,該公司參加全球各種科技論壇,並在國際貿易與科學期刊刊出技術內容的文章。

· 1989年以前,新澤西州貝克伍德的Metrologic儀器公司一直都不在意小國家與小型顧客。而在當年度時,該公司擬定了一個策略決定,而與全球的經銷商與零售商建立關係。這項再度集中的策略非常成功:在兩年之內,該公司增加了七十個新的外國客戶,產品銷往以往未曾拓展的二十四個國家,且國際銷售額增加了25%。

資料來源:*Business America*, Vol. 114, Number 9, Spring 1993.

汽車製造移植到美國的作法。

可以想見的是長期以後,企業將獲得全球地位。這個特別名詞是指企業發揮各個分公司的綜效,而依據在每一個國家的比較利益而擬出策略,並且運用相同的生產與行銷資源,而形成在數個國家的營運範圍,而可以達成規模經濟。全球企業是為了追求全球綜效,而非推出數項平

行但卻各自獨立的跨國營運計畫。

我們應該如何進入市場？從國際市場邁向全球市場的階段，企業將依據本身的策略目標，所銷售的產品種類，與政治、法律、經濟及當地國的競爭威脅與機會等考量，而採取一種或多種進入與成長策略。通常企業在國際化的第一個階段，是採取出口策略，而後在跨國與全球階段時，再邁向合資事業與直接所有權。**圖3-2**所顯示的承諾、資源需求、控管與風險，都可提升合資事業與直接所有權。彈性，或改變的能力，或終止進入策略，則屬於最高階的合資事業與最低階的直接所有權。

以下是這些進入／成長策略的正、反特性：

1.出口：運用這種策略，出口企業可以把在美國生產的產品，直接透過該公司位於美國或當地國的業務代表，或間接地透過當地國經銷商而銷售。這種低風險、低成本的方法，是當顧客都集中，且易於找出的情況下最有效。最大的一個缺點，是由於當地國經銷商可能對該公司產品的瞭解有限，而控制不易。

2.合資企業：這種策略有幾種型式，其共同點是出口公司與當地國家的某一公司，在某些製造或行銷方面的合作，而得以分享經

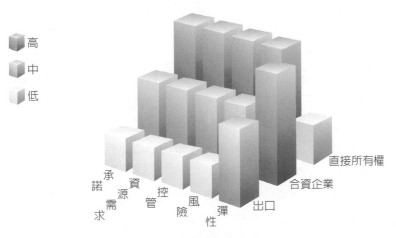

圖3-2 全球市場進入策略特性

驗、成本與關係。合資企業的優點,包括降低成本,且由於擁有海外所有權,而獲得較佳的貿易條件(某些國家要求當地企業的合資所有權作為進入之條件)。

潛在的缺點,則包括把專利與獲利分給當地國之所有權擁有者,或者,如果該企業不夠聰明,沒有維持對這些合資企業的控制,則可能完全喪失控制權。此外,當地國的合資對象也可能成為競爭對手。

合資企業的形態包括如下:

1. 授權:是當地國企業支付權利金而可獲得某些權力,例如,使用專利、商標或行銷專業。授權是以最少資金建立海外生產基地,避免外國企業免費使用其所擁有之資產,並且在出口與投資皆無法進行的海外市場創造收益的有效方法。

2. 加盟:是授權的一種型式,出口商(即授權者)賦予某一獨立事業體(被授權者)以某一限定之模式做生意的權利。這個權利可能包括銷售該公司的產品,或使用其名稱,以及使用其生產與行銷技巧。雖然授權海外公司加盟有許多問題存在,例如,選擇良好位置、尋找被授權商與供應商、維持標準與成本控制,以及對合約條款的一致看法等,美國授權加盟廠商自60年代開始積極向海外市場擴張。向海外擴張的主要原因,包括海外市場潛力、財務收益以及國內市場的停滯。

3. 合約生產:係在合約條件之下,當地國企業製造出口商的產品,出口商掌控所有專利流程。與出口商僅向當地國製造商提供管理專業的管理合約一樣,合約製造也是一種透過小資本事業而獲得營收的有效率方式。這兩種方式是當創業階段,面臨當地國有所有權限制,以及相關設備有運作困難的時候最合適的模式。雖然這種方法可以規避在全球市場運作的大部分風險,但也損失許多利益,往往被視為最後的一道防線。

4. 總攬式營運:係指專業的管理合約,而由出口企業提供完整的營

運設備予當地國客戶，包括所有相關設施、原料、課程與專業能力。這種套裝的安排，責任將集中在單一來源，因此易於與當地國企業溝通、督導與配合。由於這種模式的所有權與控制權在當地國客戶手中，往往被外國政府視爲外人投資的另一種可接受的模式。

5. 共同所有權：出口商與海外投資者開創了一個當地事業，而共同擁有製造、行銷的所有權與控制權，是企業以較快速度進行地理性分散的最佳方式，並且有助於把固定成本在較大的銷售額基礎上均攤。共享所有權也有助於企業從不同國家的合作夥伴身上獲得綜效，並且可以扭轉當地國對海外所有權之批判。

6. 策略聯盟：是一種特殊的合資事業，其目的是爲了藉助於槓桿作用而獲得競爭優勢，並且面對市場的威脅與機會而增加彈性。聯盟的企業，從企業層面或產業層面而言，都有共同的事業目標，重心皆在於提高獲利率、獲得新技術，以及擁有更佳的組織或管理能力。滲透海外市場、保護本國市場、打擊競爭者，以及分擔成本與風險，都是進行策略聯盟的原因。

7. 全面所有權：在這種條款下，出口商完全掌控全球營運的權利，擁有生產、行銷與其他設施的權利。這種控制權賦予出口商較多自由行動的權力，而無須與可能對全球市場並不瞭解的當地股東分享利潤或政策的擬定。政府對全面所有權的敵意逐漸增加，認爲這將威脅到當地企業。

本章觀點

在擬定適於組織目標與資源，以及不斷變化的市場機會的策略時，行銷經理將進行分析、規劃、執行與控管策略行銷規劃的各項活動。策略行銷規劃流程，始於有效的使命說明，接著是事業與行銷目標，再接

著爲達成這些目標的策略、戰術與控管。針對不同產品／市場狀況而適用的策略，可以分爲維持型、收穫型、分散型或成長型，成長策略又可以分爲整合式、密集式或分散式。競爭策略包括領導者、挑戰者、追隨者與市場利基策略。在國際市場之中，行銷規劃通常的演化階段爲國際性、跨國與全球階段，並且發展出合資與全面所有權。

觀念認知

 學習專用語

Challenger strategies	挑戰者策略
Contract manufacturing	合約製造
Demand states	需求狀況
Diversification growth strategies	分散式成長策略
Divest strategy	分散策略
Exporting	出口
Follower strategies	追隨者策略
Franchising	加盟
Global status	全球地位
Harvest strategy	收穫策略
Hold strategy	維持策略
Integrative growth strategies	整合成長策略
Intensive growth strategies	密集成長策略
International status	國際地位
Joint ownership arrangements	合資事業
Joint ventures	合資
Licensing	授權
Macroenvironment	總體環境
Market development strategies	市場開發策略
Microenvironment	個體環境

Mission statement	使命說明
Multinational status	跨國地位
Nicher strategies	利基策略
Strategic alliances	策略聯盟
Strategic marketing planning	策略行銷規劃
Turnkey operations	總攬式營運

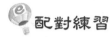 配對練習

1. 請把第一欄的需求狀況與第二欄中適合的策略予以配對。

1. 潛伏	a. 改變行銷組合要素
2. 非常規性	b. 開發新產品
3. 負面	c. 採取對應措施
4. 過多	d. 抑制

2. 請把第一欄的策略與第二欄中適合的說明予以配對。

1.水平整合	a.莫頓電子公司成立超級腦消費電子部門
2.集中分散	b.超級腦部門擬進入海外市場
3.市場開發	c.四家醫院同意由每一家專注於單一醫藥領域

3. 請把第一欄的全球貿易階段與第二欄中的特性予以配對。

1.國際性	a.依據比較優勢、整合、互動式管理而獲得綜效
2.跨國	b.重心在於國內市場，並追求國際市場的目標，由上至下的管理模式
3.全球	c.體認到全球市場的差異，必須調整行銷組合（產品、地點、價格與促銷）方能獲得成功，由下至上的管理模式

問題討論

1. 請說明策略行銷規劃流程各個階段的相互關係。

2. 策略行銷規劃對企業的好處為何？對顧客的好處為何？

3. 以一家當地百貨公司為例，請將策略規劃、策略與行銷計畫予以區分。

4. 以問題三的內容為例，請區分密集式、整合式與分散式成長策略。

5. 請說明四種行銷管理活動如何可以作為你規劃與執行就業的策略。

6. 請提出一份可能出現在你個人履歷上的使命說明。這個說明中哪些特性使其具有效益？

7. 請討論國內市場與國際市場行銷流程的相似與相異之處。

8. 從《紐約時報》摘述，名為「加洛兄弟的另外一擊」：加洛兄弟在蓬勃的涼酒事業中以猛烈攻勢而據有一席之地，當時整個產業均處於不振狀況中，僅有涼酒產業是唯一例外……而這一擊……是使加洛製酒公司從不景氣跳脫，而成為全世界最大酒廠的許多成功動作之一。而這家酒商的成功，使其競爭對手瞠目結舌……，除了是排名第一的酒商，其E&J白蘭地是全國銷售情形最佳的白蘭地酒。該公司的Andre香檳酒也是最暢銷的氣泡酒。該公司也是低價風味酒……廉價餐用酒的主要供應商……即使在頂極葡萄酒類當中，加洛的銷售量也稱冠……Bartles & Jaymes的成功……主要關鍵在於胡立歐·加洛（Julio Gallo），他以絕佳的廣告、適當的產品定位、強勢的銷售團隊與行銷人員，並輔以該產業水平整合與效率化生產的背景……。

請依據前述內容回答以下問題：

(1) 請討論如何運用策略行銷規劃流程的四個步驟而促成Bartles &

Jaymes的成功。

(2)請確認並說明在加洛成功的故事中所採取的成長策略：滲透、產品開發與市場開發。

(3)請說明加洛如何運用本章中所討論過的兩種衝突的領導者策略，以及Stuart Bewley可以如何運用挑戰者策略而與Bartles & Jaymes競爭。Bewley是加州涼酒的創辦人與總裁。該公司造成涼酒風潮並且以往均是領先銷售廠商。

解答

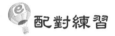

配對練習

1.1b，2a，3c，4d

2.1c，2a，3b

3.1b，2c，3a

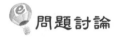

問題討論

1.使命說明將定義出企業目標市場的需求，並且顯現出其產品與服務的特性與優點如何滿足這些需求。這些定義，也將反過來說明企業實際上將可能達成的目標，以及為達成這些目標的最佳產品組合與其他行銷組合要素。

2.策略行銷規劃對企業的好處，是協助企業探索值得拓展的行銷機會，而達成目標，並且有效運用資源。策略行銷規劃對於顧客的好處，是在這個過程之中，通常都可以滿足一個未曾滿足的市場需求，或針對已獲滿足者提供更有效率的服務，而有更佳的產品

或產品相關之屬性（如價格與配銷）。

3. 對於百貨公司而言，策略計畫可以為某一個部門（如家用品、運動器材等）找出值得拓展的目標市場，並且提出一個與這些產品與服務相關的計畫，以確認該目標市場的需求。策略是把所提供之產品與服務與需求相結合，包括推出特殊的季節性促銷活動、減價活動、改變商品組合等之年度計畫。百貨公司的行銷活動將把各部門的計畫融合而為單一的整體計畫。

4. 百貨公司可以運用密集成長策略，包括滲透、市場開發與產品開發策略，而進一步探索既有產品／市場機會。例如，百貨公司可能會以更有效的促銷，試圖更深入滲透既有目標市場，以新產品線（產品開發）吸引這些市場中更多的成員，或者為既有的產品線尋找新市場（例如，為年長者提供前往商店的交通）。百貨公司可以運用綜合成長策略而控制其供應來源（向後），例如，西爾斯百貨公司，或者與其他百貨公司共同促銷（水平），或控制較小型，非中央集中管理式的零售商（向前）。當百貨公司既有的市場消失，或許是因為鄰近其他業者的變化，而採取分散式成長策略。水平分散是指百貨公司踏入其他與既有生意毫不相干生意（如銀行），以吸引既有生意中其餘的成員，而整合分散策略，則是把這些嶄新且不相關的事業，推向嶄新的顧客類別。集中式分散是如果百貨公司從事在技術上與目前業務相關的業務，例如，目錄採購服務，以吸引新的顧客類別。

5. 你可以先列出可以提供給潛在雇主的技能與能力，可以運用於這些技能的特殊專業（如會計、金融等），而分析你自己的狀況。然後，你可以擬定一個把自己的技能與能力向潛在雇主傳達出來的計畫，包括準備一份履歷表與申請函，並且排出寄出信函與追蹤電話的時程。其次，你可以寄出這封信，打一些追蹤電話，並且進行面談。最後，如果結果不如預期（第一輪準備後並未獲得工作），你可能修改原有計畫（修改履歷表、郵件）。

6.這樣的一份說明應該是利益導向，包括產品領域、顧客族群與顧客需求之滿足。這項說明的範圍是指你申請之職位的領域，產品是你所具備的技能，顧客群則是潛在的雇主，而需求則是該一工作的條件。以下由一名主修會計者的說明將可以符合這些標準：「大型公立會計師事務所為小型企業顧客進行稽核，將可透過提高顧客的獲利而增進雇主的獲利。」

7.在國內市場與國際市場中特定活動的行銷流程都是相似的，例如，產品與服務必須發展、定價、配銷與促銷，以便符合目標市場的需求以及企業的目標，並且考量到市場的威脅與機會，與企業的優勢與弱勢。行銷流程在具同質性的國內市場，與異質性的國際市場兩者之間的差異，主要源自於環境的不同。例如，不同的語言、文化價值觀、經濟發展狀況、幣值穩定度、基礎設施的發展程度、法律系統與政治環境，可能會對最有效益且最積極的市場進入策略成為泡影。但是，規劃完善與執行順利的全球行銷策略，往往可以獲得比固守國內市場之企業獲得更多的利潤。

8.(1)以下是從幾種策略行銷規劃流程，對於Bartles & Jaymes的成功所可能扮演之角色的可能性，而提出的幾項觀察：

‧定義該公司的使命：加洛的使命說明與許多競爭對手的使命不同，該公司並未局限於少數產品與市場（例如，僅限於較小型的飲酒者市場）。涼酒很顯然地代表相對的新產品，進入一個比傳統飲酒者市場更新，且較大的市場。這篇文章清楚地說明加洛是一個創新者，廣泛地開發酒類產品，從低價酒以迄最頂級酒。

‧訂定企業目標：加洛的定位與促銷活動的效果（明確的廣告「強力行銷與銷售」）提出了切合實際，整合的行銷活動，包括了所有產品線，並且獲得更廣泛的營運目標，以及在達成目標之後，達成銷售額與成本目標。

‧設計營運組合：加洛持續成長與獲利的紀錄，主要是依循使

命說明，依據範圍較廣泛的產品線，而建立一個針對每一個
產品線成長與獲利潛力的評估，以及執行與這些評估具連貫
性的投資、維持與收獲策略。此外，也建議比照Bartles &
Jaymes涼酒而持續搜尋新產品／市場機會。

‧規劃行銷與其他功能性策略：這篇文章在於強調加洛行銷活
動之中的強勢、有效與目標導向的行銷策略與戰術。其中未
受到注意但對酒類成長與獲利非常重要的，是在其他領域之
功能策略，包括生產、配銷、研究發展與財務，這些都必須
與行銷活動做有效的配合。

(2)

策略	定義	例子
滲透	說服目前顧客使用更多產品，把「未決定者」改變成為顧客，吸引競爭對手的顧客	Bartles & Jaymes把市場領導地位自加州涼酒手中搶走
產品開發	新公司開發出吸引既有或潛在顧客之產品，或舊產品推出新包裝或新功能	Andre香檳，這種較廉價的氣泡酒也加入了加洛廉價酒系列
市場開發	公司開發產品吸引新的市場（地理區域、消費者與組織市場）	Bartles & Jaymes涼酒吸引與飲酒完全無關聯的「雅痞」區隔市場

(3) 從其領導者的定位而言，加洛可能採取建立整體市場規模的領
導者策略，對加洛與其競爭對手而言，介紹新產品，並且找出
新用途與新使用者，就既有的產品而言，或採取領導者策略，
可以吸引競爭對手的顧客。這兩種策略都可見之於加洛的個案
中：Bartles & Jaymes涼酒的成功，為所有涼酒商創造了巨大的
新市場，同時加洛也成功地為其涼酒訂定出相對於加州涼酒的
定位，並且取代了其領導地位。

加州涼酒總裁R. Stuart Bewley，可能會試圖以正面攻擊策略、
側面策略或追隨者策略，而再度搶回失去的領導者地位。然
而，在加洛的強力的領導下，面對各種產品線，以正面攻擊策

略似乎不易成功，或許針對Bartles & Jaymes產品的弱點而採取側面攻擊或迂迴策略，把重心放在市場區隔而非攻擊Bartles & Jaymes（如美食家）的策略，或可成功。

Marketing

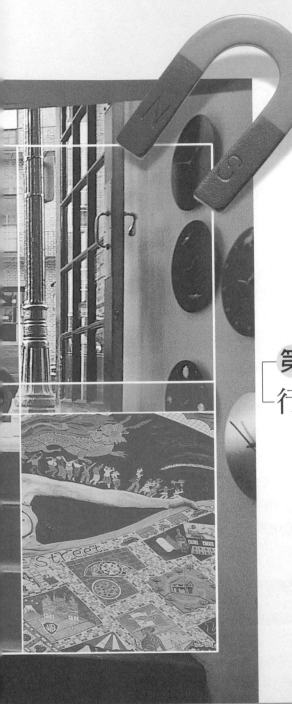

第四章
行銷環境

本章概述

策略規劃流程的外在環境,是持續在變動,且代表著機會與威脅的一些彼此相關的力量,必須在行銷組合與目標市場的結合時予以考量。就總體環境層面而言,這些力量包括人口統計因素、經濟、社會文化、政治法律、競爭與技術的影響力;就個體環境的層面而言,則包括企業的使命、目標、供應商、顧客、行銷中間商與公眾。

環境變數如何影響策略規劃

前一章中,探討過行銷經理在發展策略行銷計畫,以及在變動的市場機會中,使企業的資源與目標相符之活動的角色。

規劃流程的第一個步驟,也是整個流程中持續會進行的步驟,行銷人員會系統化地審視內在與外在環境,以發掘各種對於訂定與修正行銷策略而言非常重要的威脅與機會。審視環境的重要性,可以參考**市場焦點4-1**,即是一個適度運用審查環境所獲得之資訊的例子。

總體／個體環境影響市場與行銷組合

摩爾在針對嶄新MM系統部門產品擬定行銷計畫與活動時,開始就廣義的總體經濟因素,包括人口統計、經濟、社會文化、政治法律、競爭以及技術等因素的影響進行分析。

隨後,她的重心放在受到總體環境影響的個體環境因素。個體環境

市場焦點4-1

AT&T針對環境全面變化的回應

　　電訊業涵括了電話公司、有線電視授權商、電腦公司、無線手機服務業者、網路供應商以及出版與娛樂巨擘，專事針對將電訊與資料來源與企業與個人用戶連結的資訊高速公路，提供設計、建立體系、管理與服務等工作。（第二十一章將探討行銷人員所使用的資訊高速公路）

　　身為該一產業的領先者，AT&T在進入21世紀時，將重心放在把技術轉換為價格合理的服務時，面臨著許多環境變化的先期因素。

　　在政治與法律先期因素方面，全球電訊業持續美國於80年代開始展開的放寬規定與私營化的腳步。在這個趨勢發展的情況下，1996年的電訊法案（Telecommunication Act）准許長途電話公司（如AT&T與地方服務公司），彼此進入對方的市場。

　　在技術的先期因素方面，新技術的生命，在90年代後的十年裡，由於網際網路與繪圖介面的引領下，從平均五年減至一年。

　　在經濟的先期因素方面，全球經濟成長，再加上技術成本大幅降低，為電訊產品創造了嶄新的大型市場，越來越多的產品與服務都成為人們所負擔得起的。例如，單在1999年裡，網際網路在北美的使用率即成長了20%。

　　在社會文化的先期因素方面，許多電訊革命的產品，例如，互動網路軟體，一如半世紀以前的電視般都已被視為必需品。

　　這些環境的影響因素，對於競爭環境產生了重大的衝擊，小型網路公司如亞馬遜網路書店（Amazon.com），甚至比通用汽車等巨型企業更有價值。

　　AT&T針對這些環境變化所採取的回應包括：

· 公司重組而分為三個獨立的全球企業：(1)嶄新的AT&T：提供顧客全系列之電訊與資訊服務；(2)Lucent Technologies：生產電訊設備與系統、軟體與產品；(3)NCR：生產交易用電腦系統與提供相關服務。每一家公司都各有其營運與策略規劃的能力，並且比原來的AT&T能夠更快地面對市場的威脅與機會做出反應。

· 專注於五個AT&T最能達成使命的領域：長途電訊服務、地方電訊服務、無線電訊、線上（網際網路）服務以及家庭娛樂等。

· 強調全球市場的重要成長機會。為達成這個目標，AT&T進行合作、策略聯盟與合併，以期將電訊服務推向全球企業與消費者。

　　雖然AT&T的定位是成為全球資訊高速公路的重要業者，但管理階層瞭解總體與個體還境因素的變化，將迫使AT&T不斷地因應這些變化而回應。

因素包括企業本身、企業的使命、目標與政策，生產與行銷MM系統的供應商，願意購買這些系統的顧客，協助提供財務、促銷與將產品配銷至顧客手中的市場中間商，以及有助於MM行銷活動的所有公眾。

圖**4-1**顯示摩爾的分析途徑，從總體環境至個體環境因素，再至行銷組合各項要素，最終以迄目標市場。

圖4-1 環境架構下行銷組合之元素

總體環境：威脅、機會與回應

摩爾的分析始於總體環境的人口統計因素，其次為經濟、社會文化、政治法律、技術與競爭環境。以下是她發現每一個因素對行銷計畫的影響。

人口統計環境

由於市場是由人所組成，摩爾第一步就是把分析的重心，放在由界

定人口的各種變數所組合而成的人口統計環境上，包括年齡、性別、家庭規模、家庭生活週期、所得、職業、教育、宗教、種族與國籍。

人口趨勢與發展

MM系統行銷計畫成功的最重要因素，是有關人口成長率與年齡組合的趨勢與發展。

1. 人口成長率：全球人口成長率每一年增加1.6%，因而預期至2000年時，全球人口將超過60億，將造成過度擁擠、污染、資源耗損以及生活品質降低。然而，大部分的成長都發生於低度開發區域，約占全球人口70%。在莫頓最易於打入的國內市場與海外市場中，人口成長率實際上皆趨向於零，這也代表了購買MM系統的人相當有限。

2. 人口年齡組合：全球人口年齡組合，從由極度年輕（且快速成長）人口的國家（如墨西哥），以迄相對老年且人口成長緩慢的國家（如日本）。當摩爾分析莫頓國內市場的年齡組合時，可以看出MM系統的潛在市場實際上是明顯增加的。因此，即使僅係MM系統邊際市場的青少年區隔市場之規模有所衰退，但二十至三十四歲以及三十四至五十四歲族群仍然有明顯的成長，而這正是兩個最具獲利潛力的市場。三十四至五十四歲族群之後，超過六十五歲的族群是所有年齡區隔市場中第二大成長的市場（20%）。摩爾特別表明將針對這一個族群而發展MM系統的訓練系統。

重要的人口統計變數：人口分布、族裔與教育

在分析過年齡族群的成長模式以後，摩爾開始檢視市場機會的人口地理分布。90年代，全世界歷史上的移民潮，是由於蘇聯集團崩解，區域經濟體如歐盟的形成，以及巴爾幹種族暴動所造成。在國內市場中，如圖4-2所示，最快速的人口成長是發生於南部與西南區域，這都是MM系統主要目標市場年齡族群的人口。

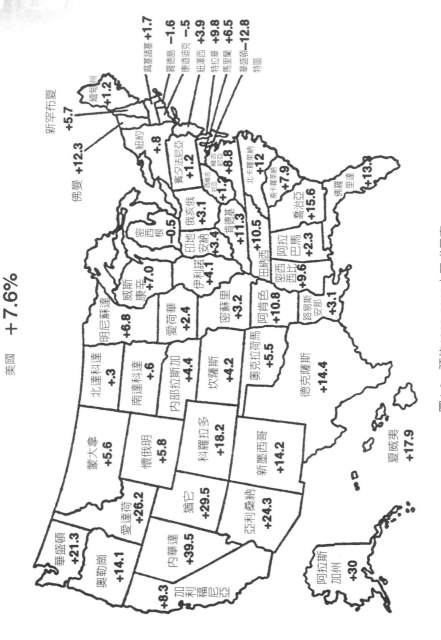

圖4-2 預估1990-2000人口成長率

資料來源：Bureau of the Census, U.S. Department of Commerce.

摩爾其他人口統計分析的重點，包括族裔群體，由於他們獨特的需求，而必須以特殊的行銷組合特性（如訂出教育課程與促銷活動）銷售MM系統；以及教育群體，這些群體的特性（如不識字、高中退學者、大學畢業等），則是MM系統另一些尚未滿足的需求。

經濟環境

在分析經濟環境對策略規劃與活動的影響力時，摩爾最主要的考量，是經濟因素如何影響到消費者對MM系統的消費模式。

一般而言，針對這些消費模式的分析，重點在於人們購買的產品與服務的類別為何，他們何時會購買，以及他們打算購買多少。至於個別產品與服務的購買，則依據以下三種概念，而可界定出消費模式：

1. 可支出所得，即消費者付完稅以後仍然可以花費的錢。
2. 可自行支配所得，即消費者付完稅與必要支出以後，仍可以花費的錢。
3. 依格爾法則（Engel's laws）。

1857年，普魯士統計學家厄尼斯‧依格爾（Ernst Engel）提出了有關家庭所得變化對消費者支出之影響的三個法則。依據依格爾的說法，當家庭可支配所得增加（亦即可自行支配所得增加），則：

1. 消費於食物與衣著等基本需求的支出將減少。
2. 家用費比例維持不變（除了瓦斯與電力等降低）。
3. 在其他項目如娛樂、教育、成長與奢侈品方面的支出成長。

簡言之，依格爾法則的結論，是當所得由可支配所得，移向可自由支配所得，則有較大的百分比是花費於MM系統的自助與教育產品等的「其他項目」。以摩爾的觀點而言，這意謂著先從四個因素界定國內（稍後再擴及於國際）市場的機會，即業務景氣循環、通貨膨脹率、失業率

與所得分配等，這些因素加總而形成購買MM系統的所得分配額。隨後，她將先予審視受到這些因素影響的策略行銷規劃，她將試著運用第十二章中所討論過的技巧，預測未來趨勢。

業務景氣循環影響購買形態

以往業務景氣循環是依循著一個對繁榮、衰退、蕭條與復甦等較可預期的模式進行。然而，90年代後期，在十年成長期以後，某些經濟學家開始爭論，或許我們可以避免未來的蕭條狀況，並透過複雜的財務與貨幣政策，推行全球市場貿易活動、自由競爭與放寬管制，以及在運輸與電子電訊溝通等技術革命的推動下，而維持經濟的健全發展。

從摩爾的觀點而言，最好是能夠瞭解消費者購買模式在景氣循環之間的差異為何。在景氣繁榮時期，消費者隨興購買，因而行銷人員擴大產品線範圍，增加促銷活動，擴增配銷管道，並且提高價格。在景氣衰退時期，消費者可自由支配所得減少，僅購買最基本的低價功能性產品，例如，他們會傾向把一日所得花費在家庭貨倉（Home Depot）而非花在豪華餐廳。行銷人員的對策，是降低價格，剔除邊際產品，提高促銷支出，以獲得競爭優勢，並且推出優惠價格產品（如莫頓在消費者購買一定數量硬體與軟體後，將免費提供個人電腦）。

在復甦期，消費者可能會購買，但是卻並非基於自身意願。例如，90年代初期的復甦期，消費者寧願償還債款，而非自由支配所得。隨後在復甦力道增強以後，消費者的可自由支配所得，主要用在較昂貴產品與服務，而企業即投資於新建設與設備。最後，在90年代後期，消費者的負債成長速率已高於所得增加速率，且個人破產率也達空前高峰。

通貨膨脹率影響購買形態

持續提高價格所造成的通貨膨脹，將因為減少消費者可購買之產品與服務而形成貨幣貶值，且除非所得成長跟得上速度，通常很少發生這種情況，消費者購買力將明顯衰退。美國在70年代後期至80年代初期，

通貨膨賬率飆漲至兩位數水準，而於1980年高達13.6%。隨後，至90年代，這種趨勢開始反轉，過去十年平均通膨率爲3%。因爲通貨膨賬壓力而導致三種可能的消費者購買策略，這三種策略是摩爾在評估國內與海外市場的各個階段都可能採用的，包括：(1)購買預期會上漲的產品；(2)改變採購模式以減輕因爲通膨而導致的損失（例如，以租車代替買車）；(3)延後購買。從摩爾的角度而言，最適合的應該是第一種策略，並且已列入了MM的促銷內容之中。

失業率影響消費者支出

失業率，其定義爲在某一經濟體之中，沒有工作且積極在找工作的人口比例，1992年達到8%的高峰以後，穩定下降至1999年低於4%。失業保險、個人儲蓄與工會福利等可抵消所得的損失，高失業率對購買模式的影響力將可降低。然而，在無失業率，或幾近無失業率時，所得皆能夠合理分配，就可以自由支配所得。

所得的分配模式影響購買模式

美國在邁入21世紀時，出現了一些前所未有的情況，包括經濟繁榮、低利率，以及極低的失業率與通膨率，創造了美國工作人口前所未有的財富。然而，摩爾瞭解，這些主要以個人所得呈現的財富累積，並非衡量購買力的最佳方法，而應該考慮到價格、儲蓄與信用度。

淨個人所得數據忽略了極爲重要的對國家財富與購買力的衡量，亦即所得分配於每一人口之數。例如，一個國家的個人所得比例可能有四種：(1)所有人皆屬於低個人所得者；(2)某些爲高所得，但大部分屬低所得；(3)高、中、低所得人口大致相同；(4)幾乎全部人口都屬於中級所得。

從摩爾的觀點而言，第二與第三種情況最適合，因爲這至少代表了有購買MM系統的人口區隔。在這兩種之中，第三種情況最爲適合，因爲這種狀況至少可保證有相當多具備購買力的富裕人口。然而，在莫頓

的國內市場中，其趨勢則傾向第二種情況，即少數屬於高所得，但大多數為低所得的情況。

更明確地說，美國的實質個人所得在70年代中期至90年代中期，始終維持停頓，唯有雙薪家庭有成長。這導致美國市場形成兩級化，有錢人更有錢，購買更多昂貴產品，而中產階級規模縮小，而貧窮者仍然貧窮。確實，勞工所得在1996年以前，幾乎未曾成長，自該年以後，才以穩定幅度上升。1998年，實質所得（經過調整通膨因素），比前一年高1.6%，是十年中成長幅度最大的。

除了階級因素之外，消費者可自由支配所得也因為年齡族群而有不同，年老者具較強購買力，即使與其他較高所得族群相較亦然。

社會文化環境

在分析的這一個階段，摩爾以定界MM系統之本質、範圍與位置的人口統計與經濟因素，而找出潛在的目標市場，以及這種需求的購買模式。現在，她將把重心放在形成與指引這種需求的社會與文化趨勢上。

社會階層將顯現出不同的購買模式

社會階層的界定是指具備相對的同質性，並指在一個社會裡，其成員具備類似的價值觀、興趣與行為。依據幾項研究的結果，顯示社會階層是階級式的架構，且類似的社會階層存在於各個領域，從最小的城市到最大的城市。在某一個階級裡，個人的地位不僅僅是源自於所得，而是考慮到所得的類別、職業、住房型式與居住區域。某一社會階級的成員在衣著、家飾用品與汽車等領域有特殊的產品與品牌偏好。在美國，社會階級的分野並非固定的，在一生當中，人們可以不斷地向上或向下移動所屬階級。

數名研究人員試著依據諸如所得、職業、態度、興趣與成員的意見、生活型態偏好與購買模式等，而將社會階級予以分類。例如，Engel、Blackwell、Miniard等，便依據這些特性找出了七種社會階級，

從上上階層以迄下下階層。以下是他們如何定義出摩爾最感興趣，並且為MM系統找出目標市場的兩種社會階級：

1. 上流社會階級（約占總人口2%）：高所得或因特殊能力或專業能力而賺得財富，積極參與社會事務，為自己與子女購買具地位象徵的產品（如昂貴的住家、汽車、電子學習系統等）。包括豪奢階級，這種炫耀的型式，是為了使高於或低於他們的階級產生印象。主要的企圖：被上上階層者接納，並且讓子女亦被接納。
2. 中上階層（約占總人口12%）：專業人士、獨立企業人士，以及既無家庭地位也沒有大量財富的企業經理人員，主要的考量是自己與子女的職業生涯。都屬於公民意識強烈者，樂於接納新觀念與文化，在家中與朋友分享歡樂。代表好家庭、衣著、家具、家用設施、個人電腦與軟體以及度假的高品質市場。

文化影響人們的行為與購買模式

文化是一個複雜的聯集，由社會全體成員共同學習與分享，包括了信念、價值觀、語言、宗教、藝術、道德、法律、教育、習俗、嗜好與能力。

價值觀導引行為

文化中的「價值觀」，其定義為對某一群體而言非常重要的行動、關係、感覺或目標，被廣泛接納的信念，而行銷人員最感興趣的是：(1)價值觀將導引適於文化內涵的行為；(2)價值觀是難以改變的；(3)價值觀是廣泛被接納的；(4)價值觀將促使人們以制式的方式對某些刺激產生反應。

在美國與文化相關的價值觀，是人文主義，即對他人權力與福祉的強烈關切。這種共同的價值觀，在協助大型災難，以及為聯合勸募（United Way）紅十字會，以及關懷計畫等慈善體系，投入金錢與時間的情況，顯現出對刺激的標準反應。

有助於研究人員的價值觀類別

價值觀有助於研究人員界定市場並找出市場機會：

1. 核心價值觀與次級價值觀：核心價值是持續不變的，次級價值是較易改變的。例如，持續不變的核心價值觀，包括結婚與扶養家庭，次級價值則包括晚婚與扶養較小型的家庭。日益衍生出的次級價值，例如，食用低脂食物，則代表著行銷人員可以提供針對這種價值觀之產品與服務的機會，逐漸消失的次級價值觀，例如，共產主意的恐怖威脅，如果行銷人員仍然執著於此，將可能喪失生意機會。

2. 次文化與文化價值觀：次文化是文化中的獨立區隔，依據如下因素而形成：種族、國籍、宗教或地理位置。次文化成員對食物、娛樂、政治、宗教、養育子女等有共同的價值觀，這通常代表著不適於整體文化族群的部分行銷機會。

3. 工具式與終結式價值觀：工具式價值觀的重心在於行為模式，終結式價值觀則強調最終存在性。例如，我們社會中有些人相信企圖心與自我約束（工具式價值觀）將可創造繁榮與幸福（終結式價值觀）。

4. 物質與非物質價值觀：物質價值觀是關係著人們購買的事物（「大部分商店品牌都與廣告品牌一樣好」）以及他們在何處購買（「XX提供最佳產品選項與價格」）。非物質價值觀則是指觀念、習俗與信念，也可能影響消費者的行為，尤其是非有形服務與宗教或政治事務。

價值觀可以定義需求

價值觀也可以與產品結合。例如，一般人均認同結婚與扶養家庭的價值觀，即代表著對許多產品的消費支出，例如，結婚服務、家具、衣著、度假、嬰兒食品與看醫生。

▶ 行銷人員的任務：找出並運用易受影響的變數

為依據文化價值觀而調整行銷計畫，行銷人員首要任務，就是找出各種最可能影響人們購買產品的變數。行銷人員的第二項任務，就是把這些易受影響的變數，融入針對目標市場與行銷組合的行銷計畫之中。

▶ 找出重要的文化變數

三種確認重要文化變數的方式，包括實地觀察、內涵分析與價值觀測量調查。每一種方式都各有其假設條件、優點與缺點。

1. 實地觀察：實地觀察法通常是由經過訓練的研究人員，觀察某一文化中小樣本群體的行為。例如，莫頓研究人員可能會觀察在電腦展中人們對超級腦電腦的反應。實地觀察法往往是在自然環境之中進行，主題則不一定被提示。

2. 內涵分析：研究人員運用內涵分析法，依據口頭與圖片溝通，而對變化的社會與文化價值觀做出推論。例如，少數族裔與女性在電視或報紙文章中出現，即可能推論整個文化價值觀的改變。

   為找出重要文化變數而進行的實地觀察與內涵分析法，都受限於適用性，且需要由費用高且經過專業訓練的研究人員執行，以及難以與變數或特定品牌購買行為進行分類。價值觀測量調查將探討這些缺點。

3. 價值觀測量調查：價值觀測量調查法是運用刻度問卷，稱之為價值觀工具，直接測量價值觀，而顯示出人們對各種價值觀與相關行為的感覺。這種直接測量調查法的兩個例子，包括Rokeach價值觀調查法（RVS）以及SRI國際價值觀與生活型態調查法（VALS）。

   (1)Rokeach價值觀調查法（RVS）刻度依據下述而將群體與受訪者分類為：第一，最終價值觀，測量存在之相對重要性；第二，工具價值觀，為達成這些目標而可能採取各種方法的相對

重要性；第三，相對購買行為。例如，一項RVS調查針對自由
黨與保守黨，而訂出以下價值觀。

(2)SRI國際價值觀與生活型態調查法（VALS）刻度集結了價值觀
與生活型態資訊以及人口統計資料，而形成四種可預測產品採
購的一般消費者族群：第一，需求導向的消費者（國內人口的
11%）；第二，外向型消費者（66%）；第三，內向型消費者
（21%）；第四，整合型消費者（2%）。每一個族群的定義，都
是依據生活型態價值觀與購買行為為基礎。

政治法律環境

一如社會與文化力量，政治與法律力量將緩慢地改變，並且有助於
作為定位與促銷產品的參考。在分析這些力量對MM系統部門的影響力
時，摩爾找出了政府機構立法機構所制定，並且最可能影響到策略行銷
規劃的五個領域：

1.一般貨幣與財政政策將可決定政府在商品與服務之支出，分配給
消費者的資金，以及人們在付稅與支付必需品以後，將有多少可
自由支配所得。

2.廣義之社會性法案以及相關的規範政策，如民權與環保法案。

3.政府與個別產業的關係，例如，對農業與造船業的補貼，以及外
國產品的進口配額。

4.與行銷相關之法案，包括為以下目的而訂定之法律與規章：維持
競爭環境、規範競爭活動、保護消費者，以及放鬆對某些產業之
管制。**表4-1**摘述每一個族群的重要法令，很快地將加入電子訊息
發布法令，以便因應詐欺、詐騙與侵犯隱私等問題，而管理網際
網路與線上服務。**表4-2**顯示某些與四種行銷組合要素（四P）相
關，而規範與維持競爭的特定法令。

5.有助於行銷人員的資訊，例如，第七章中討論的統計資料，有助

表4-1 影響行銷的重要聯邦法

日期	法律	說明
A.維持競爭環境之法律		
1890	雪門（Sherman）反托拉斯法案	禁止對交易設限與獨占，建立競爭的行銷體系是國家政策目標
1914	克雷頓（Clayton）法案	嚴禁價格歧視、獨攬、綁標以及其他所有可能造成獨占的行為
1914	聯邦貿易委員會法案（Federal Trade Commission Act）	禁止不公平競爭，設立聯邦貿易委員會，專門負責調查貿易行為
1938	惠爾（Wheeler-Lea）法案	修正聯邦貿易委員會（FTC）法案，禁止不公平行為，賦予聯邦貿易委員會仲裁不當廣告之權力
1950	席爾（Celler-Kefauver）法案	修正克雷頓（Clayton）法案，包括在減低任何產業競爭之重要資產購買
1975	消費產品定價法案	禁止製造商與零售商擬定價格合約
1980	聯邦貿易委員會改進法案	賦予州議員與國會議員對聯邦貿易委員會貿易法規的投票權，限制聯邦貿易委員會對不公平議題之規範權利
B. 競爭之法律規範		
1936	羅賓遜（Robinson-Patman）法案	嚴禁批發商、零售商或其他製造商價格歧視，禁止以不合理低價銷售而違反競爭行為
1937	米勒法案（Miller-Tydings Resale）價格穩定（Price Maintenance）法案	州際貿易合約不受反托拉斯法案之限制
1993	北美自由貿易區協議	加拿大、墨西哥與美國所簽定之國際貿易協定撤除三國之關稅與其他貿易障礙
C. 消費者保護法案		
1906	聯邦食品與藥物法案	嚴禁州內販售食品摻假或不實標示，其後再經食品藥物與化妝品法案（1938）及Kefauver-Harris 藥物修正案（1962）補強
1939	羊毛製品標章法案	規定產品中使用羊毛種類與百分比認證
1951	毛草產品標誌法案	規定毛皮產品使用動物認證
1953	可燃纖維法案	禁止州內銷售可燃纖維
1958	國家關稅與安全法案	訂定汽車輪胎安全標準

（續）表4-1 影響行銷的重要聯邦法

日期	法律	說明
1958	汽車資訊公開法案	禁止汽車經銷商提高新車廠價
1966	兒童保護法	法律禁止販賣有害玩具，1969年增修產品因電力、機械或熱力造成傷害之禁制規定
1966	包裝與標示法	規定標示產品認證、製造商或配銷商名稱與地址，以及內容物資訊
1967	聯邦香菸標示與廣告法	規定在香菸包裝上要寫上有危害健康之標語
1968	消費者信用保護法	規定提供貸款與信用購物之年利率
1970	公平信用提報法	讓個人得以獲得信用紀錄，並准許改變不正確資料
1970	國家環境政策法	成立環境保護機構，處理各種污染問題
1971	公眾健康吸菸法	禁止電視與廣播的香菸廣告
1972	消費者產品安全法	成立消費者產品安全委員會，具備制定大部分產品的特定安全標準之權限
1975 1977	平等信用機會法	禁止因為性別、婚姻狀況、種族、國籍、宗教、年齡與接受輔助計畫而受到借貸歧視
1900	營養成分標示與教育法	規定食品製造商與加工廠商在大部分食品標籤上提供詳細資料
1990	兒童電視法	兒童節目中限制廣告時數，週末每小時不得超過十‧五分鐘，平日不超過十二分鐘
1991	美國殘障法案	保護殘障者權利，在公共場所、運輸與電訊等環境歧視殘障者為非法行為
1993	布萊迪法	槍枝購買者在擁有槍枝以前，強制五天背景查核時間
D. 特定產業法令放寬		
1978	撤消航空管制法案	賦予航空公司商業客機訂定票價與選擇航線之權力
1980	機動車與拖曳鐵路法案	放寬卡車與鐵路業規定，准許此類產業得以協調票價與服務
1996	電訊法案	撤除當地與長途電話及有線電視市場的規定，而放寬電信業規定

表4-2 針對行銷四P之聯邦反制獨占法

法案	產品	地點	促銷	價格
謝曼法案（1980）在某些貿易領域獨占或共謀	獨占或共謀控制價格	獨占或共謀控制配銷管道		獨占或共謀控制價格
克雷頓法案（1914）實質減少競爭	強制某些產品結合後銷售	獨賣合約（限制買主的供應商來源		製造商之價格歧視
聯邦貿易委員會法案（1914）不公平之競爭			不實廣告或銷售不實	不實定價
羅賓森法案（1936）損及競爭		禁止對直接買主提供補貼	禁止不實廣告或歧視性協助	禁止價格歧視
惠勒修正案（1938）不實或欺騙行為	不實包裝或標示		不實廣告	不實定價
安默法案（1950）減少競爭	併購競爭者	併購製造商或配銷商		
麥格努森法案（1975）不合理行為	產品保證			

於行銷人員就市場人口統計與地理區域而定義。

技術環境

在現代經濟體制裡，實力堅強的技術基礎，再加上公民營機構的研發支出，均有助提升競爭優勢與實質的成長率。技術將影響行銷組合的所有要素，並且創新產品與服務，改進既有的產品，並且因為成本效益的生產與配銷流程而降低價格。美國在邁入21世紀時，在網際網路改變了企業的促銷與配銷產品的方式，並且創造出新的事業，如網頁設計、新的軟體企業（如MM系統）、互動式廣告代理，以及可以讓顧客透過網路協議交易方式的企業等，技術實際上已經對行銷的衝擊急遽在增加。其他的技術突破包括產業界與醫療界對雷射的廣泛運用、半導體電子傳輸、分子電腦轉換、無線通訊產品、生物改進種子與植物，以及抵抗疾

病的基因工程蛋白質。

在分析MM系統所面臨的技術環境時，摩爾從電子行銷與電視／電腦家庭購物等新技術中發現到許多機會，以及由有線電視所創造出來的目標市場的新機會。這些機會將於第二十一章中探討。

競爭環境

在確認了人口統計、經濟、社會文化、政治法律與技術環境的威脅與機會以後，摩爾現在把她的分析重心，放在競爭環境中的威脅與機會，她認為莫頓的顧客有四項競爭來源：(1)來自其他教育性電腦系統製造商品牌的競爭；(2)來自其他MM系統型式的型式競爭（如各州與社區學院提供之電腦化遠距離學習課程）；(3)來自其他與MM系統有差異，但仍能提供相同教育功能的競爭產品（如由各州與社區學院提供之傳統課程）；(4)其他欲望的競爭，包括潛在顧客可能有滿足對MM系統以外其他產品的欲望（如新汽車或貸款）。

如第一章中針對競爭的討論，瞭解競爭形態對市場的影響，是擬定開發市場計畫的重要因素。在莫頓的國內市場裡，摩爾瞭解品牌競爭是最主要的問題，然而，在MM系統產品線已在國內市場立足，並且開始滲透全球市場時，她瞭解到其他競爭將扮演重要的角色。

為了確認並且對競爭威脅與機會做回應，摩爾運用了一個矩陣（**表4-3**）找出莫頓最可能面臨的四種競爭狀況的特性：獨占、寡占、完全競爭與獨占競爭。在不同的發展階段、不同的區域，MM系統產品線將可能面對任何情況的組合。

1.獨占：獨占是當產品或服務由政府所提供（如美國郵局），私營公用獨占（如公用事業），或私人獨占（如戴比爾斯鑽石）。在導入階段，MM系統獨特的特性與優點，可能可以在沒有其他品牌的競爭與無彈性需求的狀況下而形成獨占。當營業額隨著價格增加而提升，但是莫頓仍然必須判斷：過高的價格可能會吸引原先未

表4-3 市場競爭者的部分重要屬性

重要屬性　　　情境類別	獨占	寡占	完全競爭	獨占競爭
每一家公司的產品均具獨特性	獨特	無	無	部分
競爭者數量	無	少	多	少至多
競爭者規模（與市場規模相較）	無	大	小	大至小
企業面臨之需求彈性	兩者皆有	糾結的需求曲線（彈性與無彈性）	完全彈性	兩者皆有
產業需求彈性	兩者皆有	無彈性	兩者皆有	兩者皆有
企業控制價格	完全控制	部分	無	部分

　　預期到的競爭，或被控以價格壟斷。

2. 寡占：寡占是少數幾家銷售類似產品的銷售者，掌握了市場，而有許多小型銷售者追隨其後。在電腦系統的領域，摩爾預期莫頓可能形成寡占情形，與少數幾家大型銷售者如蘋果、IBM與微軟（Microsoft）競爭。每一個競爭者都將密切觀查其他對手，將形成如圖4-3的扭曲需求曲線，競爭者通常會快速地以降價因應其他公司獲得額外銷售額的狀況。

　　假設所有的企業都把其系統產品定價為A。莫頓是否應該提高價格至B點，其他公司把價格維持在A，則將獲得莫頓所喪失的市場占有率，因此對莫頓較高價格的系統之需求將降低。另一方面，如果莫頓把MM系統的價格降至C，其他公司不願意把市場占有率讓給莫頓，也將會跟進，因而莫頓的整體銷售額將不至於增加太多。在這種情況之下，摩爾瞭解最重要的是找到扭轉點，並且據守在此。

3. 完全競爭：完全競爭意指許多銷售者都向許多買主提供類似產品，每一個銷售者反應速度都極快，並且完全掌握市場交易的知

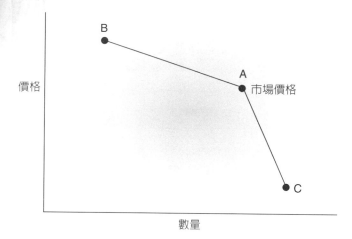

圖4-3 寡占：扭曲的需求曲線

識。商品市場是完全競爭的例子，其中買方與賣方透過電腦而完全瞭解價格。在這種情況之下，賣方面臨的是一個幾乎扁平的需求曲線。如有稍高於產品拍賣價的價格，將使得該產品的需求消失。如**圖4-4**所示的低利潤狀況，即是摩爾期望MM系統產品能夠避免的情況。即使當MM產品與競爭產品完全相同時，也至少會將其列入次一級的競爭類別，即獨占競爭。

4. 獨占競爭：獨占競爭狀況是少數或許多企業所供應的產品，被顧客視為相異的產品。例如，摩爾可以輕易的預期IBM、蘋果（Apple）以及其他十餘個外國與本國競爭者提供與MM系統相同的版本。然而，莫頓有效地設計與結合行銷組合要素，可能會使目標市場成員感覺MM系統的獨特性。因此，莫頓的MM系統實際上將在競爭市場中小幅度地獨占。

瞭解產品在不同市場之中所面臨的競爭環境，以及確實掌握企業的目標與資源，將有助於摩爾在擬定競爭策略時面對的兩個重要問題：

MM系統應該在哪些市場中競爭？
我們應該如何在這些市場競爭？

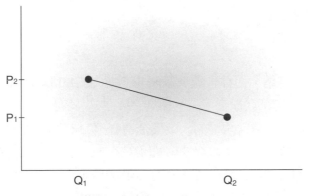

圖4-4 需求曲線：完全競爭

　　第六章規劃體系中將探討第一個問題，而本書其餘章節將探討第二個問題。

個體環境：威脅與機會

　　摩爾擔任新成立的**MM**系統部門主管，並且開始評估莫頓在擬定策略行銷規劃時可能面臨的總體環境因素，她也留意可能受到這些總體環境因素影響的個體因素。這些個體因素包括企業本身、**MM**系統的顧客、供應商與有助於生產與銷售這些產品的行銷組合，以及對於莫頓的行銷成敗有影響力的公眾。摩爾瞭解如充分掌握這些個體環境因素的影響力，和這些因素彼此之間的互動，以及與總體環境因素的互動，將能夠在有效率且有效益地執行與控管策略行銷規劃體系的必要條件。她也瞭解自己對個體環境因素的掌控能力較佳。

企業本身

摩爾瞭解具備全面性營運與策略規劃能力的MM系統部門，將面臨如**表4-4**的各種跨部門衝突。這些衝突主要是基於對MM系統與相關產品的生產與行銷而言非常重要的公眾與企業資源的不同觀點。

例如，行銷活動以銷售數字、關稅、各種模式等變化為重心，將可能與其他部門著重於功能特性與較少有模式變化的情況產生衝突。行銷的重心，主要在於滿足顧客的需求，而各個部門間彼此衝突的觀點，則可以共同協調，而完成企業整體目標。

因此，行銷管理的一項重要工作，就是促使所有功能領域透過顧客的眼睛，審視他們的活動，並且使其滿足顧客的各種功能活動，有一致性的行銷概念。摩爾預期未來與其他部門經理與相關人員在這些功能領域上密切合作，並且考量到他們的觀點，以組織她的部門，發展與散布資訊，並且規劃、執行與控制行銷策略。

顧客

雖然個別專業人士將是MM系統的主要市場，但摩爾並未忽略代表著此一新部門產品市場的其他市場：

1. 由購買該產品而用之於生產其他產品的製造商所組成的市場（將於第十章探討）。
2. 由購買該產品用於再銷售而獲利的零售市場（將於第十五與第十六章探討）。
3. 將會購買MM系統用於提供公眾服務，或為其他人提供產品與服務的政府市場。

表4-4 行銷與其他部門不同的觀點

部門	主要功能	行銷重心
研發	基本研究 本質 功能特性	應用於研究 被感受到的品質 銷售特性
工程	較長的設計前置時間 較少模型 標準元素	較短的設計前置時間 較多模型 客製化元素
採購	縮短產品線 制式化零件 材料價格 經濟包裝體積 採購頻率 間歇性	較廣之產品線 非制式化零件 材料品質 大體積避免庫存 立即採購 顧客需求
製造	較長的製造前置時間 少數模型的長期使用 模型沒有改變 制式訂單 易於裝配 平均的品質控制	較短之製造前置時間 短期使用較多模型 經常變換模型 客製化訂單 美麗外觀 嚴格品質管制
存貨	快速移動 較窄的產品線 經濟的存貨量	較廣的產品線 大量庫存
財務	嚴格的支出管理 慎密與快速運作的預算 可涵括成本的定價	直覺式的支出 因應需求而彈性化的預算 未追求進一步發展而訂定價格
會計	制式化的交易 較少報告	特殊的條件與折扣 較多報告
信用	顧客財務公開 較低信用風險 嚴格的信用條款 嚴格的收款程序	較少歲顧客進行信用查核 中度信用風險 較簡單的信用條款 較簡易的收款程序

4.由其他國家之顧客、製造商、零售商與政府所組成的國際市場。

以上的每一種市場，都必須依據購買MM產品的潛在性，以及這種潛力何時存在，且可以區隔為市場等因素而評估。每一個市場區隔再依據影響採購決策的獨特性而界定（第十一及第十二章中將探討市場定義與區隔技巧）。

 供應商

雖然MM系統部門能夠設計與發展各種產品與系統，摩爾瞭解該部門如果有更多企業生產，將更具經濟效益。即使MM系統部門決定自行生產而非採購，該部門也會找到生產這些產品的供應商。摩爾的一個規劃重心，是先制定出品質管制與其他的標準，以便選擇最適當的供應商，並且再規劃出當價格提高或產品不足時，選擇替代者的方案（與經銷商的關係將於第十九章及第二十一章探討）。

行銷中間商

除了選擇出生產MM系統產品線的供應商以外，摩爾瞭解也必須選擇一些行銷的中間商。

1.金融中間商：例如，銀行、保險公司與信用公司，都將有助於MM系統的財務與發展、生產與行銷。
2.銷售中間商：例如，代理商、掮客、批發商與零售商，都將有助於把MM系統從通路商送到主要使用者，找到顧客，進行銷售。
3.實體配銷中間商：例如，倉庫與鐵路、卡車與航空運輸，都將把MM系統儲存並運送至最終目標市場。
4.行銷服務代理商：例如，行銷研究公司、廣告代理商，以及媒體顧問，都可協助找出MM系統的目標市場，並且發展出滲透這些

目標市場的行銷計畫。

摩爾瞭解必須制定相關政策與程序，以便找出最能夠協助MM系統達成目標的中間商，並且與相關系統與這些中間商建立起互利的關係。

公眾

摩爾最後所考慮的個體環境因素，是對她部門達成策略行銷目標有實際或潛在影響力的公眾。如果能夠適當的處理，則這些公眾便可能代表著機會，而如果忽略這些公眾，則他們便可能代表著威脅。

例如，財務方面的公眾，包括投資銀行、捐客與股票經紀人，可能是嶄新MM系統部門的重要財源，媒體公眾則可能提供有助於行銷的必要性宣傳，政府與一般人所代表的公眾，則可能會形成有助，或妨礙產品銷售的法案（例如，廣告與環境法案）。即使是MM生產所在的內部，由MM系統部門的經理與員工，以及一般人員所組合而成的內部公眾，也有助於為該一新部門形成「企業形象」，對於該一門的成功或失敗也有影響力。

為評估這些公眾的潛在影響力，摩爾把這些公眾區分為友善（例如，股東與資金投入者）、不友善（例如，在消費電子媒體上對MM產品持負面看法者），以及正面看法者（例如，對MM產品有好感者）。然後，她再評估每一群公眾的影響力，以及所有的公眾對MM系統部門之影響力，然後再擬定計畫，並且與每一群公眾進行溝通，以確使公眾對該一部門及其產品產生正面的回應。例如，她會準備特定的媒體資料給有好感的媒體公眾，以及在新聞稿中詳述部門的產品與進度，送給股東與員工。

本章觀點

因應不斷變化的市場機會，行銷經理在擬定符合企業目標與資源策略行銷計畫時，必須考量各種會影響計畫的整體環境與個體環境的因素，包括目標、行銷組合與目標市場。總體環境因素包括人口統計、經濟、社會文化、政治法律、技術與競爭因素，有助於界定目標市場與行銷組合的吸引力，包括年齡族群、所得、價值觀、品牌及產品偏好。個體環境因素，包括企業本身（涵括其使命、目標與資源）、顧客、供應商、行銷中間商與公眾，都必須掌握到這些因素如何受到總體環境因素的影響，並且將如何結合而達成策略目標。

觀念認知

學習專用語

Competitive factors	競爭因素	Marketing intermediaries	行銷中間商
Content analysis	內涵分析	Microenvironment	個體環境
Core values	核心價值	Middlemen	中間商
Culture	文化	Monopolistic competition	獨占競爭
Demographic factors	人口統計因素	Monopoly	獨占
Discretionary income	可自由分配所得	Observational fieldwork	實地觀察法
Disposable income	可支配所得	Oligopoly	寡占
Economic factors	經濟因素	Publics	公眾
Engel's laws	依格爾法則	Pure competition	完全競爭
Environmental scanning	環境審查	Social-cultural factors	社會文化因素
Income distribution	所得分配	Subcultures	次文化

Inflation	通貨膨脹	Suppliers	供應商
Kinked demand curve	扭曲的需求曲線	Technological factors	技術因素
Legal-political factors	法律／政治因素	Unemployment	失業率
Macroenvironment	總體環境	Value measurement surveys	價值觀測量

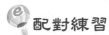 **配對練習**

1. 把第一欄中的概念與第二欄中的購買者行為配對。

1.通貨膨脹	a.支出多用於度假與自助活動
2.依格爾法則	b.剛好可以支付食物、房租與其他必需品
3.較低階層	c.延後採購
4.可支配所得	d.購買象徵地位的產品與服務

2. 把第一欄中概念與第二欄的產品行為配對。

1.扭曲的需求曲線	a.不敢提高價格
2.人口統計	b.降低價格,消除邊際產品
3.不景氣	c.針對六十五歲以上女性的抗皺紋保養品市場
4.景氣繁榮	d.提高價格,擴張產品線

3. 把第一欄中所列出之概念與第二欄的敘述配對。

1.內涵分析	a.以比在其他種族團體更快的速度在亞洲次文化國家購買消費電子產品
2.價值	b.非洲裔美國人越來越多以專業人士及主管職位形象出現於媒體
3.購買力	c.必須考慮到價格與儲蓄
4.所得分配	d.雙薪家庭有助於平衡

4. 把第一欄中政治法律類別與第二欄的敘述配對。

1.規範競爭	a.電信法案
2.保護消費者	b.布萊迪法案
3.產業規範放鬆	c.消費產品定價法案
4.維持競爭	d.北美自由貿易協定

 問題討論

1. 依格爾法則如何應用於預測以下在中國與加拿大銷售之產品的銷售額：Mercedes Benz汽車、地中海美食、家用暖氣油料、香菸、租一間公寓以及醫療保健。

2. 請說明何以一名行銷經理可能對某一人口族群成長率的興趣，大於對整體人口的成長率。

3. 佛羅里達州邁阿密的Dugal Corp.出口全系列的珠寶飾品至歐洲、東南亞、中東與中南美洲國家。該公司在全球行銷的成功關鍵，是其創建者之一Joanna Ponimal參加全球珠寶展，她在展覽中建立關係並進行商談。請討論以下的研究方式如何可以說明Ponimal在符合顧客需求的珠寶設計上的成就：實地觀察、價值觀測量研究以及內涵分析。

4. 從購買者的角度而言，完全競爭的主要優點為何？從銷售者的角度而言，寡占競爭的主要優點為何？

5. 依據Yankelovich的行銷研究團隊的調查，以下是年輕人區隔中重要的次級文化價值觀：反對權威、活在當下、不重視所有權、性別平等、幻想與身材保養。你將如何把這些價值觀與1999年8月8日《紐約時報》的文章「在大筆金錢消耗於小玩意以前」中，所描述的年輕人的發展趨勢相結合。這種文化趨勢的商業行銷意涵為何（如遊輪與地中海俱樂部）？

6. 請說明下述左列欄位中政治法律環境的影響因素，可能對右欄的

行銷狀況產生的影響為何：

(1)一般之財政與貨幣政策	在紐澤西紐華克租空辦公室
(2)社會法案與法規政策	Daimler-Benz與Chrysler合併而成為Daimler Chrysler
(3)政府與個別企業之間的關係	菸草農人訂定銷售明年收成的計畫
(4)對行銷人員有幫助的行銷法案	波音與空中巴士在大型商務客機之競爭

7. 請說明跨部門的衝突與行銷概念之間的互動關係。

 解答

 配對練習

1.1c，2a，3d，4b
2.1a，2c，3b，4d
3.1b，2a，3c，4d
4.1d，2b，3a，4c

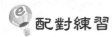 問題討論

1.依據依格爾法則，當家庭所得增加時，在食物消費的百分比降低，而住房的支出百分比持平（除了在瓦斯、電力與公共服務方面的支出降低），而在其他類別的支出以及儲蓄的百分比則都增加。在中國與加拿大平均所得的差異情況之下，依格爾法則將顯示一般加拿大人會把大部分的所得支出於Mercedes Benz、地中海遊船與醫療保健，而中國人則把大部分的所得支應於油料與香菸。而在房租方面的百分比則大致相同。

2. 單一人口族群便可能組成目標市場，其成員便消耗了大量的產出。例如，如果賣出的穀片中，80%是由六至十六歲兒童所消費掉，則行銷經理對這一個族群的興趣一定會高於對其他族群。

3. 實地觀察是觀察某一文化族群人們的行為。Ponimal參加的全球珠寶展，也是Dugal來自全球目標市場成員參加的展覽，這正是一個觀察、交流與記錄潛在顧客的需求的好機會，僅受限於所觀察之樣本的規模與解讀的能力。價值觀測量研究法是運用刻度問卷，找出產品／服務與顧客族群共同的價值觀。Ponimal或許可以在展覽攤位上使用這種問卷，並且對填寫問卷者提供一點獎金。內涵分析法則是依據口頭與圖片溝通內容，而對社會與文化價值觀之改變做推論（如報紙與電視）。在目標市場國家的珠寶雜誌查閱競爭對手的珠寶廣告，將可以使Ponimal得知如何運用這種技巧。

4. 從購買者的角度而言，在行銷人員無法保護價格的情況下，完全競爭的主要優勢，是可以支付較低的價格。銷售者可能期望的是相對較高的價格，在寡占市場中由少數競爭對手瓜分（從扭曲的需求曲線可知如果價格提高，營業額將快速降低）。

5. 雖然Yankelovich的調查是以年輕人區隔市場的文化價值觀為主，但這也可能對其他消費人口造成影響。的確，美國社會中，年輕人的價值觀本身也是深具說服力的影響因素。

前往泰國、越南與波利維亞等國的「輕薄便利」背包族旅行觀念，反映出在這項調查中的價值觀，尤其是不重視所有權、性別平等以及活在當下等價值觀。對於行銷人員而言，這些背包族代表著可能會影響到其他行銷組合，包括地點、價格、旅遊形態以及促銷旅遊的方式等因素。

6. 以下是政治法律環境的影響因素，可能對行銷狀況產生的影響：

(1) 租用空辦公室：以稅款與利率政策影響經濟的政府貨幣與財政政策，可能可以說明何以辦公室都是空的，且何以擁有辦公室不再如以往般是抵稅的必要方式。

(2)Daimler-Benz與Chrysler合併：限制獨占的社會法案（這也可視為行銷法案）當然必須在合併實際發生以前先行考慮。

(3)菸草農人銷售收成品：矛盾的是政治與法律因素，可對菸草農民有幫助，但也可能造成阻礙。對他們形成阻礙的因素，是一些阻止人們消費菸草產品的社會法案，而有幫助的則是政府與農民（通常是政府的財政與貨幣政策）之間提供補貼的良好關係。

(4)波音在大型飛機訂單的競爭：有關行銷的政府法案，將可能迫使波音運用不同的方法與外國飛機製造商競爭這筆訂單（例如，沒有任何檯面下的賄賂），然而，政府與個別產業的關係，尤其是國防產業，包括提供貸款補助與其他資助方式，則可以使波音獲得競爭優勢。

7.行銷概念的一個重要因素，是企業的所有部門與功能，都必須共同合作，以便在獲利的同時，也滿足顧客的需求。例如，如果某一項產品特性將可吸引某一獲利性的目標市場，則採購、生產與行銷部門便應該共同配合，確保這個特性將保留在產品之中，並且積極促銷。然而，跨部門之間的衝突，則可能因為採購部門未能購得符合該一特性的組件，或生產部門未能把這個特性融入其中，而形成衝突。因此，個別部門之間各自不同的目標，便可能會損及行銷的總體獲利目標。

Marketing

第五章
國際行銷環境

本章概述

　　國際市場的經濟、政治法律與社會文化環境，必定與國內市場不同，在擬定策略行銷計畫與活動，以進入國際市場且追求成長時，必須將這些因素考慮在內。對於經濟環境的評估，通常是將重心放在經濟發展的階段，以及有關經濟發展的各項實體、財務與人口統計特性上。對於社會文化環境的評估，重心在於可界定目標市場，並擬定行銷組合的文化變數（如價值觀、語言、宗教信仰）。對政治法律環境的評估，重心在於當地政府對貿易的影響力，無論這種影響力是好或壞，是鼓勵、阻礙或是形成競爭。

全球環境影響策略規劃

　　摩爾在排列出應優先進入的海外市場之順序時，體認到有三個必須考慮的環境因素：經濟、社會文化與政治法律，其中所蘊藏的威脅與機會，是針對MM系統而擬定之策略規劃成敗的影響因素。一般用來評估潛在海外市場的方法，則被用以作為將國內與海外市場比較的標準。這些資訊的來源，包括世界銀行的出版品、個別國家的統計資料、聯合國的統計年報（Statistical Yearbook），以及第七章所說明過的商務部各種資料與服務。

經濟考量因素

　　為簡化對海外市場的評估工作，摩爾首先用以下的方法，來評估潛

在的市場，以判斷該一國家所處的發展階段，她的假設基礎，是認為唯有工業化與後工業化國家，才是昂貴且技術複雜之MM系統應該開發的市場。

這種模式是依據經濟變數而將各個國家予以分類，而定義出莫頓產品在美國的市場，這些變數包括了人口、國民生產毛額、產值占國民所得比例、基礎設施以及個人所得。

1. 未工業化國家（preindustrial countries）：個人所得低於500美元，其特徵為高生育率與低識字率、政治不穩定、低度工業化、以農業及牧業維生，以及極端仰賴海外資助。這些國家主要在非洲，對大多數產品而言都屬相當有限的市場，並且不具明顯的競爭威脅。

2. 低度開發國家（less-developed countries）：國民所得低於2,000美元，處於工業化早期階段，工廠的建立主要是供應國內與出口市場。隨著消費者市場的擴張，這些國家因為有廉價且高動機的勞工，因此競爭威脅日益增高。這些國家與未工業化國家主要在亞洲，約占全球人口三分之二，但僅占全球所得的15%。

3. 開發中國家（developing countries）：平均個人所得約4,000美元，迅速地自農業邁向都市工業化。良好的勞工技術、高識字率，以及比已開發國家低的工資，使這些國家成為出口市場的強力競爭者。這類國家包括拉丁美洲的國家，如烏拉圭與秘魯。

4. 工業化國家（industrialized countries）：個人所得約9,000美元，是製造商品與投資基金的主要出口國家。這些國家彼此之間進行貿易，並且也出口原材料與完成品至其他經濟體（開發中國家與後工業化國家）。高工資、完善的基礎設施、高度教育人口以及廣大的中產階級，使得這些國家成為各種產品的富足市場，並且也是出口市場的強力競爭者。台灣與南韓是邁向後工業化國家的工業化國家例子。

5.後工業化國家（postindustrialized countries）：個人所得超過14,000美元，主要的特徵是以服務業爲主（在美國超過70%的國民所得），擅長於資訊處理與交換，且優勢知識勝於資本與技術。其他的主要特徵，則包括以未來爲導向、重視人際與團體間的關係，並且是創新的主要來源，這些創新並非偶然的發現，而是基於有系統的理論知識。日本、德國、瑞典與美國都屬於此類國家。

評估經濟因素

摩爾在評估預期要進入的國家之經濟狀況時，把重心放在以下領域：財政與貨幣政策、幣值穩定度、所得分配以及基礎設施。

1.財政與貨幣政策：一個國家的財政政策與關稅及支出有關，貨幣政策則是其中央銀行在貨幣供給方面的措施。財政與貨幣政策將影響該國的通貨膨脹率、利率與貨幣的穩定性，這都是評估該一國家的體質與優勢的因素。因爲高利率可能造成製造商與消費者都必須支付更多的錢購買貨品，而減緩了經濟活動。高通膨率則因爲會造成幣值降低，行銷人員必須以降低產品品質，或提高售價來配合不斷上漲的價格，而也同樣地阻礙了經濟活動。過高的利率與通膨率，不僅壓抑了生產與購買力，也降低了生產力、企業獲利、就業率與國民生產毛額，並增加國家負債，這些都將遏阻該一市場的經濟健全與發展潛力。

2.幣值穩定度：如果某一國外貨幣相對於欲進入該國之貨幣的價值（莫頓的美元）持續地大幅度變動，則將影響銷售額與獲利情形。例如，從1988年中至1989年，哥倫比亞的披索對美元從1美元對290披索，貶值到361披索。這意謂著在1989年時，一名哥倫比亞的消費者必須花361披索購買值1美元的產品，且由於價格較高，

外國公司將難以向哥倫比亞出口貨品。這也代表了哥倫比亞的產品比其他國家便宜，有利於哥倫比亞出口。

3.所得分配：摩爾在把注意力轉到工業化與後工業化國家的財富與所得分配時，考慮到如下因素：

(1)即使所得是篩選市場的一個有用指標，但針對某些特定情況則並非必然。依據所購買的產品與服務的差異，在某一個個人所得較高的國家，可能與低個人所得國家是等值的。例如，在古巴，一間公寓的月租金，是華盛頓月租金的五分之一，而另一方面，一個彩色電視對古巴人的消費可能是華盛頓的二十二倍。

(2)另一個扭曲了個人所得作為購買力指標的因素，是某些產品在某些國家根本買不到，或可免費獲得。例如，在坦桑尼亞，個人所得低於500美元，但無法反映出當地的陽光、療養場所與社區醫療，卻可抵得上在某些國家非常昂貴的醫療與保健費用。

(3)對於價格昂貴的MM系統，大量湧入的人口將足以形成一個目標市場是主要的考慮因素。人口的組成成分也是很重要的，例如，或許在新加坡（人口數為二百九十萬）有比中國（人口數為十二億）更多的專業人士會需要MM系統。

4.基礎設施：一個國家的基礎設施，對行銷人員而言是非常重要的，便利的通訊可以向顧客傳遞有關產品的訊息，而能源的普及，將可以提供生產與行銷活動所需的能源。一個國家溝通網路的指標，包括電話、平面媒體、廣播媒體的數量與品質；而土地、鐵路、航空與水運運輸服務的指標，則包括汽車與巴士乘客人數、鐵路每公里運輸噸數、航空哩程數以及油管哩程數。個人能源消耗量是衡量能源的指標。

除了數量足夠與否以外，其他評估一個國家基礎設施的重要考慮因

素，則包括品質（如電訊與運輸是否經常中斷不繼？）、相容性（如貨幣與電壓是否與欲打入市場相容？）、負擔能力（潛在市場的成員是否具有使用基礎設施網路的能力？）以及綜效（這些網路是否有效組合，如使得產品可以生產與配銷給購買者？）

 ## 評估跨國經濟體

為改善各簽約國之間的貿易，而透過簽署合作協議的全球與區域經濟體，從兩個或更多國家之間為減少貿易障礙而簽署的合約，以迄發展成為許多國家共同簽署之全面性經濟與政治的整合體。**表5-1**列出了重要的區域經濟體。

在評估超越國家的經濟體，對於MM系統全球行銷之影響時，摩爾發現最好先予以分類。這些分類的主要標準在於：(1)各參與國家彼此間之貿易障礙減低的程度；(2)包括產品、服務、資金、勞力與技術等生產因素，在各國之間的交流程度。因此，隨著整合的運作，從自由貿易區、關稅同盟與共同市場，而邁向經濟共同體，減低貿易障礙，以及生產因素的自由流通，最終而形成一個政治、財務、社會與經濟完全整合的經濟共同體。

最鬆散且對經濟整合限制最少的自由貿易區，也將撤除產品與服務在會員國之間的貿易障礙，並且增進國際競爭力、經濟成長力，並增加就業機會。然而，每一個會員國仍會對非會員國設置貿易障礙。如第二章所說明，現今全球最主要的自由貿易區是世界貿易組織、北美自由貿易協定、亞太經濟合作組織與歐盟。

政治法律因素

摩爾針對潛在市場的政治法律環境的檢視，始於本國之政治與法律

表5-1 主要區域貿易組織

組織名稱	國家
東南亞自由貿易區（ASEAN Free Trade Area, AFTA）	汶萊、印尼、馬來西亞、菲律賓、新加坡、泰國
Andean 共同市場（ANCOM）	波利維亞、哥倫比亞、厄瓜多爾、秘魯、委內瑞拉
亞太經濟合作組織（APEC）	澳大利亞、汶萊、加拿大、中國、香港、印尼、日本、馬來西亞、紐西蘭、菲律賓、新加坡、南韓、台灣、泰國、美國
中美洲共同市場（Central American Common Market, CACM）	哥斯大黎加、厄瓜多爾、瓜地馬拉、宏都拉斯、尼加拉瓜
加勒比海共同體（Caribbean Community, CARICOM）	安圭拉島、安提瓜島、巴哈馬、巴貝多、貝里斯、多明尼加、格瑞納達、蓋亞納、牙買加、蒙特索、聖基茨‧尼維斯、聖露西亞、聖文森與格林那定群島、千里達多巴哥
西非國家經濟共同體（Economic Community of West African States, ECOWAS）	貝林、布吉納法索、佛德角、干比亞、加納、幾內亞、幾內亞比索、象牙海岸、利比亞、馬利、摩里西斯、尼日、奈及利亞、塞內加爾、獅子山國、多哥
歐盟（European Union, EU）	奧地利、比利時、丹麥、芬蘭、法國、德國、希臘、愛爾蘭、義大利、盧森堡、荷蘭、葡萄牙、西班牙、瑞典、英國
歐洲自由貿易協定（European Free Trade Association, EFTA）	奧地利、芬蘭、愛爾蘭、列支敦斯登、挪威、瑞典、瑞士
海灣國家合作會議（Gulf Cooperation Council, GCC）	巴林、科威特、阿曼、卡達、沙烏地阿拉伯、阿拉伯聯合大公國
拉丁美洲整合協議（Latin American Integration Association, LAIA）	阿根廷、波利維亞、巴西、智利、哥倫比亞、厄瓜多爾、墨西哥、巴拉圭、秘魯、烏拉圭、委內瑞拉
南美共同市場（SouthernCommon Market, Mercosur）	阿根廷、巴西、巴拉圭、烏拉圭
北美自由貿易協定（North American Free Trade Agreement, NAFTA）	加拿大、墨西哥、美國

環境，是否鼓勵或限制將產品與服務出口至其他國家。然後她的檢視工作將擴大而涵蓋到潛在市場與該一區域的政治與法律環境。

母國對貿易的影響

出口配額、出口管制與禁運等，是母國企業在打入國際市場時所面臨的主要限制。為平衡這些限制，大部分的母國也會提出各種鼓勵貿易的措施。

 出口配額

出口配額是限制某一國出口的數量，訂定出口配額有幾個原因。例如，限制美國紅木與其他稀有樹木的出口，是為了確保這些珍貴自然資源不至於耗竭，並且以合理價格便於本國人民購買。出口配額也是當多個國家共同限制如原油與咖啡等的全球供應量，藉著限制對海外市場的產品供應，而提高出口價格。

出口管制

出口管制是較極端的出口配額型態，基本上是不准，而非僅只是對某些避免流入敵對國家手中的戰略性重要產品的限額。在美國，出口管制系統主要是依據出口管理法案（Export Administration Act）與軍需品管制法案（Munitions Control Act），這兩個法案基於國家安全、海外政策、或限制核子武器發展等原因，而管制對相關產品、服務與觀念的輸出。類似莫頓的企業，如要出口便必須先從商務部申請執照，上面明列敏感產品、不友善國家與不友善企業（例如，在波灣戰爭以前，秘密銷售敏感的核子原料給伊拉克）。

　　向一般貿易夥伴銷售非敏感性產品，則僅需要普通的執照。而如果向非友善國家出口高科技產品，就需要有經批准的出口執照。有關美國國內的管制，往往使美國企業的競爭優勢，不敵另一些管制較寬鬆國家之企業的情況，將於**全球焦點5-1**中探討。

 禁運

　　禁運是一種特殊的配額管制，係指無論進口地為何，某類產品或所有產品類別，皆不得向某一特定國家進、出口。其原因通常都是基於政治敵對而非經濟因素，禁運往往會引起一些爭議的問題。例如，禁運對改變另一國家之政策的效果為何？對國際行銷人員或許最重要的，是因禁運關閉市場而受苦的企業將獲得什麼補償？這些問題在美國自1960年

全球焦點5-1

出口管制傷害美國企業

　　日本對美國貿易出超是眾所皆知的事實。然而許多人不知道的是美國的法令限制美國企業出口，並且阻礙了許多的出口銷售額。

　　西拉克斯大學經濟學家大衛理查遜（J. David Richardson）針對出口抑制的詳盡研究中，估計美國企業一年在這些限制的成本約210億至270億美元。另一份由國際經濟機構（Institute for International Economics）的研究，則把美國出口的損失，歸因於日本高達90億至180億美元的貿易限制。依據理查遜（Richardson）的研究，美國是全世界對出口限制最多的國家，而華盛頓方面則是對經濟發展「漠視」。

　　美國出口管制的目標，是攸關經濟成長的高科技產業。其中最受打擊的是電腦、電訊設備、機械工具與民航機等的製造商。

　　美國電話與電報公司（AT&T）估計在未來五年中，美國從冷戰起的限制，將造成高達5億美元的海外貿易損失。這些貿易額可能被歐洲或日本的競爭對手獲得。美國電話與電報公司的董事長羅伯亞倫（Robert E. Allen）向國會抱怨：「這是不切實際，狂妄自大，想想看，就因為美國企業受限制不得供應，而使某些國家缺乏先進的資訊科技。」

資料來源：Robert Keatley, "U.S. Rules Dating from the Cold War Block Billons of Dollars in Exports," *The Wall Street Journal*, October 15, 1993, p. A7.

起，為對抗卡斯楚（Fidel Castro）的獨裁而對古巴禁運以來，便一直存在。1996年，備受爭議的Helms Burton法案，即試圖為受到禁運及卡斯楚的政策而損失的美國企業提供補償，准許這些企業控訴外國企業與其主管在古巴沒收美國在當地的資產來做生意。

貿易支援

除了對貿易的限制，母國也會從以下三個方向協助海外貿易：

1. 財務資助：通常包括出口貿易如開發嶄新海外市場的稅款獎勵措施，其方式則可能係提供較低的稅率，或提供退稅款。其他的財務支援，則包括加速與外銷相關資產的折舊，與直接對出口的補貼。遠東、拉丁美洲與歐洲貿易國家在提供財務支援方面特別慷慨，往往會導致其他國家認為這種補貼損及貿易而提出抗議。

2. 國營貿易公司：是政府直接或透過代理間接從事商業活動。這些企業的功能是取代或補強私營的貿易公司。例如，近來針對海外產業與市場為目標，並展現出高度潛力產業政策的澳洲政府，所成立的澳洲貿易委員會（Australian Trade Commission）就是把各個出口輔助機構予以整合為單一機構，遠比以往由私營企業更有效地讓政府對進出口貿易進行決策管理。

   無論是取代或補助私人貿易商的不足，國營貿易公司跟私人貿易公司一樣，也都面臨著來自個別企業與整個國家的貿易問題。例如，莫頓這樣的出口企業，在與以往多半未能獲利的國營貿易公司交易時，便不太可能讓特定顧客建立起忠誠度，並且由於缺乏對市場實際狀況的瞭解，而遭受官僚體系的困擾（第十九章中將探討貿易公司的功能與利益）。

3. 政府的資訊服務：可提供進、出口資訊協助，尤其是有關市場的所在與信用風險，以及在海外市場的產品促銷。例如，在美國有十幾個聯邦組織積極從世界各地蒐集有關進、出口機會與問題的

相關資訊。大部分的資訊雖然有時候較久遠，但都是免費或相當便宜的價格。這些資訊服務與相關實例將於第七章中說明。

當地國對貿易的影響

在評估當地國的政治法律環境影響時，摩爾的主要考量是每一個國家對貿易的態度、政府與貨幣的穩定度，以及對貿易的質化與量化限制。

該國對海外貿易的態度為何？

對於從另一個國家進口產品的態度，例如，從美國與加拿大等大型自由市場，以迄從完全對產品禁運的國家等，有相當大的差異。

該國政府的穩定性如何？

企業在評估潛在當地國政府的穩定性時，有兩個主要的考量：(1)政府在稅務、獲利與所有權方面的政策與運作是否具連貫性與可預期性？(2)選舉新領導人與權力移轉的流程是否秩序井然？除非這兩個答案都是肯定的，否則這家企業將面臨著一個不穩定的環境，有可能面臨三種政治風險：(1)所有權的風險：危及資產與性命；(2)營運的風險：公司的營運受到干擾，以及(3)移轉風險：是企業資金在國際間調度的風險。

所有權風險通常是國內的動亂，如軍事政變、游擊隊、戰爭與恐怖主義，往往對貿易採取強烈反對的態度，美國企業往往是首當其衝。兩個最常見的所有權風險包括資產沒收（confiscation），即在未獲任何補償情況下把所有權轉移給當地國（尤其是影響到礦業、能源與公共設施與銀行的事業），以及徵收（expropriation），即在提供補償（極少，通常以當地幣值的帳面價值計）的情況下把所有權移轉給當地國。

企業如何降低政治風險

完備的事前準備作業，可以降低在不友善政治與法律環境下的政治風險。例如，美國政府的海外私人投資合作計畫（Overseas Private Investment Corporation, OPIC），就是保障在低度開發國家中，因戰爭或政治紛爭導致之貨幣匯兌、沒收與實質上的損失。海外私人投資合作計畫也透過對美國廠商直接貸款與貸款保證，資助製造商個別或聯合之海外直接投資。

我們將面臨哪些貿易限制？

對國外進口產品與服務持敵意的國家，將可能以各種貿易限制造成對如莫頓這類企業貿易的困難。

這些針對進口方面的限制如下：

1. 執照：進口許可是准許某一企業在一定條件下，在核發許可證的國家內銷售產品的執照。例如，墨西哥即以進口執照限制某些產品的進口，以便鼓勵國內廠商製造這些產品（第二章中已討論大部分的進口限制均因北美自由貿易協定而逐漸取消）。

2. 關稅：關稅是依進口產品價值的百分比計，或以單位方式計算。保護關稅（protective tariffs）是減少受保護產品的進口而保護本國產業；營業稅（revenue tariffs）通常低於保護關稅，主要是為籌措財源。不同的國家可能採取不同的稅率，也可能所有國家都採某單一稅率。

3. 其他稅：某些國家除了對外國企業與進口產品的制式稅之外，也針對特定目的課徵特別稅。例如，針對某些產品的貨品稅與處理稅，以便從某些產品在當地銷售額中獲得營收，以及歐洲國家課徵之進口稅，係為使進口產品與當地產品的成本保持在同一水準。

4.配額：限制某些國外產品進口至當地國家的特殊條款。這些配額
可能適用所有國家，或以國家為單位而採取不同的方式。

質化管制也可能阻礙進口

執照、進口稅、關稅與配額是量化的控制方式，是限制特定數量與
種類產品的進口。此外，當地國也有許多質化的控制方式限制（如軍火
類產品的進口）。這些管制包括：(1)限制性關稅作業程序中，宣示有關
貨品分類與計算價值的複雜規定，用以課徵進口稅，使得作業困難且昂
貴；(2)歧視性政府與私人採購政策，例如，「英國人採購英國貨」
（Buy British）或「美國人採買美國貨」（Buy American）等活動，就是
歧視進口產品。

跨國組織對貿易的影響

除了自行處理以外，母國與當地國也會加入一些組織以促進進口、
出口貿易。此類組織包括如下：

1. 國際貨幣基金（International Monetary Fund）：擁有超過一百五
   十個國家的會員國，功能為監管國際財務體系，主要工作為監管
   會員國之匯率政策，控管國際流通（例如，提高德國利率對現金
   流入其他國家之影響），提供會員國暫時性之國際收支協助，以
   及提供技術支援以促進國際財務關係合作。
2. 經濟共同體：本章前文已探討過經濟共同體係透過合作協議而促
   進會員國之間的貿易。兩個最大的此類組織為北美自由貿易協
   定，將加拿大、墨西哥與美國結合為涵蓋三億六千萬人口的單一
   區域，以及歐盟，由十五個歐洲國家組成，撤除所有關稅與貿易
   限制，使貨物與服務得以自由流通。

全球法律體系對交易決策的影響

摩爾在分析法律體系如何影響到行銷計畫時，其重心在於一般被視為進入全球市場最重要的問題。

⬛ 有哪些法律體系類型？

一般而言，在工業國家有兩種類型的法律系統：源自於古羅馬與拿破崙法典的民法體系，與源自於英國普通法典的普通法體系。大部分歐陸國家所遵奉的民法體系把司法體系分為民法、商事法與犯罪法等三個支系，各有不同的行政部門，且都無歧視性，與不具彈性的書面條文。另一方面，普通法則是大英國協與美國所採行，結合了民法、商事法與犯罪法於單一的行政架構之下，依據傳統、以往經驗與慣例作為法律決策指導原則。

近來一個偏離這種趨勢的現象，是美國制式商業代碼（Uniform commercial Code）的發展，該法是集結了所有專門針對商業行為的書面規範。

⬛ 經理人員將遵行哪些法令？

某些國家，例如，拉丁美洲國家，要求外國人同意以本國人方式對待，他們將須放棄原有國家法律之司法權。當某一名經理人員所屬國家也主張此一司法權時，例如，美國的海外貪污法（U.S. Foreign Corrupt Practices Act），就會造成真正的衝突。依據這項法案，如果美國企業基於生意目的而賄賂外國官員，將因違反企業與外國人做生意必須反映出美國的道德與倫理與自由市場競爭的精神而入罪。1988年，該法案重新修定，明確陳述美國經理人員應該瞭解違反該法案是什麼狀況，並且使其與一般政府行動區分（如獲得執照與許可），與政策決定（如獲得合

約）。但是美國企業仍然抱怨他們在與來自歐洲與日本的海外競爭者競爭時，由於對方沒有任何法令限制，而使美國企業處於不利境地。

其他當地國家期望美國經理人員瞭解的是與美國一般行為與道德標準不一致的法令，包括墨西哥企業貧乏不周全的安全標準，巴西雨林與其他自然資源所孕育出來的享樂主義，以及中國的人權忽視與使用犯罪者勞力生產出口產品。

其他還包括因為美國法律杯葛其他國家而產生衝突的法令。例如，某些阿拉伯國家會把與以色列做生意的企業列入黑名單，但美國法律將對屈從於這種杯葛行為的企業施以罰責，並不核給出口執照。

🖱 專利與商標是否獲得保護？

這個問題對於擁有電腦硬體專利權與軟體商標的莫頓非常重要。因此，他們先評估潛在國家是否已遵行諸如四十五個國家同意的國際產業保護協議（International Convention for the Protection of Industrial Property）、專利合作協議（三十五國參與），以及歐洲專利協議（十一國參與）。在這些協議之下，莫頓將不再需要在每一個進入的國家登記專利產品。

🖱 我們如何能夠掌握公司的命運？

部分國家要求進入當地的企業稀釋股權。例如，依據印度外匯規定，參與當地事業的外國股權必須降低到40%。莫頓規劃人員也瞭解到這種環境可能造成稀釋狀況，但他們決定不理會。

🖱 我們競爭的自由度如何？

反托拉斯法，是美國長久以來的法律環境中的一環，也可以適用於企業的國際營運。例如，當一家美國企業購買或與某一海外企業進行合資合作，或與國外競爭企業簽訂合約時，美國司法部將有權同意或反對此項合約，其主要的判斷基礎，在於是否對美國市場的競爭造成影響。

然而，由於企業日趨全球化，且我們的法律也有可能侵犯到其他國家的主權，因此反對的情況相當少見。

一般而言，美國反托拉斯法並未在其他國家生根。例如，雖然歐洲共同體委員會禁止會妨礙或擾亂競爭的所有協議，但卻也同意某些「優良」的卡特爾組織，鼓勵部分事業與美國及日本進行競爭。

兩項美國法律是有關於美國企業在海外面臨的市場寡占與獨占，以及卡特爾等的問題：(1)偉伯法案（Webb Pomerence Act）：這項法案將排除反托拉斯的企業；(2)出口貿易法（Export Trading Act）：這項法案准許中小型企業加入國際市場開發活動。

🔳 我們必須宣告哪些爭議控訴權？

在海外國家法律訴訟可能耗時長久，並且可能偏頗不公，並且是不熟悉的不同規範。基於這個原因，莫頓擬定了進入仲裁程序的條件，通常在三方成員對談與判定以前，先進行聽證會。這種具公平性，在當地國進行的事前作業，將在國際商會、倫敦仲裁法院與美國商業仲裁委員會等機構作為證明。此外，仲裁條款將書面撰寫於所有當地國的合約之中，以預防訴訟事件。

🌐 國際法

國際法是由各個國家自行約束用的法規與原則組合而成，面臨了兩個嚴重的限制：(1)缺乏足夠的司法與行政架構，或一致被接受的法律依據，而形成可以真正仲裁國際法律體系的基礎；(2)大部分國家都不願意向國際法庭的仲裁讓步，如果某一國家拒絕仲裁結果或對不利判決不服，則其他國家也毫無辦法。

文化對全球市場的影響

在評估其他國家是否可作為目標市場時，莫頓對於文化差異，如語言及宗教等將會影響到MM系統行銷活動的因素特別留意。

語言能力將促進信任感

語言是文化的一個變數，包括文字及口語，如何應用以及溝通過程中的非口語元素，例如，手勢與目光接觸等。語言是行銷流程的一個成分，對於如莫頓這樣的企業要成功進入市場（以及緩和對企業的關注），蒐集與評估資訊（例如，對產品的態度與需求），解讀溝通內容，以及實際與潛在顧客、既有顧客、員工等進行溝通，均是重要的因素。經理人員的外語能力，不僅只是能瞭解與說出字語，更要瞭解一些俗語（例如，在英國，把「企劃書放在桌上」意指立即行動，而「炸彈式」協商意指失敗）。

為解決通常因為誤解與翻譯錯誤而導致的溝通問題，一個辦法是在不熟悉的市場中，找一個廣告與行銷研究機構。另一個作法，適用於促銷與書面溝通的是反翻譯法（backtranslating），即把原來的訊息翻譯成外文，如中文的訊息，再找其他人翻譯回原來的語言。

非口頭語言是非透過語言文字的溝通。這方面最重要的是時間與空間的差異，在美國，嚴守時間被視為美德，而在其他國家則可能並非如此。例如，在許多阿拉伯、拉丁美洲與亞洲國家，時間便是非常有彈性的，如果按時接受邀約前往，卻可能是不禮貌的。

另一個非口頭的溝通，是人們彼此之間所保持的距離。例如，南美洲人在談生意時喜歡彼此緊靠著坐或站，幾乎是鼻子碰鼻子。當南美人縮短距離而靠近時，美國企業主管則會退後，這可能被視為是負面的回

應。

身體語言是另一種每一個國家都不同的非口頭溝通。例如，希臘人或土耳其人的「是」，是把頭左右搖動，而這在美國是代表著否定的意思，拇指與食指在美國代表「成功」，在日本代表「錢」，而在土耳其代表「我要殺了你」。在協商時，南歐人多半會有許多身體的動作，而北歐人則多半保守而不動。

宗教可促進凝聚力與順從力

在大部分文化之中具有促進族群凝聚與順服的主宰力量的宗教，也因為其束縛力與禮節而使全球行銷人員感興趣。例如，食物禁忌與假日可能對於行銷人員而言，代表滿足當地需求的機會，例如，在阿拉伯國家的非酒精飲料與假期手工藝品。就更廣義的規模而言，宗教制度往往把兩性的相對角色釐清，而產生行銷的成果。例如，在日本與中東，女性不比在西方國家在跨國企業中，有特定的聘雇原則（例如，女性不得擔任經理人員），而作為消費者也有禁忌（例如，女性的購買決策權較低，並且必須透過女性的銷售人員、直接行銷與女性專賣店，才可能接觸得到）。

在全球市場進行調查的限制

在第四章中，我們已經探討過數種方式，例如，內容分析與價值觀測量調查，以便在國內市場中，找出有助於界定出產品與服務的市場與行銷組合的文化變數。在全球市場中，企業面臨了語言與態度等的障礙，從這些方式所獲得的訊息，未必可以確定價值體系與購買行為之間的關係。更甚至於，這些方法可能非常昂貴，並且可能有地域性的偏見。

這些方法在全球市場受到這些限制，因而「尋求文化的普及」就成

為解決的方法。

尋求文化的普及

與其他方法不同的，是這種方法假設文化變數，以及這些變數與行為模式之間的關係，將因地點、時間與情境而不同，這種方式是假設有某些普遍性的文化價值觀是相同，並且與行為模式是相關的。

這些普及價值觀的存在，可以預估產品類別或品牌的選擇，因而全球行銷人員便有可能把各種行銷要素予以標準化。例如，假設可以用類似的文化價值觀，預測人們在美國與台灣會購買超級腦電腦，則在兩個國家裡同樣的目標市場之中，便可以運用普及的價值觀，採用相同的行銷組合，然後依據語言的差異而予以調整。在國際市場採取標準化行銷策略的優點，包括可以運用單一的行銷組合快速滲透市場，並且可以因為較少產品型號，配銷管道、促銷宣傳與媒體宣傳，而降低成本。

雖然有關於這種普及的價值觀究竟是否存在於許多產品上仍有爭議，但一般都同意的是在某些產品上確實存在這種普及性，如可口可樂。同樣地，一般人也同意各種不同的趨勢，包括人口移動、國家間的經濟整合、電腦與跨國的溝通，確實促進了普及的價值觀，並且邁向文化的整合，而某一個單一文化要適應新發明的時間，也越來越短了。

假設這種普及性價值觀確實存在的全球行銷方法，包括莫達克（Murdock's）的普及價值觀、克拉漢（Kluckholm）的價值觀源起，以及霍爾（Hall）的高／低背景文化。

莫達克的普及價值觀

體育活動、身體彩繪、清潔訓練、烹飪、求偶、跳舞、勞工部、教育、種族、民俗、食物禁忌、遺產法規、血統關係、笑話、法律、醫藥、哀傷音樂、學術用語、人口政策、財產權、青春期習俗、宗教儀式、地位差別、手術、手工、貿易、戒除惡習、天氣控制，都包括在莫達克的普及價值觀列表之中。

假設這些價值觀具有普及性，國際行銷人員的角色，則是找出被視為對社會成員而言是重要的，並且可以激發對所行銷之產品或品牌產生興趣的價值觀。例如，在國內市場銷售超級腦電腦時，最受重視的價值觀，如教育與地位差異，將被列入促銷活動的考量，強調要獲得更高階的職位，而應該接受專業教育的重要性。

克拉漢的價值觀取向

把個別的價值觀整合而成為五種在國家與國家之間共通的基本取向：人類本質、人與自然的關係、時間感、活動與社會關係。每一種取向的信念如**表5-2**所示。

表5-2　價值系統的變數

源起	範圍		
人類本質	惡性（可改變或不可改變）：大部分人基本上本性是惡的並且不可信賴	善惡混合（可改變或不可改變）：世上有好人也有壞人	善（可改變或不可改變）：大部分人基本上本性良善並且可以信賴
人與自然的關係	受自然所控制：生命主要受外在力量所掌控	與自然協和：與自然保持協調	掌控自然：人應該挑戰自然控制自然
時間感	歷史導向（與傳統結合）：人應該從以往光榮的歷史中學習	現在導向：充分運用現在，生活在今朝	未來導向：為未來而做計畫，使未來比過去更好
活動	作為：自然表達出衝動與欲望。強調自己本身	作為：強調自我實現，全方位發展自我成為整合的個體	行為：強調行動與成就
社會關係	線型（權威型）：主從附屬關係的權威線	配合型（團體導向）：人被視為個體也同時是團體成員，參與共同的決策	個人主義：人是自主的，並且應該擁有平等權利並控制自己的命運

資料來源：Adapted from Florence R. Kluckhohn, "Dominant and Variant Value Orientations," in Clyde Kluckhohn and Henry A. Murray, eds., *Personality in Nature, Society, and Culture*, 2nd ed. (New York: Alfred A. Knopf, 1953), p. 346.

　　行銷人員此際的任務，是瞭解某一市場中，是受到哪些類型的價值觀取向所主導。例如，在莫頓的國內市場中，「未來導向」的時間感，強調行動，與「個人主義」的社會關係等，即融入了MM系統的策略規劃之中。

霍爾的高／低背景文化

　　霍爾建議採用高／低背景文化作爲找出被視爲各個國家中具普及性的文化取向之方法。普及的「語言」、書面與口頭訊息，是這種觀點的基礎。在高／低文化背景之中，霍爾舉日本與阿拉伯國家爲例，口頭傳達的訊息較少，因爲大部分的訊息已經透過如背景、協會組織、溝通者的價值觀等因素傳達。在低背景文化中，霍爾舉美國與北歐文化爲例，訊息本身就是協商的重點。

　　協商交易便可以展現出高與低背景型式的特色。與低背景協商法相較，在高背景協商中，說明條款與條件文字的重要性，比不上協商的背景因素。共同的文化價值觀，協商者彼此之間的信賴感與關係，以及達成交易條件的榮譽與個人責任是最重要的。時間的重要性不大，更重要的是彼此認知。社交距離較短且更個人化，協商時間較長，法律仲裁（律師）的重要性，比不上個人的承諾，承擔錯誤是最高標準，不會把責任推向較低的階層，而競價的情況較爲少見。**全球焦點5-2**顯示了瞭解這些背景，有助於美國行銷人員在全球市場進行協商。

本章觀點

　　分析經濟、政治法律與社會文化環境等元素，是爲進入全球市場並追求發展的策略行銷規劃流程的起點。一般而言，這些分析的重心，在於這些環境當中有利於貿易的層面，以及企業在國內市場所面臨的種種因素。經濟環境的分析重點，在於經濟發展的階段，實際的人口統計現

瞭解協商背景確有幫助

以下將說明亞特蘭大喬蒂絲·桑斯公司（Judidth Sans Internationale）創始人喬蒂絲·桑斯（Judith Sans）與紐澤西H. F. Henderson Industries的總裁亨利·韓德森（Henry Henderson），如何因為瞭解文化背景，而獲得在全球市場做生意時的成功經驗。

· 喬蒂絲·桑斯於1985年，在一個遠東的貿易任務中，會見海外的生意人以後，開始在海外行銷她的自然化妝品與皮膚保養沙龍教室。她的公司如今在二十多個國家銷售產品，1993年出口額占總營業額46%。桑斯如今定期參加全球專業展覽，以便與潛在顧客會面，並瞭解競爭狀況（一個香港展覽為她開啓了中國市場的大門，而一個義大利展覽則使她的產品得以銷往義大利與德國）。在與外國生意人交涉時，她遵行「文化彈性」，並且從女性的觀點，深入瞭解文化背景。例如，在沙烏地阿拉伯，她從不單獨與男性客戶會面，她也瞭解何時可以保持有禮但積進的態度（在中國可以接受但在日本卻不行）。

· 亨利·韓德森選擇把公司的自動秤重系統直接賣給國外顧客，而非透過海外代理商或經銷商，他非常重視旅行，並努力適應語言與文化差異。韓德森與他的同事數十次的旅行地點，包括了中國（包括香港）、澳洲、南韓、法國、俄羅斯、瑞士、奧地利、匈牙利、義大利、芬蘭、英國、哥斯大黎加與巴西，並且順應各地的習慣而進行交易。班馬汀（Ben Martyn）是韓德森行銷經理，他發現到了一些差異性：美國人的「強制條款與條件，以及所有照本宣刻的法律條文，……對中國人與日本人而言，只需握個手即可，合約破壞則代表著沒面子。因此他們不需要律師，但是必須講信用，……對英國人而言，通常只要同意了就一定會盡全力。」

資料來源：*Business America*, U.S. Department of Commerce, June 1993.

狀有助於經濟發展的財務狀況，以及全球與區域經濟共同體的影響。政治法律環境分析的重點，在於評估對貿易的誘因與阻礙，包括特定貿易政策與實際作業的檢視、法律體系，以及國際法的規範。社會與文化環境的分析，則在於檢視文化層面，包括社會結構、價值觀、信念、語言與宗教這些都將影響到策略規劃的流程。

觀念認知

學習專用語

Arbitration	仲裁	High-and low-context cultures	高／低文化背景
Back-translating	反翻譯作法	Income distribution	所得分配
Body language	身體語言	Infrastructures	基礎設施
Boycotts	杯葛	International Monetary Fund	國際貨幣基金
Code law	法典	License requirements	進口規定
Common law	一般法	Monetary policies	貨幣政策
Confiscation	資產沒收	Munitions Control Act	軍用品法案
Cultural convergence	文化驅同性	Nonverbal language	非口語語言
Cultural universals	文化普及性	OPIC	海外私人投資合作計畫
Currency stability	貨幣穩定性	Per-capita income	個人所得
Economic communities	經濟共同體	Political risk	政治風險
Embargoes	禁運	Qualitative restrictions	質化限制
Export Administration Act	出口管理法案	Quantitative restrictions	量化限制
Export controls	出口控制	Quotas	配額
Export Trading Act	出口貿易法	Religion	宗教
Expropriation	徵收	Stages of economic development	經濟發展階段
Factor mobility	移動因素	Taboos	禁忌
Fiscal policies	財政政策	Tariffs	關稅
Government information services	政府資訊服務	Trading companies	貿易公司
Helms-Burton Act	荷姆斯法案	Webb Pomerene Act	偉伯法案

配對練習

1.把第一欄中的概念與第二欄的敘述配對。

1.低度開發國家	a.製造商品與投資資金的主要出口者
2.後工業化國家	b.快速地從農業轉向都市化的工業基礎
3.工業化國家	c.雖然處於早期工業化，但廉價與勞動意願高的勞工，則代表著對工業化國家的競爭威脅日增

2.把第一欄中所列出之行銷組合元素與第二欄的敘述配對。

1.財政政策	a.貨幣價值不因其他貨幣而浮動
2.貨幣穩定度	b.稅與支出
3.貨幣政策	c.賺更多錢
4.價格指標	d.貨幣喪失其價值

3.把第一欄中的概念與第二欄的定義配對。

1.出口控制	a.超級電腦賣給中國必須有出口許可
2.禁運	b.阿拉伯國家把與以色列做生意的企業列入黑名單
3.杯葛	c.美國企業不得賣產品給古巴
4.本國自製率	d.美國企業在印度必須採購當地的原料與零件

4.把第一欄中的概念與第二欄的敘述配對。

1.規範法	a.依據傳統、習俗與經驗的法律體系
2.一般法	b.偉伯法案保護美國企業在外國市場控訴事件
3.反托拉斯法	c.依據書面規定無彈性空間的法律體系
4.國際商會	d.公正專業的仲裁

5.把第一欄中的概念與第二欄的敘述配對。

1.核心價值	a.通過律師考試
2.次級價值	b.信仰上帝
3.工具價值	c.學校祈禱
4.終極價值	d.獲得較高社會地位
5.物質價值	e.購買BMW汽車

6. 把第一欄中的概念與第二欄的敘述配對。

1.外向消費者	a.追求成功者
2.RVS刻度	b.救世、普通生活、標準式汽車
3.宗教	c.約會最後抵達者
4.非口語溝通	d.食物禁忌、假期

問題討論

1. 假設某一個人辭掉了為一家製造商銷售空氣壓縮與水力零件的工作,而開了一家店,自行為幾家製造商代銷這些零件至全球市場。請舉例在總體環境與個體環境之中的各種力量,如何可能促成這個生意的成功或失敗。

2. 就人口統計、經濟、政治法律與技術因素對於進入全球市場的影響,請說明何以某一家企業可能決定拒絕進入某一個國家市場的原因。

3. 請討論界定一個有效的基礎設施的五項標準,何以對於莫頓的MM系統成功進入某一外國市場是非常重要的。

4. 假設有一家大型美國企業有兩名主管被派在海外,一人在日本,另一人在澳洲,1995年時,他們兩人的薪水相同。請說明匯率、通貨膨脹率、產品條件與產品成本,將如何實質地改變薪水的購買力。

5. 一家位於華盛頓州的小公司Panels International, Inc.，近來與某一家大型俄羅斯建築公司及某一商業銀行協商進行合資合作，以便在俄羅斯東部建築美式風格的鄉間小屋。這家公司計畫每個月建數間房子。請討論這家公司在進行這項合作案時，將面臨哪些有關所有權與轉移的營運風險。哪些風險最可能出現？

6. 請討論哪些跨國與來自國內的支援，可能是莫頓在全球市場成功的工具。

7. 請舉例說明語言這個文化變數，如何影響莫頓在德國找到MM系統的目標市場，並且擬定滲透這些目標市場的行銷組合。

8. 從莫達克的列表中，選出四個可用於為紐澤西Prince Sortts開發出來的新網球拍定位與促銷的普及價值觀，這個網球拍，稱之為Long Body，將可以用長握把彌補過大的球拍（傳統為二十七英吋，新產品為二十九英吋），並宣稱更有力、旋轉力強、好控制，並且易於使用。網球拍在美國市場的成功，使得Prince計畫將球拍引介至歐洲與太平洋市場，並且期望在普及的價值觀之下，該公司將可以採取標準化的促銷計畫。

解答

配對練習

1.1c，2d，3a，4b
2.1b，2a，3c，4d
3.1a，2c，3b，4d
4.1c，2a，3b，4d
5.1b，2c，3a，4d，5e

6.1b，2a，3d，4c

 問題討論

1. 在開創一個獨立事業以前，這個人可能先產生如下樂觀的想法。有關總體環境的影響：人口統計上，該產業代表著龐大與成長中的全球市場；經濟上，這些產業具有足夠的可支配所得能夠負擔這些零件；技術上，這些零件都是最新的發明；競爭上，尤其是海外市場，這些產品的優點，將使其處於優勢地位。在個體環境方面：這個人已獲得幾個顧客的保證他們將持續購買該產品；業務代表們已經獲得來自六家製造商的承諾可以代銷其產品；一家當地銀行（市場中間商）認為其成功機率高，所以給予他50,000元的貸款。

2. 一家企業拒絕把某一國家列為市場的因素有幾個。人口統計上：缺乏足以涵括進入策略的成本與風險的各種年齡人數與職業族群；經濟上，該國的發展階段，反映於諸如企業與個人所得等指數，並不足以為企業的產品獲利；政治與法律上：為保護當地企業的高關稅障礙與「保護當地產業」法令，則無論其他優惠因素為何，都可能使該公司的產品在當地市場形成價格較昂貴且無法競爭；技術上：發展不成熟的基礎設施，尤其是運輸與溝通系統，即使在一個看起來相當好的國家市場之中，仍將使得該公司的產品、配銷與促銷活動更形昂貴。

3. 從莫頓的觀點而言，有效的基礎設施的五個標準，包括充分性（擁有足夠的基礎設施，如電話、橋樑與能源工廠）、品質（這些設施都是可靠的）、相容性（與莫頓國內市場相容）、可負擔（人們可以購買並使用），以及發揮綜效（彼此相輔相乘）。為專注於行銷組合的促銷層面，例如，必須有足夠的溝通管道（電子與平面媒體）而把莫頓的訊息散布出去，莫頓必須能夠運用這些管

道，並且必須與莫頓的國內市場媒體相容（例如，在計畫經濟國家之中的國營媒體就無法做到），潛在的超級腦顧客必須能夠負擔得起接觸這些媒體（電視、雜誌），且這些媒體必須與當地的基礎設施相容（例如，當透過媒體而銷售給顧客時，MM系統必須能夠運送給顧客）。

4. 1995年，日圓對美元比兌澳幣強，意謂著移居海外者在日本購買的能力，比不上在澳洲的購買力。另一方面，日本的通貨膨脹率是澳洲的三分之一，意謂著到年終時，移居到日本者的薪資，將比移居到澳洲者的薪資，有較強的購買力。然而，在澳洲，由於氣候較暖和，對產品的規範條件較為寬鬆，意謂著對衣著、住房與電力等的支出較少。此外，移居到這些地方的美國人所需要的產品，包括公寓、住房、餐飲食物與大部分的耐久產品，在澳洲也比在日本便宜。

5. 所有權的風險，包括Panels的生命與財產風險，是俄羅斯政府最可能採取的措施（或許是基於合資合作對象的要求）：沒有任何補償下的財產轉移的沒收，或有補償的財產轉移徵收，則是一種營運風險，俄羅斯政府可能要求轉移超出其合資對象股份比例的部分所有權與管理權。移轉的風險，是當俄羅斯政府對於Panels的獲利或資金強制移入或移出的管制。這類管制可能包括對這些資金的額外稅款，以及強制把美元轉變為盧布。假設對Panels採取任何一種控制措施，便可能造成強制徵收，因而便可以在沒有任何法律限制的情況下，獲得沒收所帶來的利益。

6. 就跨國合作而言，經濟共同體如國際貿易組織與歐盟，可能都是莫頓成功的關鍵，因為這些組織透過創造出一個跨越國界的大型整合市場，並且減少各會員國之間的貿易障礙，而鼓勵與促進貿易。就國家的層面而言，莫頓也可能獲得各種直接與間接的財務資助（如貸款以及出口補助），並且獲得在拓展市場、掌握配銷管道、評估信用風險等的支助，以及在商會與小型企業組織等政

府單位在海外市場拓展的協助。

7. 語言在確認與界定德國目標市場的資料（運算能力與競爭電腦的資訊）蒐集上，是一個重要的關鍵，必須具備德語的書與寫的能力，方能蒐集到這些資訊。一旦確認出目標市場，擬定出吸引目標市場的行銷組合的工作，也必須仰賴於對德國的瞭解。例如，(1)超級腦電腦的使用手冊，與軟體設計都必須以正確的德語說明（產品的設計）；(2)德語流利是必要條件，因為這將可以說服德國配銷商銷售MM產品，並且與這些配銷商合作執行實體的配送、存貨管理、訓練，與提供誘因而促銷（配銷）；(3)無論任何型式促銷活動（如宣傳、直接行銷、直接銷售、廣告或銷售宣傳），都必須是具有說服力，並且可以說服德國人（促銷）；(4)德國消費者購買MM電腦的價格，將必須反映出為適應德國市場而調整產品所造成的成本，包括與配銷商及最終使用者的溝通成本。

8. 在所有可能的普及性價值觀之中，Prince可能會用來為Long Body擬定的制式促銷計畫，包括體育活動、身體彩繪。例如，這項活動可能會直接或間接地強調網球等體育活動將可提升身分，並且吸引異性成員。這項活動將會強調最新款的Long Body網球拍在達成這個預期目標上的價值。

Marketing

第六章

行銷系統

本章概述

行銷系統的組成成員，包括組織本身、行銷組合、目標市場與促進交易的行銷中間商。所有的系統都有投入、流通與產出。如果這些系統皆能有效率地結合共同運作，而滿足目標市場並達成企業的目標，便可形成綜效，而其效果將大於個別因素所產生的成果。

行銷流程與系統

前兩章中，我們把行銷視為一個在市場機會多變情況下，為調合企業的目標與資源而擬定的策略行銷計畫。我們也探討過在國內與國際市場中，導引與形成策略行銷規劃流程中的行銷概念與哲學。

本章與第七章中，我們將把行銷流程，視為一個事前準備、執行與控管策略行銷計畫的重要系統。我們將再度以莫頓電子公司以及新成立的MM系統部門為例做說明。

系統理論說明行銷流程

依據《韋氏字典》（*Webster's New Collegiate Dictionary*）的定義，系統是「定期互動或相互依賴之團體成員所組成之整合的總體」。一個系統當中涵蓋了四種概念：投入、流通、產出與綜效。例如，一個為整合跨國企業國際市場而設計的電腦軟體程式，其功能為透過系統而投入，而其在某一特定國家之績效，將會流入某一資料庫，而與其他國家市場的類似資料相配對。對這些資料的分析，將摘錄於一份報告中，說

明某些績效低於平均標準值，以及造成此一結果的可能原因。這些產出的資訊，將再度成爲提升市場績效的管理決策的投入因素。這種各個變數之間的互動，包括電腦零組件、軟體程式與決策者，所共同產生的成效，將遠大於個別因素的成效總合，即稱之爲綜效。

在一個有效率的行銷系統之中，所有的功能，包括銷售、行銷研究、廣告等，均會與內部與外部各個系統，包括其他部門、顧客群、配銷商與外部代理商等互動而形成綜效，並滿足目標顧客的需求，而達成組織的目標。在這個流程當中，某一個部門的產出，即成爲另一個部門的投入。例如，銷售報告將可激勵會計、行銷研究與生產部門的行動。

如圖6-1所示，有兩組流通組合而形成這些互動行爲：第一組爲溝通與產品，在企業與市場之間流通。例如，一名生意人對某一個直接郵件促銷活動採取回應，可能會購買莫頓 MM客製化的訓練系統。第二組爲付款與資訊回饋，即在市場與企業之間流通。這個生意人爲莫頓系統支付的款項，以及他所提供有關爲何購買、如何購買、何時與何地購買等的資訊，說明了這些流通的情形。

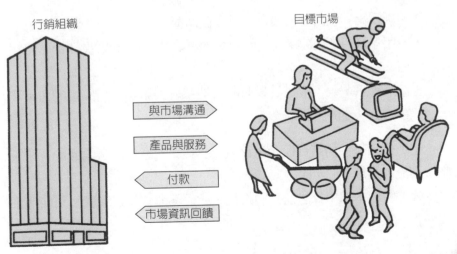

行銷組織　　　　　　　　　目標市場

與市場溝通

產品與服務

付款

市場資訊回饋

圖6-1　最簡單的行銷系統，包括行銷組織與目標市場等互動元素，彼此結合

把這些由莫頓行銷系統在目標市場的交換而產生的單一交易情形加總，則有關行銷流程與系統的複雜景象便逐漸浮現出來了。

使這個複雜情況更形複雜的是，所有功能、活動與模式，共同執行行銷計畫，這些計畫所追求的彼此相異，甚或彼此衝突的目標，以及在總體與個體環境中所可能面對的所有無法控制的互動要素，也都是這些計畫所必須考慮到的。

行銷體系中的系統

行銷系統的組成成員，包括組織本身、行銷組合、目標市場與促進交易的行銷中間商，例如，銀行、廣告代理、零售商與運輸代理等，使得行銷組織與其市場之間的交易順暢。

為設計出一套有效銷售莫頓產品並可獲利的行銷系統，摩爾把重心放在此一體系中四個主要的系統：

1. 組織系統：將組成行銷系統的各個互動系統結合並予以調和。
2. 規劃系統：找出行銷機會，並且協助擬定顧客導向的策略計畫。
3. 控制系統：控管策略計畫與活動的績效，確保績效符合原定目標。
4. 行銷資訊系統：擬定足以激勵其他系統與整個行銷系統的決策訊息並予以分析與散布。

這四個系統共同結合而產生綜效，支援第三章中所討論過的行銷策略規劃流程的每一個步驟。

我們將於本章中探討前三個系統，並於第七與第八章探討第四個系統。

組織系統與行銷成效的融合

在一個現代化的行銷組織裡,組織系統提供了一個架構,使得行銷分析、規劃、執行與控管等活動得以有效地結合與執行。在小型企業裡,如工作店或硬體商店,一個人便做完所有的工作。隨著公司的成長,相關工作將區分為各種不同功能的活動,例如,銷售與市場調查,並且分配給具有此專長的人擔任。如果這人所被指定的工作是須負責指導、協調與激勵他人而承擔獲利之責,並控管他人的工作,便稱之為線上職位(line position)。例如,摩爾就是一名線上經理。如果該一工作是專業與顧問性質,而較少直接對獲利的督導之責,便稱之為員工職位(staff position)。例如,在**圖6-2**中,即說明了莫頓工業產品部門的組織架構,向行銷副總呈報的廣告經理與行銷研究經理,都是屬於員工職位。該組織圖再加上職務說明書,即充分說明了所有線上職位與員工職位的職責,並且訂定指揮與溝通線以便各級經理人員執行其職責。

有效組織之特性

如欲充分發揮綜效,組織系統必須展現出兩種特性,這是摩爾在規

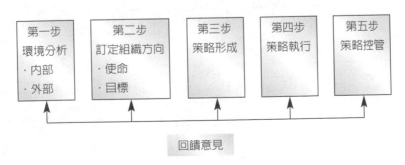

圖6-2 策略行銷規劃流程

劃嶄新的MM系統部門時即預先考慮到的:

1. 必須提出有效選擇、訓練、督導、激勵與評估線上職位與員工職位人員的政策與程序。

2. 必須反映出組織的策略目標與方法。

就莫頓工業產品部門的策略目標與方法而言,**圖6-3**所說明的組織架構便非常理想。每一個員工都瞭解自己的責任,並且也被賦予適當的權力承擔這些責任。要承擔這些責任,而須完成的工作也有明確的定義,並且從新進業務人員以迄企業總裁,均由具備該一專長的人員擔負,將可獲致最大效益。

然而,就摩爾的觀點而言,這個架構並非針對嶄新之MM系統部門擬定與執行規劃的長期模式。

成功企業傾向較小的組織

摩爾腦海中的組織架構,是高科技環境的成功企業,例如,莫頓的MM系統部門。一方面,這些企業會傾向於較小的組織架構。與莫頓工

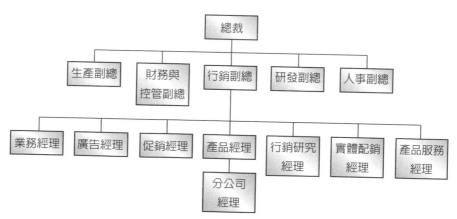

圖6-3 行銷組織之正規線上職位與員工職位

業產品部門的中央指揮系統相反的，是權力與責任的分散化。彈性是非常重要的，以臨時的任務編組處理不同的問題。

即使組織中屬於永久的部門，也多半是小規模與簡單的型態，並且屬於單一的事業體，例如，單一產品或相關產品族群。在這些小型與具彈性的群體之中，權力將儘量減低以激勵企業家精神。在這些群體內部與彼此相互之間的溝通，也多半是非正式的，角色非屬專業性質，並且鼓勵群體之間的競爭與回饋。

這些小型與機動的企業群體，在強調動機與創新的前提下，將可使新部門快速地因應高科技專業消費者市場中的威脅與機會。

奇異電子的策略性事業單位：在大企業中的小型事業單位

摩爾為達成她新部門策略目標而在腦海中構思的組織模式，是由奇異電子（General Electric, GE）所創的策略性事業單位（Strategic Business Unit, SBU）模式。莫頓的MM系統部門依循這個模式，而形成單一事業體，並且有外部的競爭者（其他公司行銷電子系統）與特別的使命。這個策略性事業單位將具備策略性與營運規劃能力，擁有控制MM的生產，以及為行銷這些事業單位而擬定、執行與控管計畫的利潤中心之責。將由國內外員工互動而形成的策略規劃，而協調國內、外的營運作業，並由高階管理人員核准這些計畫。摩爾認為這種架構將便於分散式管理，降低權力與責任範圍，激勵企業家精神，以較非正式的角色與溝通管道，促使對市場有快速與彈性的反應。

如**市場焦點6-1**所示，福特汽車公司依策略性事業單位模式進行組織重整，而分散營運與策略行銷能力，以更有效與更經濟的方式滿足市場需求。

福特知道如何對其市場提供更快速、更便宜與更佳的服務

福特汽車公司（Ford Motor Company）宣布二十五年以來最大規模的組織重整，以期未來十年不僅在既有的歐洲與北美市場，並且在亞洲汽車與卡車的強大潛力市場中，有更佳的競爭力。

年度結束時，福特北美營運部門與福特歐洲營運部門都將不存在，而合併至單一的事業單位——福特汽車事業總部FAO（Ford Automotive Operations），負責全球業務。福特亞太與拉丁美洲營運部門仍將保留獨立運作，直至其他更廣泛的營運組織合併完成。

在其嶄新的組織計畫下，福特打算建立專為銷售全球市場而發展特殊車款的中心。例如，歐洲的新中心將開發福特小型、前輪傳動汽車（如Escort），銷售歐洲、亞洲與美洲市場。

「我們將把大公司的資源與小企業的速度與反應力相結合。」出生於英國的福特董事長兼總經理Alexander Trotman表示：「當然，這對我們的股東有更佳的回饋，對員工的未來有更佳的保障，我們相信將可為全球的客戶提供更佳的產品與更廣泛的產品系列。」

資料來源：James Bennet, "Ford Revamps with Eye on the Globe," *The New York Times*, April 22, 1994, p. D1.

規劃系統有助於界定與開發機會

規劃系統的最終產品，是一個考量企業的目標與資源，針對不斷變化之機會而擬定的策略行銷計畫。摩爾在針對MM系統而擬定行銷計畫與活動時，是依循以下三個步驟：

1. 競爭力分析（SWOT）：找出莫頓本身的優勢、劣勢與市場的機會與威脅。
2. 策略目的說明。
3. 準備正式的行銷計畫。

SWOT分析

SWOT分析，是配合市場的機會與威脅而找出企業本身的優、劣勢，運用規劃模式整合至行銷資訊系統。摩爾特別仰賴奇異電子（GE）的策略規劃矩陣、BCG的成長／占有率矩陣，以及波特（Porter）的競爭分析模式。這些模式的重心，多在於內部的資源與限制，例如，產品、人員與財務能力，以及外部的行銷條件，例如，競爭、文化與政治環境，這些都是策略行銷計畫必須考慮在內的因素。

策略規劃矩陣

奇異電子（GE）的策略規劃矩陣（**圖6-4**），提供了一個分析潛在新產品或生意機會的架構，包括某一潛在市場的吸引力，以及該企業評估本身的優勢。市場的吸引力越大，企業本身的優勢越強，則進入該一市場成功的機會就越大。這個矩陣將運用SWOT分析模式，將企業內在的優勢與劣勢，因應外部的機會與威脅。

在這個矩陣中，G格位的綠燈機會，代表著投資與成長的規劃策略，可以全面配置行銷資源，且可預期有高獲利。Y格位的黃燈機會，代表著警示性的規劃策略，某一產品可能在某一弱勢產業中具強勢地

市場吸引力 ＼ 企業能力	強	中等	弱
高	G	G	Y
中	G	Y	R
低	Y	R	R

圖6-4 策略規劃矩陣

位，在具吸引力的產業中居中等地位，或在一個具吸引力產業中占弱勢地位。在推出新產品以前，必須先予考量，不然在已有產品的情況下，便不應該再承諾投入額外的資源。紅燈機會（R格位）代表沒有任何策略，也不推出新產品，代表著收成既有產品的成果。

在運用GE矩陣選擇適於MM系統之市場，並且擬定在這些市場的進入與成長策略時，摩爾以下述標準判斷產業吸引力（industry attractive-ness）：市場規模、市場成長率、獲利潛力、潛在競爭力、總體經濟限制以及技術在生產與行銷產品上所擔負的角色。基於這些標準，如果MM系統的產品是在一個大型、獲利佳且具成長性、競爭少且有高度技術障礙的市場，則成功的可能性便非常大。

莫頓用以評估進入具吸引力市場所應投入的資源時，所採取的標準，包括財務資源、市場相對吸引力、產品品質、價格競爭力、市場知識、銷售效果與地理位置。在這些標準下，以及在一個潛在具吸引力的產業之中，如果莫頓的MM現有產品已占有相當強的市場占有率，有能力負擔推出新產品，具有相關知識與專業能力銷售新產品，且得以運用既有的配銷管道，則MM所推出的新產品便有相當大的成功機率。

BCG成長／占有率矩陣

芝加哥波士頓顧問集團（BCG）的成長／占有率矩陣（**圖6-5**）的重心，在於產品組合及其彼此間的關係。

在高——高象限的產品，稱之為星星，通常需要有超過該一產品所能創造的現金，來支應其快速成長的需求。這些現金所需要的資源，是其他產品，稱之為金牛，通常位於左下方象限，雖然這些產品的市場成長率不及星星，但這些產品占有一個高市場占有率的領導地位，需要投入的資金很少，並且可以獲致利潤與現金。右上方的問號產品象限（高成長率市場中低市場占有率）通常缺乏消費者的支持，特殊優點不明確，且必須以大量現金維持占有率。右下方象限之低成長與低市場占有

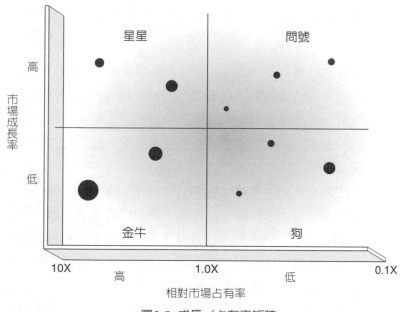

星星

問號

市場成長率

高

低

金牛

狗

10X
高

1.0X

低

0.1X

相對市場占有率

圖6-5　成長／占有率矩陣

率的狗產品，無法吸引消費者，並且在銷售、形象與營運成本方面均缺乏競爭力。

　　某一產品在成長／占有率矩陣中的位置，有助於找出該產品與其他矩陣中產品的相對位置，而得以擬定策略。例如，莫頓的稅務系統產品被視為星星，因而被選為領先所有MM系統的產品。莫頓的金牛產品，包括產業部門已成熟的晶片電路板，則可提供此方面的支援。

波特的競爭分析模式

　　摩爾所使用的第三種規劃模式，是波特（Porter）的競爭分析模式❶，這個模式基本上評估五個競爭因素：新進入者之威脅、供應商的協

---

❶Michael E. Porter, *Competitive Advantage* (New York: The Free Press, 1985), Chapter 1.

商能力、買方的協商能力、替代產品的威脅，以及既有企業的競爭對手。

1. 新進入者之威脅：對MM系統而言，一個良好的市場，就是除了莫頓以外，其他競爭對手都難以打入的市場。例如，MM的堅強品牌形象、產品差異性或成本優勢，可能阻卻了其他競爭者。其他的防阻因素，可能包括了高額的資本需求，或政府政策使得進入困難度增加。

2. 供應商的協商能力：當MM系統的零組件供應商非常強勢，就應避免提供其進入市場的機會，否則供應商可能會提高價格或降低品質。這些供應商的能力，包括供應商本身的規模與專業能力，大量供應對於這些供應商的重要性，供應商產品的替代產品，以及供應商彼此之間的競爭狀況等。

3. 買方的協商能力：買方也具有迫使MM系統降低價格，提升品質或服務，並且讓競爭對手彼此抗衡的潛在能力。買方的能力，主要是基於其集中度、購買數量、從莫頓產品轉換到其他產品的成本、MM系統的替代產品，以及掌握莫頓與競爭對手資訊的能力。

4. 替代產品的威脅：替代產品在市場中取代莫頓的強勢地位的可能性為何？其決定因素包括原有產品的技術複雜度、替代產品的價格與效能優勢，以及買主轉向替代產品的可能性。

5. 既有企業的競爭對手：價格競爭、廣告大戰、新產品進入以及額外的顧客服務、削價競爭，都是高度競爭環境的實證。競爭對手的判定因素，包括產品差異性、品牌認知度與對手企業的集中度。

策略目的與目標說明

策略規劃流程中第二個步驟的SWOT分析，將可以提供下述說明所必需的資訊。

第三章中所討論過的有關進入某一市場時的行銷策略，有四個主要策略，組合而成產品／市場機會矩陣（product/market opportunity matrix）（**圖6-6**），分別適用於特定的產品／市場。

市場滲透策略

如果產品市場正處於成長期或尚未飽和，則在既有市場中更積極行銷既有產品是合宜的。莫頓積極銷售MM會計稅務系統就是一例。一般而言，滲透策略將可因為吸引原先的非使用者與競爭對手的顧客，並且提升目前顧客的使用率，而帶來營業額與獲利。

市場開發策略

當企業期望從既有產品在新市場獲得更高的營業額時可以採用，其重心在於嶄新的地理區隔或顧客區隔。

產品開發策略

當企業擁有強勢品牌，且有相當大的顧客族群，便開發新產品以吸引既有市場的成員，例如，以嶄新的MM課程來滿足莫頓會計與法律目

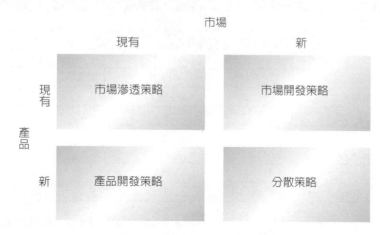

圖6-6　產品／市場機會矩陣

標市場對訓練與開發的需求。

分散策略

即在新市場導入新產品,且在該企業目前市場以外市場有較多的成長機率時,也適宜採行此一策略。

其中市場滲透策略與產品開發策略,本質上都是把行銷工作集中在少數的市場中。而市場開發策略與分散策略,則是分散到其他的市場之中。

如**表6-1**所示,可以依據SWOT分析而得的資料,找出適宜於某一目標市場的兩種策略。因此,當以下的情況在一個潛在市場出現時,便可能採用集中策略:擁有高度與穩定之成長率、對行銷活動也有快速反應、能夠強力主導競爭狀態、產品與促銷活動而必須有昂貴的支出,以及必須與顧客及中間商有密切互動。

另一方面,在產品與促銷活動皆可以用標準化因應所有市場,且需求與競爭狀況也類似時,則分散式策略或許可以採行。

表6-1 影響集中與分散策略的因素

因素	分散	集中
市場成長率	低	高
銷售穩定度	低	高
銷售反應功能	減少	增加
競爭前置時間	短	長
過剩效果	高	低
產品改變必要性	低	高
溝通改變之必要性	低	高
配銷之規模經濟	低	高
限制程度	低	高
計畫控制需求	低	高

資料來源:Igal Ayal and Jehiel Zif, "Marketing Expansion Strategies in Multinational Marketing," *Journal of Marketing*, Vol. 43, Spring 1979, p.89. Reprinted from *Journal of Marketing*, published by the American Marketing Association.

準備一份正式的行銷計畫

這個計畫的關鍵因素，如第三章中所探討，包括情境分析、目標與目的、將目標市場與行銷組合結合之長期策略與短期戰術、執行時間表、成本與獲利預估、控制機制，以及必要時的替代方案。這個正式行銷計畫的一個重要因素，是介於情境分析與執行階段的一個環節，以確保所有的決策，都是依據目前的資訊為基礎。例如，如果管制系統顯示在某一目標市場中，某一特殊價格或促銷訴求，並未達到原先預期結果，這些資訊將會回饋給行銷資訊系統，而融入稍後的SWOT分析。（第七章討論）

控制系統可使計畫依循原定模式執行

摩爾考慮過MM系統的組織與規劃系統後，接著把注意力放在整個行銷系統中的控制系統。

廣義而言，控制意指讓某一件事依據原先的計畫發生。這必須要對某一特殊行動的確定結果有明確的瞭解（如為提高10%的銷售額而更改產品價格），擁有具體衡量結果的方法，以及更正相關行動的替代方案。一個有效率的控制系統，將可調控所有的環境變數，包括顧客、競爭對手、行銷管道參與者，以及可控制因素（如價格、產品與促銷）與不可控制因素（如政治與經濟力量）。這些變數都有短期（一年左右）或長期（一年以上）的管控。

在類如莫頓之MM系統的策略性事業單位，具備MM系統的營運能力，以及行銷這些系統的策略能力，因而營運與策略控制系統都將可採行，以確保相關活動共同執行而產生綜效，以達成企業與顧客的目標。

營運的控制功能，包括生產管制、品質控制與存貨控制。策略控制的重心，在於控管與評估策略行銷規劃的各個步驟，從環境分析以迄策

略執行。營運與策略控制的相互關係如**圖6-7**。

　　由於控制系統有助於整合企業所有的營運與策略活動,雖然類如MM系統的自主性部門會提供重要資訊,但通常都是設置於總部。例如,摩爾將負責發展整個策略規劃之一部分的預算規劃,以期達成:(1)MM全球銷售的營業額;(2)所有包括生產、實體配銷與行銷等的成本,皆用以創造這些營業額;(3)這些數據彼此間淨利的差額。這些預算數據,以及其他定義策略績效的數據(如銷售配額與平均銷售淨利)都將成為衡量績效的標準。

　　然而,正如同摩爾的預算包括其他預算在內,包括個別顧客族群、

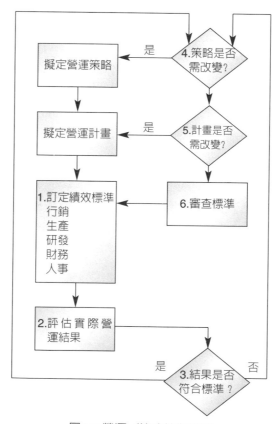

圖6-7 營運╱策略控制矩陣

區域，甚至個別銷售業務人員，都必須與莫頓其他部門的預算結合，並且從總部的角度進行適當的交換。

無論採行哪一種控制系統，可能都是由**圖6-7**所說明的三個步驟所組合而成，其目的都是衡量績效、訂定標準以便進行績效比較，以及當績效不符合標準時採取適當行動。

假設摩爾策略規劃的構想，是運用一個特殊的配銷管道而接觸法國的企業／專業市場，而以高成本獲得龐大的營業額。這些所謂「龐大」的數字，便成為測量與評估這些配銷管道實際績效的標準（第一與第二階段）。如果確實符合目標，則無須進行任何控制措施（第三階段）。如果成本較高，且銷售額低於預期，便必須採取修正行動，這種控制行動，可能包括改變行銷通路，提供誘因以提升配銷管道的績效，或者可以降低至較為符合實際狀況的標準（第四、第五與第六階段）。如果配銷管道的績效超出預期，且成本也較低，銷售額也高於預期，則也須進行控制。尤其是在全球市場之中，這個成果可能是運用該一配銷管道進行其他產品之配銷的好理由。

國際觀點

對於打算進入國際市場的企業而言，用於組織、計畫、執行、蒐集資訊與控制策略行銷流程的行銷系統，則由於國際市場的特性與需求不同，而與國內市場的行銷系統有所差異。

國際性組織架構

打算採取全球行銷計畫的企業當中，其本質與組織架構與通報系統不斷地有所變化，而反映出企業積極地從事於海外活動。一般而言，這些活動是源自於把依據產品、領域、功能或所有這些因素結合而成的各

自獨立的國際性架構與系統予以整合。

　　圖6-8顯示當企業從國內企業，演進至國際企業，終至成為跨國企業階段時所可能發生的長期變化。該企業一開始是以單純的出口部門為起點，或許僅由一個人負全責，負責處理國外經銷商的訂單，並且處理所有的出口事務。由於所有權的轉移，是在原產地國家進行，所以賣方無須擔心文化差異、貨幣價值、稅務與促銷、定價與配銷策略等問題。這就是當摩爾開始為MM系統部門開發全球市場時的情況。

　　摩爾最初的作法，是把MM系統部門推向另一個組織層次，即集中國際專業、資訊流通、控管國際活動與其他與全球運作相關之活動如行銷調查、銷售、出口作業與外國政府關係等之國際部門。製造與相關部門則仍留在國內以獲得規模經濟。

　　圖6-9是一個簡化的國際部門架構，說明了一個與這種模式相關的重要問題：即產品、人員、技術與其他資源仍仰賴國內部門。國內部門經理將依據其績效而被評估，故他們也可能會拒絕提供資源給國際部門。

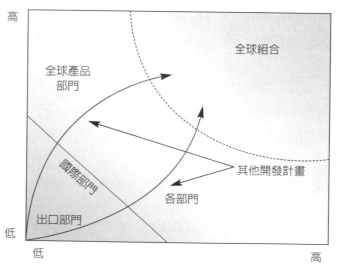

圖6-8 國際組織架構的演變過程

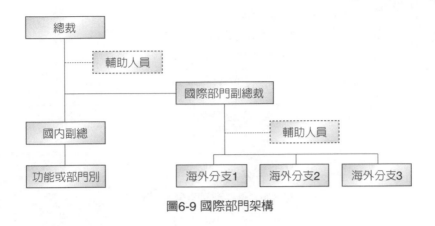

圖6-9 國際部門架構

產品、區域與矩陣架構

一個整合性的國際架構，在開發全球市場的前提之下，未必能夠符合企業的需求。通常當一個企業的國際市場的績效，等同於其國內市場的銷售額與獲利，則其國際部門的功能將會被其國內市場部門取代。既然已經具備了與國內部門相等的地位，且也同樣能夠獲得企業的資源，並且得以接觸高階決策主管，則這個被兼併的部門將可以更有效率地面對市場的威脅與機會。例如，以產品、區域與矩陣的架構。

產品架構

產品架構是類似摩托羅拉（Motorola）這種跨國企業，為銷售多樣化產品，並且賦予全球策略性事業單位針對特定產品線行銷之責時，最常採用的方式。

摩爾預期當莫頓的主要產品線已實際進入國際市場時，將可採取此一架構。**圖6-10**所示的架構，即是針對每一個產品線，以全球策略為重心而籌組的一個事業團隊，其地位則與國內市場事業團隊相等。原來集中的專業國際部門，現在分散到各個部門，並且對於具備豐富國際經驗之經理人員提供獎勵措施。此外，必須留意的是，提供如下領域如行銷

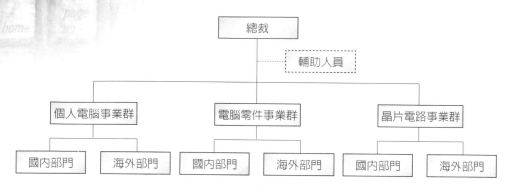

圖 6-10 國際產品架構

調查與國際法律等專業的協調機制,並且適當處理把資源配置至各部門的問題。

區域架構

如**圖6-11**所示的區域架構,是依據該企業服務之地理區域而形成的組織架構。這是全球第二種最常使用的架構,是擁有龐大海外事業而非受單一區域所控制的大型歐洲跨國企業(如雀巢)所採用的。這種架構也是當市場大幅度地影響到產品的接受度與營運狀況時所採行的。一如產品架構,核心員工也將負責全球規劃、執行與控制等的協調工作。

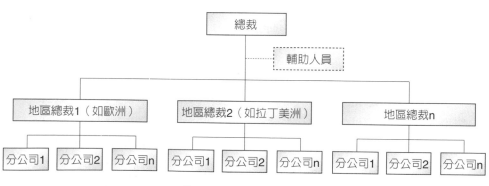

圖 6-11 國際區域架構

矩陣架構

矩陣架構探討整合或結合兩種元素之獨立架構的問題，如圖**6-12**。例如，莫頓的三個主要產品部門與區域部門的互動，而使各國家經理與事業經理有更密切的合作。可以想見的，是一個三度空間矩陣架構，這個矩陣之中將包括各種功能別經理（如行銷、生產與研發）。在這個矩陣架構中的主導因素是產品經理，他將與其他有互動之經理共同組成一個團隊，交換資訊與資源，並且推動一個策略性的全球焦點。產品、功能與區域經理彼此之間，為獲得資源與建立團隊，而產生的競爭，將可增進生產力，並且對市場的威脅與機會做回應。

然而，這種競爭被視為違反矩陣架構，通常會導致無生產力的衝突與困擾。這種矩陣架構的另一個缺點，是太過於複雜，在回報系統上所造成的困擾，可能會減緩企業的反應時間。其中所探討的困擾，包括經理人員在各個事業部門之間的輪調，以及回報系統過於複雜。

國際規劃系統

當莫頓的MM系統部門的產品線，已經到達了銷售的成熟與衰退期

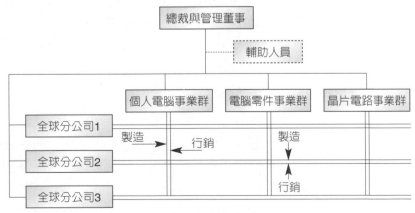

圖6-12 國際矩陣架構

時，摩爾瞭解未來獲利的成長性，將必須透過在國際市場的成長。她的這些策略規劃的基本模式，融入了部門規劃系統，與國內市場所使用的模式相同，而僅稍予改變，以反映全球市場的實際狀況。

例如，把部門優勢與劣勢反映於全球市場機會與威脅的優劣勢分析，其重心在於全球各國的潛在市場狀況，例如，莫頓行銷資源可以觸及的競爭狀況、文化、物流與政治環境。這些分析也探討了莫頓相對於這些狀況之下的優勢與劣勢（如熟悉海外文化與語言的業務人員）。

同樣地，奇異電子的策略規劃組合之中所訂出的標準，也可以反映出全球的實際狀況。例如，產業吸引力的標準，包括行銷活動所面臨的產品與溝通模式的調整與配銷設施，以及文化、政治與環境等限制。在這些標準上獲得高分的國家或區域，將在這個組合的「市場吸引力」部分獲得高分。

用以評估莫頓是否能夠掌握具吸引力之市場的標準，包括財務資源（資金以及資本轉移的能力）、產品資源（品質、調整的能力、運輸、生產能力、獨占特性）、價格競爭性（在競爭環境下仍能獲利的定價）、人力資源（瞭解海外市場與行銷環境、海外行銷之技巧、招募人才的能力），以及環境影響力（得以改變配銷、貨幣價值、需求變化與社會態度）等領域，在產生不利變化時做出回應。

為了把BCG成長／占有率矩陣轉換為適於國際市場的模式，摩爾把「相對市場占有率百分比」橫軸中的許多國家，改變為單一國家的市場占有率百分比。例如，**圖6-13**中，A公司在五個國家之中是領導者，在美國與加拿大是居於金牛地位，而在英國、法國與德國則處於星星地位。只有在西班牙處於問號，並未達到領導者地位。

同時，A公司主要競爭對手的B公司，雖然在美國市場並非A公司的主要威脅，但是在三個快速成長的市場，如英國、西班牙與法國則處於領導地位。把該公司的組合與競爭對手相比較，將可研擬出因應競爭狀況的策略，如**全球焦點6-1**，其中說明了惠而普（Whirlpool）公司運用全球組合分析法，而以追求全球地位的目標而定位。這個矩陣除了可以

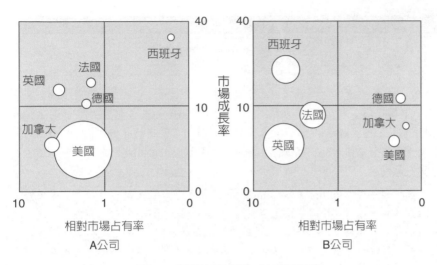

圖6-13 國際市場成長／占有率組合

協助摩爾找出處於星星狀態之產品最可能成功的全球市場,也可以找出在國內市場處於問號與狗,但卻可以在海外市場獲利之產品。

 ## 國際控管問題與程序

制定標準與測量工具,是進行控制的必要條件,在國內市場已經相當困難了,而在國際市場尤其是艱困的任務。環境的變動,也會改變準則,在不同的國家會有不同的準則,而溝通的問題也會因為語言、習俗,以及最高階決策者與海外分部的距離遙遠而產生。

為持續測量績效,摩爾運用莫頓的行銷資訊系統的標準,把各個國家的狀況與績效標準做比較。她也運用有效分析的方法,把資訊分送到適當的決策者手中。

惠而普在海外的成功

惠而普（Whirlpool）在北美位居最頂級的市場地位，在歐洲位居第三，而在南美則也占據領導地位，依據市場分析師的說法，該公司是：「90年代最佳定位的電器用品廠商」。美國的對手企業，包括Mytag，都急於搶進國際市場，但是惠而普仍然積極地擴張。該公司在開發歐洲與開發中國家時，試圖把在北美已處於成熟且成長趨緩的事業移向這些區域。

在購併了歐洲電器用品商Philips Electronics NV以後，惠而普在歐洲獲得了更高的獲利與更大的市場占有率，雖然當地的不景氣與緩慢的復甦……。1993年時，即使整個歐洲的電器用品事業持平或衰退，但銷往歐洲的運載量卻成長了5%。未來數年當中，預期將有更進一步的成長。目前，歐洲約有二百多種電器用品品牌名稱，其中許多品牌只在某一個國家非常普及。惠而普的策略，是要成為泛歐洲的領導品牌。惠而普歐洲地區總裁Hank Bowman說明：「研究顯示，各個國家消費者的偏好、趨勢與偏見益趨相似」。雖然區域性的偏好仍然存在，但該公司仍然發現可以從日趨整合的歐洲發掘出獲利潛力。

當惠而普第一次進入歐洲時，是運用飛利浦（Philips）／惠而普雙品牌而向消費者介紹其旗艦的惠而普品牌。目前則已經單獨使用該品牌，而避免人們認為歐洲人不會購買嶄新美國品牌的懷疑。電子分析專家Aandrew Haskins表示：「飛利浦是一個強勢的品牌，惠而普已成功地運用這個品牌。」

資料來源：Robert L. Rose, "Whirlpool is Expanding in Europe Despite the Slump," *The Wall Street Journal*, January 27, 1994, p. B4.

本章觀點

適度地規劃與整合，則由四個主要系統組合而成的行銷系統所產生的綜效，將遠大於個別績效的加總。組織系統將提供一個有效率與效益，且彼此協調之活動，而規劃系統則提供產生與達成使命目標之策略行銷規劃的方法。控管系統則提供了一個確保在目標未達成時，採取適當行動的方法。下一章將探討行銷資訊系統，提供了一個把正確資訊，在適當時間與適當方式，蒐集、處理與散布給適當的對象之方法。

觀念認知

學習專用語

Budgets	預算	Planning system	規劃系統
Cash cows	金牛	Product development strategy	產品開發策略
Concentration strategy	集中策略		
Control system	控管系統	Product/market opportunity matrix	產品／市場機會矩陣
Diversification strategy	分散策略		
Dogs	狗	Product organizational structure	產品組織架構
Export department	出口部門		
Green light opportunity	綠燈機會	Question marks	問號
Growth share matrix	成長率／占有率百分比矩陣	Red light opportunity	紅燈機會
		Stars	星星
Information system	資訊系統	Strategic Business Unit (SBU)	策略性事業單位
International division	國際部門		
Market development strategy	市場開發策略	Strategic planning grid	策略規劃格位
Matrix structures	矩陣架構	SWOT analysis	優劣勢分析
Organizational system	組織系統	Synergy	綜效
Penetration strategy	滲透策略	Yellow light opportunity	黃燈機會

 配對練習

1. 請把第一欄中的敘述與第二欄的行銷計畫中最可能出現的狀況配對。

1.初期配銷是透過原產地國家的代理商與掮客	a.策略與戰術
2.第一季結束時，行銷組合必須做必要性的調整以使績效符合預期	b.目標
3.預期的績效是在第二年結束時獲得10%的投資報酬率	c.控制條款
4.促銷活動一開始將集中於透過「拉」的策略而促進最終使用者的需求	d.行銷組合

2. 請把第一欄中的策略選項與第二欄的說明配對。

1. 分散	a.高成長率、強勢競爭、獨特產品
2. 集中	b.標準化行銷組合、類似的跨文化需求
3. 產品開發	c.既有產品從新市場中獲得更多銷售額
4. 市場開發	d.開發新產品以吸引既有市場之成員

3. 請把第一欄中的組織架構與第二欄的特性配對。

1.出口部門	a.最常使用，全球性
2.國際部門	b.集中內部專業
3.策略性事業單位	c.有外在競爭對手，不同的使命
4.區域架構	d.為當地國中間商處理訂單
5.矩陣架構	e.結合國家、產品與功能專家

 問題討論

1. 請就現代化組織的觀點說明行銷概念的調整。

2. 請說明組成行銷系統的四個系統如何結合，而有助於策略行銷規劃之流程。

3. 一名電訊設備業務人員規劃每天向潛在顧客做簡報。這個人是否符合系統的資格？爲何？

4. 請區分傳統的指揮線與員工組織架構，與許多現代化消費者導向的企業所採用之更流暢，且更具彈性的策略性事業單位組織模式兩者的不同。

5. 請說明行銷系統在下述產品／市場狀況中的角色，並且說明這四種方式中哪一種在各個情況中最爲重要。

(1) 桂格麥片要提升從Stokely VanCamp所採購之Gatorade的銷售

額。目前解渴飲料中85%的購買量，是由大量使用者所購買，大部分的銷售量是各州消費者在夏季數月中所採購的。

(2) 雖然有來自美樂（Miller）與百威（Budweiser）等的競爭，在一個於二十五年內從一百二十五家啤酒商減少至四十家的產業環境之中，Henry Orleib釀酒公司連續三年皆獲利。這家位於費城的啤酒製造商的廣告為「全純麥芽」。

6. 在優劣勢分析之中，就莫頓尋找最適合之全球市場時，最重要的因素是什麼？

7. 請討論GE策略規劃與BCG成長／占有率矩陣兩者之差異。哪一種對於國際公司或跨國公司擴張全球市場時最為適用？

8. 營運與策略控制的差異為何，兩者之間的相關性為何？

解答

配對練習

1.1d，2c，3b，4d
2.1a，2b，3d，4c
3.1d，2a，3c，4b，5e

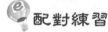

問題討論

1.行銷概念的基礎，是當企業整合所有的功能，並且比競爭對手更有效率與有效益地找出並且滿足目標市場的需求，同時也產生獲利的觀點。整系統統概念的基礎，則是能夠最有效率與有效益地找出目標市場，並且發展出行銷組合，並且透過系統組成分子的

組織、規劃、控管與資訊散布所產生之綜效而滿足這些市場需求。

2. 組成行銷體系四個系統之結合：(1)組織系統：將整合資源，而得以激勵專業人員有效地合作，而開創與執行行銷計畫；(2)規劃系統：則提供依據企業優勢，配合市場機會，而達成與使命相關目標之策略行銷規劃；(3)控制系統：將提供標準與規程，以便將實際績效與預期績效做比較，並且在過度偏離時，採取必要措施；(4)行銷資訊系統：將可擬定並分送決策資訊，以使策略規劃流程運作更為順暢。

3. 此業務人員符合系統的資格，對系統的投入，將包括業務人員從各種來源（包括報表、業務數字分析，以及顧客的抱怨意見等資訊）而提供的資訊。而流通則是業務人員與其顧客與潛在顧客的雙向溝通，其基礎主要是依據他對所獲得之資訊的分析，以及他為滿足潛在顧客之需求而提供的產品。產出則是銷售額與獲利，以及有助於他規劃下一個月所要拜訪業務對象的新資訊。

4. 傳統的指揮線架構可以被視為一個單一且集中式的架構，在最上階層以迄最接近顧客的階層當中，有數個指揮層次（如中階經理、督導人員）。明確地界定指揮線，意指每一個人都知道自己的責任，並且知道該向誰負責。任務將依據每一個人的專長而分配，溝通的管道也相當固定。策略性事業單位組織模式，則可以被視為許多較小的架構，每一個架構都有單一的產品或一群相關的產品。每一個架構之上，都有一個經理，負有營運與策略性責任，而能夠更接近市場，而指揮系統與承擔之責任與溝通管道之間的界線則屬於較非正式的型態。成員們可能會參與各種不同的活動，通常與其他策略性事業單位的成員相互交流。策略性事業單位與其他較傳統的架構相比，將可更快速地對市場的問題與機會做出反應，並且可以依據需要而改變型式與重新組合。

5. 以下是每一種可能的產品／市場狀況中，市場系統與主宰的流通

狀況可能扮演的角色：

(1) 提升Gatorade 銷售額：行銷體系的角色，是制定銷售新產品的組織（組織系統）；除了夏季消費者的大量使用者以外，開發其他目標市場族群（行銷資訊系統）；發展行銷計畫以滲透新目標市場並且獲得利潤（行銷規劃系統）；並且當實際績效與預期績效有落差時，控制、測量與調整計畫（控制系統）。流通則強調的是市場資訊的回饋，以便找出嶄新的目標市場，以及與市場溝通的流通管道，以便在這些市場銷售Gatorade。

(2) Orleib釀酒公司成功之道：Orleib的獲利，似乎是來自於在高度競爭且衰退的市場中，有效的定位與促銷活動，而運用有效的行銷資訊系統，找出目標市場的需求與競爭行動，並且運用有效的行銷規劃系統，傳達其促銷訊息，以及使所有行動依計畫進行的有效控制系統。流通強調的或許是運用回饋的市場資訊，而獲得市場需求、產品與服務變化的資訊，而傳達出來。

6.優劣勢分析（SWOT）的每一個字母，係代表著企業的優勢與劣勢因應市場中的機會與威脅，而可有效地運用該公司的優勢，應對各種機會與威脅的策略計畫。在莫頓的個案當中，機會是指由所有專業人士所形成之目標市場的需求，其中沒有任何競爭行為，擁有運輸與溝通網路，而可以配銷MM系統，並且具有購買MM系統的資金，以及與在國內市場相似的法律、政治與文化價值觀（如語言、對現代化裝備的態度等）。

7.GE策略規劃與BCG成長／占有率矩陣是類似的，兩者都有助於擬定最符合企業的優勢與劣勢，並且因應海外市場之機會與威脅的產品／市場策略。這兩種模式最主要的差異是，GE是從潛在市場的吸引力，以及企業要滲透此一市場的資源，而找出產品別的基礎，而BCG矩陣則是從整體的產品組合，而把每一種產品依據其

市場成長率與相對市場占有率，而訂定其位階為金牛、星星、問
號與狗。對於打算擴張市場的全球企業或跨國企業而言，BCG矩
陣或許是最適合的，可以界定最適合於涵括在該公司行銷活動的
個別產品之策略。例如，某一個別產品，依據GE模式的市場吸引
力與企業優勢分析，而呈現為綠燈「執行」策略，在審視了該公
司其他亦將進入市場的產品後，則可能成為一個「不執行」的策
略。

8.營運控制的重心，在於企業內部為達成銷售目的，而與生產相關
的營運作業，包括生產、品質控制、財務、研發與存貨管理；策
略控制的重心，則在於把企業所生產的產品與目標市場相結合的
企業外部策略規劃。控制功能所擔負的重要角色，除了要確保營
運與策略領域的績效符合標竿準則，並且是要確保這兩個領域以
具效益與效率的方式結合，且組織中不同的部門之行動，彼此相
合而追求共同的目標。例如，有效的控制將可確保生產、品質控
制與存貨管理控管，都能夠與策略控制相輔相乘，而協助主要的
顧客，在適當的時間、以適當的價格可獲得適當的產品。

Marketing

第七章

行銷資訊系統和市場調查

本章概述

在第六章將檢視了三項可以用來準備、執行和控制策略性行銷規劃的系統。它們包括組織系統、規劃系統和控制系統，其三者可以相互運用以達到最佳效果來促成並影響行銷系統。在本章與下一章中，將檢視行銷資訊系統（Marketing Information System, MIS）和市場調查的步驟，其兩者綜合起來，透過資料蒐集、記錄、分析和瞭解市場機會點、問題點和過程，更可以促進其他系統的發展。

行銷資訊系統促進其他系統

行銷資訊系統是一套使用電腦的硬體和軟體科技進行資料整理、統計分析、模式化和呈現格式的完整系統。它蒐集整合、排序、評估、儲存和提出及時且精準的資料給行銷決策者，以幫助他改善其行銷計畫、架構、執行和控制。

對莫頓公司的MM系統部門而言，摩爾知道行銷資訊系統對其建構行銷策略時的重要性。她也知道要獲得這些資訊時會面臨到因為時間、地點、文化和技術層面的差異化而造成的問題。為了提出這些需求和問題，她構想了一套如圖7-1所示的行銷資訊系統。此套系統可以將不同的資料來源進行轉換，變成一套對她和對其他參與行銷策略規劃的經理都有幫助的整合資訊系統，以協助他們做更快、更聰明的決定。

1. 在內部紀錄部分：蒐集內部發展的資料，包括銷售、訂單、成本、現金流量、生產時程、運送、經銷、零售反應、競爭者活動和消費者需求的紀錄。

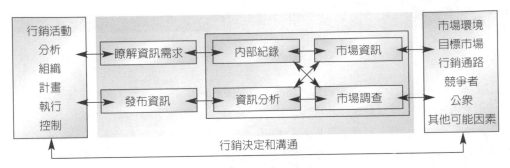

圖7-1 行銷資訊系統

2. 在市場資訊部分：從各種行銷環境中的各種管道，包括公司的職員、銷售人員、顧客，甚至從競爭對手蒐集資料。許多類似資料都可以透過網站的資料庫或透過資訊公司取得。

3. 在市場調查部分：透過各種正式或非正式的研究取得資訊，以彌補其內部紀錄部分和市場資訊部分的不足。可能需要進行一些調查來瞭解MM系統的定價與推銷策略，因為這些訊息可能是在資料中所欠缺的。

　　以上這些資料將被整合在一起，變成一套行銷資訊系統。摩爾便可以運用它們進行擬定策略性規劃時（從分析到控制），所需要的步驟。

　　環境的掃描是在進行行銷資訊系統時，一項持續性的步驟。透過它可以得到市場趨勢和發展的持續性資訊（如改變中的需求和競爭環境的變化），以便讓行銷人員可以擬定一套長期的政策、策略、行動計畫，執行計畫和預算。

　　市場焦點7-1敘述了兩家公司運用電腦化資訊系統進行市場資訊蒐集的掃描，以幫助他們進行策略決定和規劃。

建立行銷資訊系統資料庫

　　摩爾知道要建立MM系統部門的行銷資訊系統是很困難；它有太多

全球透視鏡

　　康寧（Corning）和數位器材公司（Digital Equipment Corporation）深信可以透過全球電腦網路來蒐集和散布競爭性的資訊。

　　康寧在1989年開始測試並啓用其全球性系統，稱之為「事業資訊交換網路」（Business Information Exchange Network）。此新的搜尋服務提供了一個新的功能，也就是使用者可以告知它們對哪些主題有興趣。這套系統便會自動剪貼相關報導寄到使用者的電子信箱。

　　數位器材公司在1984年推出它的「競爭資訊系統」（Competitive Information System, CIS）。剛開始時，它只蒐集並傳送國內的競爭者資訊，但是四年後，它全球化了。競爭資訊系統包括了產品描述、發表、內部和外部的競爭分析、公司策略和政策和市場概觀分析，並且直接從外電取得外部的新聞。「我們的資料可以提供策略性和執行面的需要」，數位器材公司資訊收取部門的經理蘿拉赫特（Laura J. B. Huant）做了這樣的說明。數位競爭態勢分析的分析師使用競爭資訊系統的資料進行策略性決定和計畫；它的業務代表使用競爭資訊系統的資料進行銷售執行計畫。這套系統在全球有超過一萬名的公司員工註冊使用，有超過十萬人透過臨時上網註冊使用。

資料來源：Kate Bertand, "The Global Spyglass," *Annual Editions: International Business*, F. Maidment, Ed. (Guilford, CT: 1992), pp. 90-92.

　　的資訊、太少的資訊、不完整的資訊、過期的資訊、被放在錯誤格式下的資訊，還有要花費比其資訊價值更高費用來整理的資訊──這些都是她目前要面臨的問題。

　　爲了確保成功建立此套行銷資訊系統以滿足公司MM部門、她自己，以及莫頓公司經理的需求，摩爾提出了她的問題，並設計一份問卷涵括以下幾點：每一位經理通常做的決定，每一位經理通常會收到的資訊，每一段時期會特別要求的調查研究，每一位經理想要卻又無法得到的資訊，每一種資訊需要的頻率（每天、每週和每月等），想要定期收到的期刊和出版品，每一位經理希望被告知的特別主題，每一位經理想要的資料分析型態。

　　這些回收的意見首先都被整理過以避免重複、不相關或太貴的資訊

出現。這些資訊被整合進資料庫當中，有效率地提供每一位經理、每一個部門和整個公司組織的需求。

　　一般而言，每一位經理需要用來計畫、組織、執行和控制其行銷活動的資訊要求都會影響這套系統的建構。舉例而言，銷售經理需要資訊來規劃其人力資源的配置，以求最有效率的結果，或者需要提升莫頓公司MM部門銷售人力的利潤。未達此目標，其主要需求是：可以指出其產品獲利率、主要銷售地區、目標消費者和其銷售人力的相關資料。有了這些資料，他便可以直接控制此部門的銷售人力配置，讓他們去銷售獲利較高的產品給在高潛力區域的高潛力消費者。

　　相同的，如廣告經理收到需要的資訊，便可以幫助他計畫、進行和掌控有效的行銷活動以幫助員工進行銷售。不同的產品經理收到此資料便可以幫助他們對不同的產品群進行計畫、組織、執行和控制其策略。而行銷經理可以透過此收到的資料來研判有價值的市場機會，以發展有生產力的行銷方案，並追蹤觀察其他經理在規劃和進行其方案時的表現。

市場調查在做什麼？

　　市場調查是有系統性地進行蒐集、記錄、分析和提供市場機會點和問題點的資料和資訊。此資訊可以運用在策略行銷企劃（SMP）的每一個步驟：瞭解環境威脅和機會點，比較在不同的市場的潛力，選擇目標市場和建立實在的任務和目標，發展和執行目標導向的策略計畫，並掌控行銷表現。

誰做市場調查？

每一家銷售產品的公司都需要市場調查訊息。大公司會有自己的市調部門，他們會透過市調公司進行特別的任務或研究。小型的公司則較依賴外面的市調公司。1998年美國前五十大的市調公司創造了超過4億美元的營業額，其中30%的經費是用來進行海外市場研究。

產品／銷售市場調查的運用

最近美國行銷協會發表了一份調查，指出美國公司所進行或委託的市場調查的項目，比例如下：

1. 銷售和市場調查：衡量市場潛力（97%）、市場占有率分析（97%）、瞭解市場特性（97%）、銷售分析（92%）、銷售配額和地域分布（80%）和鋪貨通路調查（76%）。
2. 企業經濟：短期的預測（一年內）（89%）、長期的預測（一年以上）（87%）、企業趨勢研究（87%）和定價研究（83%）。
3. 產品調查：競爭產品調查（87%）、現有產品測試（80%）、新產品接受度和潛力調查（76%）。
4. 廣告調查：廣告效果調查（76%）和媒體調查（68%）。

摩爾可以輕易的委託市場調查，以得到其需要的市場資料進行策略性規劃。譬如，她可以開始進行一個市場調查來找出，對其新的MM系統產品表現出高度興趣的潛在消費群。然後再針對這一群潛在消費群進行一項產品特性的接受度研究，以進一步瞭解此系統要提供怎樣的產品特性來因應其消費者的使用期望與需求。定價和通路調查也是需要的，

因爲它們可以確保產品的獲利性和確保其使用了最有成效的通路。

　　銷售預測、銷售強勢領域和銷售配額的市場調查也需要執行，以提供資訊來進行最佳的資源和人力配置，以求最佳獲利回收。一旦所選定的銷售強勢領域產出了有利潤的銷售，銷售分析的研究將可以透過評量銷售表現（不同區域業務人員的業績表現）和期望預算來掌控行銷成效。廣告效果調查將讓我們知道廣告表現手法和媒體預算是否能達到所設定的目標。

⬇ 市場調查的運用會隨產業和角色的不同而有所差異

　　市場調查的運用和使用目的會隨著使用的機構的不同而有所差異。在一個組織內部，對市場調查的使用會因不同的管理階層和職位而有所不同。舉例來說，莫頓的資深管理階層可能對長期的預測和對各地區的銷售業績和利潤資料較有興趣，因爲這些資料可以用來判斷其對不同部門資源的分布。中級和基層主管可能對會反映他們表現的資料較有興趣（如對銷售經理而言，地區、配額、銷售分析很重要；而對廣告經理而言，廣告效果分析很重要）。

　　不同公司之間，市場調查的範圍和重點會隨其所提供的產品和市場而異。消費者導向的公司，投資比較多的市場調查在瞭解獲利高的消費者特性和創造較有吸引力的產品組合。針對產業提出產品和服務的公司則較重視經濟趨勢和發展以及通路、價格和銷售活動的調查。

　　以上這些不同強調的重點，也跟他們的市場調查預算有關。其調查預算大概都占其銷售營業額的0.01-3.5%左右，此比例會隨著市場的競爭性或是此公司消費者導向的屬性而提高。通常總調查預算中會有一半到三分之二的預算被市場調查部門直接用來進行市場調查，而其餘的經費被使用來購買下列外來公司所提供的服務：

1. 制式化服務的市場調查公司蒐集並銷售消費者和商業資訊。如尼爾森媒體研究（Nielsen Media Research）的電視媒體觀眾報告和 *Simmons* 的雜誌讀者報告。
2. 客製化的市調公司因應特殊需求而執行的調查專案。比如說，運用調查發現莫頓電子公司成立MM系統部門的需要性。
3. 特殊性的市場調查公司提供特別的服務給行銷公司和公司的市調部門。比如說一家公司蒐集店家調查資料或提供進行訪問的服務給其他公司。

市場調查主要考慮因素：效度和信度

市場調查通常會受到環境、經費及達成的目標的影響而有一些限制。這些限制在擬定調查策略時都必須被納入考慮。進一步瞭解這些限制，我們必須瞭解兩個與調查相關的概念：效度和信度。

效度（validity）是指一個調查研究的程度，而此程度是去評量想要評量的主體。舉例來說，市場測試有時會顯現出對某些從未上市的新產品（如新口味的可口可樂），有強烈的喜歡。當調查發現沒有精準的評量其設定要評量的受測物時，此調查就被稱之為不具效度。當此發現只被應用到人口調查時（例如，只有Peoria的居民喜歡新配方的可口可樂），他們稱調查具有內部的效度（internal validity）。

信度是指一個調查結果可以被重複發現的可能性。舉例來說，如果可口可樂新配方的調查發現指出，Peoria的居民對新配方的可口可樂有很高的喜歡程度。如果是一個有信度的調查，這樣的調查結果也應該在另外一個具有與 Peoria同樣人口特性的城市發現。要注意的是，具有信度的調查結果（全部調查結果指出，新配方的可口可樂都大受喜歡），不保證是有效度的（調查發現並沒有評量其設定要評量的受測物的喜歡程度）。

信度和效度對行銷經理而言是相當重要的，因爲萬一如果被錯誤的訊息所誤導而做了錯誤的決定，它可能會遭遇到非常可觀的損失和風險。一個錯誤的定價，一個不受歡迎的產品特性，一個很不具說服力的行銷活動和一個效果不佳的鋪貨通路，都可能將一家公司置於無法彌補的危機當中。

市場調查主要限制：主觀、執行和控制

以下將舉兩個例子來說明，既有的限制會影響調查的信度與效度。第一個是具體的科學，它衡量水在不同壓力下的沸點，另外一個是研究潛在消費者對MM系統在不同價位時的購買意願。

1. 複雜的受測物：在水沸點的調查當中，受測物包括水、溫度、壓力，這些都是比較簡單、穩定和可以預測的。但是就研究人而言，研究員要面臨的是複雜和多變的變數，如智慧、感覺、態度和信仰，這些都是無法精準定義和衡量的。

2. 粗糙的測量：在水沸點的調查當中，可以透過精準的溫度計和壓力表正確測量和控制變項。而在MM的調查中，必須使用粗糙的測量指標（如問卷），這都會造成很大的模擬不清或誤導。

3. 差勁的控制：在水沸點的調查當中，可以進行實驗室控制，包括高度、重量和溫度等，全都可以精準掌控。而在MM的調查中，有些情況，如因爲要調查其行爲而改變的環境因素，這些都是比較複雜多變和難以精密控制的。

4. 時間的限制：在水沸點的調查當中，我們會有足夠的時間去確保調查的信度和效度；而在MM的調查中，由於競爭壓力與環境變遷的壓力，通常會因此而犧牲信度和效度。

市調的過程：成型、彙整、分析和建議

　　一旦瞭解資料的信度和效度會影響莫頓公司對MM系統策略規劃的成敗，也瞭解了在蒐集資料時一些不可避免的限制，摩爾提出了一個有系統的規範來進行市場調查。擬定此規範的目的是希望此調查在信度、效度、準確度和經濟效益方面，在每一個調查步驟中，都達到最好的表現。此規範一共包括了七個步驟：(1)定義調查問題和目的；(2)執行情勢分析；(3)設計調查計畫；(4)蒐集初級資料；(5)分析資料；(6)提出建議；(7)執行建議。

　　本章我們將討論其三項，後四項在下一章繼續討論。

定義調查問題和目的

　　此調查是一個互相合作的工程，合作單位包括：摩爾、將使用此調查做決定的經理、莫頓從外部找來配合執行調查的市調公司，以及MM系統部門的市場調查經理。摩爾對此研究所要調查的問題和要蒐集的資訊有大致上的藍圖，而其他經理也知道他們需要什麼資料以便他們進行決定，以符合公司的大藍圖。

　　在定義問題時，研究員通常會將起因的（主要的）問題和附帶的（次要的）問題分開。舉例而言，MM系統在某些地點銷售不如預期，可能是因為某些原因而造成的，如競爭的影響或是經濟活動的衰退。開始進行調查的一個好的方式是儘可能列出會造成這些結果的問題，然後在日後的調查中一一被驗證或被否定。一旦主要的問題釐清清楚了，就可以開始設計調查目的、調查型態和調查方法。

　　有時候，適合進行採用探索性調查——也就是先蒐集次級資料，進

一步釐清問題和建議解決方案。有時候要採用結論性調查——使用統計法的方式或是實驗法的方式描述問題，然後在從中找出解決方案。譬如，探索性調查的發現也許會讓研究員想要或建議進行額外的結論式調查。

執行情勢分析

此步驟最主要是想找出合理的解釋、假設或預期之外的事件。此探索性調查階段比起結論性調查階段便宜許多也較不嚴謹，而後者則常被用來評估和測試假設。

次級資料是已經蒐集和出版的資料，當初蒐集的目的可能與這位研究員的目的不同。因此它們的可用性可能會被懷疑，而採用的時候也要小心其相關性是否與現在的專案符合，其信度與效度的準確性如何，時效性方面和全面性方面等的問題。舉例來說，五年前一篇稅務會計師自我訓練課程需求的相關報導資料，可能無法用來推估其他國家對此課程的需求。

 ## 對知識豐富的人進行調查

這些不正式的調查，通常在探索性調查階段時，被用來輔助次級資料的不足。他們通常局限在執行的階層，或是公司其他具有如何獲得市場調查目的知識的員工。之後如果發現這些內部的訊息不足，則會向外尋求訊息管道。既然在莫頓公司內部很少人知道國外市場的訊息，這些被訪問的「知識豐富的人」則是以經常與國外接觸，並熟知其目標市場的人為主。

凸顯實際目的

探索性調查從次級資料和從訪問知識豐富的人當中蒐集了足夠的資訊，來發展調查目的，而這些調查目的都可以透過相關性的、可以蒐集的，和特定的到查來取得資料以滿足策略計畫和進行決定時的需求。

這些調查目的是用來回答以下的問題：

1. 就文化、經濟、科技、競爭環境和政治環境而言，哪一個國家對MM系統的接受度最高，而且可以將之視為首先擴展的國家？
2. 就收入水準、教育需求和工作活動而言，在此國家的企業／專業人士中，哪一個市場區隔的人，對MM系統的接受度最高？
3. 在行銷組合而言，MM系統所提供的哪些內容（如產品特性、價格、推銷和鋪貨通路方面），需要因應市場需求而進行哪些修正？

要注意的是，上列這些調查目的是依其重要程度排序的。例如，如果調查發現MM系統在其他任何國家的需求都不高，那麼後兩個目的便可以被取消。

設計調查計畫

時常在探索性調查階段便可以找出足夠的資料讓行銷人員進行決定。舉例來說，一個被認知是問題的之後卻發現並不是問題，而一個原本被以為是解決方案的東西，後來問題卻層出不窮。有時候，探索性調查僅作為精確的界定問題之用，它有時也會建議眾多解決方案，日後只須從中再決定一個方案。舉例而言，探索性調查可能會建議許多MM系統可以引進的具潛力的國家，但是若要更進一步的找出可以將之視為首先擴展的國家，和進一步認定最具潛力的市場區隔，以及MM系統須因

應市場需求而進行修正的行銷組合等這方面的答案，就須使用結論性調查。結論性調查用來蒐集初級資料的方式和技巧將在下一章討論。

國際觀點

發展策略已將MM系統在國外推出並成長，摩爾認知到她在蒐集和處理這些資料時，所面對資料的信度和效度的問題與莫頓公司在國內市場所遇到的問題大大不同。譬如，莫頓全球MIS系統和市調專案必須處理以下問題：

1. 不同的環境：包括文化、語言、政治體系、社會結構和經濟問題，以及基礎建設的問題。
2. 不同的變數：例如，匯率、運輸工具和公文往來、港口設備、商業條文和規範。
3. 不同的競爭者：包括莫頓現有在國內屬性相同的直接競爭者之外，還有許多不同型態的間接競爭者。

當進行國際市場調查時，還會遇到另外一個問題就是統計資料的不足，尤其是在較落後的國家，他們大部分還是使用最原始、粗糙的蒐集資料方式和調查服務。即使在有些地方可以提供許多資料來源，其資料的可比對性也是常會發生問題。不同國家會在不同時期出版普查資料、商業資料和年度的估算資料。而這資料在不同國家會發生有不同的定義的問題。舉例而言，在德國，其全民消費金額是從其消費收據的金額去推估。而在英國，則是除了使用收據的金額外，還使用家庭訪問和製造商資料進行推估。而每個國家分類其人口的年齡資料標準也不盡相同。其分類標準如**表7-1**所示。

表7-1 芬蘭、德國、西班牙及義大利人口年齡分類標準

芬蘭	德國	西班牙	義大利
10-14	14-19	15-24	13-20
15-24	20-29	25-34	21-25
25-34	30-39	35-44	26-35

可疑的資料來源是另外一個進行全球市場調查的問題。有些國家常會蓄意地捏造資料，如誇張其經濟成長速度，以吸引更多的投資廠商。有些國家即使沒有這些動機，其蒐集資料的粗糙過程，也會造成其資料與事實有很大的差距，其差距可以高達25%。

如何設定全球行銷資訊系統和市場調查過程

一旦瞭解這些進行全球行銷資訊系統和市場調查過程中所會面臨的問題之後，摩爾知道她在設定這些過程時要特別小心，她也必須回答以下這些在設立和執行時會遇到的問題。

哪些訊息是我們需要的？

在國際市場上，每一家公司所需要的資料因公司的調查目的而異。而這也與該公司是要從事進口或出口事業有關。

國際市場調查的目的——出口

進行出口的公司最需要的國際市場資料是市場機會點相關的調查。通常這些調查屬於普遍性、費用低的探索性調查，用以瞭解其預定市場的變數和環境已進一步設定其產品或服務的市場目標。舉例而言，摩爾便設定MM系統的潛在市場是那些具有一定數量專業人士，且國民所得達到一定標準的國家。用此標準，莫頓公司便可以從眾多的國家中篩選較有潛力的十八個國家，以便讓其可以以更有效率地進行下一步的考慮

表7-2　發展行銷資訊系統時所需要進行的種類及其調查內容

種類	涵蓋內容
I.市場資料	
1.市場潛力	包括目前該市場對此產品的需求潛力，與目前在此市場已供應的產品情形
2.消費者態度和行為	該市場消費者對現有產品和未來潛力產品的訊息、態度、使用和需求。也包括投資人對此公司的投資態度
3.通路	各種通路的使用度、效果、態度和喜歡程度
4.溝通媒體	各種媒體的使用度、效果和費用
5.市場來源	可獲得性品質和費用
6.新產品	非牽涉到技術層面的競爭公司的新產品（包括已上市產品）
II.競爭訊息	
7.競爭性的商業策略和計畫	目標與目的。企業的定義：公司的計畫與執行
8.競爭性的功能策略，計畫和方案	市場：市場目標、產品價格、通路、推銷。策略和計畫：財務、製造、研發和人力策略計畫和方案
9.競爭性的執行	競爭者的操作訊息包括產品，運送，職員流向和士氣等
III.國外交易	
10.付款金額（payment balance）	政府報告
11.宣稱的與實際的利率	專家預估
12.浮動匯率與合作廠商加權平均值	PPP理論
13.國際競爭的推估	專家判斷
14.國家匯率和資產對全球投資廠商的吸引力	外匯需求
15.國家政策：國家競爭力	專家評估
16.國家貨幣與財政政策	專家評估
17.現在和未來的市場活動	市場報告
18.分析師、商界人士、銀行家和經濟學者的期望和意見	普遍評估
IV.規範性的訊息	
19.外國稅制	外國權威單位對營業稅與利息的決定，傾向與態度
20.其他對外國的規範和條文	包括到任何會影響該公司營運，資產和投資的當地，區域性與全球性的法律規定，規範和條文
21.本國規範	包括到任何會影響該公司營運，資產和投資的獎勵，控制，規範和限制

（續）表7-2　發展行銷資訊系統時所需要進行的種類及其調查內容

種類	涵蓋內容
V. 訊息資源	
22.人事資源	個人或團體，當地員工候選人與一切人力的取得和罷工情形等
23.金錢	公司營運的費用的取得
24.原始原料	取得與費用
25.收買和併購	任何一切收買，併購合作相關的訊息
VI.一般條件	
26.經濟因素	包括一切與宏觀經濟相關的資料，包括資金流向、成長率、經濟架構和經濟地域
27.社會因素	社會的社區結構、習俗、態度和喜好
28.政策因素	即是電力供應和政策改變等的投資指標
29.科學科技因素	主要的發展和趨勢
30.經營與管理的實踐	員工薪資、加班費和報告等與經營管理相關的的實際程序
31.其他訊息	其他未被分類的資料

資料來源：Warren J. Keegan, *Global Marketing Management*, 5th ed. (Saddle River, NJ: Prentice Hall, 1989), p. 407.

與評估。

　　摩爾的下一步工作便是更進一步地瞭解每一個國家的細項資料，運用不同的條件來評估與排名每一個國家對MM系統的潛力，包括其市場大小、成長率和消費／競爭／政策等限制，如在第五章所討論過的。

　　一旦所設定的市場被決定和排名，調查目的則會有所改變。此時所要的資料是其需求──供應模式，潛在營業金額和最能因應市場所需的商品組合。

國際市場調查的目的──進口

　　進行進口的公司最需要的國際市場資料是確定其所被供應之材料與產品的來源和潛在來源。與出口公司不同，進口公司所需的資料通常包括該市場是否能提供其所設定的需求標準，如來源的可靠性、品質和運送時間。進口來源國家的環境也要列入評估，包括匯率的穩定性、該國

出口規定和運輸等問題。

　　表7-2列出了在發展行銷資訊系統時所需要進行的種類及其調查內容。

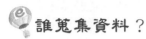誰蒐集資料？

　　因爲考慮到MM系統部門所需要的資料，和其將在進行全球性市場調查時所遇到問題，摩爾認爲除了靠莫頓市調部門員工的能力和國內廣告公司的支援之外，必須運用到其他的協助。莫頓特別需要一家對其設定想進入的市場有知識和能力的市場調查公司。

　　類似這樣的公司在市場上很多，就西歐十七個國家而言，那裡就有超過五百家的市場調查公司，提供資料庫和國際市場現況分析的資料，如企業環境、人口環境資料和預測等。

進行國際市場調查時，要如何架構其資源？

　　在架構行銷資訊系統和市場調查資源時，有三個可行的方案供選擇：

1. 集中式架構：是指一切焦點和設計都由總公司決定，然後在各地市場進行執行。
2. 非集中式架構：是指一切大架構和原則由自己國家的總公司決定，然後再參考各地市場的情況與建議，再進行下一步設計和執行。
3. 合作統籌式架構：是透過仲介公司（如市調公司），將總公司和在地國家的指示進行整合操作。

　　當調查的意圖是想去影響公司決定或策略，和各個市場是相似的情況下，集中式的國際調查功能通常是比較適合的。若各個市場情況很不

同的情況下，則是比較適合進行非集中式架構的調查。進行這一種調查的過程中，我們可以更接近市場，也可以對在地的機會和挑戰進行彈性的應對，也可以與在地的人員有更密切的互動。**全球焦點7-1**所顯示的便是PH惠普公司如何與當地公司合作，以達到同時擁有「集中式架構」和「非集中式架構」的好處。

▶ 進行全球調查時，有哪些次級資料可以得到的？

在美國，許多的聯邦組織很積極進行一些世界性的進出口問題和機會相關資料的蒐集。大部分這些資料並不貴，甚至免費。

為了實用性起見，如莫頓公司MM系統部門這樣新進國際市場的單位，最好可以透過商業司（Commerce Department）或是小企業公會（Small Business Administration）幫忙找出全球有機會的地方。這兩個單

全球焦點7-1

PH惠普公司如何發現市場機會點

PH惠普公司是一家市值16億美元的公司，生產企業用高科技產品和高品質筆記型電腦市場的龍頭。它透過全球性的「集中式架構」和「非集中式架構」調查運作的好處，建立了它的行銷資訊系統和市場調查資料系統。

此PH惠普公司的行銷資訊系統和市場調查資料系統的掌控中心是「市場調查和資訊中心」（MRIC），它擁有一個資料庫和一些平日與四十個專業部門進行調查專案處理的員工。市場調查和資訊中心由以下三個小組組合而成。

· 市場資訊中心，提供產業、市場、競爭者等主要透過次級資料和共用的資料所得到的背景資訊。

· 決策支援單位，主要提供市場調查建議給PH惠普公司。

· 策略性設置在不同區域性的衛星小組，提供區域性的支援給各個在地的需求。

市場調查和資訊中心也會透過品質經過認可的市調公司進行委外的市場調查，包括蒐集資料來找出市場機會點，產生立即有創造力的解決方案，測試並找出最能因應市場與目標消費者的產品特性、價位和廣告表現。並且更進一步追蹤結果以掌握造成某些現象的因素，並建立具掌控性的資料。

位會依據不同產業中，各個中小企業的需要，透過各種管道整合並量身訂作所需的資料。

摩爾透過以下一些來源，以協助莫頓公司針對規劃和執行MM系統進行國際目標市場滲透時行銷的計畫：(1)確認消息來源；(2)找特別專長的服務公司；(3)找值得的目標市場、顧客和通路；(4)推銷產品。

確認消息來源

1.商業司部門專線（Commerce Department Hot Line）：可以提供全部聯邦所蒐集的出口資料。

2.商業司部門商業資訊中心（Commerce Department Trade Information Center）：是一個一次可以蒐集十九個聯邦特派單位所蒐集到的資料。它可以提供摩爾有用的資料，包括出口諮詢、國際市場調查、到國外的通路和消費者、國外和國內的一切商業展覽時間表、出口財務訊息和相關文件、執照的要求和最近期的當地方案。

特別專長的服務公司

1.小型企業發展中心（SBA Small Business Development Centers）：提供出口諮詢，目前有超過七百家這樣的公司。

2.商業司諮詢部門（Commerce Department Counseling）：有六十八個分公司，提供出口公司詳盡的資料和建議，通常其建議是根據商業方面的經驗提供個人諮詢。

3.專門法律助理網絡（Expert Legal Assistance Network）：是商業司贊助的服務，通常會請新進的公司與法律顧問一起討論進入新市場的法律相關事宜。

找值得的目標市場、顧客和通路

1.配對任務（Matchmaker Mission）：是由商業司和小型企業工會

（Small Business Administration, SBA）聯合贊助，能事先安排第一次在特定產業（如電器產業和藥物產業等），將進行出口事業的公司與潛在顧客見面開會。透過像ELI單位安排的這種會議收費為1,200-2,000美元不等（小型企業工會會收750美元左右）。

2. 商業新聞（Commercial News）：固定每月寄發超過十萬份的型錄給國際市場的買家，是一個快速且便宜的方式以取得郵寄名冊。每個產品的廣告費用約為250美元。廣告中會有產品照片、產品價格、產品名稱、住址和電話。

3. 商業司代理通路服務（Commerce Department Agent/Distributor Service）：是一個專門的商業資料，列有想銷售進口商品通路的海外聯絡資料。每次搜尋費用125美元，花兩個月的時間完成。若要求將銷售資料和信用紀錄寄給對方通路，額外收費100美元。

4. 商業司國外買家方案（Commerce Department Foreign Buyer Program）：由商業工會贊助的，每年會帶領成千上萬的國外買家到國內參觀商業展覽（免費報名）。

5. 市場報告（Market Report）：記錄從商業司商業資料到仔細的國外產品需求資料。每月更新資料。 這些資料在全國商業司辦公室和聯邦圖書館都可以免費或收手續費取得。訂閱費用為一年360美元或每月35美元。

推銷產品

型錄和產品錄影帶展示會，在美國海外拓展展示會中展示一個公司的型錄或錄影帶。這些展示會常會針對特定的產業舉行。商業司會廣告此展示會，並將有興趣出席的名單提供給展示主。費用為100-300美元。

國外商展由商業司贊助，提供小型企業絕佳的機會與潛在國外買家見面，或藉以瞭解競爭者態勢。每次參展收費400美元，旅費外加。

本章觀點

　　此章節檢視了行銷資訊系統和市場調查過程，兩者相互運用可以幫助規劃、執行和控制策略性行銷計畫。市場調查的運用會因不同產業需求而異。缺乏管控的調查會造成昂貴和浪費，而因為設計不良或執行不佳而導致信度和效度不足的調查結果更會造成誤導。一個完善的調查計畫應該包括探索性調查和結論性調查。在探索性調查的階段，可以利用較具效率、經濟性的工具獲得次級資料，包括查詢政府委託的相關單位或是訪問一些專業的相關人士。

觀念認知

學習專用語

Advertising research	廣告調查	MR constraints	市場調查障礙
Business economics	商業經濟	Product research	產品調查
Causative problems	導致性的問題	Reliability	信度
Conclusive research	結論性調查	Research hypotheses	調查假設
Environmental scanning	環境視察	Research Plan	調查計畫
Exploring research objectives	探索性調查目的	Sales research	銷售調查
Government information sources	政府資料來源	Secondary information	次級資料
Importing research objectives	進口調查目的	Small Business Administration	小型企業工會
Internal validity	內部效度	Survey of knowledgeable people	針對專業人士進行調查
Marketing information system	行銷資訊系統	Symptomatic problems	作為表徵的問題
Marketing research	市場調查	Validity	效度

配對練習

1.請將第一欄的行銷資訊系統類別和第二欄中適合的資訊需求進行配對。

1.廣泛的策略議題	a.各種通路的相對成本為何？
2.海外市場評價	b.我們可以在預期的市場中提供客製化產品及促銷嗎？
3.行銷組合選擇	c.我們要進入的市場的人口統計變數與我們本土市場的人口統計變數達到哪些程度的符合？

2.請配對第一欄所列出行銷資訊系統及它在第二欄中列出所能產出的資訊，這些資訊是來自於一家生產消費者淨水系統公司所產生的資訊，這些資訊也符合兩個國家——沙烏地阿拉伯及埃及的環境範疇。

1.行銷智慧	a.去年我們的銷售系統在埃及掉了20%，但是在沙烏地阿拉伯則提升了11%
2.內部記錄	b.我們的競爭者增加了他們在沙烏地阿拉伯的30%的市場占有率及埃及的10%市場占有率
3.資訊分析	c.在平均每人收入在3,000美金以下的國家，價格提高5%將降低每單位銷售量的20%
4.行銷研究	d.我們的研究顯示，對我們產品的價格敏感度，埃及大約是沙烏地阿拉伯的三倍

3.請配對第一欄中研究資訊的類別，而這些資訊將有助於對一系列中古醫療器材進入蘇俄市場達成決策，這些決策放在第二欄。

1.總經理	a.潛在目標市場的大小及需求
2.行銷副總經理	b.地域及消費族群的銷售潛力
3.行銷研究經理	c.哪些行銷組合元素將如何被蘇俄市場所採用？
4.銷售經理	d.第一年及第二年之後的可能市場投資報酬率為何？

問題討論

1.假設你是一家房地產代理商在一個高競爭環境中銷售房地產，請從你公司的行銷資訊系統列下至少五種特定類型的資訊，可以來幫助你去做更有效的工作，並且請描述你可能會委託的一個年度行銷研究。

2.請辨別信度及效度之間的差異。請舉例，由於行銷研究的缺失，將會如何限制了哪些為預測總統大選結果的行銷研究中的信度及效度？

3.請辨別主要資料及次級資料之間的差異。請解釋當你身在一個異鄉時，這兩種資料如何被使用來選擇想出一個用餐的好地方？並且給兩個理由，為何每一種都可能被證明是無效的？

4.下面的行銷資訊係統的原素中可以結合來產出一個預測——在B國家的MM系統的價格提升將不會減少銷售量，雖然國內市場有類似的增增減減的銷售狀況：國際記錄、行銷智慧、行銷研究及資訊分析。

5.由國家企業協會所進行的針對南美市場的兩個研究，得到幾個發現：(1)貨幣的價值改變和生產力有關係；以及(2)南美州加入NAFTA的態度。為何第一個研究比第二個研究傾向於更有效及可被信賴？

6.列下行銷研究的七個步驟，為何第一個到第六個是特別重要呢？

7.為何以準則的觀點來看，下列的資訊是較能被接受的次級資料

呢？

根據一本商業司六月號的《美國商業》（*Business America*）雜誌，NAFTA已經在墨西哥的成長經濟中進行史無前例的投資。墨西哥貿易協會的研究指出其國民生產毛額將會每年成長至少10%，而且大部分的進口及出口的障礙都會被排除，此外，非國營化企業提出友善的政治及經濟環境。

8.提到第七題墨西哥貿易協會的研究，下面的哪些次級資料將可能被如何使用？內部次級資料、外部次級資料、向有知識的人士做調查。

解答

 配對練習

1. 1b，2c，3a
2. 1a，2b，3c，4d
3. 1d，2c，3a，4b

問題討論

1.行銷資訊系統資料庫所提供的資訊類型將幫助房地產仲介業者去做更有效的工作，包括了不同的價格及年紀類別消費者的居住區域的銷售趨勢，不同地理區域的新的待銷房屋數目，潛在顧客的興趣度推估，競爭者的市場占有率，新房屋需求推估。一個可能付諸執行的年度市場研究有可能發展一些統計量化的輪廓描繪：不同年齡族群、價格、房屋地理位置與房屋買賣的相關關係，其

它會影響這些相關關係的變數還包括：不動產收入及新房屋購買權等。

2. 效度強調下面的問題：這個研究是否已去衡量了它應該要去衡量的？信度則強調下面的問題：我們似乎可以得到相同的結果，假如我們在同樣的情況及控制之下再做一次這樣的研究？為說明市場研究缺點可能會同時限制了信度及效度，以信度及效度的觀點來看，想想為何至今選舉預測常常脫離了市場？在信度的觀點（他們通常不會去測量人們真正的信仰及意向）及效度的觀點（他們的信仰及意向可能在下一個辯論後會產生一個跟上次研究完全不同的結果）。人們是難以預測的，研究機構遭受了語言上的不精準，時間的壓力及不同研究結果經由不同候選人的不同的解讀的批判——這些研究的目的通常是不客觀而是自私的。

3. 次級資料研究中的資料是指那些其它為了非我們目前研究目的而進行的研究所產生的。主要資料是為了即將展開的特定研究目的所蒐集的資料。提到在一個異鄉去找出好餐廳的次級資料來源可能包括：餐廳的工商名錄或者是電話簿，主要資料來源則可能包括：你下榻旅館的侍者或者是餐廳工商名錄的經營者。刊登在當地電話簿上的餐館廣告可能在某個程度而言會被證明是無效的，它可能是有錯誤的、過時的或者是不可靠的調查。同樣的評論也適用於關於旅館的侍者及餐館經營這對餐館的評價。

4. 那些內部記錄，譬如那些在本國市場的各區域銷售數據報告的銷售分析：指出MM系統在提高價格後會在所有的區域造成銷售下滑，也因而引導出一個假設：價格提升是導致價格下滑的主因。無論如何，行銷情報可能會凸顯出B國外市場及本國市場的差異，並且不管價格的提升仍會傾向於維持一定程度的銷售量。舉例來說，關於經濟及競爭環境的情報，可能會描繪出一個有高富裕程度的市場，而他們的專業允許他們很容易就可以負擔起價格的調漲，而且那個市場不會有其他競爭來剝削莫頓的高價格。一

個市場研究；可能是來在於潛在購買者的座談會的發現及討論摘要；確認了應該在測試市場提升MM系統的價格。關於國內及國外兩種市場的需求模式的所有資訊都會被行銷資訊系統的資訊分析部門來組織、分析及轉換成有用的決策資訊。

5.在第一個研究中，當和人們互動時，研究發現是被堅定地使用的方法，代表其並未受到沒有效度的影響。這些理由都被加在無數全球化障礙上（舉例來說，不同的語言及無效的傳播媒介）。

6.行銷研究的七個步驟包括：(1)定義研究問題及目標；(2)導引狀況分析；(3)設計研究計畫；(4)蒐集主要資料；(5)分析資料；(6)進行建議；(7)執行建議。

看起來所有的研究步驟都是非常明顯地重要，以它們對行銷研究的最終目的——決策決定而言，前面第一步驟到第六步驟是特別重要的。如同其它過程中的各個步驟及這個研究的費用及執行時間，第一步驟對決策決定有衝擊性影響。一個被不適當定義的問題或不切實際的研究目標，可能導致一個多餘的研究（舉例來說，當次級資料已足夠時，去進行昂貴的決定性研究來產出主要資料）或者是去錯誤地進行一個研究會戲劇性地增加研究經費，然而否定了根據這個研究來決策的價值（舉例來說，根據一個假設來做研究，當促銷正在推行時，就假設促銷是問題的癥結等）。行銷研究過程的第六個步驟——進行建議是很重要的，因為它整合了來自前幾個步驟所蒐集來的資料，而且它是最後執行建議步驟訂定決策的基礎，沒有這個步驟，行銷研究只是一大堆沒有意義的數據及事件。

7.在進行處理這些資訊之前，要進入墨西哥市場的投資計畫可能做下列的改變：(1) 這個案子的適時性（從去年六月至今發生哪些事？很多，假如這些報導在披索問題前出現了）；研究員的公正無私（商業司及墨西哥貿易協會都假設有興趣鼓勵美國公司在墨西哥投資）；以及(3)所使用的研究方法可以達到樂觀的評估。

8.內部的次級資料將會包含協會在墨西哥不同經濟指標的既存紀錄，譬如GDP的成長、進出口的增加及進入墨西哥市場的那些企業的獲利性。外部的次級資料將包含除了協會自有內部資料以外的外部來源，不論是免費或是付費。也可能包含了政府機構的出版品（來自於墨西哥及美國）、資料庫、公會社團的期刊、銀行及商業來源。對有知識人士做調查，舉例來說，可能包括那些成功完成在美國和墨西哥的進出口業務的公司的經理們。

Marketing

第八章
市場調查：工具和技巧

本章概述

　　透過有效設計和執行，且具有結論性的市場調查可以幫助行銷決策人員得到建議，進而在充滿信心的情況下做決定。要在這多樣化、充滿活力和多變的市場環境中得到這樣的結果，必須要運用有效的工具和技巧進行樣本抽樣、調查執行設計和調查反應的分析，進而對所蒐集到的資料做結論解釋並提出建議。

探索性和結論性調查的相異之處

　　在第七章，已經檢視了行銷資訊系統和市場調查過程的本質，範圍和其重要性以及它們如何一起形成，影響和控制具策略性的行銷計畫。也檢視了在複雜和落後的國家，要蒐集具有信度與效度和有行動性調查結果時，所會面臨的限制。

　　這種方式先是界定所要進行研究的問題，進而依據這些可以釐清調查目的問題蒐集次級資料。這個調查過程中的探索性階段，經常足以得到並回答調查目的。

　　但是這種探索性的調查通常只會提供多樣性的潛在原因和可能的答案。在此情況下，以下四個過程是必須的，分別是：蒐集初級資料（一手資料）、分析資料、提出建議和解釋調查發現。這個方式稱為結論性調查階段。結論性調查所得到的資訊可以幫助行銷人員在進行全面性的策略行銷過程中，不管是在判斷環境機會方面、定義有價值的目標消費群方面，到執行和控制具吸引力的行銷產品組合方面，做更好的決定。

結論性市場調查產出初級資料

探索性和結論性調查有以下明顯的相異之處：

1. 結論性調查主要是用來驗證假設，而非尋找假設（例如，它可以用來測試假設價格降了10%，銷售量是否會增加20%）。
2. 結論性調查要求較多的嚴格控制。
3. 結論性調查經常要處理大量的數字，這些數字可以進行多樣的資料分析，包括分類、平均、百分比和散布的程度。
4. 結論性調查可以用來預測（例如，如果價格降了10%，銷售量會增加30%）。

結論性調查獲取初級資料的方式也和探索性調查有所不同之處。不如蒐集次級資料那樣，結論性調查是運用已知的和控制性的方法探討特定想要瞭解的調查目的。初級資料通常也比次級資料更及時和具可靠性。

或多或少大部分公司在進行行銷規劃時會要求初級資料以回答其特定的且次級資料所無法回答的議題，如心理方面和行為方面的市場區隔變項（如生活型態、態度和行為模式）可以協助定義目標消費群和建立具吸引力的行銷組合。

設計研究計畫

為了生動地說明市場調查的最後四個過程（蒐集初級資料、分析資料、提出建議和解釋調查發現），將針對結論性調查的決定和設計過程進行說明，我們所看到的例子是一項針對稅務會計人員所進行的結論性調查，稅務會計人員是MM系統產品所設定的主要目標市場。

首先假設探索性調查已經提供足夠的假設資料去瞭解這群目標市場的本質和需求，進而決定進行一項結論性調查的花費和人員投資。舉例而言，假設建議此目標市場成員，也就是會計公司及其獨立的稅務會計人員，所需要的訓練和發展課程可以透過MM系統和電動的教室教學來完成。

蒐集、進行和運用初級資料

決定使用哪些調查技術時，調查團隊專注於追求其所需要的資訊本身並設定可以提供相關訊息的人員組成。舉例而言，就哪些程度而言，哪些所蒐集到的資料是客觀的（如潛在目標市場成員的人口統計特質）或主觀的（如這些市場的態度和行為模式）？資料是要未來導向（如變化中的資訊需求），還是過去經驗導向（如對某些現有蒐集資料方法的態度）？還有，這些資料所要求的信度和效度為何？

在閱讀資料者方面，關於觀眾的部分是談到教育、文化及社會差異會如何影響人們去揭露資訊及選擇資訊蒐集研究方法到何種的程度？

綜合以上的考量和限制，莫頓市場調查小組設計了一個包括觀察法和資料調查蒐集法的結論性調查。

 ### 抽樣計畫專注於研究效果

在進行調查設計的第一步，研究小組發展了一個抽樣計畫以確保所蒐集到的資料能達到想要的可信度。對有些資料而言（如對某些產品的主觀態度），高的可信度可能是較不需要的；而對其他種類的訊息（如潛在目標市場的每人收入），可能是需要的。因此，抽樣計畫必須詳述誰是被觀察或被調查的對象，須被注意和記錄的訊息，以及注意和記錄這些訊息的方法。

抽樣計畫設計的考量因素

　　樣本的定義是「大群體中的一個限量比例」。舉例來說，在一個稅務會計師收入和鑑定統計研究中，此一大群體若是由純粹會計師組成，其所需要的代表比例，也就是抽樣數量，可以是全部會計師或者是少於其全部組成人數的數量。

　　進行市場調查時，所被觀察或調查的對象都是一個隨機或非隨機的樣本。在進行隨機抽樣時，每一個母體中的成員都有一定的機會被選到。因此，如果有一萬個稅務會計師，而我們要進行隨機抽樣一百位樣本，則每一位成員都有1%的機會被選上。

　　非隨機抽樣則是會依照某些特定的條件，以確保某些成員在此母體中比其他人會有較高的機會被選上。因此，研究員會依照其判斷而篩選出一群判斷性的非隨機樣本（ judgment non-probability sample）成員。舉例而言，這位研究人員也許認為知識較豐富且較具有實務經驗的稅務會計師應該被邀請來參加焦點座談（focus group），討論如何改進MM系統，以讓其更具實用性。

　　便利性非隨機抽樣（convenience non-probability sample）是因其所在地點的方便性而被選擇。舉例而言，在某同一家工作的稅務會計師被邀請至該公司的會議室進行圓桌討論會議。或者是，配額樣本（quota sample）會被選上是因為其具有某些成員的代表性意義。舉例而言，每十位就有一位在會計師事務所工作的員工是公司夥伴（partner），而每四位就有一位是經理，而這些比例正好可以在配額抽樣中反映出來。

　　非隨機抽樣在探索性調查中較常被運用，因為在這個階段，問題和機會點已經被認定，而假設的理論須被進一步驗證。在進行結論性調查時，通常會需要精確的數字，而隨機抽樣剛好可以提供這個好處。

　　1.需要較少的訊息：基本上，所需要的是建構一個隨機抽樣是去瞭解每一個可能的因素，和去瞭解這些可能因素的數量（即稅務會

計師數量）。

2. 測量的準確性：隨機抽樣是唯一一種可以提供透過測量並準確估算數字的方法。舉例而言，透過隨機抽樣就可以推論以下陳述：「在一百個案例中，會有九十五次顯示出，如果我們在全部一萬位稅務會計師中隨機抽樣一百位，一旦此產品上市，有23-27%的稅務會計師有購買此MM系統的意願。」

一旦行銷經理對這些調查結論的準確度有信心，便會對其參考調查結論後所下的決策的準確度更具信心。

 ### 透過觀察蒐集資料

觀察法是透過觀察和記錄現行的行為，或者是觀察和記錄過去行為所導致現在結果的一種研究方法。在個人觀察中，研究員會鎖定一個特殊目標，例如，觀察一個顧客在店內的行為，便可以透過電器設備或其他方式記錄其行為做機械式的觀察，例如，擺放一條電纜線在高速公路中，計算來往的車輛。觀察法可以是被觀察的目標不知道其已被觀察（unobtrusive）或是告知被觀察者其觀察行為（obtrusive）。在MM的研究中，舉例來說，這些研究計畫謹慎地承擔起觀察訓練課程，這樣的課程受到英國會計事務的稅務會計人員，產出專有術語資料，會計業務等獨特訓練需求所引導。因此，一家企業被推估可使用的最現代化方法的判斷範例就這樣被抉擇出來。

 ### 透過調查蒐集資料

調查是系統性藉由面對面訪問、電話訪問或是郵件訪問的方式向受訪者詢問問題以蒐集資料。它們主要是被運用來蒐集一些狹窄問題的特定答案，例如，受訪者對競爭產品的認知如何？或是對新產品的新功能有何要求？等。因為調查需要與人溝通，而這些主觀的因素，有可能會

造成以下的調查誤差：

1. 訪問員和受訪者誤差：訪問員或受訪者在態度上或行為上的偏差而導致問卷結果的偏差。

2. 不回答的誤差：當人們不接受訪問時，其未被回答的原因，有可能變成偏差而影響到最後的調查結果。

3. 自行選擇的誤差：與不回答的誤差相反，受訪者自願性的參與，如對某一位政治候選人過度的熱心，可能會導致調查結果的偏差。

4. 光量效果（halo effect）誤差：是指受訪者由小部分的喜好而產生全面性的喜好的傾向。比如，一位受訪者有可能基於之前使用某公司的產品的美好經驗，而對問卷中新產品的態度評估產生誤差性的回答。

　　一位受過良好訓練和指導的實地調查研究員，通常會減低上述造成影響調查結果的誤差。

問卷設計：關鍵的一步

　　MM研究專案的研究員瞭解他們必須要運用許多的調查來探索和定義稅務會計師市場，而適當的問卷設計將幫助在蒐集調查資料時，減低誤差，以得到想要的可信度。此設計過程牽涉到問卷的目的，問卷的型態，溝通的方式，問題的內容、用字和格式和問題的順序。

問卷的目的

　　既然問卷的目的是在轉換調查目的為特定的問題，設計問卷的一個重要的起始點是簡要地論述這些調查目的。例如，對這個MM稅務會計師調查而言，主要的目的是去確認在稅務會計師市場中，不同次團體對教育性的需求，以及對目前其需求被滿足的程度和不滿意的情形，也要

知道這些團體對MM系統功能的期望，和他們所願意負擔的價位等。

問卷的型態

因應想要蒐集的訊息，和受訪者的提供訊息的能力或意願的考量，問卷可以是高度結構性的到非結構性的。高結構性的問卷是有不能變動的問題內容和順序，通常是用來蒐集不複雜的訊息，而受訪者也較願意和能夠配合提供訊息（如申請工作的表格）。非結構性的問卷，讓訪員隨著受訪者所提供的訊息進行深入的探討，通常得到的資料是受訪者本身不自覺的，或是一直猶豫不肯透露的訊息（例如，一場會計師的焦點座談會，討論他們在使用個人電腦軟體程式時所面臨的問題）。

焦點座談會通常是由七到十位人士所組成，針對某項產品、服務或組織進行幾個小時的討論。雖然焦點座談會的結果並不會呈現統計上的顯著性，一位有技巧的座談會主持人，可以鼓勵與會者進行互動性的討論，進而產出對於認知、情緒、議題和想法上可觀的資訊，而這些資訊通常是無法透過個人訪問所得到的。由於MM系統具有可以透過電子傳輸的好處，因此需要的話，也可以在同一個地點對各個地區同時進行遠距離卻具有互動性的焦點座談會。

溝通的方式

進行調查時有三種可以運用的溝通方式：人員訪問、電話訪問和郵寄訪問。在**表8-1**中列出了每一種方法在費用、可控制性、彈性、信度／效度和解釋的難易度方面的優點。請注意，雖然人員訪問很具彈性──問題可以在任何時候被終止或被改變，也可以蒐集到不輕易蒐集到的資料，但這是三種之中最昂貴的方法。相形之下電話訪問便宜許多，但是其所蒐集到的資料卻不如人員訪問的資料來得深入，而且常常接觸訪問到掛電話的人和家裡沒有電話的人。郵寄訪問可以接觸到各種受訪者，沒有訪問誤差，而且相較之下非常便宜，但是使用它必須忍受高拒絕訪問的誤差和漫長的回應速度。在莫頓 的研究專案中，以上此三種方

法都被運用。

　　可控制性係指問卷可以被監控和修正的程度。例如，透過訪員進行面對面訪問的調查方式，其控制性的困難度遠高於有督導在旁監督指導的電話訪問。

　　彈性係指因應受訪者的回答，其可以進行問題調整和順序變化的可行性。

建構問卷

　　一旦研究員清楚地定義問卷的目的、決定問卷型態以及訪問方式，就可以準備開始設計問卷了。這個過程會包括確定問卷內容、用字遣辭、問題的格式、順序、加強問卷的回覆率和問卷試訪。

 問卷內容

可依據以下的原則設計問卷內容：

1. 避免不需要的問題。
2. 受訪者要願意回答問題。
3. 受訪者應該要有所需要之訊息的答案。舉例而言，問題必須在受訪者的經驗之內，而不應該要受訪者費力才能回答所需要的訊息。

 用字遣辭

問卷的用字遣辭可依據以下的原則：

1. 確定議題：可用撰寫新聞內容的六大要素（誰、什麼、爲什麼、

表8-1 結構式／掩飾特性問卷型態的比較

	結構式／非掩飾	非結構式／非掩飾	非結構式／掩飾	結構式／掩飾
主要特性	每一個問卷中的問題內容和順序都是一樣的	問卷中的問題內容和順序會隨訪員的決定而改變	隱藏調查目的以克服受訪者不願意回答或無法回答的私人問題	問卷中的問題內容是固定的，但是會隱藏調查目的。真正的態度會從答案中流露出來
通常的運用	在探索性調查中發展建立假設，在結論性調查中求證	深入訪問常在探索性調查階段中被運用來發展假設和關係	探索性調查時可以用來探討潛意識的態度和動機	可以得到受訪者會由愈不回答的隱私性的訊息（如宗教和政治）
費用	如用電話訪問，需要電話費和訪問員費用，如果用郵寄問卷，要有受訪者名單和郵寄問卷及處理資料的費用	尋找邀約受訪者，訓練執行的訪問人員，舉辦焦點座談會	與非結構式／非掩飾的型態大致相同	與結構式／非掩飾的型態大致相同
可控制性	難以控制受訪者名單的準確性和回覆率	難以控制問卷中的問題內容和順序和回答的品質	與非結構式／非掩飾的型態大致相同	與結構式／非掩飾的型態大致相同
彈性	問卷中的問題內容和順序很難做更動，只能做問題循環訪問，或在和受訪者無關的問題上進行跳題	問卷中的問題內容和順序容易因訪問人員的判斷而改變	投射法的工具很難改變（如文字聯想、完成一幅畫等調查），但是問題可以依訪員的判斷而改變	與結構式／非掩飾的型態大致相同
信度／效度	使用郵寄問卷的話較不會有受訪者與訪員的誤差，可是光暈效果誤差，自行選擇誤差和不回答誤差還是有可能會發生	受訪者與訪員的誤差，光暈效果誤差，自行選擇誤差和不回答誤差都有可能會發生	掩飾的調查可以減低受訪者誤差，但是其他的誤差還是像非結構式／非掩飾的型式一樣，都是有可能會發生的	與結構式／非掩飾的型態大致相同，但是其透過掩飾性的追問特性會讓誤差會較少
資料解釋的難易度	所蒐集到的答案很容易製作成圖表，也容易組織和分析	訪問人員不一致的風格和受訪者主觀的回答所蒐集到的資料很難製作成圖表，也很難解釋	基本上，與非結構式／非掩飾的型式所遇到的問題一樣	整體而言，和像結構式／非掩飾的型式一樣容易，但會有一些誤差的空間，可以修正因為主觀意識而做的回答

註：「控制」是指在何種程度之下，調查問卷可以被監測及修正。
「彈性」是指有關於到哪種程度哪些問卷問題內容及次序可以因應受訪者回答的問題而被改變。
「信度」及「效度」是有關於偏見因素可能被建置問題問卷時，因而排除了問卷本來是要設計來測量它所要測量對象或者讓所要測量的對象變成更難去測量。
「易解讀性」是有關於在面談完成後，處理問卷所花費的成本及工時的程度。舉例來說，在一個沒有組織性的小組座談會中所引導出的持續的回應遠較於那些謬誤問卷的真實度更難以被組織及分析。

何時、哪裡、如何），來檢視所設計的問題。例如，「您的收入多少？」便少了「什麼收入？」（什麼構成了一個人的收入？單指薪水？還是薪水和紅利？）和「什麼時候？」（每週？每個月？每年？）的重要說明。

2. 使用容易瞭解的文字。在很多語言中，許多字對很多人有不同的意義（如「許多」這個字），而有很多慣用語（如「慣用語」這個字），對許多人而言是毫無意義的。問卷需要經過事先的測試，以找出會產生問題的用字。

3. 避免引導性的問題或需要普遍性答案的問題。引導性的問題會引導受訪者回答某些答案，通常會使用其喜歡的方式，說出產品的名稱。造成模擬兩可，普遍性答案的問題通常都會這樣問：你覺得專業的學習如何？

問題的格式

問題的格式分為四種，分別為非結構性的開放式問題、具結構性的複選題、對立性的問題（單選題）和評分式的問題。

開放式問題

開放式問題不提供選擇性的答案，因此是依照受訪者的主觀認知而給答案。這個開放式的問題在討論電子化訓練的焦點座談會中被用到，藉此我們可以來探討此類型問題的優缺點：「在您的觀念中，透過電子教室來學習會計知識的優缺點有哪些？」

作為問卷上的第一個問題，開放式問題通常是一個好方式以讓受訪者熟悉且瞭解此調查的目的，讓他們對此調查有興趣，且準備回答更多相關的問題。而且因為開放式問題沒有設定可能的答案，因此受訪者可以回答超乎意料的答案，而這些答案可以提供解決問題由來，找出機會點，或者在探索性階段的調查時，可以提出假設，以作為結論性調查時

驗證之用。這些答案通常也可以幫助設計結論性調查時所要問的結構式問題。

開放式問題的缺點包括記錄答案和表格化答案的困難性較高（整理資料時，需要比結構性問題花三到五倍的費用），長且散漫的答案導致的訪員的誤差，以及因為高教育程度的受訪者所提供較多的訊息而導致的受訪者誤差。

複選題

複選題提供受訪者許多可能性的答案以供選擇，並提出開放式問題中經常出現的問題讓他們去引導他們自有的問題，以下將舉一個在莫頓調查問卷中典型的複選題作為說明：

下面所列的個人隨身電腦的功能中，您覺得哪些功能對您而言是最有用的？
- 線上會議功能
- 記憶容量
- 電子郵件功能
- 電腦軟體
- 電腦運算速度
- 容易操作使用

除了全部被選擇的答案必須被明確的列出之外，以下也要提出複選題的一些問題：

1. 過多的選項有可能造成對整份問卷失去興趣。四個選項通常被認為是合理的上限。受訪者一定要被告知他可以選擇多於一個的答案。
2. 選項有可能仍無法涵蓋全部的答案（所以一定要放一個「其他」的選項）。
3. 選項有可能不是只有獨一無二的意義（如「容易操作使用」可能隱含了其他的意思）。

除了上述問題之外，複選題也會產生以下的訪問誤差：

1.位子的誤差：受訪者會傾向選擇複選題一串選項中的第一個選項。

2.順序的誤差：受訪者會傾向選擇複選題一串選項中位於中間的選項。

以上兩個誤差都可以運用答案順序的互調（rotated）而減低。

對立性的問題（單選題）

對立性的問題（單選題）只允許受訪者選擇一個答案（是或否，有或沒有，以此類推），而且是最被廣泛運用的題目類型。大致上其優缺點與複選題相似：它們避免訪員誤差，且其資料相對而言是較容易校正、製碼和表格化的，其缺點是：兩個選項有可能都是事實，但因為只能選擇其一而導致另一個答案被忽略了。

評分式的問題

評分式的問題是由許多複選題發展而成，主要是用來測量受測者的許多變相，如動機、態度和認知。舉例而言，消費者可能被要求對一些電話系統所提供的項目依據其個人認知進行評比。最簡單的評比「排序」（ordinal scale），它純粹只排名喜歡程度，而不用來測量對不同電話系統之間喜歡程度之間的差異性。

另外一個「排序」量表（ordinal scale）評分的衍生運用稱為林克量

	非常同意	同意	不知道	不同意	非常不同意
持續性的教育對我的專業很重要					
公司應該要幫員工支付專業課程訓練的費用					

表（Likert scale），這個評分方式允許受訪者針對一系列的敘述句，依照其對某產品和某些產品特性的態度，指出其對這些敘述句的同意和不同意的程度。以下是一個例子：

區間式評量（interval scale）是將「排序」評分做更進一步的發展，每設定一個距離的單位都是等距的，用此來評量受測物之間的距離。舉例而言，電腦使用者被要求對個人電腦的記憶容量，依照以下的區間式量表進行評分：

	很差	普通	很好
IBM			
蘋果			
康柏			

在此區間式量表中，「很差」到「普通」的距離和「普通」到「很好」的距離是一樣的。但是在此評量表當中，我們並不能推斷「很好」是「普通」的兩倍好，因為它並沒有0存在。

另外一個區間式評量的衍生運用稱為語意差異（semantic differential），這個評分量表方式要受訪者在一組兩極化的字眼當中選出一個定點來代表其感覺的方向性和傾向。

以下是一個例子，它可以描述受訪者對三個電腦品牌的態度：

	1	2	3	4	5	6	7	
便宜								貴
慢的資料速度								快的資料速度
大的記憶容量								小的記憶容量
低品質								高品質

 問題的順序

以下是一些問題順序的原則，它們可以提高受訪者對調查的興趣和

關心度：

1. 放置受訪者可能會猶豫回答的問題於問卷主體中，因此這些問題可以在受訪者開始對訪員和問卷內容覺得輕鬆自在時才被問及。
2. 要考慮問題前後順序互相影響的問題，例如，要是有使用到產品名稱的題目，應該要被放在問卷結論之處。
3. 安排問題要有邏輯順序，應該避免突然性轉換話題，以防造成受訪者的迷惑與不解。

問題最好可以依照以下的基本順序：

1. 基本資料部分：包含實際要訪問的題目。
2. 分類資料部分：提供人口統計資料，以作為與受訪者的答案做相關分析（如年齡、收入和教育程度）。
3. 辨識資料部分：涵括可以辨識全部問卷參與者，包括受訪者、訪問員和編審人員等的資料（如姓名、住址和編碼）。

加強問卷的回覆率

研究建議可以運用許多方式和技巧來提升從人員面對面到郵寄訪問的問卷回覆品質和數量。

1. 在問卷上做連續性的編碼，可以確保每一份問卷都算數。過去曾經有人認為在郵寄問卷上記錄編碼有違反不記名的承諾，但是後來研究發現，這對調查結果的影響微乎其微。
2. 確認問卷有適當的數量和長度。就人員訪問而言，問卷應該要有足夠的長度才能蒐集到足夠想要的資料，但是又不會流於資料太多而難以處理。就郵寄問卷而言，如果問卷超過兩頁，則會產生可觀的流失問卷。若進行人員訪問，問卷則可遠多於兩頁。如果一份問卷會有很多頁，最好可以將它裝訂成一本冊子，以便於處

理和輸入資料。

3. 人們對以下的問卷會有較高的興趣做答：(1)有一個有趣的名稱和首頁；(2)包括一封介紹信說明此郵寄調查的目，而且要將此目的與受訪者的興趣相聯結；(3)有個人親筆簽名和受訪者個人的姓名。

4. 使用直接的酬勞，包括現金、有價郵票、樂透彩券或相似的禮物，一向總是可以提高回覆率。附有現金當酬勞的回覆率會比沒有任何酬勞的回應率高出三成左右。 然而調查顯示，對最佳酬勞的數目的認定是相當分歧的，因為其回應效果會隨著受訪對象的不同而相異。無論如何，調查強烈指出，用現金鼓勵以達到所設定回覆目標的效果遠高於用電話或郵件催促追蹤的效果。

5. 機械和感性的工具也可以提高回覆率：(1)在受訪者收到問卷之前先打電話告知他此調查的目的及其重要性；(2)用特殊的方式寄送問卷，如掛號信或限時專送郵件；(3)附上回郵信封及郵票。

 問卷試訪

不論問卷設計或訪問的方式為何，問卷都必須被試訪以防止其模擬兩可的用辭和可能會導致扭曲的誤差。理想情況下，試訪應該是要在與現實環境相仿的情況下進行。郵寄問卷必須先透過一群專家和未來會收到問卷的成員進行試訪。

運用統計法和實驗法解釋資料

初級資料一旦被蒐集和整理完畢，通常會透過統計法或實驗法進行解釋。

統計法

　　統計法分類資料是將一群屬於同類的資料歸納在一起，再將之歸納於另一個或更多的類別之中，通常這樣就可以區分資料類別之間的顯著關係。通常這樣的關係也可以用來預測可能會發生的機率。舉例而言，**表8-2**比較兩組樣本，每一組樣本由一百個會計師組成，而此條件是想要預測會計師對MM系統所提供的專業自我學習的進修課程的註冊情形。**表8-2**資料顯示，不論是被公司聘僱的或是自營的稅務會計師，只要是他們的年收入少於8萬美元，其註冊參與此課程的情形遠低於年收入在8萬美元以上的稅務會計師，不論他是被公司聘僱的或是自營的。

　　以上發現將幫助摩爾更進一步地掌握其MM系統在專業稅務會計師的市場區隔，且進一步提出此MM系統產品的定位。舉例而言，提供促銷產品給收入低於8萬美元的會計師，就可以在其收入和專業訓練之間取得一個平衡點。

 ## 實驗法

　　雖然統計法的發現通常較能提供足夠的資料做歸納，但是它們是不足以下結論的。舉例來說，在進行統計分析當中，我們並無法斷定接受

表8-2 對專業自我學習進修課程的註冊情形比較表

(範例單位：100)

	收入低於8萬元		收入高於8萬元	
	註冊該課程		註冊該課程	
	數字	百分比	數字	百分比
被公司聘僱的會計師	60	60	70	70
自營的會計師	55	55	65	65

自我訓練課程，會促使人擁有較高的收入。

當我們要斷定「原因──結果」的關係時，實驗法通常是一個較有效，但也較貴的方法。例證法是一個測試市場的方法，它需要篩選兩組具有同樣特性的受測者，給予不同的對待，並控制部相關的變數，然後觀察此兩組受測物之間的不同反應。舉例而言，兩組稅務會計師，在重要的變相方面兩組都是一致的（如收入和教育程度方面），而此兩組都被提供一套內容完全一樣，但是價格相差20%的MM產品，此價格的差異是此測試中唯一不同的變相。如果經過這個實際測試之後，發現這些用價位低20%的人所購買此產品的比例，比用另一價位的購買比例多出40%，那麼我們就可以斷定降價是可以幫助提升此產品的銷售量。其他可以在此實驗中進行控制的因素還包括產品特性、推銷活動和經銷管道。

但是，如有四個變數被綜合在一起的話，它還是會影響此發現的可信度。

1. 受測對象的選擇： 不管是否有意識到，在篩選兩組測試對象時，可能會使用不同的選擇標準，所以這兩群人有可能不是完全一樣的。

2. 死亡率： 開始時相同的兩組人，有可能因為某一組有較高的死亡率，而造成最後兩組受測物並非完全相同。

3. 前測的效應： 在測試組當中如果有成員知道他們正在參與一項市場研究，他們也許就不能自然的表現出其原本的行為（如購買MM系統以取悅研究員）。

4. 歷史經驗： 外界的事件有可能會影響實驗結果；舉例來說，競爭對手有可能在同時推出一個促銷活動來銷售他們的MM系統。

以上這些干擾測試的因素，加上市場測試需要花費的經費和時間，已經讓很多行銷人員改用消費者固定測試樣本（consumer panel）去發展假設和瞭解市場情況和機會點。比起實際市場測試，固定測試樣本

（panel）是一個較快速且便宜的方法，而且又能確保較高的保密，對測試新產品或新產品概念時，保密性是很重要的。

編碼、表格化和分析

如果已經使用了適當的抽樣方法和蒐集資料的方法，市場調查的信度和效度將可以達到設定的標準。但是要讓這些資料變得有價值，讓行銷經理可以運用來進行重要的市場決定，我們要更進一步的處理這些資料，包括編碼、表格化和進行分析。

1. 編碼：是將問卷中的回答轉換成可以分類解釋的步驟。舉例而言，我們可以參考**表8-2**的表格，每一個次族群的答案，包括收入、受聘情形和註冊自我進修課程的情形，我們都可以給一個號碼，這些號碼代表了某些可以反應情況的意義，可以藉由這些號碼進行資料分類的動作。
2. 表格化：是一個透過分類，簡約說明調查結果的過程，它透過總數或百分比的方式呈現資料。
3. 分析：須要運用各種的統計分析工具，因應原始的調查目的，對所蒐集到的資料發現進行評估。例舉這個針對稅務會計師所進行的調查而言，進行統計顯著性檢驗之後，資料顯示這兩組受測組之間的顯著差異性反應（年收入在8萬美元以上／以下的稅務會計師，註冊／不註冊進行自我進修）並非來自於抽樣誤差。

結論和建議

在調查計畫透過蒐集資料、編碼、製表和分析初級資料和次級資料

等執行動作之後，就必須準備一本調查報告，報告中必須包括主要調查發現、結論和建議。

　　就整個市場調查過程而言，「建議」的階段是最重要的，因為「建議」是行銷人員做決定的重要依據。舉例而言，一個依據不正確的調查結果所產生出來的建議，將導致行銷判斷上的錯誤，而此錯誤可能會造成上百萬美元的損失。

　　結論和建議通常會透過文字的描述（少數是透過口頭上的陳述）呈現給行銷決策人員。既然這些結果是要報告給總公司和在地的行銷經理，這兩者對某些議題的興趣，都要包括在報告當中。研究報告最好要簡短且精確，避免冗長的分析和陳述；太普遍的訊息不需要占太多的篇幅。而且調查結果的呈現，必須與原始的調查目的緊密相連，而且與公司的整體策略相符合。

執行和回應

　　最後，市場調查的過程，從發現、結論和建議，必須要被視為市場資訊的一部分，這些資訊可以在運用在行銷策略計畫中，作為發想、執行和控制的參考。

國際觀點

　　市場調查的工具和技巧，如調查和統計分析都需要蒐集初級資料，這些在國內都可以透過進行高效度和高信度的方式獲得，但是如果要進行全球性的調查，通常會面臨許多約束，而讓調查難度提高很多。

　　這些限制包括不完善的郵寄系統和電話通訊系統，以及有限的居住資料、位址和住戶的資料。在有些國家甚至沒有街道的地圖。即使在有

些地區，可以透過郵寄、電話訪問或人員訪問的方式進行訪問，地區的文化也有可能會負面的影響回應的情形。舉例而言，人們對有些問題的敏感度不一樣，所以有可能會給予作假的答案，如收入、年齡和政治傾向。因此在日本，透過人員訪問經銷的銷售人員或某些會員能較容易蒐集到一般消費者的需求和喜好，但是在美國則要直接訪問消費者才能蒐集到這樣的資訊。在沙烏地阿拉伯，一般而言，不管任何的調查都無法訪問到女性受訪者。在有些國家，其全部國人都有給假答案的傾向（如提供錯誤的資料給查稅人員，以避免政府追討其未申報的金額）。在發展中國家，輔助性的說明工具是一定要的，尤其在訪問一些教育程度較低的人。

人員因素也會造成一些其他的限制。譬如，**全球焦點8-1**所示，從招募、訓練和發動工作人員去進行調查，其中可能會發生很多意想不到的問題。

加強全球性的調查結果

為了達成其未來成長的目標，莫頓必須清楚明確的找出有利潤可圖的國外市場，因此，它需要靠可信和有效的市場發現和結論來幫助其達成此任務。摩爾首先篩選了一家有能力執行調查的市場調查公司，幫他得到此結果。

篩選條件針對其執行全球調查的經驗，尤其是在亞洲、歐洲和北美、南美地區，和之前提到的調查結果的品質。然後一家一家比較這些候選的市調公司的能力和在公司內處理資料的能力。

摩爾不管是在調查的計畫方面或是調查發現方面，對其內部的調查員工和其配合的市調公司，也都做了最嚴格的要求。譬如說，她要確定所要調查的問題都被正確的發問。**表8-3**顯示，全球調查的問題和其所發展的策略計畫是平行發展的。

她也在意其所要問的問題在此調查中，是使用正確的調查方式查詢

隨市場情形修正市場調查

西方企業（Western Business）身負一個任務就是去瞭解Ivan如何刮鬍子和Olga用什麼洗頭髮。為了知道這些資訊，有些行銷人員在東歐進行市場調查，並且寄予厚望，希望可以藉此釐清一些不確定的事情。

為了進行市場調查，行銷人員必須想一些具有創意的作法來克服一些障礙。一位美國的研究人員想出了一套有趣的調查系統來散發問卷給遠距離的受訪者。此系統即是透過一些必須遠行的人，如火車司機或空服員，運送問卷包裹給事先聯絡好的當地負責該專案的快遞公司。有時候這樣的方式行得通，但是有時會出問題，曾經有一批的已填寫的問卷，因為美洲發生戰亂而被扣留，無法取得。

訓練和監督當地訪員的工作時也要特別留意。一位西方的研究員回憶起他當初訓練一位墨西哥的座談會主持人的情形。他形容她就像是一位嚴格的巡佐，並且模仿她問話的方式：「我只是問你一個問題，而你一定要回答」。另外一位研究員則是有和伊拉克訪問員共事的經驗，這位訪員並沒有進行訪問，而是直接將問卷留在受訪者家中請他自行填寫。

小組座談會對某些特定主題而言，的確是一個好方法。可是這裡不像在西方國家，在這裡小組座談會舉行的日期必須和邀約的日期同一天。他們不能被事先邀約來參加兩天後舉辦的討論會，因為這裡的人不能確定兩天後他們要做什麼事情。一旦資料蒐集齊全要開始進行資料分析時，也會發生問題。百事可樂公司曾在匈牙利進行過一項調查發現，藥局是民眾購買軟性飲料的地點之一，但是「匈牙利並沒有藥局。」這位百事可樂的研究員表示。顯然的，在這裡所蒐集的資料，被強行套入西方國家的分類方式。

資料來源："Western Firms Poll Eastern Europeans to Discern Tastes of Nascent Consumers," *The Wall Street Journal*, April 27, 1992, p. B1.

出來的。通常在美國境外的調查，人員面對面調查和觀察法是最被普遍使用的方式，而實驗法、焦點座談會和郵寄方法則不如美國那樣經常被使用。電話調查在某些國家也不是很適合，尤其是電話普及率低的國家。

她也在意，在執行調查時，牽涉到人口統計的問題可能會因不同國家而有所差異。譬如，在未開發國家，白領上班族可能是屬於上階層的人士，而在已開發國家，白領上班族則屬於中等階層的人士。

表8-3 國際行銷問題決定所蒐集的資料

廣泛的策略議題

· 有哪些目標是必須在海外市場達成的？

· 哪一個海外市場區隔是公司必須努力達成的？

· 對此海外市場而言，什麼是最佳產品、最佳經銷通路、最佳價位和最佳銷售策略？

· 為了掌握最佳的海外市場機會，什麼是最佳的產品－市場－公司組合？

海外市場的組成和選擇

· 公司所提供的產品和服務是否在這個海外市場有機會？

· 海外的市場潛力如何？

· 這個海外國家的主要經濟、政治、法律、社會、科技和其他環境因素及趨勢如何？

· 這些海外國家的環境因素會對公司所提供的產品和服務有什麼影響？

· 哪些人是此公司在海外現在和潛在的顧客？

· 什麼是他們的需求和欲求？

· 他們的人口統計特性和心理特性，如可運用的金錢、職業、年齡、性別和意見、興趣、活動、品味與價值觀等？

· 他們的生活型態如何？

· 誰是購買的決策者？

· 誰會影響購買決策？

· 決策過程如何？

· 在哪裡購買這些產品？

· 這些產品如何被使用？

· 購買和使用此產品的行為和模式為何？

· 在此海外市場其競爭態勢為何？

· 哪些是直接和間接的競爭對手？

· 競爭對手的特性為何？

· 什麼是公司的強勢點與弱勢點，特別是在產品品質、產品線、品質保證、服務、品牌、包裝、通路、銷售人員、廣告、價格、使用經驗、技術、資金、人力支援和市場占有率方面？

· 政府對國外進口的產品態度為何？

· 對國外產品是否有優惠或限制？

· 對進出口產品是否有偏見？

· 不同的政府是否對國際貿易有特別的鼓勵或禁制？

· 有哪些特別的要求，如必須要有進出口執照才能進行進出口貿易？

· 某些政府對該公司有哪些特別的規定？

（續）表8-3 國際行銷問題決定所蒐集的資料

· 這個海外國家的大眾傳播媒體的發展為何？
· 這個海外國家的平面媒體和電子媒體的效率和效果為何？
· 這個海外國家是否有完善的交通運輸環境和儲存貨物的倉儲設備？
· 這個海外國家是否提供有效率的經銷網路來鋪貨此公司的產品？
· 現存的國內和海外的經銷特性為何？
· 此經銷體系是否能有效率的配合特定的行銷功能？
· 現有的零售機構情形為何？

行銷組合和選擇

產品方面
· 哪一個產品是此公司可以在海外銷售的？
· 此產品必須具有哪些特性-設計，顏色，尺寸，包裝，品牌，品質保證等等？
· 此產品可以滿足海外的哪些需求？
· 此公司是否可以直接使用或者需要修正將在此海外國家銷售的產品？
· 是否需要為此海外市場特別生產一個新產品？
· 此產品在海外得競爭力如何？
· 是否需要在此海外國家放棄某項產品？
· 在這個海外國家，此產品的生命週期處於哪一個階段？
· 在這個海外國家，在產品銷售前後是否會要求特別的服務？
· 此公司的服務和維修站足夠嗎？
· 此公司的產品和服務在海外的形象為何？
· 此公司的哪個商標可以讓該公司在海外得到好處？
· 此公司的商標可以受到多少的保護？
· 此公司產品在此海外國家的任務原則應該為何？
· 此公司的產品是否須負社會責任？
· 此產品是否會產生好的公司形象？
· 此產品會對環境造成怎樣的影響？

價格方面
· 在這個海外國家，此公司應該用什麼價位來銷售此產品？
· 此海外定價是否會影響產品品質？
· 價格是否具競爭力？
· 此公司在海外應該要以追求高的市場占有率為目標，還是以追求高利潤為目標？
· 針對不同的市場區隔是否價格也應該不同？

（續）表8-3 國際行銷問題決定所蒐集的資料

· 對整個產品線此公司又應該如何定價？

· 如果要漲價或降價的話，應該如何擬定價格？

· 此國家對此產品的需求是穩定的還是不定的？

· 此國家政府會如何看待這樣的定價，合理還是太貴？

· 是否具有差異性的定價會讓此產品異軍突起？

地點——鋪貨通路方面

· 此公司在此海外市場應該使用怎樣的鋪貨通路？

· 此公司要在哪裡生產此產品，和如何在海外經銷其產品？

· 此公司在此海外國家應該要使用哪種代理商、掮客、總經銷、銷售人員、鋪貨商、
  和零售商等？

· 這些仲介的能力和特性為何？

· 是否需要設置一個出口管理公司的助理？

· 此公司應該要使用什麼類型的運輸工具？

· 貨品要存放在哪裡？

· 經銷通路的費用為何？

· 人員鋪貨的費用為何？

· 未達到海外鋪貨的目標，此公司需要提供怎樣的利誘和協助給這些仲介人員？

· 此公司的競爭者使用哪些鋪貨通路，其效果如何？

· 需要設置一個回收通路系統嗎（如進行資源回收）？

促進銷售方面——非透過人員的（以廣告和促銷為主）

· 此公司要如何在此海外市場促進銷售其產品？需要廣告嗎？需要參加國際性或全國
  性的商展商嗎？

· 此產品在此海外市場需要哪些行銷溝通？

· 此公司在此海外市場要追求怎樣的溝通和銷售目標？

· 海外銷售需要多少推銷費用？

· 在此海外市場有哪些廣告媒體可以使用以進行商品推銷？

· 每一個廣告媒體的優點和限制？國內和國外的廣告媒體效果有何差異？

· 此公司是否需要使用廣告代理商？

· 要怎麼選？

· 此公司現有的廣告和推銷活動在此海外市場的效果和競爭力為何？

· 法律上的要求？

· 外國的法律對競爭性廣告是否有特別限制？

（續）表8-3 國際行銷問題決定所蒐集的資料

促進銷售方面──透過人員的

‧在海外需要透過個人銷售來促進產品的販售嗎？

‧海外顧客需要銷售人員提供哪些服務和協助？

‧海外的人員銷售特性為何？

‧此公司需要聘請多少業務人員？

‧這些業務人員要如何被訓練、鼓勵、補助、設定業務目標和配額，並且協助海外市場擴展？

‧海外的銷售人員產能為何？

‧此公司的業務人員比起其競爭者的業務人員有何不同？

‧此公司要用什麼標準來評量其業務人員的表現？

‧此公司要如何進行銷售分析？

資料來源：Adapted from Vinay Kothari, "Researching for Export Marketing," in *Export Promotion: The Public and Private Sector Interaction*, M. Czinkota, Ed. (New York: Praeger Publishers, 1983), pp. 169-172. Reprinted with permission of Greenwood Publishing Group, Inc., Westport, CT. Copyright 1993.

「回覆翻譯」（back translation）是一個測試其外語問卷易懂性的有效的方法，它要求此海外國家將問卷翻譯成該國的語言，然後再請人從此該國語言再翻譯成原本問卷被設計時的語言，然後便可進行此兩個版本的比對。

本章觀點

此章節檢視了市場調查的最後四個步驟，包括：(1)透過調查和觀察蒐集初級資料；(2)運用統計法和實驗法將資料轉換成可運用的資訊；(3)運用資訊去發展結論和建議作為日後行動的基礎；(4)透過策略計畫的發展執行和操作被提供的建議。此章節除了提出抽樣、問卷設計，以

及統計法與實驗法的方式和問題之外，也針對進行全球資料蒐集時，可能遇到的問題和可使用的方式提出探討。

觀念認知

學習專用語

Analysis	分析	Pretesting questionnaire	問卷前測
Bias	誤差	Primary data	初級資料
Coding	製碼	Probability samples	隨機抽樣
Communication modes	溝通方式	Questionnaire design	問卷設計
Conclusion research	結論性調查	Questionnaire objectives	問卷目的
Confidence level	信心水準	Questionnaire types	問卷型態
Convenience samples	便利性抽樣	Question content	問題內容
Data collection	蒐集資料	Question sequence	問題順序
Data processing	資料處理	Quota sample	配額抽樣
Decentralized research	分散研究	Report conclusions	報告結論
Experimental methods	實驗法	Report recommendations	報告建議
Exploratory research	探索性調查	Research plan	調查計畫
Focus group	焦點座談會	Sampling plan	抽樣計畫
Hypotheses	假設	Scaling	量表
Interval scale	區間式評量	Secondary data	次級資料
Judgment samples	判斷性抽樣	Semantic differential	語意差異
Likert scale	林克量表	Statistical methods	統計法
Non-probability samples	非隨機抽樣	Survey	調查
Observation	觀察法	Tabulation	表格
Ordinal scale	排序量表	Test markets	受測試的市場

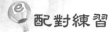

配對練習

1. 將下列第一欄的問卷型態與第二欄所需的資訊進行配對（問卷必須與蘇俄昂貴別墅的潛在買家的需求及態度有關，這些昂貴別墅是在美國生產進而在蘇俄當地進行組裝）。

1. 結構／非掩飾	a.在新創業、自由企業的蘇俄環境下所允許高收入的態度
2. 非結構／非掩飾	b.設計一些特色讓俄式別墅更容易銷售出去
3. 非結構／掩飾	c.想要購買一間昂貴俄式別墅的理由

2. 一家大型的西式酒商，想要改進他令人擔憂的競爭狀態，所以正計畫一系列的調查來決定美國市場對酒的偏好。這些即將被行銷的酒類產品線將會被定位及宣傳來反應出這些市場偏好的特性，而且將會鎖定那些重級使用者的市場區隔（單就美國20%的公民但消費了85%的酒類商品）。請將第一欄的調查型式與第二欄所選出的樣本進行配對。

1.或然率	a.每五百名人口之一將被隨機選出作為樣本
2.判斷性	b.樣本數的20%將是重級使用者區隔所組成
3.配額	c.樣本將限制那些美食、酒類雜誌及報紙的編輯加入
4.便利	d.發行商的廣告代理商將會和他的員工之間進行品嘗測試

3. 將第一欄中研究方法想要得到的資訊與第二欄中與MM系統的目標市場的本質及需求做一配對。

1.探索研究：內部的次級資料	a.專業人員購買MM系統與他們獲利的關係
2.探索研究：外部的次級資料	b.關於最有價值的專業人士及專注於市場入口的活動的一致性
3.決論性研究：統計的	c.哪些不同的誘因會使通路業者去宣傳MM系統
4.決論性研究：實驗的	d.在本土市場中，不同的專業市場的通路銷售量

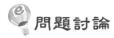 **問題討論**

1.「機率」這個字在定義「隨機抽樣」及「非隨機抽樣」的重要性
為何？爲何「非隨機抽樣」在做探測研究時是比較重要，而「隨
機抽樣」在做決定性研究時是比較重要？

2.描述兩種情況將和下列的研究方法有所違背：對人訪談、電話訪
問及信件訪問。

3.討論在全球化市場以集中、非集中及協調式研究取得資訊的優點
及缺點。哪一種方法你會推薦給莫頓：(1)在目前它是以一個先鋒
角色的階段；(2)最後它終於達成跨國企業的階段。

4.分辨出機械的、個人的、強迫的及非強迫的觀察方法的差異。機
械研究法及個人研究法如何去測試學生對MM系統訓練軟體所提
供「虛擬實境」手術經驗的反應？

5.那些可能是導致下列的無效研究所指出的偏見：在24歲及50歲的
印度女性人口中，約占40至44%之間的人喜歡那些購買即將在印
度上市的美國洗碗機產品線。是訪員、受訪者、沒回應或是光暈
效果？

6.下面所展示的是語意差異化量表描述對兩種品牌的筆記型電腦的
認知，假定有四種向量對使用者來說是比較重要的：可靠性（它
幾乎都會運作，即使在很糟的情況下），速度（它很快速地提供運
算結果），可攜帶性（它很容易攜帶去旅行）以及價值（以所提供
的功能來看它的價格合理）。你會從這個描述中做什麼樣的結論？
你會爲B品牌的電腦做哪種產品策略的推薦？

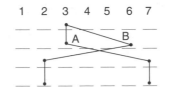

	1 2 3 4 5 6 7	
不好的信賴度	A B	優異的信賴度
慢的回應時間		快速的回應時間
不好攜帶運送		簡單攜帶運送
不好的價值		優異的價值

7. 一家美國牙膏製造商視增加加拿大的市場占有率為其策略的一部分,它為一種可以同時刷牙及清潔牙齒的新型態的牙線在兩個市場進行測試。在每一個市場,有二百個被隨機選到的受訪者被提供了三個月份的免費牙線產品。這些資訊在必要時將使用到價格,產品設計及宣傳等面向的調整。透過選擇,人性及歷史的角度來看,從這個測試市場中哪一個角度所得到的結論是令人懷疑的?

8. 解釋你可能採取的下列的行動導致你推薦一位朋友去和你其它的朋友們去進行從未晤面的約會活動:編碼、表格化及分析。

解答

 **配對練習**

1. 1c,2b,3a
2. 1a,2c,3b,4d
3. 1d,2b,3a,4c

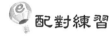 **問題討論**

1. 在抽樣的過程中,機率代表母體中的每一個分子都有同等的機會被選擇成為一個樣本。這個特色的重要性是來自於機率樣本所呈現出的發現及結論的本質。不像非機率抽樣,機率抽樣的發現及結論都可以測出某種程度的正確度。舉例來說,你可以做一陳述如下所述:「在以每國男性為母體的抽樣98%中,平均樣本的身高將處於五呎八吋到五呎九吋之間。」更進一步地,這些有效、

可信賴水平可能是來自於小樣本，而且是在小花費成本下去得的。

在探索研究中，它的目的通常是去調查本質（舉例來說，去調查對產品的態度，須被滿足的需求，或者是問題的產生或解決方式）。通常，最好去產出這些資訊的方法就是小型、可自由變換討論的會議，譬如座談會。這樣的方式研究員無法把結果和統計分析做一連結相關。無論如何，在決定性研究階段，當探索性研究所產生的假設被測試了，透過許多區域大型樣本的分類、平均、百分占比及分布等研究方期望來產出有效、可信的資料。

2. 一對一訪問：當研究問題是簡單不複雜而且受訪者是願意回達的時候，那麼對一對一訪問的昂貴費用及作業管理困擾可以被避免，改採電話或郵寄問卷研究方法。

電話訪問：假如想要拿到的資訊是複雜且客觀，需要一個長時間，深度訪談或者是一組受訪者分享想法。或許可以透過郵寄問卷訪問研究，有效地及經濟地來蒐集資訊，這樣是會比其它溝通模式將會更有效率。

郵寄問卷訪問：對無法透過現實中短篇、固定的文字問卷來取得長篇的或高客觀的資訊，使用其它的資訊蒐集方法會比較有效。

3. 採用集中化研究時，研究設計及重點是由總部所決定，並送到各本土市場去做實施執行。當研究是為了要影響公司的政策時，而且各個市場的需求及本質通常是相似的，這樣的研究方法常常被採用。採用非集中化研究時，母公司總部設立了廣泛的研究政策及指導原則，然後在各分公司總部委託更進一步設計及執行。當因為每個國家的市場與其它國家的市場是不同的時候，這樣的研究方法常常被採用。它提供了封閉市場的相似性，對市場威脅及機會點的更有彈性的反應，以及總公司與分公司員工的互動利益。採用協調式研究時，一家外部的代理商，譬如說一家行銷研究公司，它會把總公司和分公司的研究整合在一起，幫助雙方去

瞭解彼此的利益點。

作為一個單一國家的開拓者，莫頓的立即目標是哪一個？一家沒有分公司員工的公司，一定要採用集中化研究方法。無論如何，它一定要聘用一個市場研究公司，來幫助它瞭解其短期目標，之後，當莫頓已經要進入國際化階段，市場研究顧問公司將幫助他們來採用協調式研究。

4.機械式觀察依賴於某些機械及電子器材來觀察行為，譬如說雷達槍。個人式觀察依賴人員去觀察行為。在強迫式觀察法中，觀察人員的角色是被清楚知道的（如移民官員檢查行李箱的內容），在非強迫式觀察法中，觀察者的角色是沒有披露給被觀察者的（如FBI幹員調查好戰仇恨團體）。

莫頓將採用機械式觀察法，透過一系列課程問題來觀察受訓者的反應。個人式觀察法也可能會產生，假如上這些課程的其中一位學生也是被指派來觀察其他學生上這門課的反應。

5.訪問者／受訪者的偏見：在面對面訪問中，不是訪問者就是受訪者的態度及行動都可能會扭曲問題的回應。舉例來說，假如訪問者被受訪者認為是屬於較高的社會階層，那麼就會在受訪者這邊產生壓力，就會想在語言上取得平等，因此會誇大他對問題的回應，然後訪問者對受訪者反應的解讀可能會反射出他對問題回應解讀層次的差異。

無回應的偏見：由於一大群的受訪樣本拒絕回答有關購物的意向可能會影響結果。舉例來說，他們可能會用傳統的方法來洗碗，但是會很尷尬去承認他們還沒有用現代最新的方式來洗碗（譬如說洗碗機）。

光暈效果偏見：問卷裡所使用的文字或者是這些文字的排列順序都可能扭曲回應。

6.在一個1至7的七分量表（很好到很差），兩個品牌的電腦都在可靠性這一項拿到高分（2.2），所以這項並不是兩者差異化中重要的

議題。在認知差異中最大的部分會在產生在回應時間及可攜帶性。B品牌在回應時間上是高於A品牌3分，而A品牌在可攜帶性上是高於B品牌5分（「優秀」對「普通」）。這種狀況可以被推論是買家在速度上放了比可攜帶性更多的價值。給予這些知覺上的差異，假設這是一個B品牌想要和A品牌競爭的市場，那麼B品牌電腦的產品策略可能是重新設計它的產品，至少要和A品牌一樣的快速，即使有可能會犧牲其獲利也要做。

7. 在那些變數中，可能會使這個研究發現變成無效的有以下變數：

選擇：雖然付出努力去從相似的人口中去選擇出樣本，每個城市的人們還是可能傾向於面對牙膏時有很顯著的差異態度。

陣亡：更多的人們可能從一個群體中脫離出來，這樣他們就不再是被配對的。

歷史：外部事件導致偏見結果。舉例來說，在受測的城市之一，是一個競爭者，學習這個測試，可能會透過製造行銷組合變數來阻礙結果（如說一個特別的促銷）。

8. 製碼：你可能要做的，舉例來說，你要辨識出你的朋友及為其安排未晤面的約會對象雙方都有的共同特定的特性（如魅力、機智等）。

表格化：你可能會把每一方所擁有的這些特質全部列成一張表（舉例來說他們都在外貌及喜歡布魯斯史賓斯汀這兩項得到10分）。

分析：你比較所有的主要類別的所有特性，並且做一結論推定他們是非常適合彼此的。

Marketing

第九章
消費者行為

本章概述

從設定目標，以迄實際執行與控管的策略規劃流程各個階段當中，瞭解消費者的行為是非常重要的。要瞭解消費者行為的重要關鍵，是要瞭解足以引發購買決策流程，以及對此一流程運作狀況的內在與人際之間的影響力。

消費者行為將決定目標市場與行銷組合

本章的重心是消費者行為，我們對消費者行為的定義為有關評估、購買、使用與消耗產品與服務的決策與活動。例如，以莫頓針對MM系統的定位與促銷策略而言，規劃人員便期望得知潛在市場的購買者如何認識MM系統，他們對MM系統以及其他競爭對手產品的評估結果為何，哪些因素將影響他們選擇MM系統而非其他競爭產品，這些系統何時，並且將如何使用，哪些產品特性與優點是必要的，以及哪些因素將導致MM系統過時。

這些有關目標市場的特質與需求之問題的解答，對於莫頓行銷人員在策略行銷規劃的各個階段，皆有所助益。第一，這將有助於他們將廣大的市場，切割成較小的目標市場，每一個市場都是由具有類似購買行為，傾向於購買MM系統的潛在消費者所組成的群體（第十一章中將探討區隔市場概念）。

這種消費者市場的資訊，也有助於訂定行銷目標、衡量與預測銷售額與銷售潛力（第十二章將探討）、籌備預算，以及對銷售效益的管控。或許消費者行為之資訊的最大用處，就是擬定出足以吸引目標市場中各個成員的行銷組合。例如，瞭解MM系統在某一個目標市場之中，

是如何被購買、為何購買、誰會購買以及以什麼價錢購買之後，莫頓的規劃人員便較易於依據這些標準，而決定產品的定位、價格以及促銷方式。

消費者行為模式

消費者行為的本質最主要的重心，在於人們於何時、在何處、為何與如何購買或不購買產品，**表9-1**中的黑箱模式（black box）將說明之。

為說明這種模式的決策流程，請參考一名建築師，依據其需求而購買一套包括軟體與硬體在內，專為提供全套訓練課程而設計的MM系統的情況。

首先，這名建築師可能接觸到兩種刺激（該模式中「環境因素」）：即大部分仍在行銷經理掌控之下的行銷刺激（marketing stimuli），以及絕大部分超出行銷經理所可掌控範圍的環境刺激（environmental stimuli）。例如，當莫頓的業務代表在建築師辦公室進行展示說明時，這名建築師可能對產品的特性與價格感到印象深刻。隨後，他對MM系統的好感，便可能進一步驅使他產生研究購買的念頭。

表9-1　黑箱模式

環境因素		購買者黑箱		購買者回應
行銷刺激	環境刺激	買方特質	決策流程	
產品	經濟	態度	問題確認	產品的選擇
價格	技術	動機	資訊蒐集	品牌的選擇
地點	政治	觀感	替代品之評估	經銷商的選擇
促銷	文化	個性	購買決策	購買時間
		生活型態	購買後行為	購買數量

有助於定義，並且進一步導向這種研究行為的因素，是一組買主特質（模式中「購買者黑箱」），包括這名建築師在與其他競爭產品的比較下，對MM系統的認知（perception），以及他認為MM系統將可協助他達成的動機目標（motivating goals）。或許這種刺激將結合而成為促使他導向購買MM系統的決定（模式中「購買者回應」）。

影響消費者行為的刺激

影響消費者決策流程的刺激，可以分為人際之間的刺激或個體內在的刺激兩種。人際影響力（interpersonal influences），包括人們目前所屬，或樂於歸屬之社會與文化群體，例如，家庭以及性別為基礎的族群。個體內在影響力（intrapersonal influences）則包括形成消費者行為的動機、感知與態度。莫頓規劃人員的首要工作，就是找出這些試圖區分出各個別團體或市場，並且可以將這些團體導向莫頓產品的一些非常強烈，且跨越文化的類似潛在價值觀與行為。

規劃人員運用這些資訊的優點、相似性與差異性，而訂定出值得花費心力的目標市場，找出對MM系統有好感者彼此之間類似的價值觀與行為，並且把這些問題列入MM的行銷組合策略之中。例如，MM系統應該如何調整，以便因應不同目標市場目前與未來的價值觀與行為？（如果這些價值觀與行為在各個市場之中皆相似，便不須做任何調整）。可以採行哪些溝通方式（如廣告與直接行銷）？應該透過哪些媒體傳達這些溝通訊息？

人際變數如何影響消費者行為

莫頓規劃人員為瞭解並且把消費者行為納入MM系統的行銷規劃，

初期針對較大的族群，如文化、次文化與社會階級等，對消費者行為的影響進行檢視，隨後，再縮小範圍，專注於對較小的同儕與參考群體的檢視。一般而言，越小的族群，對消費者行為的影響力越大。

文化與次文化對行為的影響

莫頓規劃人員運用第四章中所探討的分析工具與技巧，找出在潛在市場中，與消費者行為相關的文化與次文化價值觀。這些價值觀念稍後將被用以作為刺激正面購買決策的行銷計畫之基礎。

規劃人員在檢視由種族、國籍、宗教或地理位置等各種文化區隔所形成的次文化時，重心將放在：(1)發展規模已夠大，並且品質優良足以形成為目標市場的次文化，以及(2)具備莫頓可以作為其行銷計畫之基礎，以滿足市場需求的特質。以下即為此類市場。

1. 非裔美國消費者：非裔美國人口在美國大幅度成長，2000年時，全年購買力超過2,500億美元。黑人極為受到品質與多種類選擇所激勵，比白人花費更多金錢在衣著、個人用品與家庭裝潢上。他們也較具價格意識與品牌忠誠度，並且多半在附近的商店購買。隨著他們的購買力與熟練度的提升，非裔美國人如今已日益成為較昂貴產品，包括大型設備、人壽保險、汽車、金融服務以及與電腦相關之軟、硬體的重要市場。

2. 西裔消費者：2000年時約超過四千萬人口，由墨西哥、古巴與波多黎哥後裔所組成的西裔消費人口，是美國少數族裔最大且成長最快速的人口，年購買力超過1,500億美元。半數以上的西裔人口，居住在六大都會區——紐約、洛杉磯、邁阿密、舊金山與芝加哥。長期以來主要是食品、飲料與家庭用品類產品之目標市場的西裔人口，如今與非裔人口一樣，成為較高等級產品，如電腦、攝影器材、金融、娛樂與旅遊服務等產品的目標市場。西裔消費者相當具有品牌與品質意識，並且可以輕易地透過越來越普

及的西語廣播與平面媒體而接觸。

3. 高齡消費者：由六十五歲以上消費者所組成的高齡消費人口區隔，2000年時超過四千萬人，已成為一個相當重要的市場。高齡者財務狀況較佳，年購買力超過2,000億美元，其可支配所得是三十五歲以下人口的二倍。雖然他們是通便劑與假牙的主要目標市場，但是大部分的高齡者都仍然健康活躍，並且與年輕消費者有許多相同的需求與欲望。由於擁有更多的時間與金錢，他們更是旅遊、餐廳、高科技家庭娛樂設施、休閒食品與服務、金融服務、家庭健身產品與個人保健用品的重要目標市場。

在分析次文化族群時，規劃人員也體認到，即使是在最具同質性的群體之中，每一個次文化中的差異性，也並不少於其相似性。

從社會階級可以預測購買行為

第四章中已討論過，社會階層是文化當中相當具有同質性與持久性的，其成員都具有相似的價值觀、興趣與行為。依據研究人員柯曼（Richard Coleman）與英格爾（James Engel）等人的研究著作，社會階級是階梯式的結構，通常是從最低階排至最高階，每一個層級都有一定的人口百分比（例如，柯曼的模型當中，最高階級的人口僅1%，中上階級人口為12%，中下階級則為9%）。個人在某一社會階層中的地位，是依據幾個變數，包括收入金額與類別、職業、住家型式與位置等而決定。在同一階層內的成員，彼此間多半會有比其他階層者之間更相似的行為，包括對特定產品與品牌的偏好，如家庭擺飾、消費性電子用品、旅遊與休閒活動以及汽車等。由於他們多半對媒體也有特定的偏好〔如《紐約時報》（*The New York Times*）與《國家詢問報》（*The National Enquirer*）〕因而得以擬定最佳的媒體策略而接觸到目標社會階層族群。

參考族群如何影響消費者行為

參考族群對消費者態度與行為有直接（面對面）或間接的影響。重要的參考族群包括：

1. 個人原即屬於的會員團體。
2. 個人打算加入的激勵團體。
3. 個人排拒其價值觀的分離團體。

會員團體與激勵團體對人的影響力，使得行銷人員深感興趣。人們將因為這些團體而接觸到新的產品與新行為，而影響到個人的態度與自我意識，並且形成人們必須依循團體規範的壓力。這些影響力仰賴於下述因素：

1. 該團體的凝聚力：高度凝聚力的團體（如宗教團體）有較高的影響力。
2. 會依循參考團體價值觀的「外放型」的人，比多半依循本身價值觀的「內斂型」人，較易受到團體規範與價值觀的影響。
3. 如果產品到處可見，並且可以看到其他人實際使用（如MM系統），則團體影響力對產品概念的影響力最強。

家庭、性別與年齡為主的參考團體，是全球行銷人員最感興趣的，在每一個市場中，這些團體都有絕然不同的型態與特質。

家庭為基礎之族群

家庭是消費者彼此互動的最小參考團體，也是最重要的影響因子。兩種家庭，包括原生家庭（family of orientation）與再生家庭（family of procreation）均能發揮這種具說服性的影響。原生家庭由消費者的雙親與手足所組成，其行為與價值觀來自於宗教、政治、經濟、個人企圖心以及產品本身的價值。這種家庭甚至能夠影響消費者的潛意識行為。而由消費者的配偶與子女所組成的再生家庭，則對購買行為的影響力遠高於任何其他族群。

以家庭為基礎的族群，最大的差異在於家庭大小、活動力以及家庭成員的凝聚力。從行銷人員的觀點而言，在一個潛在市場中，家庭的平均規模，這也是一個衡量家庭大小的好辦法，儘管可能包括彼此相關或不相關的成員在其中，往往是決定諸如大型設備與即時食品產品之市場規模與特性的依據。例如，挪威（家庭平均成員為二·一人）就比哥倫比亞（家庭平均成員為六人），更是單次使用之冷凍食品的好市場。

家庭成員的活動力與凝聚力，也是許多產品市場潛力的重要指標。例如，在地中海與拉丁美洲國家，衡量社會地位時，家庭是最重要的會員團體，家庭往往高於個人的成就。在這類社區之中，家庭是消費行為最重要的影響因子。同樣地，家庭的凝聚力，也是影響消費行為的重要因素。例如，在希臘與韓國人社區，緊密的家庭凝聚力展現於合作的合資事業（如餐廳、零售店等），正是各種產品與服務的顧客群。

家庭生命週期（Family Life Cycle, FLC）可反映出家庭對購買行為的影響（**表9-2**），假設典型的家庭有數個不同的階段，每一個階段都有不同的人口統計特性、價值觀與對產品的需求，且每一個階段都需要有不同的行銷策略。家庭生活週期是購買行為的重要指標，也是一個有效地區隔市場的基礎，通常可以作為評估同年齡與同性別之間消費差異性的最佳方法。

在國內市場中，家庭生活週期的概念，因為忽略了如「單身者」以及「類單身者」（mingles）（未婚之異性伴侶）等重要的區隔市場而受到批評，這些族群從1975-1999年，成長了三倍以上。在全球市場上，家庭生活週期的理念也應該做適度的修正，以充分反映人口統計與生活型態的現況。

表9-2　各個家庭生命週期階段的消費型態

家庭生命週期階段	消費型態
1.年輕單身者	不住在家中，財務負擔輕，時尚意見主導者，注重娛樂。購買：基本的廚房用具、家具、汽車、度假、「交友活動」設施
2.新婚夫妻	年輕、無子女、財務狀況比稍後階段佳。最強購買力，耐久產品購買力最強。購買：汽車、冰箱、爐子、實用性與耐久性家具、度假
3.滿巢期 I	有六歲以下子女。家庭採購高峰期。流動資金少。對財務狀況較不滿足。對嶄新的廣告產品感興趣。購買：洗碗機、乾衣機、電視、嬰兒食品、維他命、洋娃娃、兒童玩具
4.滿巢期II	有六歲以上子女，財務狀況較佳。某些妻子有工作。較少受廣告影響。購買：大量產品、大包裝產品，較多食物、自行車、音樂課程
5.滿巢期III	須扶養子女的年紀較長夫妻。財務狀況仍佳。妻子與兒女有工作者更普遍。廣告影響力不大。較常購買耐久產品。購買：新穎與有品味的家具、汽車旅行、非必需品、船、牙齒保健、雜誌
6.空巢期 I	較年長已婚夫妻，子女皆不同住。仍在工作，擁有房子的高峰期。對財務狀況感覺滿意。對旅行、娛樂、自我教育感興趣。奉獻。對新產品不感興趣。購買：假期、奢侈品、居家環境改善
7.空巢期II	老年已婚者，家中無子女、退休、收入遞減。持家。購買：醫療用品、有助於健康、睡眠與消化之產品
8.獨居者，仍在工作	收入良好，可能會賣房子
9.獨居者，已退休	收入遞減，特別需要醫療產品、照護、關懷、安全感

性別為基礎的族群

　　每個國家對於性別的特殊看法，是行銷人員最感興趣的議題，這將有助於行銷人員對市場本質與規模做出定義，以及擬定最能夠符合這些

市場需求的行銷組合。例如，大部分的亞洲與回教國家都有男尊女卑的現象，在中國即有殺女嬰的現象，而在沙烏地阿拉伯，女性的社經地位低落且必須與男性隔離，這些女性必須上女校，通常不得離家在外工作（通常是從事不與男性接觸的職業），並且在沒有男性陪伴下也不得開車或搭乘計程車。即使女性已占相當大的勞動力比例，但是在男性與女性的工作類別上，仍有相當大的差異。例如，在瑞典45%以上的行政與管理職位是女性擔當，而在西班牙，這個數字僅及5%。因此，對於莫頓這類的公司而言，瞭解兩性的相對社經地位，將有助於解答諸多有關消費者行為的問題，例如，市場的規模大小、哪些產品有需求、誰將做出採購決定，以及應如何進入每一個市場的模式。

個人內在變數如何影響消費者行為

莫頓的規劃人員，在確認了可供定義出目標市場特性與需求，以及為接觸目標市場成員的行銷組合策略的重要人際關係變數，包括文化、社會價值觀以後，接著，便將重心放在足以影響目標市場中，是否採購MM系統的個人內在變數上。例如，受訪者的年齡與經濟狀況，對於採購MM系統的影響力是什麼？這種採購行為將可滿足哪些個人動機？生活型態與個性將如何影響採購決定？

在探討這些變數的本質與對消費者行為的影響力時，規劃人員將從人口統計的個人內在變數，包括年齡、職業與經濟狀況等因素著手，並且探討心理內在變數，包括動機、學習、感知、態度、個性與生活型態。

人口統計變數

人口統計變數的相關資訊，包括人口數量、密度、位置、年齡、性

別與種族，都相當容易獲得，並且通常與購買行為密切相關。因此，在進行各個市場的研析時，莫頓的規劃人員便發現了三項人口統計變數，即年齡、職業與收入，與購買MM系統之間的關聯性。例如，他們發現三十至五十歲族群在會計、銀行與保險業的「中階管理者」，對於購買MM系統最感興趣，並且也有足夠的可支配所得與借貸能力，以滿足這個動機。

心理內在變數

心理內在變數，包括動機、態度、觀感等，與人口統計變數不同，通常是難以衡量與揣測的。然而，由於這些變數可能是區隔市場，以及擬定最具說服力之行銷組合的重要因素，因而仍值得花費心思。

以下是針對動機、認知、態度與生活型態等之簡要定義，以及莫頓規劃人員針對每一個因素，就消費者對MM行銷組合要素之反應的評估。

1.動機：動機是個體欲滿足的某一種被刺激出來的需求。直到獲得滿足，或是需求消除以前，都將持續，並且造成令人不愉快的壓力。被刺激出來的需求，可以分為主要的購買動機（廣義的產品類別，如電腦），或選擇性的購買動機（特定品牌，如MM電腦）。行銷活動可以同時被視為刺激動機（如對電腦系統產生需求的感覺）以及滿足動機（提供一個可以滿足需求的方法，使消費者難以拒絕）的方式。

馬斯洛（Maslow）❶提出需求的五個層級，依據個體欲滿足這些需求的動機強度排序，從生理需求為始，依序為對安全、社交、自尊以迄最頂級的自我實現等。摩爾接受馬斯洛的階級理論，試

---

❶ Abraham H. Maslow, *Motivation and Personality*, 2nd ed. (New York: Harper & Row, 1970), pp. 80-106.

圖找出MM系統潛在購買者的需求階層，並且依據這些區隔市場的本質與需求的研究結果，而研擬出一套促銷活動，以便接觸這些目標市場。

2. 認知：認知是人們從內在（如挫折感）或依據外在環境（如MM系統的廣告），而對刺激的選擇、組織與解讀過程中，產生出的意念。行銷人員對於三種與認知相關的概念最感興趣。以下是這三種概念如何對莫頓的MM系統促銷活動的影響：

   (1) 選擇性的揭露：意指人們在數百萬個欲「闖入」認知中樞的刺激中，僅具有處理極小部分比例之刺激的能力。與某一預期之活動相關的刺激（如廣告或簡報），告知群眾將可如何滿足其需求，或與其他刺激的密度有明顯不同者，較容易被選擇處理。因此，以整頁的廣告（密度的變化）宣告在某一場免費研討會當中，瞭解MM系統（預期的活動），並且說明這個說明會將如何可以滿足對收入增加，以及提高生活水準的需求（需求的滿足）。

   (2) 選擇性的扭曲：意指人們會將不合己意的刺激之涵義予以改變，使其與自己的感覺與信念相符。就行銷人員而言，這代表著行銷計畫必須與這些感覺與信念相符，否則原先的目的便無法達成。

   (3) 選擇性的保留：意指人們傾向於記住一些與本身既有的感覺與信念相符合的刺激，而排斥與此相反的一些刺激。一般而言，人們會忽視，或很快地遺忘一些他們視為有功能風險（產品的功效可能不如宣傳所言），或心理風險（產品無法提升自我意識或福祉）的刺激。就針對MM之促銷的刺激而言，這表示應該強調對功能的保證。

3. 態度：態度是對某一產品，或同一類產品相當穩定的認知與行為趨向。態度的形成與調整，來自於家庭、同儕以及其他社會團體，來自於所接收的資訊，以及既往的經驗。雖然態度是僅次於意向的第二項行為指標，但是卻難以定義與衡量，以及找出與產

品類別（如電腦）或特定品牌（如莫頓）之間的關聯性。

莫頓行銷人員為克服這個困難，發現可以用以下四種與產品相關的功能領域，來定義與衡量態度對產品之購買的影響力：

(1)實用性：即產品協助達成預期目標的能力。

(2)自我防衛：即產品協助購買者面臨內在或外在威脅時之自我形象防衛的能力。

(3)價值觀表達：即產品與購買者自我形象或重要價值觀的相關程度。

(4)知識：即產品賦予個人信念與經驗之意涵的能力。

例如，針對中階經理人這些態度的衡量（運用第五章中所討論的刻度），可能顯現出MM將如何達到實用性或自我防衛之目標的疑惑，而這將可能出現於MM促銷文宣之中。

4.生活型態：每一個人的生活型態，是基於不同的活動內容、興趣與看法，而對環境產生的一致性的反應所形成。最常用於定義生活型態的技巧，稱之為「心理統計變數」（pshchographics），係使用長期的調查工具，針對各種不同領域（如工作、政治、娛樂等），而以是或否的回答，來衡量個人的態度、興趣與意見（Attitude, Interest, & Opinion, AIO）。在運用類似的AIO調查模式，找出各個不同的生活型態族群後，便開始把這些族群歸於人口統計與行銷組合的變數因素。雖然蒐集與解讀生活型態的相關資訊，將面臨許多困難，但往往可以從中獲得有關目標區隔市場的多重角度的觀點，而可以看出新產品與產品定位的機會，改進溝通效果，並且改進行銷策略。

購買者如何做決策

人際關係變數與個人內在變數，以及其他更廣泛的經濟、競爭與法

律環境變數，都會影響到消費者買或不買的決定。爲說明此一決策流程，請參考以下五個步驟的採購決策模式（圖9-1）。

對於行銷人員而言，這個可以作爲潛在購買決策之提示的五個步驟的採購決策模式，僅只是做決策以前的第一個步驟，之後將會產生結果。這個模式不僅說明決策的本質與運作模式，也提出了把潛在想法導引至最後購買決定的策略。**市場焦點9-1**顯示一個專業行銷團隊，在面臨環境的諸多限制下，如何運用這些步驟推出新產品。

爲瞭解五個步驟的購買者決策模式，行銷人員必須先瞭解這些決策之所以產生的購買情境。這些情境的定義，一般包括：涉入與複雜度、影響決策的人數。依據這些標準，購買者的決策可以分爲例行問題之解決、有限問題之解決，或全面問題之解決。

1. 例行問題之解決：主要是偶發性或習慣性購買之低成本、低風險與低度涉入的產品。六瓶包裝的減肥可樂，或最新的電視指南等，皆屬於這類產品。行銷人員針對例行問題解決之情境所面臨的挑戰，是：(1)以維持一貫的品質、服務與便利性，以維繫既有的顧客；(2)透過開發新產品與促銷活動而吸引新的購買者（例如，新口味的可口可樂，如一般口味、櫻桃口味等，並且密集地以折扣券促銷）。

2. 有限問題之解決：即購買者在熟悉的產品類別中，發現不熟悉的品牌。這種情況通常是發生於企業第一次出口產品到海外市場，例如，當南韓第一次把現代（Hyundai）汽車引進美國市場，與美國人所熟悉的日本車競爭。爲針對有限問題解決情境下的購買者，行銷活動應該包括規劃溝通活動，以增進購買者的信心與瞭解，通常是藉助於不熟悉的品牌與熟悉之品牌做相同定位。

圖9-1　購買者決策模式的五個步驟

購買者決策流程導引「落建」的促銷活動

普強（Pharmacia & Upjohn Inc, P&U），這家大型製藥與保健醫療用品公司的行銷人員，最初在針對一個生髮處方新產品「落建」（Rogain）的行銷活動時，面臨了兩大挑戰。

第一，該產品所有的促銷活動，都必須遵守食品與藥物管理局（Food & Drug Administration, FDA）的嚴格法規，這表示直到該產品獲得食品與藥物管理局完全核准以前，其名稱「落建」，都不得出現於任何促銷品上，即使核准以後，所有的說明資料都必須予以存檔備查。這些說明資料不得誇大不實。

其次，由於「落建」是第一個促進生髮，且經過嚴格臨床實驗後證明有效的產品，所以被歸類為新產品。結果，就其潛在市場的特性與需求，以及「落建」應如何定位與促銷而言，則缺乏以往類似的狀況可供參考。

普強面臨這二項挑戰，其行銷人員決定以踏實的調查研究為基礎而進行行銷規劃。這項研究調查包括了蒐集禿頭者的次級資料，以郵寄與電話訪問、個別訪談與焦點團體座談進行。這些調查的重心，都在於男、女兩性對禿頭的看法，以及禿頭如何影響到個人的自我認知。

這些調查研究的結果，充分反映出對禿頭的態度與看法，從喜愛到嫌惡都有。一般而言，雖然人們對禿頭的接受度逐漸提升，但普強的研究顯示，社會仍然對人的外表相當重視，且女性對禿頭男性多感到害羞。

分析這些研究資料，而找出了普強的目標市場，並可據以研擬出行銷活動、促銷訴求與媒體策略，以便接觸到這些目標市場。

「落建」的促銷活動，係以五個步驟的採購決策模式為基礎，從確認問題的步驟開始。告知消費者如果關心落髮問題，可以用免付費電話，諮詢醫師有關「落建」（雖然名稱未提及）的資訊，以及如何從藥房獲得處方。同時，則針對醫師、護士與藥師等展開促銷，讓這些人知道「落建」的上市與其特效。

下一個步驟，是購買者決策流程中的資料蒐集階段，是以「落建」的名稱（食品與藥物管理局已核准該藥）採取較為積極的促銷策略，並且直接呼籲潛在使用者打電話向醫師諮詢有關「落建」的資料，並且要求試用。透過錄影片中由醫師提供有關「落建」的技術性資訊，以及一個使用「落建」而有相當大成效的男人的說明，協助潛在購買者獲得他們所需要的資訊以便評估。

在購買決策的階段，普強提出了一個範圍廣泛的促銷活動：(1)購買「落建」可獲得退款（第一瓶退10元，或寄回四個空盒退20元）；(2)提供展示「落建」的髮型師與理髮師處理費；(3)針對目標族群在媒體大量宣傳，強調「落建」所獨有的優點。

3. 全面問題之解決：這種情境是產品本身很稀有，且缺乏爲人所熟悉的採購參考標準。這種情況通常是指高度涉入的產品，價格昂貴。這類產品也有許多風險，包括效益風險（performance risk）、財務風險（financial risk）、實體風險（physical risk）、心理風險（psychological risk）、社交風險（social risk），以及時間損失的風險（time-loss risk）。

行銷人員也必須瞭解購買者在不同的購買情境中，有不同的決策流程，而針對每一種情境，應該採取哪些行銷手段。我們以全面問題解決情境來說明，其中包括了許多風險與所有的決策流程步驟：確認問題、蒐集資訊、評估選項、購買決策、購買後行爲。

確認問題

無論是哪一種購買者決策情境，某些內在與外在刺激，將透過某一個未獲得滿足的需求，作爲第一個觸動購買者採取決策流程的要素。例如，一個會計師事務所的經理，可能會基於增進就業機會的需求（內在刺激）、事務所的鼓勵，以及有關個人電腦訓練系統對會計業務之評估的報導文章（外在刺激），而產生購買MM系統的動機。莫頓行銷人員針對第一階段而採取的行銷規劃行動，是找出哪些需求最可能觸動某些產品（如電腦），以及這些需求將如何被刺激出來。

蒐集資訊

如果對需求動機之行爲的感覺夠強烈，且產品也能夠很快地滿足需求，則購買者可能不會到達決策流程的第二個階段。然而，如果到達第二個階段時，便可能有兩個調查活動：(1)一般性調查，強化的趣味，使得購買者對產品所傳達的訊息更能接受；(2)積極的蒐集資訊，這時購買者會更積極地蒐集這些資訊。

購買者積極調查與否，則端視各種考慮因素，包括對某一個產品類別的動機深淺、可獲得的資訊多寡、獲得額外資訊的難易度、資訊本身的價值，以及從調查中獲得的滿意度。在MM系統例子當中，會計經理有相當強的動機購買個人電腦，這是他認為滿足自己增進專業能力之需求的方法。他也發現有關個人電腦訓練程式的資訊，可以從各種專業雜誌，他自己所服務的事務所，以及其他會計師處獲得。

這些資訊來源，可以分為商業性或個人性。商業資訊來源（commercial information sources）：例如，廣告或在會計專業期刊上有關個人化教育程式的文章，具備提供資訊與說服的功能。個人化資訊（personal information）：例如，來自一個受到敬重的協會，則具備評估與認可的功能。行銷規劃人員的任務，就是經由調查研究，而找出商業化與個人化資訊在決策流程中的相對影響力，以及這些資訊可以如何最有效地傳布。例如，莫頓行銷人員在分析會計目標市場時，發現兩種資訊來源都一樣重要，而商業化資訊應該透過宣傳與廣告，在會計專業期刊中刊布，而個人化資訊則應該透過專業會計師協會刊布。

評估選項

在決策流程的第三個階段，潛在購買者會基於所蒐集的資訊，而評估各個選項。購買者可能用以達成購買決策的四種可能模式，包括預期價值模式、連接式模式、分離式模式及編纂式模式。

1. 預期價值模式（expectancy value model）：是假設購買者在做決策時，會考量產品的幾個特性，並且對每一種特性，皆賦予權重與價值，並且購買其中得分最高者。為便於說明，假設某一家大型保險公司的人力資源發展部門經理考慮購買MM電腦，並且考慮速度、記憶體與輕便性這三個被視為重要的特性。**圖9-3**說明了他依據所蒐集的資料，從這三個競爭公司（戴爾、康柏與莫頓），進行選擇的預期價值模式決策。

表9-3 個人電腦購買決策的特性標準

品牌	速度		記憶		輕便性		總得分
	價值	重量	價值	重量	價值	重量	
戴爾	8	.4	10	.4	3	.2	7.8
康柏	10	.4	8	.4	4	.2	8
莫頓	7	.4	8	.4	9	.2	7.8

康柏產品的速度得分為10，戴爾的速度是8，而莫頓是7。由於速度與記憶都被視為比輕便性的重要高達兩倍，所以其權重皆為0.4，而輕便性則僅為0.2。戴爾與莫頓的權重與價值總得分是7.8而康柏則為8。

2. 連接式模式（conjunctive model）：認為購買者的決策依據，是可以滿足某些最低標準的準則。例如，從**表9-3**所提供的價值，如果這名人力資源經理堅持他公司購買的個人電腦記憶體至少要達到8，且速度至少要有9，則僅有康柏會在選擇之列。連接式模式的最佳實例，就是一個典型的購買者在超市購物，會對每一項目都設定最低標準。

3. 分離式模式（disjunctive model）：依據較高的標準，而選擇其中之一的項目。例如，這個經理可能決定除非速度價值達到7，或記憶價值達到8，否則他便不買，在這個情況下，這三個品牌都可作為選項。

4. 編纂式模式（lexicographic model）：假設人們評估購買的行為，是依據最明顯的屬性（亦即人們最容易想得到的特性），將會轉移到下一個最容易想到的屬性。這種模式有時候可用以解釋人們為何會選擇領先者，具有非凡的領導能力將遠重於地位。

瞭解了人們用以選擇產品時的決策模式，將可以應用於產品／市場策略。例如，莫頓的行銷人員所採用的策略，可能是對某一目標市場之會計師的態度作為假設基礎：會計師會採用分離式決策模式，最主要的

條件是記憶體至少達到9，然而，如果所有產品的記憶體都無法達到9，則處理速度至少達到9則是一個替代的選擇，考量這三種屬性的重要性時，輕便性則可能是最不重要的。

再看看**圖9-3**，可以看出在這些假設與感知條件下，康柏與莫頓的記憶體價值都是8，因而便都被排除於會計師的選項以外。

以下是莫頓規劃人員可能將MM再度設法列入選項所採行的方法：

1. 實質再定位：假設會計師的感知都是正確的，則改進MM的記憶體使其達到9的價值。

2. 心理再定位：假設MM與戴爾的記憶能力真的相同，則改變會計師們的看法，讓他們體會到這一點，或許可以透過一個促銷活動，把這三種模式逐項進行評估。

3. 競爭性證言：這種策略是假設戴爾在記憶體方面得分10是不正確的評估，實際上戴爾跟其他兩個品牌都是8，因此購買者應該考慮第二個選項（速度），而在這個項目只有康柏仍在選項之中。

4. 強調被忽略的屬性：這個策略將略過MM弱勢的屬性，而將重心放在其具備優勢的屬性（如每一台電腦配置的套裝軟體）。這個屬性將被提升至比其他屬性更重要的地位。

5. 改變重要性的權重：如果前面的活動，已成功地說服潛在購買者進行購買決策時，「被忽略的屬性」比運作速度與記憶體更為重要，便可以把這個屬性的相對權重提高而達到目的。

6. 轉移購買者的焦點：這個策略是採用高度說服性的「廣泛性的陳述」，把購買者的注意力，從特定的重點，轉移到一般性的想法。

購買決策

圖9-2說明了前述各種評估階段與重要的購買決策階段之間的關係。假設改變重要的權重促銷策略發揮了功效，莫頓的MM系統在許多會計師的選項中名列前矛（A），因而他們現在表達出購買MM電腦系統

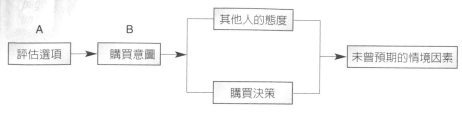

圖9-2 購買決策模式

的意願（B）。在這個關鍵點，兩個變數（包括其他人的態度，以及一些未曾預期的情境因素），仍然可能干擾到對MM的購買。這些變數必須在為MM進行銷售策略規劃時，儘可能充分地考量在內。

1. 其他人的態度：可能因負面態度的強弱，以及購買者是否採取順服態度，而有決定性的影響。例如，這家會計師事務所的夥伴可能會強力建議購買一個比MM便宜的產品。
2. 未曾預期的情境因素：可能對購買者的決策有重大影響。例如，如果認為MM功能可能未如預期，購買者可能會延後購買行動，直到蒐集更多資訊，並且終於決定了一個夠標準之品牌。

購買後行為

即使已經購買以後，但是決策程序仍然沒有結束。最後這一個階段，是購買者對於自己的購買決策的心理反應。瞭解這些購買後反應，對於行銷人員而言是非常重要的，因為這些因素將影響到購買者再度購買，或者鼓勵其他人購買該產品的決定。在規劃促銷活動時，就可能已經針對已購買者對於購買行為，與購買後的反應而考量。

1. 心理反應：依據費斯廷傑（Leon Festinger）❷的說法，所有購買

---

❷Leon Festinger, *A Theory of Cognitive Dissonance* (Stanford, CA: Stanford University Press, 1957).

決策都會產生或多或少的矛盾現象，即衡量購買者的預期，與產品實際效能之間的缺口。例如，一位會計師在購買MM時，因為所花費的精力、時間與費用，而可能對該產品有相當高的預期，並且可能會認為該產品並未達到原先預期。這種不滿足，或稱之為認知不協調（cognitive dissonance），便可能導致一些對應行為，例如，另外蒐集一些相關資訊，而強化這個購買決策。或者購買者可能把預期跟實際之間的缺口，以公開或私下的批評表達出來。

2. 購買後反應：一個滿意的顧客，可能會推薦該產品，並且再度購買；不滿意的顧客，則可能會退貨，或以尋求其他正面訊息來降低這種不協調的感覺。公眾的反應，可能包括直接向企業法律行動，或向私人或政府機構的訴怨，私下的反應，則可能包括杯葛該一產品，或警告他人不要使用。

　　莫頓行銷人員為處理這些預期的購買後反應，針對目標市場中已購買MM系統者，規劃了一個促銷策略。每一個顧客都會接獲一封電報，恭喜對方購買MM是一個明智的決策，並且強調其耐用、服務佳以及該系統配備的最實用軟體。莫頓行銷人員也請求顧客無論是否滿意，都提供回饋意見。客戶服務代表會聯繫不滿意的顧客，以便消除他們的不滿，來自感到滿意之顧客的意見，則放入資訊分析系統中，以便供未來MM設計之用。

國際觀點

　　行銷人員為找到潛在的全球市場，最重要的工作，首先是找出最可能影響對產品種類與品牌之購買的社會文化價值觀，而後找出最可能受這些價值觀影響的足夠數量族群，以作為目標市場。最後，他們必須擬定行銷組合，以吸引目標市場的成員。

　　然而說總是比做容易。蒐集有關消費者購買行為之相關資訊，在異質性的國際市場，將遠比在同質性的國內市場困難。不同的語言、文化、經濟與法律及政治體系，以及行銷研究的工具與技巧的不足（第六章中探討），將造成資訊的取得、可靠度與可信度等的嚴重問題，尤其是有關個人內在與人際之間的影響力，如參考團體、動機與態度等資訊。

　　出口商尤其會面臨著各種難以解決的問題，顧客多半對其產品不熟悉，也缺乏購買決策所可參考的標準，此外，這些決策往往是在一個全然不同的文化價值觀之下所做出。

　　例如，在日本，文化價值觀強調的是合作、相互依賴與對組織忠誠的重要性，因此MM系統在當地的行銷訴求，就必須與排拒共產主義計畫經濟的波蘭、捷克與匈牙利等，追求西歐價值觀的嶄新自由市場企業有所不同。

　　行銷人員面對這種情況，必須瞭解應該配合文化的差異，而做哪些修正（如語言、禁忌等）。他們也必須瞭解哪些風險（如績效、財務與社交等）將在不同的文化背景下會影響到決策流程，以及這些風險將如何因應（如提供一個非常不尋常的強烈保證或退款保證）。**全球焦點9-1**即顯示瞭解不同市場的本質與需求，將如何有助於在國內與國際市場行銷駝鳥。

行銷活動何時可以標準化

　　社會文化多元性所造成的困擾，或多或少可以被抵消掉一些，原因在於人們已經體會到全世界的消費行為，有越來越多的共通性，尤其是在發展水平較高的國家。例如，一項針對消費性包裝產品的大型跨國公司一百名高階主管的調查，顯示三分之二的行銷活動，包括產品、價格、配銷與促銷活動等，都已高度標準化，亦即在每一個國家都是相同的。至於在行銷組合之中最需要考慮跨文化特性與需求的促銷活動，從這項研究也發現，幾乎四分之三的廣告訊息，都已經是標準化的。

駝鳥飼養牧人尋求海外市場

猶他州聖喬治錫安風光（Zion View）駝鳥牧場總經理兼副總裁懷特（Rick White）負責管理一個十名員工，二百五十畝地，提供駝鳥肉及其他產品為主的生意。駝鳥肉將經由特定的肉類配銷商與雜貨店販賣，每一週的訂單有數千磅。

「吃駝鳥肉最大的好處是98%都是沒有脂肪的，並且是好吃且健康的肉類，沒有像牛肉一樣多的脂肪，或沙門式桿菌中毒的危險」懷特說。

為強調這個訴求，牧場的促銷文宣上說駝鳥是：「稍具牛肉味，多種用途的紅肉，可以適於任何菜單。」

「我們基於許多原因，而在美國非常成功」懷特表示，並說明在零售店與健康食品店裡低脂駝鳥肉越來越普及。

「此外，駝鳥具有人們前往鋪了白桌布餐廳以高價吃龍蝦尾的身價，也是老饕們的特殊獵獲食物。」

錫安風光最初於1995年把駝鳥肉打進國內市場，然後於1996年嘗試進入歐洲與日本市場，作為其長期策略行銷的計畫。

「在日本與歐洲做生意的一個重要的吸引力，是人們比美國人花較多時間在高級餐廳吃飯，因此我們將以這些市場為主力」。

日本人與歐洲人，跟美國人一樣開始留意自己的進食習慣，並且期望在不減少進食的情況下，降低脂肪食用。「駝鳥是不影響口味的健康食品」懷特表示。

資料來源：Curtice K. Cultice, "Where's the Bee? " *Business America*, U.S. Department of Commerce, October 1996.

本章觀點

瞭解消費者行為對於策略規劃是非常重要的，有助於定義目標市場、發展與執行行銷組合策略、衡量市場潛力、預估銷售額與控管行銷效果。雖然對於發展全球市場而言非常重要，即每一個國家皆不同的消

費者市場資訊，但這些資訊也非常難以獲得與處理。解決這些問題的系統化方式，包括確認與衡量這些個人內在變數與人際之間的變數（如同儕團體、生活型態、動機與態度）等，對於從確認問題，以迄購買後評估等的購買決策流程中的每一個階段，對消費者行為所產生的影響。

 觀念認知

 學習專用語

Age-based groups	年齡為基礎之團體	Information search	資訊蒐集
Altering importance weights	改變權重	Interpersonal variables	人際關係變數
Aspirational groups	激勵團體	Intrapersonal variables	個人內在變數
Attitude	態度	Learning	學習
Behavioral sciences	行為科學	Lifestyle	生活型態
Buyer's black box	購買者黑箱模式	Marketing stimuli	行銷刺激
Cognitive dissonance	認知不協調	Maslow's hierarchy	馬斯洛階級模式
Commercial sources	商業資源	Membership groups	會員團體
Competitive depositioning	競爭性證言	Motives	動機
Consumer behavior	消費者行為	Motivational research	動機研究
Decision-making process	決策流程	Perception	認知
Demographic variables	人口統計變數	Performance risk	效益風險
Disassociative groups	分離團體	Personal information sources	個人資訊來源
Environmental stimuli	環境刺激	Personality	個性
Family-based groups	家庭為基礎之團體	Physical risk	實體風險
Family life cycle	家庭生命週期	Post-purchase behavior	購買後行為
Family of orientation	原生家庭	Problem recognition	確認問題
Family of procreation	再生家庭	Psychological repositioning	心理再定位
Financial risk	財務風險	Psychological risk	心理風險
Gender-based groups	性別為基礎之團體	Psychographics	心理統計變數

Purchase decision	購買決策	Social risk	社交風險
Real repositioning	實質再定位	Stressing	強調被忽略的屬性
Reference groups	參考團體	neglected attributes	
Shifting buyer's ideals	轉移購買者的焦點		

 配對練習

1. 把第二欄中所列出之促銷活動成果與第一欄中最可能影響其成果
的族群配對。

1.激勵團體	a.康寶濃湯在針對98%的湯都是在家中自行烹調的波蘭促銷時,強調其便利性
2.個人排拒其價值觀的團體	b.李維(Levis Strauss)在印尼牛仔褲廣告訴求為年輕人
3.原生家庭	c.戴爾(Dial)肥皂以「用戴爾讓你滿意」的標準化訴求而獲得全球成功
4.性別為基礎之團體	d.哈雷戴維森(Harley-Davidson)改善產品與形象而吸引日本的新市場——不喜歡油灑在他們Gucci鞋的年輕經理

2. 把第二欄中所列出之活動策略與第一欄中相關的購買風險配對。

1.效能風險	a.沛綠雅(Perrier)礦泉水宣稱是高級餐廳所採用
2.心理風險	b.General Mills Toy Group在歐洲的分公司推出喬大兵(G. I. Joe)產品線,但在德國與比利時當地禁止暴力或軍事主題廣告而必須更改廣告片
3.財務風險	c.Zippo打火機提供一項無任何條件之退款保證
4.社會風險	d.依利諾州的The Rich Lumber公司裝運了一個貨櫃的廚具用門給英國包商提供六個月品質測試

3. 把第一欄中所列出之研究人員名字與第二欄的研究結果配對。

1.馬斯洛	a.不同社會階級的人們有不同的特性與產品需求

| 2.費斯廷傑 | b.購買者對產品效益的期望與產品效能的感知兩者之間的缺口 |
| 3.柯曼 | c.人類的需求可以區分為心理與生理需求 |

4. 把第一欄中所列出之購買決策流程的階段與第二欄的情境敘述配對。

1.確認問題	a.冬天工作壓力很大，或許應該到佛羅里達州或夏威夷度假
2.蒐集資訊	b.你腦海中已經對於去佛羅里達州或夏威夷的套裝度假有預想之價格了
3.評估選項	c.你從網上找最好的套裝假期與價格
4.購買後行為	d.不知為何，從夏威夷回來後總覺得自己沒有獲得滿意的交易

 問題討論

1.從策略行銷規劃流程的角度，說明瞭解消費者行為之概念與運作的重要性。

2.請討論動機、感知與態度等如何可能共同使會計師事務所的經理，為了要獲得共同夥伴地位而購買莫頓的MM系統？

3.請說明黑箱模式的各項組成成分，如何可以解釋在超市結帳櫃台購買《人物》（People）雜誌的衝動。

4.請說明以下參考團體族群如何可能成為總統大選中一個政治活動的有效工具：會員團體、激勵團體、分離團體。

5.請從會影響到個體行為的各種團體因素，討論何以在大學裡的成就壓力，可能是越南移民家庭子女，比典型美國郊區家庭子女表現更優異的原因。

6.以下敘述分別是馬斯洛需求理論的哪一個階段？
   (1)「警告：抽菸可能危害健康」
   (2)「沒有它別出門」（美國運通卡）
   (3)「跟人們保持聯繫」（AT&T）
   (4)「發揮你的極致」（美國陸軍）

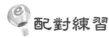 解答

配對練習

1.1b，2c，3a，4d
2.1c，2b，3d，4a
3.1c，2b，3a
4.1a，2c，3b，4d

問題討論

1.策略行銷規劃流程涉及於確認與定義目標市場，並將行銷組合與這些市場的本質與需求相配合。這個配合流程的作業，在企業使命的領導下，以此一使命的事業與行銷目標為基礎，並依據對企業本身之優勢、劣勢，以及面對市場之競爭與威脅等的瞭解，而研擬出適當策略後而得以完成。就這個定義而言，策略行銷規劃流程的所有項目，包括使命、目標、行銷組合、策略等，都是基於對消費者行為的瞭解，包括瞭解潛在顧客的需求，瞭解企業的哪些產品與服務在滿足這些需求的情況下同時可以獲利，以及瞭解這些產品與服務如何做最佳的定位。

2.動機是指個體被刺激出來，而打算滿足的需求，感知則是人們從選擇、組織到解讀刺激之涵義的過程，而態度是以一貫的方式對待產品或某一類產品的趨向。可以從一個例子來探討這三個變數如何共同運作而促使會計師事務所購買莫頓 MM系統。我們瞭解這名會計師具有成為合夥人的動機（未獲滿足的需求）。此外，他

可能會感到：(1) 一個密集的訓練可能有助於達成這個目標；(2)MM電腦系統與配備的訓練硬體，最適合於這類訓練。這些感知將有助於形成購買MM系統的態度。在這個流程之中，行銷的角色，是刺激動機（如想要成為合夥人此一未獲滿足之需求），可滿足此一需求的條件感知，以及在實際執行時，對這一產品形成之有利態度。

3. 這本雜誌本身就是一個行銷刺激，雜誌中的文章，可以滿足你在閱讀一個名人消息時的社會需求。你對這些行銷與內在刺激之影響的反應，亦即購買這本雜誌，是你腦海中資訊處理這些的結果。

4. 參選人的志工都會被帶至一個會員團體（如民主黨青年團體），以便規劃支持參選人的介紹資料。同時，參選人會譴責分離團體，而與符合其理念團體相呼應。

5. 由於家人曾經受過分離之苦，以及面臨新環境的壓力，所以越南家庭可能會有較高的凝聚力。此外，這些家庭的成員受到的教育是必須遵從父母長輩的教誨。這種情況下所推出的產品——大學教育，可普遍見之於與越南家庭有某種直接或間接關聯性的成功人士身上。

6. 這些促銷訊息每一個都可能高過馬斯洛的需求階段水準，最符合的情形可能如下：

(1)「警告：抽菸可能危害健康」（安全與保障）

(2)「沒有它別出門」（美國運通卡）（安全與保障）

(3)「跟人們保持聯繫」（AT&T）（歸屬）

(4)「發揮你的極致」（美國陸軍）（自我滿足）

Marketing

第十章
組織市場和購買行為

本章概述

組織市場主要是由製造商、貿易產業、政府以及其他不同的機構組成，這些單位在政府標準產業分類系統中（Standard Industrial Classification, SIC）有明確的定義分類。組織市場比消費者市場大得多，涉及了更多交易，成交量金額也比一般消費者市場多達一倍以上。組織市場的需求模式特性，包含了更大的產業地理集中性，係直接購買，因消費市場需求而產生的需求、巨幅的需求波動、先彈性而後無彈性的需求曲線，以及互動的關係。採購的作業過程，比消費者市場更為複雜，涉及範圍包括採購中心、採購等級、採購程序，以及評估賣方和價值的系統化程序等內容。

組織市場的組成

組織市場包括產業市場、零售市場、政府市場以及機構市場等。以下的討論涵蓋了每個市場的特性及行銷企劃者的觀點，包括市場的大小、需求模式、產品採購，以及採購政策和作業方法。

產業市場

產業市場是由使用物品及服務的消費者個人和組織兩個部分組成，直接或間接在產品的生產過程中，出售、租賃或者提供給其他的人或單位。這裡面又包括了製造商、農夫、資源產業、營建合約商，以及運輸、公用事業、金融、保險和房地產等這些服務的提供者。產業市場在

組織市場的比例中是最大的，大於全部組織市場中其他不同市場的總合，具備了最大的銷售和獲利潛力，並具有最強的競爭挑戰性。

表10-1顯示購買單一MM系統所涉及的交易，並說明解釋了為什麼產業生產者市場通常是組織市場或消費者市場總合的最大市場。其中消費者市場只涉及了五個交易領域中的其中一項，也就是產品的買與賣，然而產業生產者和貿易市場則各涉及了兩個領域。就美國市場而言，產業生產者市場的貨物和服務交易，全年總銷售額達3.5兆美元，而貿易市場的貨物及服務交易金額則有3兆美元，是消費者市場總購買力的三倍。 就製造生產部分所增加的價值而言，或者就製造商本身的收費與他們所投入的費用差額來看，產業生產者市場貢獻了大約1兆美元左右。

產業市場不同於消費者市場

產業市場在購買產品、需求模式與採購作業上而言，與消費者市場是不同的。我們以一個德國汽車製造廠為參考，將其目的分別說明如下：

表10-1 產品生產過程中的組織市場交易

原料處理器	莫頓消費產品部門	批發商	零售商	消費者
買： 銅 塑膠製品 矽酮設備 勞工 能源	買： 電線 塑膠模板 電路晶片 設備 勞工 能源	買： 個人電腦 空間 設備 勞工 能源	買： 個人電腦 空間 設備 勞工 能源	買： 個人電腦
賣： 電線， 塑膠形式等	賣： 個人電腦	賣： 個人電腦	賣： 個人電腦	

這家汽車製造廠在某一年購買了價值數百萬馬克的產品和服務，這些內容全部都可以被歸類到以下四大項產品目錄內：

1. 耐久的資本財：因時間的因素而貶值，包括重型設備和裝置。
2. 短暫性的附屬設備：譬如工具和辦公室機器設備，不會成為最後成品的一部分。
3. 費用項目：包括在生產過程中使用的原料，以及零件，如輪胎和小馬達等，會成為汽車成品的一部分（原始的設備或者OEM代工項目）。
4. 供應品：包括維修、修理以及操作（Maintenance, Repair, & Operating, MRO）等三個項目，譬如掃帚、釘子和迴紋針這類的物品最後都不會成為成品。

行銷組合中這些產品的屬性將在第十三章中另行討論。

產業與貿易之政府標準產業分類

政府標準產業分類（SIC）系統精確地將組織市場中的個別產業與貿易做了劃分，可以說是企劃和控制行銷計畫的一件無價工具。在政府標準產業分類系統中，將十個產業項目中的每一個行業別，都指定了一個兩位數的號碼（請參照**表10-2**中的第二欄）。例如，莫頓電子公司的工業產品部分屬於「電子機器、設備及供給」項目，被指定的代碼則為36。該項目同時也屬於「製造業」的一部分，這個部分的兩位數代碼是從20到39的範圍。

在每個工業分類中，電子公司被更進一步定義了第三個代碼。例如，SIC 367，第三個代碼7可以更明確地將該產業定義為「電子零件」。在某些產業裡會出現第四、第五甚至到第七個SIC代碼。如SIC 3679，可以看出這是一家以銷售器具和電腦為主的電子產品製造商，並且可以更精確地定義該公司為莫頓電子公司的工業產品部門。

表10-2　組織市場目錄

功能項目	SIC項目	目錄規模		每單位組織之員工數
		組織數量	員工人數	
工業生產者				
農業、林業、漁業	01-09	3,486,000	3,571,000	1
礦業	10-14	181,000	1,028,000	6
營造業	15-17	1412,000	5,756,000	4
製造業	20-39	569,000	20,286,000	36
運輸、公用設施	40-49	570,000	6,552,000	11
金融、保險、房地產	60-67	2,179,000	6,270,000	3
服務業	70-89	4,777,000	30,090,000	6
總計		13,174,000	73,553,000	6
貿易				
批發商	50-51	383,000	4,120,000	11
零售商	52-59	1,855,000	16,638,000	9
總計		2,238,000	20,758,000	9
政府				
聯邦	91-97	1	2,862,000	
州		50	3,747,000	
當地		82,290	9,324,000	
總計		82,341	15,933,000	
全部總計		15,494,341	110,244,000	8

資源來源：U.S. Bureau of the Census, *Statistical Abstract of the United States: 1992*,
112th ed. (Washington, DC: U.S. Government Printing Office).

　　這份由政府出版的產業分類標準目錄，可以根據該公司所生產的產品或提供的服務，以及該產品在生產活動過程中的使用情況，做更進一步地編碼。在SIC代碼產業訊息中，尚可以看到一些其他訊息，如規模大小和銷售潛力特性，這些都可以從政府不同的出版物中獲得，例如，「製造商的人口普查」和「零售和批發商的人口普查」，另外從貿易協會、商業出版物、各州工業目錄，以及一些私人公司，如麥格羅·希爾公司（McGraw Hill）和鄧白氏（Dun & Bradstreet）等也可以得到這類的相關資料。

　　政府標準產業分類系統透過蒐集、組織並提出大量的訊息，提供行銷經理一個已界定清楚，以及事先區隔好的市場。因此，舉例來說，莫頓工業產品部門行銷經理可以輕易進入五個三位數代碼的工業，讓該部門產生超過80%以上的銷售和利潤。這部分的訊息摘要可以參考**表10-3**。

　　這份資料是從勞工部門的一份出版物《郡商業模式》中摘錄，行銷經理透過這份資料得知在莫頓的行銷領域中，每一州的每一個產業中，有多少個員工數量，同時也可以得知這些員工的薪資資料（請參考第三欄及第四欄）。 這些內容都可以有效地計算出該產業的規模與其採購能力，表中最後的兩欄資料，也可以看出每個產業的集中度。例如，在編號361的產業裡，有相對少數的小公司（在三十家公司裡有九家僱用了超過一百名的員工），在364產業中卻有更多這樣的公司，在四十一家公司裡有六家僱用超過了一百名員工。

　　從《郡商業模式》中快速取得的資料，也可以從莫頓本身的銷售紀錄，和政府其他的出版物、貿易期刊和服務這個編碼36的協會等來源，補充更多詳細的資料。而行銷經理也可以根據整個目標市場中產業的需求及特性去發展、執行並控制其行銷計畫和內容（在第十一章，將說明SIC數據如何運用在銷售潛力的發展數據上，並進而開始進行策略性的規劃）。

表10-3 政府標準產業分類系統分析的五個主要產業

（1）代碼	（2）工業	（3）雇員人數	（4）薪資（000）	（5）報告單位總數	（6）根據員工人數之報告單位		
					8-49	58-99	100 +
361	電子類產品	6,820	12,841	30	16	5	9
364	燈具和電線設備	5,840	11,178	41	32	3	6
365	收音機、電視設備	1,078	2,000	15	10	1	4
366	通訊設備	669	1,090	10	7	2	1
367	電子零件	7,302	11,560	61	41	10	10

需求模式訂定產業市場

　　與消費者市場的需求模式相比，產業市場的需求模式傾向於更集中、直接、依賴於其他市場的需求模式，由最初的彈性需求到後來僵硬的需求，以及更倚賴相關產品的採購和交互安排。

1. 需求集中：與消費者市場的需求相比，產業市場的需求，更傾向於地理上和產業的集中，如少數大型製造工廠設在接近與運輸、技術和能源廠等資源相關的地區。

　　產業的需求也因採購作業而有集中化的趨勢，因為大型製造商的採購辦公室，大多集中於大都會區域。最後，集中的需求，處於一個企業規模和生產力並不相稱的關係中，即使用少量的機器設備，一如派銳特（Pareto）原則，僱用大量的生產人力，並藉由製造而獲得高額利潤。

　　這種高度的集中性，影響了賣方公司行銷組合上的主要觀點。例如，與消費者及潛在客戶在有關「促銷」的看法上，溝通會比較容易些，而且產品的銷售管道，會比最後的產品使用者的銷售管道短。

2. 直接購買：產業購買者會比較偏好直接向製造商購買產品，而且採購的數量會比一般的消費者購買的量大。這部分又以比較複雜且昂貴的產品居多，如汽車製造廠購買工廠自動化設備。

3. 衍生性需求：對產業產品的需求，基本上是從對消費品的需求開始的，例如，如果MM系統的銷售情況在經理和專業人士之中銷售成績很好，最後端的消費者，也就是MM系統零件的生產者銷售情形也會做得不錯。

4. 波動需求：在消費者需求的過程中一個小小的變化，可能會引起產業需求方面很大的變化。假設有一家汽車製造商製造了一款非常受歡迎的迷你車，但是市場的需求量超過其產能，因此，這家公司必須搭建或者購買新的廠房設備，以便處理目前市場上超額

的需求，以及將來可能產生的市場需求。然而這樣的決定，將會使該公司採購相當大量的產業製品和服務，而也許目前的市場實際需求可能只比預期的市場需求量多一點而已。相反地，這輛迷你車的銷售量可能會下降，假設它會比預期的需求下降個5%，但是這家製造商最後採購原設備製造商（OEM）的零件的數量，可能會減少超過50%以上，它會先倚賴它的存貨供給，直到整個情況改善爲止。這種因爲消費需求變化，而引起產業需求變化的不相稱情況，我們稱之爲「加速原理」（accelerator principle）。

5. 最初有彈性的需求，到後來僵硬的需求：因爲很多供應者相當積極地在合約的價格上競爭，所以產業的需求，在早期的採購議價過程中，會相當具有彈性，隨著需求的日漸增加，價格的競爭也會愈來愈少。一旦合約協議完成，產品的需求將不再受到短期價格變動的影響。例如，假設有一家汽車製造廠，根據合約以單價0.15美元的條件購進一百萬條保險絲，如果現在保險絲的價格掉到單價0.13美元，這家公司將不會再購買額外的保險絲數量，因爲儲存這些零件所產生的費用有可能會超過這個小小的差額。或者，這家汽車製造商希望與它的保險絲供應商重新討論合約內容，因爲現在有另一家廠商也提供0.13美元的價格來競爭；可是在中途突然更換供應商風險太大，而且所費不貲。可是如果競爭對手提出更可觀的優惠價格，譬如每條保險絲0.10美元，造成較大的差額，則汽車製造廠便可以更換新的零件供應者。

6. 共同需求：通常是指某一些產品的需求，和其他產業產品的需求之間的相關性。舉例來說，如果汽車製造廠有保險絲箱子的傳送問題，也許會減少購買保險絲。

7. 相互協議：這經常發生在購買者選擇一家購買其產品的供應商。舉例來說，汽車製造廠可能同意購買一家大型電子公司的保險絲，只因爲這家電子公司同意指定這家汽車製造商的汽車爲該公司用車。在美國，聯邦貿易委員會（Federal Trade Commission,

FTC）和司法部，都禁止這種相互協議，如果有任何一家競爭廠
商證明他們有不公平地關上競爭的大門，而且有相互協議，推翻
價格、品質和服務的考量，這個相互協議可被視為無效。

採購過程

由於費用、危機和機會與產業購買功能有密切的關聯，採購部門經
常被視為一個重要的利潤中心，在購買貨物與服務的投資上可予以管理
並控制，進而改進公司的利潤和競爭能力。由於重點在獲利能力，許多
現代的採購部門發展出類似市場開發部門的型態，逐步結合各種功能，
例如，運輸、生產進度及倉儲管理等，而不是如過去那樣只與採購核心
功能有關聯而已。

一個完整和專業的利潤中心，有更豐富的採購功能，再加上運用現
代管理技術與執行採購功能的控制，將使廠商對市場的趨勢有更多的瞭
解，進而得到更多的商機。

採購中心概念

由於採購功能具有日益複雜和專業化傾向的特性，所以導致了採購
中心概念的發展，可以界定所有的個人和團體參與採購決策的過程，因
為他們將分擔採購決策中共同的危險和目標。在採購中心的會員，隨著
購買過程或採購等級項目的價格和複雜程度的不同而有所差異。這些情
況被歸類為以下三種：直接再購買、修正後再購買以及重新購買。

1. 直接再購買：與日常固定、重複性的購買有關，如辦公室用品，
   或者一些價格不太昂貴的廠房維修零件等。這些產品不需要修
   改，而且通常是從消費者目錄中的供應商處定期購買。
2. 修正後再購買：基本上是從直接再購買的項目中，稍於價格或規
   格上有所變化。舉例來說，競爭對手可能會提供一個與目前MM
   系統相似的系統，並提出相當低的價格給目前的用戶。

3. 重新購買：與以前從未購買的產品有關，因此其所伴隨而來的價格與風險考量比起直接購買或修正再購買難度要高上許多（如第一次購買昂貴的MM系統）。這種情況通常會牽涉到較多的人做出決策，也需要更多產品方面的訊息，主要的考量因素在於產品的規格、底價、交貨、服務、付款條件、訂單數量和賣主可接受的標準等。

根據採購等級而瞭解一家公司的產品是如何被認知的，可以幫助業務員發覺競爭的威脅和機會，進而因為替客戶服務，而做出更有創意的工作。以下是一些有關威脅／機會的各種情況：

1. 威脅：競爭對手試著將MM系統的直接再購買型態改變成修正後再購買，或是推出另一款號稱優於MM系統的新系統，試圖讓客戶重新購買。

2. 機會一：業務員將具有競爭性的直接再購買，轉變成偏好MM系統的修正後再購買。

3. 機會二：業務員藉由徵求提案方式，為MM系統創造出重新購買，如此一來MM系統將可以大大地節省許多費用並更具效率。

採購中心成員的角色

要瞭解及對採購等級的情勢做出回應，同時也必須瞭解採購中心的成員們在採購行為中所扮演的角色。舉例來說，業務員在準備MM電子訓練及發展系統簡報時，將會面臨扮演以下角色的情況：

1. 控制資料進出的守門人：在這種情況下，守門人可以說是一個主要的採購人員，他不但要評估採購概念，而且要決定以何種形式來保證採購。

2. 兩種影響力：對電子資料處理（EDP）和訓練及發展（Training & Development, T&D）這兩個經理而言，有兩種影響層面，第一種是積極熱中於新系統的安裝；第二則是協助系統做發展規格說明。

3.決策者：在人力資源方面，決策者會針對購買哪個系統，以及向哪家供應商購買兩方面做出最後決定。

4.購買者：業務員必須與購買者討論所有銷售的細節。

5.使用者：負責系統操作的訓練及發展經理是首先確定系統需求的人。

在修正後再購買與重新購買兩種情況，準備銷售簡報時，通常必須先預期到哪個角色會對採購決策採取支持或敵視態度，以及他們將如何互相影響。

而在單純、不昂貴的直接再購買的情況下，有利於刺激購買決定的主要影響人物通常是基於個人因素，經常是基於買方與賣方之間的情誼。當產品變得複雜且昂貴時，負責產業業務的業務員就必須面對更多的人，預設更多的角色，同時也必須多方面考量到消費者。典型的經濟考量，舉例來說，注重成本效益關係、產品和供應商的可靠性、產品的保證和被保證。環境方面的考量，則注重於原料短缺、競爭優勢和技術過時的可能性。組織的考量方面，則注重在與公司系統和流程的產品相容性。

採購程序

產品的採購除了分成採購等級、原料管理部門以外，還包括業務員拜訪等，這些採購行為都可予以分類，而列入採購程序中，因為這些內容與每個採購等級都有關聯性。**表10-4**摘述採購等級的內容，聯結每個採購等級，並提供參考大綱，以提升每種採購情況的效率。

由**表10-4**可以看出，採購程序與重新購買有較多的關聯性，首先必須確認問題（如對更有效的訓練和發展方法的需求），然後根據這個問題應具備的績效標準，說明相關需求的細節。

接下來則會牽涉到將產品的需求轉換為產品規格，並且開始著手進行為買方尋找符合這些規格之產品的供應商。這個步驟和稍後的績效考核步驟，便於採購中心的成員，運用正式的賣方分析工具和流程，對照

標準規則的價格、交貨時間、訂貨及處理特別事項時的態度等,評估供應商的表現。從賣方徵求提案,是最後選擇供應商的依據,莫頓運用了**表10-5**的賣方分析等級量表,顯示一個被挑選出來的賣方,是如何達到3.6分,對買方而言,這是他們認為最重要的部分。

採購程序的最後的兩個步驟與下列活動有關:

1. 例行產品規格訂貨:採購團隊的購買代理人寫下最後的訂貨單給供應商去發展新系統。這份訂單上包括系統零件、交貨時間、性能標準、費用和保證的技術規格說明。
2. 績效考核:最後這個階段包含監測供應商表現的流程,以保證他們有遵照合約內容。根本上,績效表現的評估是根據供應商在選擇階段期間檢閱提案的使用標準來進行的。

如**表10-4**中所顯示,採購程序介入的階段數量,會隨著採購等級的情況而有所變化,而直接再購買則只有產品規格(第三階段)和績效考核(第八階段)與它有關聯。

表10-4 與採購等級相關的採購程序與活動

採購過程(採購程序)	採購情形(採購等級)		
	重新購買	修正後再購買	直接再購買
1. 確認問題	是	或許	不
2. 一般需求描述	是	或許	不
3. 產品規格	是	是	是
4. 尋找供應商	是	或許	不
5. 徵求提案	是	或許	不
6. 選擇供應商	是	或許	不
7. 例行產品規格訂貨	是	或許	不
8. 績效考核	是	是	是

資料來源:Adapted from Patrick J. Robinson, Charles W. Faris, and Yocam Wind, *Industrial Buying and Creative Marketing* (Boston: Allyn & Bacon, 1967), p.14.

表10-5 莫頓產業部門的賣方分析等級量表績效評估

屬性	規模等級				
	不可接受 （0）	差 （1）	普通 （2）	好 （3）	優異 （4）
技術和生產能力					X
財務能力				X	
產品可靠性					X
交貨可靠性				X	
服務能力					X
4 +3 +4 +3 +4 = 18					
平均得分： 18／5= 3.6					

賣方觀點的採購程序

　　一個有效率的產業推銷員能夠確認出，並且進而積極介入採購的過程。舉例來說，在推銷對方購買MM系統的採購程序裡，業務員會協助採購成員認識並說明產品問題（第一和二階段），再說明這個系統將如何協助他們解決問題（第三階段），為供應商訂定可讓對方接受的標準（第四階段），讓對方知道莫頓可以滿足這些要求。在第五階段，他會準備一份包含技術資料及銷售文件的提案，進而協助對方在第六階段的選擇。實際上，他的這些動作跟製造廠裡採購團隊成員的工作是一樣的，都是幫助界定與解決問題，並且保證所擬定的規格將包括莫頓的產品在內。

　　在整個採購程序裡，業務員很有創意地運用了價值分析，這是幫助買家在評估價值的一套原則和工具。一個典型的價值分析，將會檢視各個採購成分，不是刪除就是替換一個更有效的替代品。與價值分析稍異的另一個理論，稱之為顧客價值分析，係結合了賣方和價值分析工具，來協助業務員與顧客建立更密切的關係。舉例來說，莫頓的業務員可以由確認消費者價值，和每個屬性中需求等級的主要特性開始著手（例如，如果可靠的交貨是一項特性，則必要的效益水準就可能會降低的

0.05%）。如此一來，消費者將會在以屬性爲基礎評量莫頓及莫頓的主要
競爭對手，明白莫頓在許多指定的項目上具有競爭力。

　　另一個莫頓業務員有效使用在消費者身上的工具是系統銷售，企業
將發現購買一個完整的監控操作系統，比起自己去購買和組裝系統零件
來得划算。這些系統通常是由許多家個別的廠商共同採購，他們之間可
能因爲這個共同的目的，而形成一個策略性的聯盟。對賣主來說，系統
購買代表一個可以創造利潤的修正後重新購買以及新的購買機會，由促
銷小組所提出的連結產品，幫助贏取和維繫客戶（**市場焦點10-1**的案例
指出一家公司是如何運用這些工具，而有效地在充滿變動與競爭性的市
場裡爲消費者服務）。

零售市場

　　零售市場主要是由零售商和批發商組成，他們購買產品之後，轉賣
或租賃給其他單位以賺取中間利潤。有時候這些轉賣的產品是成品（如
汽車或一些器具），而後銷售給消費者；有時候則是加工或重新包裝，
譬如木材經銷商將貨車裝載的木材處理成個別消費者的規格。

　　產業生產者跟轉售者的採購行爲之間，最顯著的差異，是後者採購
產品和服務的主要目的，是爲了銷售或租賃給其他消費者，而不是用在
生產過程。實際上，他們的角色就像是擔任他們客戶的採購代理人。

　　對行銷經理而言，兩者之間的差別，則意謂著他們的市場促銷活
動，應該強調他們如何讓轉售者客戶在透過轉賣生產者的產品時，可以
獲得更多的利潤，或者有效地轉賣其他產品來降低成本。舉例來說，
MM系統可以同時使用這兩種訴求：首先他們可以促銷，讓電腦經銷商
轉售這個系統，當作他們可以獲利的產品；其次，將這個系統視爲一種
有效的方式，去訓練經銷商的雇員在新趨勢和電腦／軟體技術發展方面
有所進步。

透過夥伴關係之建立進而建立市場

位於美國密西根州快樂山的戴菲爾（Delfield）公司設計並生產超過三百餘種的廚房設備，提供食品服務產業使用，包括冰箱、冷凍器、展示盒和自動取菜餐廳系統。其顧客包括學校、旅館、雜貨店、軍方單位和速食連鎖店，如塔克貝爾（Taco Bell）、漢堡王、Arby以及肯德基炸雞（KFC）等。

從戴菲爾強大的市場地位和不間斷的成長紀錄上，可以看出其成功的關鍵，在於一個核心策略，也就是創造並保持與消費者及供應商之間的關係。這個核心策略的執行計畫提供雇員：(1)生產優質產品的技能和資源，以及(2)工具：包括戰略性聯盟、賣方分析、價值分析和系統出售，使這些產品能夠符合消費者的需求。

很少有產業像速食業一樣，需求變動得如此快速，在這個產業中，新的競爭對手、新的通路、新的市場區隔和新的菜單，都是所謂的常見基準。很少有供應商如戴菲爾，隨時準備面對變化多端的市場需求，以下我們將說明該公司如何幫助肯德基處理一個有關速食供餐方式的新概念。

肯德基的挑戰，來自於該公司必須在一些預定的餐廳地點建立新的分店，因為競爭對手以及肯德基自己現有的分店已經占用了大多數最好的營業位置。而這些預定設立的分店位置，面臨的問題包括交通流量大的領域，如商店、機場和學校的學生活動中心等，空間都相當有限。一般來說，肯德基的營業場所基本上需要大約一百平方英尺的空間，以便容納一家標準餐廳所需的全部設備。

面對這樣的挑戰，戴菲爾與其他的銷售者成立了一個策略聯盟，用以協助發展適合有限空間的新型態精緻廚房。這些合作成員運用賣方分析，根據品質、供餐方式、價格和專門技術標準，來評估銷售業績。

七個月後，戴菲爾的工程師與肯德基和策略聯盟的合作夥伴，一起組裝了一個「小就是美」（Small Is Beautiful, SIB）的廚房原型，在有限的空間限制下，不但將完整的餐廳設備放進這個精緻的空間裡，而且符合了烹飪設備、炸鍋、抽油煙機及通風系統等設備的產品規格。整個過程中，當這個設備放置到肯德基的分店後，戴菲爾仍然持續進行價值分析，並修正「小就是美」的基本設計使它更有效率，例如，增加一些零件、額外的把手和有磁性的門閂，而非機械式的裝置。

在這個基本訴求的差別以外，轉售者的購買過程，與生產者的採購過程其實相當類似。舉例來說，轉售者的採購成員所扮演的角色，跟採購中心很類似（守門人、用戶、購買者及其他等），他要將採購的各種情況，依採購等級和採購程序來做分類，以便幫助採購中心的成員，做出可以獲利的採購決定。莫頓的業務員在三種不同的轉售者採購等級上可以產生以下的利益，包括：(1)新項目：莫頓有機會在「要／不要」的基礎上，去向轉售者販售莫頓的產品；(2)最好的賣方情況：莫頓提出條件讓轉售者可以作為他們的未來供應商者，有時甚至可能同意轉售者製造的產品透過其自有的品牌銷售；(3)更好的條件：轉售者可以促使莫頓做更大數量的折扣、信貸擴展和促銷資助。

在瞭解這些情形之後，莫頓的業務員還必須知道轉售者採購決策的過程，以及這個過程會如何應用到不同的採購等級。舉例來說，轉售者碰到什麼問題，以致於引發他們去尋找新產品來出售？轉售者是針對賣方和產品，根據哪些標準解決這些問題？根據尼爾森（A. C. Nielsen）公司的一項研究，發現影響轉售者決定接受新產品的最重要的標準是：(1)消費者接受度的證明；(2)廣告／促銷活動的接受度；(3)介紹期限和補助；以及(4)發展這個產品的原因。

轉售者市場在第十九章中會再做更詳盡的說明。

政府市場

組織市場裡，美國政府市場的組成包括：聯邦政府、州政府及地方政府。1999年，這個市場有超過八萬五千個採購單位，購買的物品及服務總值超過9,000億美元，其中聯邦政府的採購金額甚至占總數40%以上。

從莫頓行銷經理的觀點而言，由於政府必須反應全體選民的意願，所以會產生相當數量的重大連帶利益糾葛。為了確保公平起見，很多物

品的採購，必須透過一個制式的投標過程來進行，政府被要求必須採用最低的投標價格。如此一來，非但無法直接與負責人員洽談，也不容易訂定產品合約內容，沒有明確的競爭對手；但是，對服務政府市場有興趣的廠商要明白一點，那就是說明產品規格及精確的訂定價格能力是很重要的。此外，同時也必須瞭解影響政府採購決策的環境、組織和人際關係等因素。這部分跟生產者區隔市場很類似，只是政府的採購決策，很可能因為受到非經濟性的標準影響，例如，蕭條工業的需求、武器的認知需求，或者政策命令偏向各種各樣的選民，譬如小型企業、老年人或被保護的產業。與複雜的政府官僚打交道時，必須容忍為數可觀的文書作業，以利於採購作業的進行。

機構市場

機構市場是由許多不同的組織組成，包括教堂、學校、圖書館、醫院、基金會、診所、監獄以及非盈利組織。這個差異會反映在這些不同機構的採購作業上。有一些機構因為政治與法律條文的限制，採購行為類似於政府單位。其他，如某些私人機構的採購作業，則運用產業採購中心的特性。姑且不論這些差異，機構市場的採購作業，通常顯示出組織採購作業的特色，也因此使它顯得與消費者市場不同。舉例來說，一個醫院財團會產生集中的需求、直接購買（如向製造商購買藥品），衍生性的需求（基於社區健康的需求），波動需求（社區裡若出現流行傳染病，可能會需要很多設備上的支援），以及協議合約後的彈性需求〔與衛生組織（HMOs）訂立合約後，與其他供應商的合作關係將不容易被終止〕。

在第十三章中，我們將審視作為服務機構所扮演的角色，這將與有形產品的銷售有極大不同。

國際觀點

計畫跨入海外組織市場，或希望在海外組織市場裡有所成長的廠商，首先應該瞭解到他們面對的不是類似於自己國內的組織市場，在各個不同的區域，無論是需求模式、採購作業以及產品需求等，都無法依據既有的模式預測。在全球組織市場裡，所有這些特性，將會產生不同的差異，而且主要取決於該一國家發展的程度，或該地區所設定的目標。

為此，莫頓公司的研究人員發現以下五個階段模式，可以作為一個非常有用的起始點，決定何地、何時以及如何運用其資本、貨品、電子設備和裝置，滲透進入國際組織市場。這種模式是依據經濟變數而將國家分類，繼而為莫頓在美國的資本、貨物及產品確認出目標市場，包括人口、國內生產毛額、生產製造占國民收入之比率、基礎設施，和國民平均所得。其中特別重要的，是產業產品採購的目錄，還有強調這個產品作為服務、品質以及性能等的屬性。

經濟發展的階段

尚未工業化的國家

尚未工業化國家國民平均所得低於500美元，特性包括高出生率、低識字率、政治動盪、農業重於工業發展、以自耕自給農業為主，以及極度仰賴國外的援助（如90年代早期的索馬利亞和海地）。這些國家主要都集中在非洲，大多數產品只在有限的市場裡流通，而且毫無競爭威脅可言。大多的產業產品購買都是為了應用在國家基本資源的生產和運輸，如專業且昂貴的建築設備。

低度開發的國家

低度開發的國家國民平均所得低於2,000美元，處於工業化的早期階段，已經建造了一些工廠，以便因應國內和出口市場的成長。隨著消費者市場的擴大，這些國家動員了便宜且具有強烈企圖心的勞工，產生一股日益增加的競爭威脅。這類國家加上之前提到的尚未工業化國家，大多集中在亞洲，人數雖占世界總人口的三分之二強，但整體的經濟規模卻不到全世界總收入的15%。大多數他們所購買的產業產品，都是用來發展基本生產的能力以及處理天然資源。

開發中國家

開發中國家國民平均所得約4,000美元，從以農業為主的經濟體，快速轉變為都市化的工業體。他們擁有具備良好工作能力的勞工、高識字率，而且所需支付的工資成本，遠遠比先進國家低許多，使得這些國家在出口市場上成為一個可怕的競爭者。包括很多拉丁美洲的國家，如烏拉圭、秘魯、哥倫比亞、智利和阿根廷等，都是這類國家。有關非耐久財及半耐久消費產品的生產設備成長，創造了整個工廠（新與舊）的需求，例如，結合原設備製造商（OEM）代工、維護、修理和運作（MRO）、資本和費用產品；建設和採礦設備；以及汽車與零件等。

工業化國家

工業化國家國民平均所得約9,000 美元，是製品和投資資金的主要出口者，他們不但在自己國內買賣交易貨物，也出口原料和製成品到其他的經濟體（如發展中國家以及後工業化國家）。擁有高工資、完善的基礎設施、受過教育的人民，以及大量的中產階級，使得這些國家成為適合各種貨物流通的市場，同時也成為出口市場上一個可怕的競爭者。台灣和韓國是最好的例子；他們隨時準備一躍成為後工業化國家。產業製品的主要需要與快速增加的消費需求，以及全球市場中特定的貨品生產有關。

後工業化國家

後工業化國家國民平均所得超過14,000美元，根據以下幾種情況而界定定義：首先是服務業的重要性日益增加（在美國，服務業產值占全體國民生產總值75%以上）；訊息處理與交換的具關鍵地位；以及知識的優勢大於資金，而知識技術的優勢又大於技術面。其他的特點，還包括對於未來的方向、人與人之間的關係、組織與組織之間關係的重要性，以及創新都源自於理論知識，而非隨機發明所得到。這類的國家如日本、德國、瑞典和美國，以及其他對諮詢服務和電子產品，例如，電腦、電信和電視技術等有大量需求的國家。這股專注於全球市場產品的潮流，在那些沒有專注產品的國家裡，創造了許多銷售的機會。

主要出口產業創造工作和發展機會

為莫頓規劃進入國際市場，以及在這個市場發展的企劃者，同時發現了一份很有助益，來自美國政府商業部門所準備的報告。報告中提及美國的國家出口政策，並將國際市場劃分成六個產業區塊，是出口至大新興市場（Big Emerging Markets, BEM）的高度優先區域，預期將美國在全球出口的占有率，可以提高一倍以上，到2010年時可以達到27%❶。 這些區塊係根據以下標準而認定：(1)具有可以大量增加美國「高薪資工作機會」潛力的產業；(2)具成長希望的區域；(3)美國的競爭力在該區域具有優勢，以及(4)擴張政府與民營企業行動力，以期更進一步改善美國的全球競爭性（**全球焦點10-1**中將詳細說明有關這方面的擴張內容，政府機構也將支持美國企業主動深入滲透這些市場）。

表10-6是根據以下情況而確認與界定這些產業族群：(1)主要組成的技術；(2)在全球市場提出每個族群的規模大小和預期的發展前景；(3)每個族群的主要全球市場，以及(4)每個族群的主要競爭者。這六個產業

---

❶*Business America, National Export Strategy*, Vol. 115, No. 9, October 1994.

全球焦點10-1

空中交通控管系統：成功提倡的案例研究

繼透過美國政府的強力主導之後，巴西政府選擇了由雷松（Raytheon）所領導的美國財團，來建造總金額達15億美元的亞馬遜河環境監視和空中交通控管系統（SIVAM）。空中交通控管系統將幫助巴西政府得以蒐集，以及處理保護環境的相關訊息、打擊非法採礦和毒品交易、改善人口和公共衛生的監控，以及加強邊境安全。

選擇由雷松所領導的集團來進行空中交通控管系統專案的生產，事前其實與來自歐洲集團的法國湯普森CSF公司有過一番激烈的競爭，其勝出的原因是：

- 一封柯林頓總統個人支持的信件送給巴西的佛朗哥總統。
- 得到駐巴西大使館的支持，包括大使、使館副主任，以及US&FCS的人員。
- 投標過程透過TPCC網路，由主要高級官員主動監控。
- 許多表態支持的來信，包括來自美國進出口銀行（Ex-Im Bank）的布羅迪主席、TDA的主任格蘭梅森、環境保護行政機構行政長官鮑爾、聯邦航空局行政長官欣森、國家海洋與大氣管理局的秘書貝克，以及國會議員。
- 與法國政府競爭時，來自美國進出口銀行在發展整套提案內容上的幫助，以及由OPIC所提供的額外資助。

資料來源：*Business America: National Export Strategy. Annual Report to the United States Congress*, Vol. 115, No. 9, October 1994, p. 22.

族群的發展前景，歸類為5%（運輸以及環境技術）到資訊、健康和能源族群的8%以上的範圍。

 ## 全球市場之需求模式

工業化和後工業化國家的需求模式，大致上類似於先前討論過的那些國內組織市場：集中、直接、衍生、波動、有彈性然後固定、相互安排以及共同倚賴其他產品的銷售。

這個地區國與國之間的差別，通常與不同的地區裡，獨特的情況有

表10-6 由新興市場*和競爭對手定義具高潛力的六個產業族群

	環境技術	資訊技術	健康技術
主要的組成技術	設計和建設服務；固定與移動的空氣污染控制來源；持續不斷的、危險的廢棄物管理；污染場所的補救措施	電腦硬體和軟體；電信服務；電子零件；半導體生產設備；資訊服務；衛星；電腦網路服務	醫學和牙醫設備和供給品；醫藥、生物科技以及保健服務
目前狀況以及發展前景	在環保的產品和服務上，美國不但是領導人，也是最大的生產者和消費者，在1995年，美國這方面的生產盈餘超過1,400億美元。全世界環保服務方面的市場預計在2000年會成長到4,000億美元以上，其中美國出口的比例將占總體市場10%以上	包括大部分產業的美國中小企業，目前每年的出口值超過200億美元以上，預計在2010年以前會再成長一倍以上。美國的電腦系統和軟體公司控制了全世界市場75%的資訊技術，預計以每年7%的成長率，到2010年時可以達到3,000億美元的市場規模	保健管理方面的公司在全球市場的擴大，造成美國在許多研究、專利與眾多已上市的產品方面上，是全世界的領導人。美國占全球醫療器材設備產業市場規模比例達52%，醫藥製品市場方面的比例達50%，預計美國出口在2010年前會提高到超過140億美元以上（在新興市場方面會超過90億美元）
主要新興市場	對環境技術的需求，預計在2000年以前，以每年20%的成長率在亞洲的新興市場（印尼、印度、南韓和大中華經濟地區）增加，以及在拉丁美洲新興市場（阿根廷、巴西、墨西哥）以超過15%的年成長率增加	國際市場的成長中，有大約26%是來自出口到新興市場，包括南非、波蘭、印度、中國（以電信為主）、巴西、南韓、墨西哥、南非和台灣（電腦硬體和軟體）；以及中國（資訊的服務）	健康技術產品的主要新興市場包括俄羅斯、南非、中亞、墨西哥和東歐
主要競爭對手	德國、日本、法國和英國是最強的競爭對手；日本和德國專攻在空氣污染控制技術方面；法國和英國則專長在污水處理過程。德國試圖讓它的標準、作業和測試調查報告，讓歐盟接受採用	日本已經透過在半導體和其他啟動技術，建造一個強大的國內基礎電腦設備，使技術和市場的缺口變窄。但是，來自美國和南韓這兩個挑戰者所研發出來的高容量儲晶片，腐蝕了日本的領導地位。在遠程通信衛星方面，美國居領導地位，但包含來自各歐盟的多樣化研發和生產，正迎頭趕上	雖然美國醫療設備和醫藥產業仍保持全球的領導地位，西歐和亞洲的企業，特別是德國和日本，在過去的十年裡發展壯大，特別是在開發東歐和中國這些新興市場上

註：*新興市場包括大中華經濟地區（中國大陸、台灣和香港）、印尼、印度、南韓、墨西哥、阿根廷、巴西、南非、波蘭和土耳其。

運輸技術	能源技術	金融服務
航太技術、汽車工業和交通運輸基礎設施，包括飛機場、港口、道路和鐵路工程	天然氣和油田的設備以及基礎設施；傳統和可更新的能源發電設備，器材和服務；基礎設施器材；工程和相關的服務	商業銀行、投資銀行、券商和保險公司
在1995年，美國的航太工業帶領了全部其他的產業，在出口及製造品方面的出口總額達450億美元。在1995年，汽車工業鼓勵了新產品和先進技術的發展，僱用了美國製作業總體大約5%的人力。國外交通基礎建設方面，美國在工程、管理和金融人才方面維持它全球領導者的地位，負責40%到50%的國外建設工程	美國在先進的石油和發電設備方面，具有國際競爭性，由於出口新製的發電設備，在1980和1996年間，出口量從40億美元增加到80億美元	在金融創新和透過債券與股票集資的金融機構發展上，美國的證券公司是世界的領導人。來自美國金融服務性企業的國際活動收入，預計將成長一倍以上，從1993年的80億美元，成長到2010年的170億美元
航太技術：亞洲和拉丁美洲代表最大的市場（光是中國一地，在新飛機上預期未來的二十年裡將會超過400億美元的需求）；汽車：包括輕型、商業用和特定車款，以及中小型零件製造商在拉丁美洲、印度、東歐和南韓，會有較大的成長；交通運輸基礎設施：主要成長在整個亞洲地區，以機場、地下鐵系統及鐵公路等工程為主	新興市場預計2010年以前，在發電設備方面的全球發展將占三分之二的比例。中國的電子發電容量預計在2000年以前增加到55%；墨西哥的需求每年將增加8%；石油輸出國國家將仍然是油氣田設備的最大的市場；同時也是石油天然氣探勘經營的國家（如俄羅斯、印尼、中國、印度、墨西哥）	私人資本流量的接受者在1996年多半是中收入的亞洲人和拉丁美洲國家，特別是中國、印度和印尼。墨西哥、巴西和阿根廷的市場首先發行債券，隨後則是土耳其和南韓。中國在1995年是外國直接投資和商業信貸的最大的接收者
歐洲航太製造商，通常是由政府資助，在分散風險以及資源的獲得上，已經形成合作夥伴關係和聯盟。歐洲和日本的汽車製造商在成熟、飽和的市場上，向美國製造商提出挑戰的競爭力	增加出口的障礙包括：美國的標準和技術規格不相容、競爭激烈的金融與擁有政府補助的外國供應商，以及地區性的"buy national"政策。石油設備製造商面臨來自在歐洲供應商之間策略性聯盟的強大國際競爭	已開發的歐洲國家和亞洲國家首先致力開拓新興市場的成長潛力

關。舉例來說，產業集中使行銷在組織市場裡更有效率，而且會傾向於以國家規模存在於全球市場，在相關產業只有極少的大型製造廠，會設置在接近國內交通運輸、技術工人和能源的地方。舉例來說：在義大利，居世界領導地位的鞋類產業集中在北義大利一百英里的地區；大約有三百家生產餐具的公司集中在一個德國的小鎮裡，使這個小鎮成為這個產業的世界中心；絕大多數的世界賽車，幾乎全數的印第安納波里五百名參賽者，都是在倫敦北邊的一個地區所製造的。

根據波特❷的理論，在工業化國家和後工業化國家中，產業之間的集中會創造「競爭的溫床」，幫助這些產業克服可怕的障礙和鼓勵革新：

這種族群的健全，是國家的經濟活力的關鍵。大多數國家倚賴少許的產業群和幾百家企業創造出大部分的出口額、提升生產率以及改進國家生活標準。

比起國內市場，相互協議也在全球市場上非常普及。舉例來說，日本Kieretso系統裡有連鎖製造商、經銷商和金融機構，這些相互協議不僅常見，而且頗具制度化，經常使其他的公司很難與其競爭。

在全球市場裡相互協議最常見的形式可能是相對貿易，一種反向貿易的形式，授權不同形式的商務活動作為一種購買的條件。通常，他們保留一個主要購買的賣方（如軍事硬體）將任何貿易的不平衡，或為要求支付款項，而使貨幣外流所造成的不利影響降到最小。在相對貿易所採用的形式裡，授權執照、轉包或合資是最常見的。當沙烏地阿拉伯從美國生產商那裡購買軍用飛機時，費用通常是透過投資國家資源來做抵銷的。

在國家尚未發展至這種採購複雜性，可以考慮用以下的方式去處理：例如，有系統地結合產品價值與消費者需求，同樣地可以為賣方提供良好服務。

---

❷"Think Locally, Win Globally," *The Washington Post*, April 5, 1992; also Michael E. Porter, *The competitive Advantage of Nations* (New York: Free Press, 1999).

全球市場採購政策與作業

　　政府的政策和措施，在大部分全球市場的已開發經濟體之中，政府在市場的規模、成長、競爭與開放程度都擔負相當的責任，除此之外，這些政府持續地宣傳其具吸引力的市場，具備獨特的特性與採購程序，是行銷人員應該在進行策略規劃時考慮的。

　　對於在全球市場出售產業產品的企業而言，最重要的是瞭解消費者使用之產品的不同規格。例如，產品規格所允許的誤差界限有很大的不同。通常在歐洲和日本一定要相當精確；如果一根橫樑是必須承重二萬磅重量，就表示二萬磅是它所能承受的最大重量。在美國，那些橫梁通常會有足夠大的安全係數用以應付超載情況。

本章觀點

　　組織市場由產業生產者、零售者、政府以及機構市場所組成，與消費者市場採購作業的不同之處，包括更大的集中性、直接從製造商處購買產品的機率更高、從末端消費者市場所衍生的需求、劇烈的波動需求、合約簽署之後的固定需求模式，以及相互協議。對於組織性採購功能的看法，是認為採購中心的形成源自於利潤中心，要分擔共同的風險和目標，參與採購決定與整個過程，確定這是「最好的採購」。這些過程特色將購買情況分類（直接再購買、修正後再購買、重新購買），採購程序的動作（確認問題、選擇供應商、績效考核以及其他等），以及購買角色（守門者、買方、用戶以及其他等），然後將買賣雙方彼此相結合，以便做最有效率的運用。參與成為消費者採購中心小組中的成員，意謂著可以明白供應商和價值分析過程，有能力做有效談判，還希望可以幫助消費者認識並解決問題。

觀念認知

學習專用語

Accelerator principle	加速原理	MRO items	維護、修理、運作項目
Accessory items	附屬設備	New item situation	新項目情勢
Best vendor situation	最好的賣方情況	New task situation	新任務購買
Better terms situation	較好的條件情況	OEM items	代工項目
Buyclasses	採購等級	offsets	抵銷
Buyer	購買者	Organizational market	組織市場
Buying center	採購中心	Performance review	績效考核
Buyphases	採購程序	Problem recognition	確認問題
Capital items	資本項目	Product specification	產品規格
Concentrated demand	集中需求	Profit center	利潤中心
Decider	決策者	Proposal solicitation	提議懇求
Derived demand	衍生性需要	Reciprocal arrangements	相互關係安排
Direct purchasing	直接購買	Reseller market	轉售者市場
Elastic/inelastic demand	彈性／固定需求	SIC	政府標準產業分類
Expense items	費用項目	Straight rebuy	直接再購
Fluctuating demand	波動需求	Supplier search	供應商搜尋
Gatekeeper	守門人	Supplies	供應品
Government market	政府市場	Systems buying/selling	系統購買／出售
Industrial producer market	產業生產者市場	Turnkey operations	監控運作
Influentials	影響人物	Users	用戶
Institutional market	機構市場	Value analysis	價值分析
Joint demand	共同需求	Vendor analysis	賣主分析
Modified rebuy	修正再購		

配對練習

1.請將第二欄中的產業產品與第一欄中的產品目錄配對。

1.資本項目	a.在阿克倫的固特異研發中心，電腦化的工作站測試輪胎的耐久性、牽引、有效燃料，以及與新車設計的相容性
2.費用項目	b.Textron公司的一個部門將汽油渦輪引擎改造成M1油箱
3.維護修理運作項目	c.謝弗・伊芳頓出售鋼筆和紙類產品給法律和會計事務所
4.代工項目	d.E-Z-GO公司製造實用的汽車用來使用在工廠的原料處理運作

2.請將第一欄中的組織市場交易種類與第二欄中的描述情形做配對。

1.修正後再購買	a.羅斯蓋科技公司，一家位於辛辛那提州的二手設備經銷商，徵募援助俄國的內科醫生升級俄國醫院中的超聲波設備
2.重新購買	b.新奧爾良的水晶國際公司拿到他們約旦經銷商的另一張有關該公司頗受歡迎的辣椒醬的訂單
3.直接再購買	c.位於紐澤西州莫利斯小鎮的聯合訊號公司，出售蒸氣增壓器、過濾器和其他汽車的零件產品給墨西哥的運輸公司，以協助他們遵照新的北美自由貿易協定卡車放射標準

3.請將第一欄中的產業採購過程角色與第二欄中有關玩具反斗城在日本建立零售銷路的描述情況配對。

1.守門人	a.日本的消費者抱怨他們必須付出過高的價格去買玩具，這方面基本上是因為日本制定了一條大型商店法律，為了有效地保護政治上強而有力的小型日本商家被大型零售商壟斷商機
2.決策者	b.除了制定法律之外，日本的貿易和工業部門（MITI）經常設法讓進入日本市場的大型零售商失去競爭力，即使是地方上的大型零售商也不例外
3.購買者	c.到1990年，在美國政府和日本消費者的壓力下，貿易和工業部門改變了大型商店的法律，允許大型折扣零售商進入日本市場。不過，由消費者、商人和專業人士所組成的地方委員會，還是經常阻礙為難大型折扣商

4.影響人物	d.到1995年，玩具反斗城在日本已經擁有二十家店面，每一家的營業額至少都有1,500萬美元的業績

 問題討論

1. 根據交易的數量以及與這些交易有關的產品／服務數量，討論組織化市場與消費者市場之間的差別。這些差別如何使工作複雜化，進而滲透全球組織目標市場（與消費者市場相反）？

2. 在簽署北美自由貿易協定條約後的三年，位於加州聖拉斐爾地區的潘那馬（Panamax）股份有限公司，在銷售具波段電壓保護器的個人電腦和附屬零件上，墨西哥經銷商有1000%的業績成長，即使終端用戶只成長了原先的一半而已。請試圖解釋衍生性需求和加速原理如何使需求急速增加，同樣也請解釋當1994年初期與1995年墨西哥幣值披索貶值時，如何讓需求巨幅地減少。

3. 同問題2，請描述集中需求、直接購買和相互關係安排等因素如何使潘那馬公司成功進入墨西哥市場。

4. 在1986年，芬蘭空軍（FAF）決定透過替換老化的瑞典製造的端肯機（Drakens）和蘇聯製的米格21式戰鬥機，以期它的戰艦可以現代化。在1992年，經過冗長的談判之後，芬蘭政府從瑞典、法國和美國許多競爭模型上，選擇了麥道（McDonnel Douglas, MDC）大黃蜂機種。在這些談判的過程中，考慮只有5%得標的機會，麥道公司並不包括在被邀請來投標的航空公司當中，但是這個合約的規模讓他們覺得值得一試。這筆總價值達20億美元的協議最後決定在1995年交出57 F ／A-18 Cs機隊和2000年的7 F ／A-18 Ds機隊。在這些談判過程中，芬蘭政府出席的單位包括：國防部，與芬蘭空軍總參謀合作決定選擇的標準（產品規格、交貨日期、價格），以及做出最後的購買決定；但真正參與談判的是貿

易和工業部門,與技術工作小組的協助。此外,涉及談判的還有芬蘭抵銷委員會,由技術專家、商業代表和政府組成,他們依據獲勝的投標商決定抵銷承諾。

(1)請推測:在涉及這些談判時,芬蘭政府單位和委員會在組織購買過程裡,六個採購程序中所扮演的角色,以及麥道在六個採購程序中所扮演的角色(請注意:麥道小組被稱為F-18小隊)。

(2)請討論與F-18小隊可能有關的購買者角色,可設定為芬蘭政府的談判單位和委員會成員。

5.同問題4,請討論以下產品如何與F/A-18s的製造有關:費用項目、資金項目、維護修理運作項目以及代工項目等。

6.位於密西根州中央湖的一家公司,透過當地的警察和軍方人士銷售防彈背心到國外市場。請討論這家公司的營業代表將如何面對直接再購、修正再購和新任務購買交易。不同的交易型式,買方的介入程度和接觸這家公司業務員的方法會有什麼不同?

解答

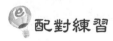

配對練習

1.1a,2c,3d,4b

2.1a,2c,3b

3.1b,2d,3a,4c

問題討論

1. 由於產業生產者和貿易組織市場是位於原料生產者和購買原料成品的消費者之間的中間商，因此比起消費者市場，在組織市場裡會涉及更多的交易、產品和金錢的問題。例如，為一位消費者製作一雙鞋的過程就會涉及鞣皮工人、製鞋廠、批發商和零售商等許多不同的交易，與許多產品和服務有所關聯。這些交易所反映出的，是這些產業生產者和貿易組織市場的總購買力，至少在發展中國家、工業化國家以及後工業化國家裡，這個產值比消費市場大（在工業化和後工業化國家，通常是超過三倍以上的規模）。比起消費市場，組織市場的規模大小、差異性和複雜程度，通常讓滲透進入市場的動作變得更具挑戰性和昂貴，可以的話，會建議繞過全球市場裡的組織市場。

2. 衍生性的需求意即對終端用戶對一種產品所衍生出來的需求，舉例來說，墨西哥市場的消費者使用波段電壓保護器到他們的個人電腦和附屬零件裡。當這些產品的銷售明顯地增加時，墨西哥的批發商比起潘那馬公司處理了更大金額的訂單，由於預期這個市場會持續獲利成長，許多批發商也從其他供應商那裡下訂單，建造設備以處理這些存貨。然而，披索的貨幣價值在1994年以及1995年持續明顯下降時，墨西哥陷入經濟衰退泥淖，很多美國進口品變得極為昂貴，早期曾大量採購波段電壓保護器的墨西哥廠商，現在都幾乎完全停止訂購這些產品，作為降低目前過度存貨的方法。因此，有關實際消費者需求的購買，會在每個購買週期的末端加速，與加速原則是一致的。

3. 雖然潘那馬波段電壓保護器的末終用戶需求不同且分布廣泛，經銷商的總數（主要的三大消費電子零售連鎖商）必須直接接觸去迎合這個人數與地點集中的市場（例如，在墨西哥市的買者和周

圍的區域負責超過50%的銷售額），相互關係的安排可能採取各
種不同的抵銷形式，例如，共同生產、授權商標、轉包、投資／
技術開發、出口發展和發展墨西哥旅遊等。

4.(1)採購程序中的第一個階段，確認問題，可能是芬蘭空軍總參謀
　　部的責任。接下來的二個階段，準備一般需求和產品規格說
　　明，或許是國防部的責任，他必須與芬蘭空軍總參謀部合作。
　　由於實際談判的可能是由貿易和工業部門進行，所以這組將負
　　責以下三個階段：尋找供應商、提議懇求和選擇供應商。在這
　　些採購程序執行期間，這些單位將與芬蘭抵銷委員會密切合
　　作，以決定將反貿易協定的要求放入合約（在最後的合約裡，
　　麥道有責任透過許多要素在2002年前完成一個抵銷計畫，包括
　　行銷援助、出口發展、技術移轉、小組採購和投資資金籌措
　　等）。得標的公司最後將由國防部做最後的核准。最後的兩個
　　階段，例行產品訂購與績效考核，將由芬蘭空軍在結案後執
　　行。
　　麥道公司在這些採購程序中所扮演的角色，是持續地準備提供
　　消費者資訊與必要的協助。朝著這個方向，麥道是唯一一家考
　　慮在赫爾辛基設立辦公室的公司，同時也參與了許多芬蘭人民
　　的活動，如設定測試項目、幫助撰寫產品規格以及執行背景調
　　查。當然大部分的活動都與F-18有關，因為這個機型是最適合
　　芬蘭需求的產品。

(2)守門人控制訊息的流通，最有可能的守門人主要包括國防部和
　　貿易和工業部門。影響人物可以幫助說服那些談判者，把麥道
　　列為較受青睞的對象，並從其他競爭對手間脫穎而出，這類人
　　物可能包括芬蘭議會的成員，以及國防部和貿易和工業部門的
　　高級官員。雖然所有參與協商的單位會在以下方面做出關鍵性
　　的決定，如尋找供應商、產品規格說明和抵銷，但最主要的決
　　策者卻是國防部。芬蘭政府（透過它的採辦處）是飛機的購買

者，芬蘭空軍則是飛機的使用者。

5. 費用項目是短期貨物和服務，依盈餘使用而被視為虧損；包括原料、零件材料和廉價的單位製成部分（如導線、電池和用在F-18的小馬達）。資本項目則是使用在生產過程裡的貨物，它最終不會是成品的一部分，包括昂貴、耐久的裝置和附屬設備，如製造F-18用的穿孔器和風洞。維護修理運作項目則可能是用在運作工廠或維護修理工廠設備的任何產品，包括費用和資本項目。舉例來說，包括車床、油漆、鏟車、掃帚以及擦拭布。代工項目包括早期製作F-18的設備裡所使用的任何產品，如輪胎和電池。

6. 直接再購的情況是，購買者可能例行再次訂購以前曾向二次機會公司訂購過的相同背心；修正再購的情況則是，購買者在向二次機會公司訂購背心時，會在價格或其他規格上做一些變化（例如，這家公司可能想要用一個更低的價格來購買同款的背心，或者願意支付相同的價格但要求一個升等的型號）。無論如何，會有相當程度的談判產生，因此它不再是例行性的再購情況。新任務購買可能是這家公司第一次購買防彈背心，因此他們在做決定前，會需要更高度的費用和風險考量，會進行許多資料蒐集，例如，尋找替代商品和供應商的訊息、產品規格、價格底限、交貨條件和交貨時間、服務、付款方式、可接受的供應商和已列入考慮名單的供應商（第二機會公司）等。因為不同的決策參與者（用戶、購買者、影響人物）會影響到每個決定，第二機會公司的業務員必須想辦法提供產品訊息和其他協助給主要採購決策影響人物。在直接再購買的情況裡，業務員的角色是無形的或不存在的；在修正後再購買裡，一個潛在客戶會想要修改產品的規格、條件、價格或者供應商，「外面的」業務員經常會提供一個更好的條件以贏取新生意。

Marketing

第十一章

市場區隔、訂定目標市場 及市場定位策略

本章概述

市場區隔係指擁有共同特質與需求的高度潛在顧客族群，並且能夠與其他具高度潛力市場區隔有所分別的族群。找出這些目標族群，並且加以定義，且鎖定目標，將有助於行銷人員改進策略行銷規劃流程，包括擬定具吸引力的行銷組合方案，擬定區隔策略與產品定位策略，而有效地接觸目標市場，並且控制整個計畫的成效。

訂定目標市場將可改進市場規劃作業

前幾章中，我們已討論過足以影響消費者市場與組織市場的內在與外在影響因素、流程的運作情形，以及最有助於形成採購決策的行銷策略。本章中，我們將以此為背景，並且提供一套系統化的方式，以便將大型市場區分為較小的顧客族群，稱之為目標市場（target markets），每一個目標市場對於行銷組合方案都有不同的回應。寶僑公司（Procter & Gamble, P&G），依據年齡與種族差異（如兒童、拉丁裔、非裔美籍者），為其牙膏找出了六個不同的市場區隔，並且運用不同的促銷、配銷與產品定位策略，而引發各個市場區隔的興趣。

大部分在消費市場與組織市場銷售的產品，都有其本身的區隔策略，這正是擬定、執行與控管策略性行銷計畫的基礎。區隔策略的一項重要優點，是這種策略與巴瑞托效應（Pareto effect）具有一致性，這個效應是19世紀經濟學家巴瑞托（Vilfredo Pareto）所提出的，他認為絕大部分財富，是由絕小比例之人口所掌控。這個觀點應用在區隔策略上，即是指全部潛力顧客之中相當小的人口比例，會購買相當大比例的某一產品。**圖11-1**即顯示啤酒消費者族群中所謂的80／20關係。請注意全體

消費者中，僅32%的消費者，就喝下了所有被消費掉的啤酒，其中16%
的人口，消耗了90%的啤酒。這種情況在其他許多產品上也是如此，包
括穀片、洗髮精、紙巾、狗食、肥皂與清潔劑，以及工業金屬維護、修
理、運作（MRO）與一些代工產品。

圖11-1　美國啤酒消費模式

　　從行銷人員的角度而言，市場規模／購買力之間不協調的關係，對
於策略規劃流程有諸多利益。第一，是在某一既有市場中，僅須針對某
一較小比例的市場人口即可掌握購買力，可獲得經濟效益與高效率。此
外，確認出目標顧客與其需求，則可運用區隔策略，依據這些需求而協
助行銷人員進行產品定位，並發展出行銷組合，增進顧客忠誠度與提升
競爭力。

　　一個有效的區隔策略也有助於測量整體市場規模（將第十二章討
論），確認競爭威脅並且採取回應措施，並且編列預算與控管行銷的績
效。總而言之，一個有效的區隔策略，將可選擇出最具吸引力的市場與
產品之組合，以及最易於使這些因素結合的策略要素。

區隔策略的選項

　　任何一個區隔策略最重要的，就是如何訂定哪些市場區隔將列入該
企業行銷計畫之中，以及這些區隔市場的界線應該如何劃分。一方面，
行銷人員可能會考慮把實際與潛在顧客列入某一單獨市場內，並且為滿

足該一市場的需求,而供應經過特別設計的產品。

另一方面,行銷經理可能會把每一個顧客都視為獨特的市場,並且提供全然不同的產品,以吸引每一個人。例如,大型飛機製造商即針對極少數的大型航空公司供應產品。

從整體以迄個別目標市場區隔的範圍內,可以找出三種不同的區隔策略:無差異化(大眾市場)區隔策略、差異化(目標行銷)區隔策略,以及集中式(差異性產品或利基市場行銷)區隔策略。以下是莫頓如何運用這些策略的情形。

無差異化區隔策略

無差異化區隔策略(或稱大量行銷策略),通常是當所有的潛在買主都有相同的MAD-R(金錢、權力、欲望與反應)的特性,產品是沒有任何競爭的新產品,並且資源充裕,足以因應此一龐大市場的大量生產與行銷之需。

莫頓運用無差異化區隔策略,把所有的區隔市場視為單一市場,並且以相同的行銷組合,在這個市場之中促銷。這將可節省公司的生產與促銷成本,但是相對於競爭對手針對特定市場區隔的作法,就形成該公司的弱勢。

差異化區隔策略

莫頓運用差異化區隔策略,依據各個不同區隔市場的不同需求,而以不同的行銷組合,促銷各種產品。由於對這些區隔市場提供更令其滿意的產品,因而往往可以創造更多營業額與利潤,遠多於在整個市場中,只針對單一行銷組合,未採取區隔策略的競爭對手。然而,由於產品與促銷活動無法以量化方式運作,因而區隔式行銷也可能增加成本。

集中式區隔策略

莫頓運用集中式區隔策略（或稱利基式行銷），將重心放在可以創造利潤，並且可以滿足其需求的單一市場區隔（如會計師市場）。這種策略對於提供高度專業化產品與服務，並且沒有採取區隔式或非區隔式策略之競爭對手的企業最具吸引力。這種策略的風險，是企業太倚重單一的市場，這些單一市場可能會喪失購買力，或轉向競爭對手購買。第二種風險，則可見之於網景（Netscape）1997年與微軟（Microsoft）訴訟的案子，網景針對瀏覽軟體採取的集中式區隔策略，受到全球資金最豐富，採取差異化行銷之公司的競爭。

微幅行銷（micromarkeing）是一種快速成長，範圍比集中式利基行銷更為狹窄，針對當地的潛在顧客為主的行銷模式，如區域號碼，或地理性生活型態特性。一個典型的例子，是大賣場規模的聯誼社經營模式，把產品銷售給預先經過如職業別或公會成員等標準篩選出來的顧客。另一種類型的集中式行銷模式，是客製化的行銷模式，即針對特定目標市場的需求，而提供產品與行銷活動，例如，蓋微（Gateway）與派克貝爾（Packard Bell）在線上銷售電腦與配件。

訂定值得拓展區隔市場的篩選標準

為找出最值得MM系統拓展的目標市場區隔，予以定義，並排出優先順序，以及為接觸到這些市場區隔而擬定最適當的區隔策略，莫頓的行銷人員設定了五個標準，以便找出最多的目標區隔（超出這些標準以後，整個獲利情況就開始下降）：量大、內部的同質性、與其他市場區隔具有異質性、可進入性和可營運性。

為說明這些標準，請先看看莫頓整體市場中的其中一個區隔——律

師。從「行政與政府法」（Administrative & Government Law）以迄「勞工薪資法」（Worker's Compensation），其中至少有三十多種法律專業領域，是莫頓電腦套裝軟體可以著力之處。某些如「商事法」（Corporation）、「離婚與家事法」（Divorce & Family Law）以及「一般法」（General Practice），都屬於大規模的市場。其他諸如「電腦法」（Computer Law）、「娛樂法」（Entertainment Law）與「房東與租戶法」（Landlord & Tenant Law）則屬於小規模但成長中的市場。

為符合莫頓目標市場區隔的標準，這個潛在的區隔，首先必須規模夠大，足以吸收不同的行銷組合的發展費用，包括因應目標成員之需求的軟體設計、配銷與促銷活動。隨後，其成員將在MAD-R（金錢、權力、欲望與反應）標準上，具備同質性，而足以定義為一個市場區隔：亦即負擔得起MM系統（金錢），有使用該產品的欲望與能力，並且對相同的行銷組合有類似的反應。

此外，規模夠大，且具備同質性的市場，應該與其他潛在族群有相異之處，而足以使其成為一個有所區別的實體，例如，環保律師便可能與商事律師的需求有別，而需要一個完全不同的軟體程式，並且需要採取不同的促銷手法。

更重要的是第四種標準（可進入性），意指這個市場區隔是莫頓透過溝通與配銷活動，而可以接觸且獲得利潤的市場區隔。

最後，這個區隔就其區隔特性而言，例如，其規模、購買力與基本需求等，應該是可以營運，並且是可以測量的。例如，如果沒有測量律師目標市場的適當條件，如所得、規模、需求等，莫頓便不可能提出足以吸引這些區隔的行銷組合。

請注意這五個標準，可以同時被視為在決定區隔策略時，重要的區分資格標準或決定性的因素。資格標準（qualifying criteria）在所有的市場區隔都是一樣的。例如，莫頓所有法律專業市場區隔的規模都夠大，且都是在滿足其需求的同時，也屬於可以進入的市場。此外，所有市場區隔成員的需求，都是可以測量的，並可據以發展出相關的服務與產

品,因此也可以符合「可營運性」的標準。然而,每一個市場區隔也具
有決定特性(determining characteristics),而使該一市場區隔與其他區
隔有所區別(如對軟體需求的「內部的同質性」,與「外部異質性」),
且這些特性將決定莫頓的產品與專為其他法律市場區隔而設計的產品有
何不同。

區隔市場的基礎

較大型的市場可以依據地理統計變數、人口統計變數、心理統計變
數與行為變數等,而劃分為較小的目標市場。

地理統計變數

地理統計變數的區隔標準,是以潛在目標市場的位置為主,以及與
位置相關的區分特性為標準。行銷經理可以依據每一個地理區域的規模
大小,以及為服務該一區域所花費的成本,而將重心放在單一區域,或
數個區域,或許多個區域之上。例如,莫頓針對廚師的訓練軟體,在不
同的區域之中,就會依據飲食與文化差異,而有所不同。

人口統計變數

人口統計變數係指諸如年齡、性別、家庭規模、家庭生活週期階
段、所得、職業與國籍等衡量的基礎。這些因素都可以用來找出目標市
場並予以定義,並且發展出吸引每一個區隔的產品與服務(如**表11-
1**)。

表11-1　運用人口統計變數定義目標市場

變數	可能的區隔	產品
年齡	兒童、成人、老年人	玩具、保險
性別	男性、女性	化妝品、運動設備
家庭規模	一、二、三、四人以上	料理湯包、迷你箱型車
職業	專業與技術性、經理人員、職員、業務員、學生、退休人員、失業者	工作鞋、MM電腦系統
國籍	美國人、英國人、義大利人、日本人	族裔食品、電影

心理統計變數

　　心理統計變數標準，係指對購買行為有直接影響力的「思想狀況」變數。包括社會階級、價值觀、個性與生活型態，可以依據態度、興趣、意見（AIO）調查，詢問消費者對於所陳述的各種活動、興趣與意見，而提出「是」或「否」的調查結果而進行測量。從這些調查所獲得的資訊，使研究人員得以發展出生活型態模式，而便於行銷人員發展出適於該類生活型態模式的行銷策略。要說明行銷人員如何運用這些心理模式而擬定策略行銷，可以從X世代消費者被區隔為四種截然不同的心理族群而得知：包括憤世嫉俗者（悲觀主義，並且保持譏嘲的態度），傳統物質主義者（較為樂觀），重返嬉皮式（追求60年代生活型態與價值觀），以及五十多歲肌肉男（保守型，抗拒兩性平等角色與多元文化）。SRI國際調查與顧問公司所發展出來，且與態度、興趣、意見（AIO）調查相關的VALS（價值觀與生活型態）調查，針對消費者就社會議題與購買行為的相關意見而進行分類。例如，VALS2調查中，八個心理族群的其中一種的苦幹型消費者，被歸類為「具形象意識，所得有限，信用平衡，主要消費於衣著與個人用品」。

行為變數

行為變數則是以市場成員的行為，作為定義目標市場族群的標準，例如，消費者對於販售者的產品使用頻率如何，他們的忠誠度為何，以及他們期望從產品獲得的好處為何。這些標準對於確認某一目標市場區隔，並且擬定可吸引所定義出來之市場區隔的行銷組合，是非常有用的。

以下是莫頓規劃人員用以確認目標市場，並且為設計可吸引法律專業目標市場區隔之產品的一些行為變數。

職業

以職業別做市場區隔，是當其成員產生購買或使用該一產品的想法時，便據以找出市場區隔。例如，規劃人員會找出一年當中，稅務會計師最常使用MM系統的時段，並且會在這段期間，適時地推出促銷活動。

所欲追求的優點

這種非常不尋常的有效行為區隔基礎，主要重心在於市場區隔會產生正面回應的優點。例如，莫頓規劃人員在所有的稅務律師區隔當中，發現稅務與財務規劃／訓練系統內容的即時性，是他們最需要的。這個特點與其他的優點，都將列入針對每一個市場族群的產品設計與促銷活動的考量。

使用者狀況

通常市場區隔可以依據區隔內成員使用該產品的程度，作為定義與區隔的標準。例如，莫頓的規劃人員便找出了對他們的系統不感興趣的族群（非使用者），過去曾經購買過莫頓規劃／訓練系統者，目前購買

其他品牌者（非使用者），以及完全使用莫頓 MM系統者（正常使用者）。針對這些類別而進行的分析，可以瞭解潛在目標市場區隔的特性，並且擬定吸引或維繫這些值得掌握的顧客族群之策略。

▶ 使用率

許多在消費者市場與組織市場銷售的產品，都可以依據購買該一產品的數量，占總人口數的百分比作爲定義。莫頓的規劃人員發現，他們的訓練課程之中，三種法律專業人員，包括離婚與家事法、商事法與稅務法律專業人士，即購買了MM系統銷售量的80%。分析這種集中度產生的原因，可以獲得維繫這些市場區隔忠誠度的策略，並且可以吸引其他法律專業人士使用MM系統。

▶ 忠誠度

這種行爲測量法的重心，在於以使用模式作爲產品忠誠度的定義。例如，依據以下MM使用者類型，從定位、定價與促銷等不同的角度，找出不同的法律市場。

1. 堅實忠誠：會再度購買莫頓電腦與相關之軟體。
2. 一般忠誠度：除了購買莫頓系統以外，也購買其他許多不同的電腦與軟體系統。
3. 轉換者：通常對莫頓電腦系統有忠誠度，但是在其他品牌有更好條件時，也會轉換品牌。

▶ 購買者的意向

在任何一個時點上，實際購買者與潛在購買者，可能都處於是否購買某一產品或服務的不確定意向之中。就MM系統而言，某些人可能完全不瞭解其特性與優點，有些人可能知道，但並不特別感興趣，某些人可能獲得相關訊息，某些人會感興趣，某些人則急於想購買莫頓 MM系

統。依據購買者的意向，而做市場區隔，可以為產品的定位與促銷產品
工作提供有用的資訊。例如，在不同的市場中，任何一個對莫頓 MM系
統的反應，從不瞭解其優點，以迄非常渴望購買，都是可以被預期，並
且在規劃促銷活動與定位MM系統的時候，列為考量。

評估與運用區隔基礎

　　一般而言，人口統計與地理統計變數，在決定哪些因素確實會促使
人們購買產品，以及依據這種認知而擬定具吸引力之行銷組合時，其重
要性比不上心理與行為變數。例如，瞭解某一位女性購買某一特定品牌
香水的動機，或她對這個香水的期望，在促銷這種香水時，遠比有關她
的性別，或她居住在休士頓這個地理位置等資訊來得重要。然而如果只
是要找出符合資格的潛在顧客（他們是否負擔得起該一產品？是否能夠
打入這個市場？）則這些人口統計與地理因素也必須列入行銷組合之
中。

　　以下將討論成功區隔的關鍵，在於把重要的變數，包括人口統計變
數、心理統計變數等予以歸類成群組，在同一個群組中，具有最大的相
似性，而在群組之間則有差異性，並且擬定可融合行銷組合各種成分的
策略。

確認與定義區隔市場

　　本節將展示莫頓為找出符合其規劃／訓練軟體系統，而確認出值得
拓展之市場區隔，並予以定義與排出優先順序的程序。

選擇產品／市場範圍

這個流程的第一步,就是決定哪些目標市場最適於莫頓的規劃／訓練軟體系統。即使如此,可能都可以把莫頓電腦與軟體的全系列都推出,因而第一個決策,就是開發已證實為最具獲利性的兩個市場,即會計師與律師事務所,以MM系統與相關軟體進入這兩個市場。

合格之潛在市場

第一個區隔標準,是為了找出值得進一步開發的合格市場區隔而訂定的。這些資格是否符合的審核標準,包括地理位置與人口統計因素,如位置、人口規模與組織特性、個人所得等,隨後則被應用於莫頓交易範圍以外的市場,以便找出值得拓展的新市場(可以進入、數量夠大、可以營運等),並且找出這些市場的競爭條件,以及市場成長趨勢。

找出值得拓展的目標市場

在運用合格區隔標準而找出值得莫頓系統拓展的新市場以後,則可應用產品相關的決定標準,而發展出足以吸引這些市場的產品與服務。這種多重屬性之區隔程序,包括人口統計(職業、教育等),心理統計(生活型態、個性),以及行為變數(優點、購買場合)標準。

市場區隔的內涵與優先順序

這個流程的最後一個步驟,是依據每一個群體的區隔變數特性,而簡短地賦予其內涵,並且依據購買MM系統相關的三種因素:銷售潛力、潛在投資報酬率與市場進入之難易度,而列出這些區隔市場的優先順序。

在消費者市場選擇一個區隔策略

　　找出潛在的獲利市場區隔，並且予以定義，且排出了優先順序之後，莫頓的規劃人員面臨了為進入市場而必須選擇一個適當區隔策略的問題。**表11-2**顯示本章稍早所討論過選擇三種可能策略時的考慮因素——無差異化、差異化與集中式模式。

　　例如，依據這個矩陣的資料，規劃人員將選擇一個所有購買者都具有相同的MAD-R特性的狀況，而採取一個無差異化的量化行銷策略（例如，如果該地區唯一真正量夠大的市場，是由稅務會計師所組成），這個產品對市場而言是新產品，沒有任何競爭存在，且莫頓為服務該一大量市場的資源，足以支應量化生產與行銷之所需費用。或者，如果沒有足夠的資源以便支應無差異化的策略，莫頓可能會採取集中式利基行銷策略，將重心放在單一目標市場。

　　隨後當情況有變化時（如當找到數個獲利市場，有各種不同的產品需求，並且競爭環境處於更成熟之產品生命週期階段），則可能運用差異化策略。

表11-2 與產品／市場特性相關之區隔策略

產品／市場特性	區隔策略之選項		
	無差異化	差異化	集中式
公司資源	足夠	足夠	有限
產品同質性	同質性（如鋼鐵）	可以差異化	可以差異化
產品生命週期階段	導入期	成熟期	導入期
市場同質性	如果購買者有相同的MAD-R特性	購買者群體有不同的MAD-R特性	購買者群體有不同的MAD-R特性
競爭策略		競爭者採取無差異化策略	競爭者採取無差異化策略

在組織市場選擇一個區隔策略

　　區隔消費者市場的許多標準，包括地理因素與諸如優點、使用者狀況、使用率以及準備階段等的行為因素，也可以用來區隔組織市場的生產者與零售商。如**表11-3**所示，其他數個標準也可加入產業消費者人口統計、營運變數、購買方式、情境因素與個人特質的區隔標準之中。

　　這些標準通常與顧客區隔策略一樣，也可以結合，如**圖11-2**的流程圖，顯示出一家晶片製造商的選項。三個潛在的市場，包括：(1)把晶片賣給經銷的零售商，零售商再賣給電子愛好者；(2)製造商將這些晶片放入他們所生產之產品，成為零件的原設備製造商（OEM）生產加工製造商（如筆記型電腦）；(3)把這些晶片放在機械（如機械人與電腦），而作為生產與維持營運之用。就顧客規模而言，規劃人員發現最有利潤的市場，是使用晶片於原設備製造商（OEM）加工的用途，其營業額這是次一市場類別的兩倍。其後的分析，則可看出對晶片的最大需求的產業，其預期的利益及購買的意向。

市場定位：找到一個安全的利基

　　產品的市場已經予以區隔，並且已決定好區隔策略之後，行銷人員必須決定這個產品能夠在每一個區隔市場中獲得最高利潤的定位是什麼。產品定位概念是品牌形象概念的延伸，其定義是指依據消費者的經驗，與對產品的知識而產生的所有觀點，無論是喜好或不喜歡之態度的總合。簡而言之，產品定位是指與競爭產品有相互關係的品牌形象，亦即產品基於其主要屬性，而由消費者賦予的定義。

　　圖11-3的三度空間概念圖，說明了在某一個已定義的目標市場區隔

表11-3 產業市場的重要區隔變數

人口統計

產業：哪些會購買這種產品的產業是我們的重心所在？

公司規模：我們應該以什麼樣的公司規模為主？

位置：我們應該以哪些地理區域為主？

營運變數

技術：我們應該以哪些顧客的技術為主？

使用者／非使用者狀態：我們應該以大量使用、中度使用或少量使用或非使用者為
　　　　　　　　　　　主？

顧客機率：我們應該以需要許多服務或極少服務的顧客為主？

購買方式

購買功能組織：我們應該以高度中央集體式採購或地方分權式採購之組織為主？

購買力結構：我們應該以工程導向、財務導向或行銷導向的企業為主？

既有關係之本質：我們應該以已經有交情的企業，或最有需求的公司為主？

一般購買政策：我們應該以偏好租賃、服務合約、購買或保密出價的方式為主？

採購標準：我們是否應該以追求品質、服務或價格的企業為主？

情境因素

急迫性：我們應該以需要快速、緊急送貨，或服務要求的企業為主？

特殊用途：我們應該以產品的某些特定用途，還是所有用途為主？

訂單大小：我們應該以大筆或小筆訂單為主？

個人特質

購買者／販賣者相似度：我們是否應該以員工及價值觀與我們相似的企業為主？

對風險的態度：我們應該以承擔風險或規避風險的顧客為主？

忠誠度：我們是否應該以對供應商展現出高度忠誠度的企業為主？

資料來源：Adapted from Thomas V. Bonoma and Benson P. Shapiro, *Segmenting the
　　　　　Industrial Market* (Lexington, MA; Lexington Books, 1983).

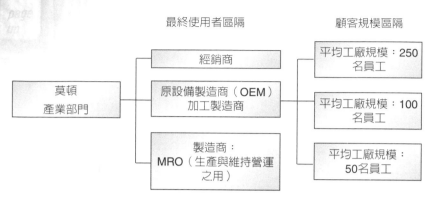

圖11-2 以最終使用者與顧客規模區隔產業市場

中，決定產品定位策略的方法。這個圖形是假設律師事務合夥人在所選擇電腦系統作為專業用途時，所考慮的三個重要屬性：(1)及時性：即這個軟體內容可反映出當時稅務與會計法令的發展狀況；(2)效率：即這個教材可以快速而有效地傳達給極端忙碌的律師們；(3)該一系統的成本。

莫頓的MM系統在這些標準之下，可能被消費者定位在圖中的A象限，係極端具有效率、及時性且最具成本效益。這個概念圖也假設競爭對手已經被定位在其他兩個象限，即具低成本、及時性且有效率的B象限，以及具低成本、及時性但不具效率的C象限之中。

以下是產品就其重要性，以及與其他競爭者相對關係，而決定如何定位產品的一些指導原則。

如果產品有下述情況，便應該定位於未被任何產品占據的象限：

1.有足夠的購買者而可以調整定位（不太可能在低效率、高成本、低及時性的未被占據的D象限）。
2.定位是合理的（與該企業使命、負擔能力與技術層次相符）。

如果產品有下述情況，便應該被定位於被競爭對手占據的象限：

1.在一個尚未被任何產品占據之象限，產品定位的先決條件具備優勢。
2.產品可以優於（或被視為優於）競爭對手。

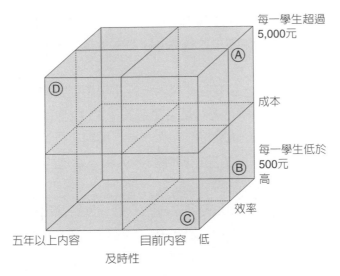

圖11-3 有助於決定定位策略之概念圖

國際觀點

　　在國際市場當中，適用於國內市場的方法與技巧，也可以應用於區隔國際市場、定義目標市場，並且決定定位與行銷組合策略，以吸引這些市場。然而，由於每一個國家在地理、人口統計、經濟、政治與文化上的差異，國際市場往往在運用這些技巧與方法時，也面臨了困難。其中一個困難，是由於語言障礙（例如，在瑞士，三個地方使用三種不同語言——德語、法語及義大利語）等而不容易獲得主要資料與次級資料，以便找出決定標準，並且排出優先順序，並且缺乏可以信賴的主要與次級資訊來源。

　　此種缺乏可用以區隔、訂定目標與定位策略之可靠翔實資訊來源的困擾，將產生無法有效運用資訊的問題。例如，找出合格市場的決定標準，是否應該優先於找出目標市場並且予以定位？市場區隔的規模、潛

力與組合，是否足以擬定出差異化或集中式策略？用相同的行銷組合，標準化、無差異化策略，運用於各個不同國家，是否優於較昂貴的差異化或集中化策略？

雖然過程令人氣餒，但是這些探索全球市場所面臨的問題，卻是可以克服的。在工業化國家（尤其是英語系國家），政治穩定且文化與科技條件，以及對貿易的正面態度，在你訂定目標與定位策略時，都不會比國內市場更為困難。即使是在低度開發國家，當地的行銷公司與管道，通常也都具有處理這些問題的能力。

例如，**表11-4**顯示如何用心理區隔，為軟性飲料找出在澳洲的目標市場並予定義。**圖11-4**則顯示如何運用市場格位，來找出值得莫頓系統拓展的全球市場。

心理區隔

請注意大部分對某一軟性飲料測量出一個正面反應的態度、興趣、意見（AIO）特性，也可預測出對其他飲料的一個負面的反應，這是為某一軟性飲料品牌定位（或再定位），以吸引某一目標區隔市場，或發展一個行銷組合以支援這個定位策略的一個重要發現。

表11-4 運用心理區隔找出目標市場並予定義

軟性飲料品牌	態度、興趣、意見（AIO）對品牌正面印象	態度、興趣、意見（AIO）對品牌負面印象
Solo	冒險家、外向者、澳洲沙文主義者	經濟保守者、社交保守型、獨裁主義者
Swing	諷世者、外向者、社交保守者	家庭和睦、重要消費者、澳洲保守主義者
Tab	外向者、節儉消費者、挑剔消費者	諷世者、外向者、社交保守者

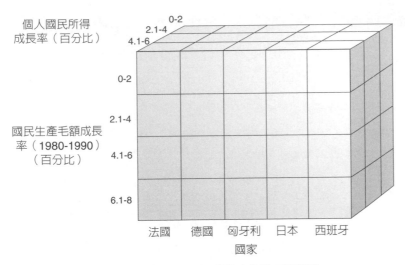

個人國民所得
成長率（百分比）

0-2
2.1-4
4.1-6

0-2

國民生產毛額成長
率（1980-1990）
（百分比）

2.1-4

4.1-6

6.1-8

法國　　德國　　匈牙利　　日本　　西班牙
國家

圖11-4 區隔國際市場的三種變數

市場格位

　　莫頓規劃人員運用一個市場格位模式，顯示三種區隔變數所產生的
影響，包括國民生產毛額成長率、個人國民所得成長率，以及國家本身
的因素，對這個國家作為一個進入市場之吸引力的影響。

　　在概念圖中所闡述的機會，以及市場格位所描繪的全球市場，以及
因為MM系統在國內市場找出定位之象限所面臨的困擾，使得莫頓行銷
人員開始在較單純的國際性目標區隔市場進行定位。**全球焦點11-1**說明
在強勢產品定位的情況下，建立一個有效的國際行銷策略的流程。

本章觀點

　　確認出可以獲利、具有較大潛力之目標市場並予以定義，可以提升

非酒精類酒出口商在全球市場的成功

舊金山的創意果汁（Creative Juices）負責人羅里佛斯特（Lori Foster）向美國的顧客，以及近來開始向歐洲行銷她的非酒精類替代酒產品。

「我們的替代酒由於絕佳口味而成為最優異的模擬酒。」她說。「這是因為我們的產品從一開始就未使用任何酒精成分，而市場上其他非酒精類酒則是把真正的酒去除酒精成分。」

把酒中的酒精成分去除，必須要加熱，而這將損毀酒的風味，「我們的酒絕對不是發酵酒」她說。「所以你喝的是來自夏多娜（Chardonnay）與辛芬黛（Zinfandel）葡萄的原始風味而毫無酒精在內。」

創意果汁大部分的酒是用私有品牌，透過大型連鎖店、高級禮品店與型錄配銷。主要的市場區隔，包括期望享受飲酒經驗，但不希望有酒精飲料後遺症的高級品酒者，以及減少酒精含量而追求健康的成人。

佛斯特的行銷策略架構，是依據其絕佳風味非酒精類酒的定位，在美國國內市場獲得利潤與成長，並且在1966年秋天，赴倫敦與阿姆斯特丹的「女性貿易」任務以前，從未想到過外銷。

佛斯特簽署，並且成為二十二名女性參與者之一。「我在阿姆斯特丹最大的意外，是發現他們非常樂於嘗試新產品」她說。「我向阿姆斯特丹的經銷商展示了一瓶，他立刻從我手中拿走，並且向他的朋友展示。」

經過這次貿易任務，佛斯特獲得了將創意果汁產品供應給阿姆斯特丹一個雜貨連鎖店的訂單，「經由這家店，我們在兩週之內銷售了一千五百箱替代酒」佛斯特說，她認為是荷蘭人健康的生活型態，使她的酒造成在該國的吸引力。

創意果汁也探尋與重要航空公司及餐廳，以及阿拉伯聯合大公國、加拿大與亞洲等曾表達興趣的國家建立供應關係的機會。

資料來源：Curtice K. Coultice, "Bottoms Up," *Business America*, U.S. Department of Commerce, October 1966, pp. 25-27.

策略行銷的流程，包括擬定具有吸引力的行銷組合，演化而成爲把行銷
組合與市場結合的策略，並且控制行銷的效果。市場區隔流程包括系統
化地運用地理因素、人口統計因素、心理因素與行爲因素等標準，而找
出符合產品目標市場（量大、內部的同質性、外部具異質性、可進入
性，並且是可營運性）標準的顧客族群。區隔流程的一個重要的副產
品。是在選擇市場區隔與最適當的區隔策略（無差異化、差異化、集中
式策略）時，應該如何定位產品。

觀念認知

學習專用語

Behavioristic bases	行為基礎	Micromarketing	微幅行銷
Benefits segmentation	優點區隔	Occasions segmentation	職業區隔
Brand image	品牌形象	Pareto effect	巴瑞托效應
Buyer readiness stage	購買者意向階段	Perceptual map	概念圖
Concentrated strategy	集中式策略	Positioning	定位
Demographic bases	人口統計基礎	Psychographic bases	心理統計變數基礎
Determining criteria	決定標準	Qualifying criteria	合格標準
Differentiated strategy	差異化策略	Segment size criteria	區隔規模標準
End-user segmentation	最終使用者區隔	Segmentation bases	區隔基礎
Geographic bases	地理統計變數基礎	Segmentation strategies	區隔策略
Heterogeneous segments	異質性區隔	Target marketing	目標行銷
Homogeneous segments	同質性區隔	Undifferentiated strategy	末差異化策略
Loyalty status segmentation	忠誠度區隔	Usage rate segmentation	使用率區隔
Market gridding	市場格位	User status segmentation	使用者狀況區隔
Mass marketing	量化行銷		

配對練習

1. 請把第一欄的顧客特性與第二欄的組織區隔變數配對。

1. 人口統計的	a. 顧客租用所有的車輛
2. 營運的	b.顧客與供應商維持密切的工作關係
3. 購買的	c.顧客堅持要快速送貨
4. 個人的	d.顧客仰賴供應商的服務能力
5. 情境的	e.顧客在主要工廠聘用二百名生產工人

2. 寶僑Palmolive在德國市場推出「加值」牙刷。請把第一欄中所列出這項產品如何定位與促銷的概念，與第二欄的定義配對。

1. 屬性	a.比平均水準更高的口腔照護
2. 定位	b.被視為比Oral B與Advanced Design Reach更能去除牙垢
3. 概念圖	c.清潔牙齒的優良牙刷
4. 目標市場	d.有波浪的刷毛

3. 請把第一欄的消費者市場區隔變數與第二欄的會計師莫頓之超級腦系統產品的典型顧客特性配對。

1. 心理性	a.擁有活躍的社交生活，並且與生意活動相結合
2. 行為性	b.確定自己擁有最先進的軟體
3. 地理性	c.男性，三十歲出頭
4. 人口統計	d.為東京一家大型會計公司的經理，期望很快能成為合夥人

4. 請把第一欄的區隔策略與第二欄的產品／市場策略配對。

1. 集中式	a.可口可樂早期時只向全球銷售單一的經典可樂
2. 無差異化	b.稍後可口可樂針對減肥飲料市場開發出一系列軟性飲料（易開罐、Sprite與健怡可樂）
3. 差異化	c.在後期，可口可樂開發出軟性飲料與其他產品以便吸引其他區隔市場

問題討論

1. 就定義市場的MAD-R四項特性而言，何以以下高中畢業生族
   群，都非麻省理工學院的教育市場？

	會考測驗	獲得獎學金 機率	希望進入麻省 理工學院	希望進入其他 學校
A組	高分	高	低	高
B組	高分	低	高	低
C組	低分	高	高	低

2. 就定義市場的五項標準而言，請說明何以一家義大利餐廳在紐約
   「小義大利區」開張很快就結束營業了？

3. 請說明如何用五種區隔方式確認與定義以下產品之市場，並發展
   出行銷組合：
   (1) 林肯房車
   (2) 奇異冷氣機
   (3) 約翰走路蘇格蘭威士忌
   (4) 每人10,000元維珍航空（Virgin airlines）紐約飛往巴黎參加美
       食派對

4. 請就選擇配偶而言的合格標準與決定因素說明之。

5. 請說明在一個城中已有一家熟食店，而一家新的熟食店仍然值得
   開張的條件。

6. 請說明消費者市場與產業市場在區隔時的差異。

7. 羅德島的Textron Inc.企業集團，採取同時以政府市場與消費者市
   場為目標的審慎策略，而銷售其航太技術與商業化與金融產品與
   服務。其目標是獲得其某些巨型企業競爭對手所無法企及的彈性
   （例如，Northrup Corp即瞭解90%的銷售額是來自政府）。這種分

散策略也針對Textron不同的產品組合（無差異化、集中式與差異化）而運用不同的行銷策略。針對以下產品你將推薦哪種策略，為什麼？(1) M-1坦克的瓦斯渦輪引擎；(2)西華筆與紙製品；(3)高爾夫輕便車。

解答

配對練習

1. 1e，2d，3a，4b，5c
2. 1d，2c，3b，4a
3. 1a，2b，3d，4c
4. 1b，2a，3c

問題討論

1. 會考測驗：

	會考測驗	獲獎學金機率	希望進入 麻省理工學院	希望進入 其他學校	市場成員缺乏
A組	高分	高	低	高	反應、欲望
B組	高分	低	高	低	金錢
C組	低分	高	高	低	權力

2. 說明義大利餐廳失敗的原因：(1)市場不夠大，由於大部分小義大利區的居民不喜歡義大利食物，或認為在家吃更好；(2)市場的營運條件不佳，很難以衡量市場成員的態度，尤其是不願意承認不喜歡義大利食物者；(3)其產品被認為與小義大利區其他義大利餐

廳相較之下，不夠具有異質性；(4)由於產品不被視為具有異質性，因而便無法找出具同質性的市場族群；(5)這家餐廳無法接觸到具有同質性的目標市場，旅客多半不會到較偏僻的小義大利區。

3. 人口統計標準可能被用來作為典型的林肯房車購買者的職業別要素，以態度——興趣——意見調查反應而得出的心理標準，可能用以作為發展生活型態別要素，而行為標準則可能用來依據期望的優點與購買者的準備階段而訂出潛在買主的類別。同樣的標準也可應用於為約翰走路蘇格蘭威士忌的市場區隔與行銷組合元素的定義之用。除了這些標準之外，地理位置標準也可以應用於決定奇異冷氣機的目標市場之位置之用。

至於每人10,000元維珍航空紐約飛往巴黎參加美食派對，這個相對較小，選擇可以負擔得起這項活動的族群，或甚至想要去的人，將具備行為特性（如期望達成的願望、使用者的地位）、心理特性（年齡、所得、家庭生活週期），則可以應用於定義出區隔並且發展出具吸引力的產品與服務。

4. 取決於個人的標準與價值觀，合格的配偶條件可能包括諸如性別、年齡、職業與所得等人口統計條件。決定因素則可能是依據態度——興趣——意見的生活型態特性，與宗教及政治信仰等為基礎，在其他潛在者當中，區分出潛在的配偶對象。

5. 以下條件或許可以作為決策參考：(1)城中有足夠的人數將會使用這項餐飲的服務；(2)新的餐廳具備管理與行銷專業而可以獲得利潤；(3)新的餐廳可以進行自我定位，而使其被視為在重要領域上優於競爭對手（如三明治的品質與大小）。

6. 區隔產業市場時，更須強調的是地理區隔與行為區隔。區隔產業市場的基礎包括產業的類型、公司規模與產品的最終使用者。產品本身可以區分為不同的模式，以便滿足不同購買者的需求，而企業則可以獲得經濟規模，以及強勢市場地位的優點。

7. (1)針對M-1坦克引擎，情況顯示一個未差異化的策略，行銷人員以單一產品進入整個市場：產品是同質性的，依據政府規格，市場需求也是同質性的，且企業本身有足夠的資源執行此一策略；(2)對西華鋼筆與紙製品而言，一個差異化的策略，企業本身將針對幾個不同的目標市場區隔（企業、學生）而設計出不同的產品與服務（如鋼珠筆與豪華筆）；(3)對高爾夫輕便車而言，集中式策略是最適合的，企業擁有較大占有率的次級市場，如高爾夫球場，而非追逐在大市場中極小的占有率。產品本身能夠差異化，而形成可滿足不同買主需求的不同型號產品，企業也可獲得經濟規模，以及強勢市場地位的優勢。

Marketing

Street Station

L 1

2 3 9

第十二章

測量市場與銷售潛力

本章概述

推估某一特定市場區隔的本質與潛在的需求,是策略規劃流程的基礎,包括訂定切合實際的行銷目標、適度分配資源以達成目標、掌控所有外部環境因素,以及確保正確的行銷工作方向。

市場預估一般包括在消費者市場與組織市場中,以國家別、產業別與企業別,依時間、區域與產品等因素而預測的銷售狀況。特定的質化與量化預估技巧,包括相互依存度、時間序列、市場因素、連鎖比、整體市場需求、市場建立、市場內涵以及針對專家、銷售人員與買主的意願調查。

預估市場與銷售潛力

第十一章中,我們已經討論過找出適當的消費者市場與組織市場區隔,加以定義與排出優先秩序,並且訂定產品在這些區隔市場中的競爭優勢。本章中,我們將探討在這些目標市場區隔中,預測市場潛力與銷售潛力的策略與技巧。為便於說明,我們將再度以莫頓電子公司的工業與消費產品部門為例。我們將討論如下內容:

1.市場潛力與銷售潛力的差別,以及行銷經理做預估的重要性。

2.預估市場潛力與銷售潛力的範圍。

3.依下列項目的市場潛力與銷售潛力特性:(1)資金／支配度／欲望／滲透能力,以及(2)行銷作業與需求之間的關係。

市場潛力與銷售潛力有何區別

市場潛力（market potential）是某一特定產品或服務，將可能被某一特定顧客族群，基於特定的行銷活動運作，在某一特定地理區域與行銷還境中，與在某一特定時間內購買的數量。銷售潛力（sales potential）則是指某一特定產品或服務，可能被某一特定銷售者（如莫頓），所購買的市場潛力之比重。市場潛力是消費者市場與組織市場可以向所有銷售者購買的量，銷售潛力則是消費者市場與組織市場可以向個別銷售者購買的量。

▼ 預測有助於規劃且達成行銷目標

為說明市場潛力與銷售潛力在行銷規劃流程上的重要性，假設莫頓的行銷部門，正針對MM系統在目前仍未開發的會計師目標市場，進行市場潛力與銷售潛力的預測。以下的資訊將有助於莫頓行銷人員的工作。

 ## 控制外部環境

例如，如要獲得銷售額與獲利的可靠預測，可以考慮的環境因素包括影響購買力的經濟因素、要成功進入市場的政治障礙、有利於製造與銷售MM的技術因素，以及競爭的範圍。

 ## 訂定符合實際狀況的銷售與獲利目標

預估目標區隔市場的獲利潛力，對於擬定行銷的預算，與達成預期

之銷售與獲利水準是有必要的。訂定這些目標，將是策略規劃流程的第一步。

分配資源以便達成預期目標

瞭解目標市場區隔的本質、需求與獲利潛力之後，則依此為基礎，而在如下領域，包括推出某一新產品之決策、生產日程、財務規劃、存貨規劃、配銷、定價策略以及促銷活動等，擬定目標導向的資源配置決策。

行銷活動之控管

市場預測是擬定衡量實際積效之標準的必要條件。如果行銷活動的結果，顯現銷售額或獲利金額高於或低於原定標準，便可以把實際數字與原先之預期數字進行評比。

預估範圍因素：時間、區域與產品

如圖12-1所示，市場潛力與銷售潛力，可以依據許多不同的特性來做預估。例如，就區域特性的因素而言，莫頓的行銷人員可能會針對某一大型顧客的銷售潛力進行評估，或者會針對某一特定區域或地區，針對國內市場或針對全球市場，進行銷售潛力的評估。

行銷規劃人員從產品水準因素（product level dimension）這個角度切入，便可能期望瞭解專為某一專業族群所設計的MM系統的需求為何（產品項目），針對所有專業族群對莫頓電腦系統的需求為何（產品類別），或者莫頓所有的消費電子產品的需求為何（產品線）。莫頓的規劃人員也可能希望得知該公司在競爭方面的措施如何，因而可以預估整個

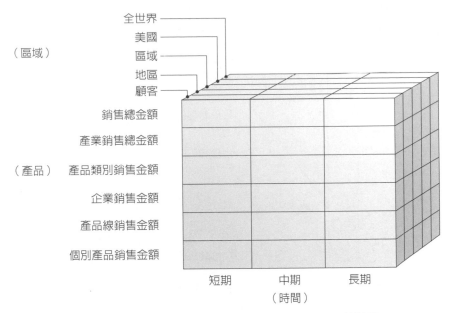

（區域）

全世界
美國
區域
地區
顧客

銷售總金額

產業銷售總金額

（產品）　產品類別銷售金額

企業銷售金額

產品線銷售金額

個別產品銷售金額

短期　　　中期　　　長期

（時間）

圖12-1 時間／區域／產品元素組合而成九十種預估狀況

產業的銷售狀況。此外，他們也可能希望得知莫頓的銷售額與其競爭者的銷售額，在該國或全球市場中，與所有產品的銷售額相較之下的情況如何，因此這些預估也有其必要。

在時間元素而言，任何一個產品／區域水準的預估，都可以分為短期（最長一年）、中期（一至三年）或長期（三年以上）。

預測標準：資金、支配度、欲望與滲透能力

以MM系統為例，**圖12-2**（a）與（b）顯示出某些可據以區隔市場潛力與銷售潛力，並用以訂定目標，且形成策略的要素。這些區隔的基礎，就是一般定義市場的標準：資金、支配度、欲望與滲透能力。

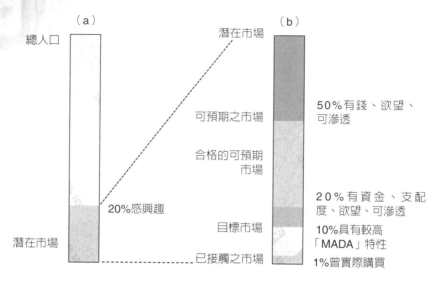

圖12-2 以資金、支配度、欲望、滲透能力等區分潛在市場

圖12-2（a）說明了市場的兩個基本要素：

1. 總人口：在某一特定國家之中，可能會或可能不會購買MM系統的總人數。
2. 潛在市場：總人口中，對於購買MM系統可能有興趣的人數。

圖12-2（b）一開始是整體市場中，有20%是MM的潛在市場，並且進一步界定此一市場。因此，在這個潛在市場中，僅50%是可預期的市場（available market），這是由對產品感興趣、負擔得起，並且是MM系統已滲透之人數所組合而成。然而，假設莫頓僅打算把MM系統銷售給某些專業人士（如律師與會計師），因而其合格之可預期市場（qualified available market，占潛在市場20%）便可能受限於符合這些條件者。

目標市場是由莫頓視為最適於培養之可預期市場的50%所組成，而滲透市場（penetrated market）則是由實際上已經購買MM系統的目標市場中10%所組成。

　　審視這些市場類別，是規劃行銷策略的一個非常有利的起始點。例如，說明對這些市場區隔的本質與規模的預估作業，將可使莫頓的規劃人員瞭解某一個目標市場尚未有效地滲透（10%的潛在市場可能被視為太小），並且建議提出激勵作法，例如，提出一個更具創意與強力的促銷計畫，把目標市場成員轉化為實際購買者。莫頓也可能決定降低其條件，以增加合格可預期市場的規模，或改變其行銷組合，以吸引可預期市場中更多的成員，或者囊括更多的專業族群，以增加潛在市場的規模。

行銷作業與需求之間的關係

　　圖12-3說明了另一種有效的預估流程，即行銷作業與需求之間的關係。在這個模式當中，水平軸是在一定時間內，行銷作業的可能支出，而垂直軸則是與每一項支出相關的需求水準。最低市場（market minimum）的Q_0點，代表無任何支出情況下的銷售額。例如，口耳相傳的促銷方式，便可能創造出MM系統的部分銷售額。更多的支出，將可能產生更多的銷售額，並且把銷售反應曲線（亦即支出額而導致銷售額的變化）更推向接近市場潛力線，這代表了所有潛在顧客都可能購買這些產品。最低市場（Q_0）與市場潛力（Q_1）之間的距離，即代表整體行銷需求反應度（marketing sensitivity of demand）。如果這個距離非常遠，則市場便可能有較大的成長性（極具擴張性）並且對行銷的支出，比距離較小的情況更有反應。在國內市場中，新產品的市場，或者把既有的產品以新產品的型態導入市場，通常較具有擴張性，並且對行銷作業的反應，遠高於既有產品對行銷的反應。

　　依據預估而得的資訊，加上針對產品與地區別銷售額的主要資料與次要資料的分析，便可以找出某一特定市場的特性。例如，在兩個毗連的區域中，從預估的資訊，與銷售額分析資料，便可以得知這兩個市場

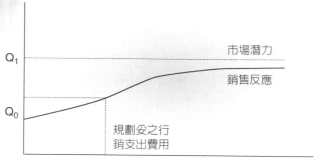

圖12-3 規劃妥之行銷支出的銷售額反應

擁有幾乎相同的目標市場、已接觸過的市場,以及合格的可預期市場,然而,其中一個區域可能被視為比另一個更具有擴張性,因此便投入較多的行銷支出費用,以便掌握更大的潛力。

直接預測法的三個步驟

　　雖然行銷人員通常最感興趣的,是預測其產品在已定義之目標區域中的短期潛力,然而就國家整體經濟而言,與企業所屬產業,在整體經濟中的預估數字相比較時,這些數字將更有意義。

　　為說明從國家、產業與企業本身,這三個水平預測的重要性,假設莫頓的MM系統相當成功,並且造成其他競爭者也推出類似的電子產品。此外,假設在未來一年中,莫頓預估MM系統的銷售額將有10%的成長。如果實際上的成長率僅達5%,這是否意謂著莫頓的行銷計畫執行狀況有待改進?如果依據產業的整體預測,顯示莫頓的銷售額因為市場占有率被競爭對手奪得,則可能確是如此。然而,產業整體的預測也可能顯示雖然莫頓有5%的衰退,但是莫頓在衰退的經濟環境中,仍然提升了其市場占有率。最重要的,是在更廣義的經濟與產業環境之中,莫頓的預估所代表的意義,確實能夠為人所體會,並且據以採取相關行動。

　　一般而言，全國的經濟預測，可以從第七章所提供的各種來源取得，包括政府出版品、產業公會、貿易雜誌、銀行與私人研究機構。行銷人員從這些資訊來源，通常可以找到一些曾經正確預估未來趨勢與發展的單一預估報告，或混合的預測報告。

　　許多此類機構也會針對特定產業提供預測報告。不幸的是這些預估通常都是針對廣義的產業類別，例如，服務業、鋼鐵業、家具用品或電子業，而非針對特定的產品別，如筆記型電腦或稅務會計師等市場做預測。因此，行銷人員必須運用自己的預測工具與技巧，以獲得有用且重點式的預估數字。

預估仰賴於量化、判斷或兩者皆有

　　一般而言，針對產業與產品銷售額的預估，可以分為量化（quantitative）與判斷（judgmental）式兩種。

　　量化技巧（quantitative techniques）主要仰賴於銷售額與其他數據（如可支配所得），這些數字都是過往的數據，並且被視為具有推估未來的價值。在稍後討論預估的量化技巧時，這些數據將被加與乘，並且與其他數據相對照。

　　判斷技巧（judgmental techniques）主要仰賴於對銷售額各項變數的影響力，具有特殊知識者的判斷。例如，銷售代表或潛在顧客，可能對於顧客與市場，對該公司的產品有哪些反應，以及環境因素對這些反應的影響，握有第一手的資訊。

量化與判斷式預估技巧

　　本節當中，我們將探討用以預估消費者市場與組織市場的市場潛力與銷售潛力的量化與判斷式技巧。

　　預估消費者市場的量化技巧，包括投入與產出、相互依存度、市場

因素指數、連鎖比以及整體市場需求分析，把市場潛力數據，轉換爲特定產品在特定區域之銷售潛力數據。

投入與產出分析

投入與產出分析，顯現出不同的產業爲達到特定產出，而投入的資源，以及各種經濟因素之間的相互依賴性。

從各個工業化國家投入與產出表，可以得知某一產業的生產（產出），將會成爲另一個產業的需求（投入）。例如，鋼鐵的產出，將成爲汽車與飛機製造商、家用品的投入。莫頓分析人員運用這些表格，針對美國國內市場，而發展出一套電子產品的投入與產出要素，並適時將這些數據與潛在市場的類似情況做比較。

相互依存度分析

這種技巧是衡量某一產品的潛在銷售額，與該產品以往銷售相關的市場因素之間的關聯性。一般而言，這個市場因素是對經濟活動的衡量，稱之爲領先序列（leading series），在同一方向變化，但領先於被衡量的產品之銷售額。例如，以往的經驗，使莫頓的研究人員得知消費者的可支配所得，與MM在莫頓國內市場的銷售額是緊密相關，且可以依據個人與政府經濟學者所提供的數據，而非常準確地預估未來的狀況。這些預測人員的共識，是認爲在其中任何一年內，可支配所得將增加5%。由於前一年MM系統在國內整體銷售額爲2,000萬美元，莫頓的研究人員預估MM來年的銷售額將達20,100,000美元。

另外兩個確認成長潛力的重要關聯性分析，是所得彈性係數與生產成長趨勢：

1.所得彈性係數（coefficients of income elasticity）：是指潛在購買力與收入增加或降低之間的關係。例如，如果每當所得成長1%，則MM系統的購買便增加1.2%，則該一產品的所得彈性係數即爲

1.20，這個數據將可用以預估MM未來的銷售額。

2. 生產成長趨勢（production growth trends）：作為任何產品或服務，在製程中為銷售額潛力的指標是特別有用的，通常會把用於生產流程的進口產品數列計，並且減去已完成產品的存貨數量。

相互依存度分析有兩個主要的限制：

1. 必須具備長期的銷售歷史資訊，至少二十季的銷售紀錄，以便作為推斷之依據。

2. 非常耗時與昂貴，需要各種電腦資料，且往往並非研究人員所具備的技巧。

市場因素指數

市場因素指數（market factor index）技巧，可用以查核相互依存度分析，並且找出MM系統整體的銷售潛力。依據莫頓的經驗，由《銷售與行銷管理》（Sales & Marketing Management）雜誌每一年出版的購買力索引（buying power index）算式，可以正確地反映出MM系統在莫頓國內市場中專業顧客群的銷售額。這個算式是依據三項權重因素而得：某一地區占全國個人可支配所得之比例（y_i）、零售價格（r_i）以及人口數（p_i）。因此，購買力計算式如下：

$$B_i = 0.5y_i + 0.3r_i + 0.2p_i$$

例如，在莫頓國內市場中的某一個區隔市場當中，y、r與p值，分別為0.06、0.08與0.07，因此，該區隔市場占MM系統整體潛在需求可能為0.068（0.5×0.06＋0.3×0.08＋0.2×0.07）。因此，如果MM全國需求量推斷為30,000,000元，則在這個區隔市場當中的需求，便可能是2,040,000元（30,000,000元×0.068）。

連鎖比

連鎖比（chain ration）技巧，是把某一基數，例如，某一市場中所有買主人數，乘以各種可以反應次級市場中某些特定特性的標準數據。例如，在莫頓的國內交易市場中，研究人員估計約有十萬名專業會計師可能對MM系統感興趣，且可能購買MM系統，這就是潛力市場。然而，其中僅30%被視為有足夠的可支配所得購買MM系統。因而莫頓的合格可預期市場，即為三萬名會計師（100,000×0.30）。

整體市場需求

整體市場需求（total market demand），是將所有買主人數n，乘以買主平均購買量q，以及平均單價p，而得出之整體市場需求數Q。例如，從連鎖比的計算而得知有三萬名會計師，然後再假設其中十分之一的會計師將會以3,000元的平均價格購買MM系統，莫頓估計，在該一地區的銷售潛力為9,000,000元（Q＝30,000×0.10×3000）。

組織市場之預估策略

莫頓在預測MM系統在國內專業律師與會計師公司的組織市場銷售額時，最常用的預估方式，是市場建立分析與時間序列分析。

市場建立分析

市場建立分析是把該一區域內特定產業的全部潛在數據加總，而建立起交易區的總潛在額。第九章所討論的SIC分類，對於進一步將個別目標市場分類是相當有助的。例如，以下是莫頓如何從會計師（SIC 7658）以及律師（SIC 7617）這兩個組織市場而估計出整體市場潛力（**表12-1**）。

表12-1 與產品／市場特性相關之區隔策略

SIC 編碼	員工人數	公司數目	每一員工潛在銷售額（美元）	市場潛力（美元）
7658	20,000	250	500	10,000,000
7617	15,000	200	400	6,000,000

　　這個分析顯示，依據對會計師及律師人口的調查，市場潛力（這些企業得以向所有電腦供應商購買的量）為16,000,000美元。這個數據假設在二百五十家會計公司的二萬名會計師都會購買，平均購買價格為500美元，且這二百家一萬五千名律師平均購買價格為400美元。

　　市場焦點12-1即說明了一個最適宜於消費者市場，以郵局區域代碼取代了SIC編碼的市場建立法。

市場焦點12-1

以區域碼及統計資料擬定預測及市場計畫

　　地理區域人口統計分析（Geodemographic Analysis, GA），是一個結合統計資料、生活形態與郵政區號編碼的方式，提供行銷人員修正對市場潛力的估計，並且確定將針對哪些區域進行行銷活動。地理區域人口統計分析是運用不同的數據，而排列出全系列產品與服務，尤其是食品、衣服與傢俱區隔市場的優先秩序。

　　為說明地理區域人口統計分析的功能，可參考基督復臨安息日會（Seventh-Day Adventist）宗教團體如何運用最佳的區域碼而招募新成員。在假設可以透過區域編碼，而從新市場中找到新成員之機會下，教會的招募人員先把基督復臨安息日會成員以四十人為一組，每一組都適當地賦予特定性質（如「西裔混合」、「藍領階級」）。然後再把每一組依其占總人口比例再用一百除。例如，如果某一特定族群在該區域內占全體人口10%，但是僅占全美國人口的2%，則其集中指數即為五百。

　　其次，依據集中指數的規模，再排出優先秩序，以區域編碼超過一百的作為行銷計畫的重點，包括沿門招募、直接郵件以及創建新的Seventh Day Adventist教會。

資料來源：*The North American Division Marketing Program*, Vol: Profiling Adventist Members and Baptisms, 1986.

時間序列分析

這種方法是假設以往的銷售變化（時間序列）可以用來作為推估未來銷售額的基礎。莫頓的國內市場中，這種變化通常反映四個要素：

1. 長期趨勢T：把以往的銷售額以直線或曲線連接，即反映出一個潛在的銷售型式。
2. 中期循環C：以波浪形趨勢線的變化，反映經濟或競爭活動的循環變化。
3. 季節因素S：反映每週、每月或每季的銷售額變化。
4. 特殊事件E：反映一些可能影響銷售額的意外事件（罷工、洪水、一時的流行趨勢）。

莫頓行銷人員在運用時間序列分析預估國內市場銷售額的變化時，擁有足夠的資訊，蒐集趨勢、循環與季節因素，再加上對意外事件之本質與發生之可能性的評估。例如，某一年由於全球經濟與軍事衝突，導致政府的措施將對經濟產生影響，莫頓預期銷售額將增加10%T，;再加上5%對景氣成長的預估C。另外再加上5%的春、秋季節因素，通常也是莫頓最忙碌的時間S，最後，整體的預估數據再因為不尋常地刪減公用事業的預算而減5%。

判斷式預估技巧

人們在進行判斷式預測時，通常會尋求的人，包括專家、潛在顧客與業務人員。以下是蒐集莫頓國內市場中MM系統銷售額預估資料時，如何運用每一個族群的情形。

專家意見調查

　　這種方法是仰賴於被視為對影響銷售額各項變數具有豐富知識者。心目中有基本藍圖，且瞭解各種環境影響因素的莫頓主管，可能就是其中一個此類族群，另一個族群，可能是電腦系統製造商協會，或以莫頓專業目標市場為對象的出版品，這些出版品會蒐集與發布來自各種管道，包括製造商、販賣商與政府單位的研究人員的統計資料。

　　在向莫頓主管蒐集資訊時，研究人員會運用「戴菲技巧」（Delphi technique），即對未來銷售額的估計，將送回給原先提出這些估計額的人，直到有一個獲得共識的數據出現。例如，一項對銷售額衰退幅度的預測數據，從6%到12%不等。這些預測數據予以分類，並且附上佐證的原因，然後再退給各個主管人員，要求他們說明是否同意這種分類與原因，然後再針對原先的預測數字做必要的修正，再交回這些預估結果。幾個回合以後，則出現了一個基於全體共識，並預期有4%成長率的數據。

購買者意願調查

　　莫頓運用獨立的行銷研究公司以維持中立，針對目前顧客與潛在顧客進行了幾項調查，以瞭解這些企業會購買MM系統，以及特別是莫頓系統的可能性。在這些調查作業時，使用的一個典型工具，是購買機率刻度（purchase probability scale），使用機率刻度從0.00（毫無機會），到0.50（一半機會）以迄1.00（肯定會買）來測量購買的意願。在美國許多出版買主購買意願預測之出版品組織中，密西根大學的調查研究中心以精闢的測量而著名。

彙整業務人員的意見

這種方法與專家意見調查相似，主要仰賴業務人員對銷售額的預估。邏輯上而言，業務人員是最接近市場狀況的人，應該能夠提供可靠的預估數據，雖然他們也經常被質疑缺乏對所有影響銷售額之因素的整體看法。此外，也有人認為業務人員可能會低估銷售額（如可以獲得較低的配額），或相反地，由於業務人員樂觀的個性，而可能會高估。

國際觀點

對國際市場的可靠預測，往往比對國內市場的預估更難，其原因在於不同的經濟、政治與文化等短期的變化因素，以及缺乏可靠確實的次級資料以供預測。

全球市場的判斷式預估

一般而言，判斷式（質化）預估，比量化預估更容易，因為這種方法無需許多客觀的次級資料。企業在把資源投入一個大規模，可能沒有任何效果的行銷工作以前，往往會先進行判斷式預估，以便作為體會潛在市場發展性的一個較便宜的方法。這種預估法也可以獲得一些資訊，以供執行更複雜之量化預估方法之用（例如，可以找到一些作為相互依存度分析的有效領先指標，或調整連鎖比數據的標準）。

顯然地，如果該公司本身在潛在市場中沒有業務人員，則業務人員的意見便無法獲得，然而有時候也可以運用其他公司業務人員的意見，尤其是某一個協會或出版品的資訊，是得自於潛在市場的業務人員時。

無論是在國內或海外市場，這些判斷技巧都可運用兩種可提升正確

性與效力,且成本較低廉的方法:

1. 焦點團體(第七章中討論):通常是八至十二名有相關知識者
   (顧客、業務人員、主管)所組成,這些人以深入與自由發表的
   方式,討論產品、市場、威脅與機會。
2. 戴菲技巧:稍早曾經提過,通常適用於二十至三十名參與者的團
   體。

全球市場的量化預估

基於在全球市場量化預測方法特有的限制,有意進入全球市場並擴
張市場規模的行銷人員,通常會採取兩種與在國內市場不同的方式:(1)
修正直接的預估方式;(2)仰賴於類比方式而衡量市場變數。

修正直接的方法

稍早曾討論過的各種直接量化預估方法,包括相互依存度、連鎖
比、市場因素指數等,都需要來自各種管道的有效與可靠的次級資料。
例如,進行預估時,要針對某一潛在市場的本質與範圍做定義時,只需
要有特定市場區隔的相關規模、位置、需求與所得等資料。如要深入探
查這些市場,就必須掌握諸如生產趨勢、零售額、可支配所得、所得彈
性與競爭活動等資訊。

在現代工業化國家與後工業化國家,許多來自類似來源的資訊(政
府機構、貿易協會、出版品)等,都可以供美國研究人員使用。然而,
這些資料往往以不同的方式列計(例如,英國、德國與美國都以不同的
方式計算國民生產毛額),在運用這些資料做預估時,也必須考慮這些
差異。

在海外市場採用量化預估技巧時,可以用能夠取得的資料替代無法
獲得的資料。例如,如果預估之個人可支配所得,是國內市場中某一族

群購買意願的可靠指標，但是在海外市場卻無法取得，則可以用平均收入作為替代。在組織市場之中，SIC編碼通常都無法獲得，則可以用調和商品分類編碼（Harmonized Commodity Classification）作為市場預測的替代資料。

以某一種因素替代另一種因素進行市場預估，是以下將討論之類比預估法的重要前提，**全球焦點12-1**也有相關說明。

類比預估法

一般而言，類比預估法（estimate by analogy）是假設在不同的國家裡，大部分需求的發展，是以相同的方式進行，並且可以運用這些國家相同的指標，作為類比預估的基礎。類比預估法的一個變異方式，稱之為時間移動法（time displacement approach），是假設對成長階段與其他定義變數皆相同的國家，進行不同的類比法。具體而言，這種方法是把兩個國家的發展階段做類比，並且假設每一階段都在一定的時間內達到。例如，這種方法可能會假設MM系統，在墨西哥專業市場中，將於在十年內達到美國市場相同的規模，並且可以依據與美國相同的需求成長率，而劃出一條預測線。

另一個類比預估法的變異型式，是假設類似產品之間有類比的條件。例如，1972至1992年間，日本對牛肉、糖、酒類與日用品的消費，與美國稍早時期的消費狀況類似。這種成長率，也與這兩個國家的個人所得相對成長率相當。因此，行銷人員可以依據美國個人所得成長的狀況，推估此一產品與類似產品（如其他甜品或食品）在日本之銷售額。

所有類比法的一個共同問題，是假設有類似的狀況。以墨西哥的例子而言，某些墨西哥獨有的其他因素，可能卻是購買決策的決定因素。此外，非常有可能發生的，是科技與社會的發展，可能造成該一國家的發展，超越了美國的發展階段，而使得墨西哥在不到十年的時間，即達到相同的水準。此外，類似的產品可能有相當大的差異，而造成不同的需求型態。

全球焦點12-1

類比預估法有助於雷克伍德筷子建立全球市場

位於明尼蘇達州西賓，正在尋找嶄新的全球市場與生意機會的雷克伍德（Lakewood Forest Products）總裁依安·華德（Ian Ward），發現東方國家對筷子的需求尚待滿足，因為當地筷子產業逐漸式微、技術落後，且缺乏自然資源（例如，日本僅有的四百五十家筷子工廠，必須滿足每一天對拋棄式木筷一億三千萬雙筷子的需求）。華德認為他在西賓的工廠，最適合滿足這個市場的需求：該區礦業沒落，而創造出豐沛的勞動力，以及該地區對新產業的需求。西賓有可供製作筷子的許多白楊樹，且華德本身擁有豐沛財力與生產技術（得益於採購自丹麥的複雜設備），可以自動化生產，每天製造七百萬雙筷子。每一雙生產成本是0.03元，而一雙的售價是0.57元，華德毫無困難地，便將他前五年的產出，都預售給日本，並且在第一年，即1989年的稅前獲利即達470萬美元。

此時，華德開始運用各種預測技巧，探索其他海外市場。例如，在台灣，由於社會經濟發展近似於日本，依據類比方式的預估，可能是雷克伍德筷子最適當的市場。本質上，在台灣每個人對筷子的消費量與日本是相當的。而在中國，由於其社會經濟發展仍落後於日本，因而運用時間移動法是最適合的。因此，當日本仍處於與中國相同的社會經濟發展時期，其筷子使用量與中國的個人使用量相當，而對中國未來筷子的使用量，則可以運用當中國的社會經濟發展已達到日本的水準時的使用量。至於美國的東方後裔（並且假設這些人傾向傳統的進食方式），則採用「類似產品類比法」則是最有效的。亦即在這些人口當中，每個人刀與叉的使用量，可能可作為估計筷子購買量的推估依據。

基於這些限制，最重要的是在運用類比法測量產品在海外市場的需求與潛力以前，必須先瞭解類似產品在國內市場的需求與潛力。此外，也必須具備足夠的歷史資訊，以確保這些指標的可信度。例如，如果把過去十年美國與日本的個人所得成長率，視為日常用品銷售額的可信賴的指標，因此便可用以作為預估這類產品的可信賴與有效的工具。

缺口分析檢視與比較

在國內市場或國際市場評估過市場潛力或銷售潛力以後，缺口分析（gap analysis）是一個把這些數據集結，而產生有意義看法的技巧。這項工作是比較某些領域的缺口，並且依據這些認知，而採取適當的行動。例如，請想想以下之間的缺口：(1)A、B、C、D四國預估之銷售額；(2)對銷售額與市場潛力的預估；(3)對產品A以及競爭產品B、C、D的銷售額預估。某些情況下，缺口相當大，則透過進一步的調查，即可發現造成的原因，可能有數種不同因素，包括顧客態度、競爭、促銷失敗、產品（或價格）不當，或配銷不當。

本章觀點

針對消費者市場與組織市場所進行的有效與可信賴的市場與銷售額預估，是研擬與執行策略行銷規劃的基礎，包括訂定目標、配置資源以及控制行銷效果。針對消費者市場與組織市場的銷售額與行銷預測，可以運用區域、空間與時間等因素，以至少九十種以上的組合方式，發展出針對產業或整體經濟的預測。特定市場區隔的預測（潛力、可預期市場或已服務過的市場），主要是依據資金、支配度、欲望與滲透能力等標準，有助於決定特定的預測技巧。量化技巧與判斷式技巧通常會同時採用，仰賴於資訊取得的難易，與成本的限制等變數，而得到預估的數據。在國內市場獲得銷售額與市場資訊的直接預測方式，包括投入與產出分析、相互依存度、市場因素指數、連鎖比，與整體市場需求技巧，以針對專業人員、銷售人員以及顧客的意見調查。在進行國際市場預估時，通常是運用各種類比法。這都是假設在進行銷售額與市場預測時，本國與其他國家之間，具有類似的評量基礎。

觀念認知

學習專用語

Analogy approaches	類比預估法	Market forecast	市場預估
Available market	可預期市場	Market potential	市場潛力
Buying power index	購買力指標	Market share	市場占有率
Chain ratio technique	連鎖比技巧	Marketing sensitivity of demand	行銷需求敏感度
Coefficient of income elasticity	所得彈性係數	Penetrated market	滲透市場
Company sales potential	企業銷售額潛力	Potential market	潛在市場
Correlation analysis	相互依存度分析	Production growth trends	生產成長趨勢
Delphi technique	戴菲技巧	Purchase probability scale	購買機率刻度
Expandable demand	具擴張性之需求	Qualified available market	合格可預期市場
Focus groups	焦點團體	Quantitative methods	量化方法
Forecasting dimensions	預估範圍因素	Salesforce opinion	業務人員意見
Gap analysis	缺口分析	Sales response function	銷售額反應功能
Input-output analysis	投入──產出分析	Survey of buyer intentions	購買者意願調查
Judgemental techniques	判斷式技巧	Survey of expert opinion	專家意見調查
Leading indicator	領先指標	Time displacement approach	時間推移法
Market buildup method	市場建立法	Time series projection	時間序列預估法
Market factor index method	市場因素指標法	Total market demand	整體市場需求

配對練習

1. 把第一欄中市場要素與第二欄中所描述之最適合的情況予以配
對。

1.潛在市場	a.這一群人都希望搭乘荷蘭到美國的遊船
2.目標市場	b.這些人已經搭乘荷蘭到美國的遊船
3.已服務之市場	c.如果情況許可,這一群人希望搭乘荷蘭到美國的遊船
4.合格可預期之市場	d. 這一群人希望搭乘荷蘭到美國的遊船,他們負擔得起,並且也已經前往港口準備搭乘

2. 把第一欄中量化預估技巧與第二欄中案例予以配對。

1.所得彈性係數	a.可支配所得與零售額增加,將可使莫頓的超級腦本季銷售額增加20%
2.市場因素指標技巧	b. 可支配所得增加1%,珠寶的銷售額將增加1.5%
3.連鎖比	c.台灣80%的汽車買主買不起BMW,其餘人口中十分之一的人會在未來五年中購買BMW
4.相互依存度分析	d.烏克蘭每年降雨量與海外購買大麥的數量有極強之正相關關係
5.時間推移法	e.中國被控竊取美國小型彈頭零件,使其科技發展與美國以往發展的時程相較進步十年

3. 把第一欄中判斷式預估技巧與第二欄中定義予以配對。

1.戴菲技巧	a.對市場狀況有整體概念
2.專家意見調查	b.購買機率刻度
3.購買者意願調查	c.摘述並再提出估計
4.業務人員意見	d.比較接近顧客

問題討論

1. 請解釋需求水準、行銷支出與行銷預估三者之間的關係。

2. 一個有效的預估,將如何有助於行銷規劃?

3. 假設以下的情形發生於聖誕節購買季之前:(1) Toys "R" Us連鎖店低估了電子流行玩具的需求;(2) Foot Locker鞋子連鎖店高估了有大量廣告之運動鞋的需求。請說明兩種可能對以上廠商長期與短期獲利影響的成本。

4. 依據空間──產品──時間的行銷預估模式的背景，就共和黨主席面臨的情況，你將如何定義以下的預估狀況：

(1) 該黨在21世紀的前十年，在吸引選票方面將有何進展？

(2) 該黨總統候選人將如何推動下一次的選舉？

(3) 該黨上議院候選人將如何推動下一次的選舉？

(4) 該黨明星候選人是否會影響今年麻州州長的選舉？

5. 一家大型跨國運動用品製造商2000年高爾夫球總營業額為50,000,000美元，目前正預估其2001年在拉丁美洲五個工業國家的營業額。請採用市場因素指標模式與連鎖比模式預估法，依據以下資訊，估計這家製造商高爾夫球的銷售額：

(1) 這一個國家的所得占五國全部所得的0.09%，零售額占這些國家的總零售額0.12%，人口占五國人口的0.15%。

(2) 這個國家有800,000個高爾夫人口，其中20%在一年內將會購買（或受贈禮物）一套新的高爾夫球。這些人口中的十分之一，將會購買或受贈該製造商的高爾夫球，平均價格為400元。

依據你的答案，是否可以說明何時或為何將幾種預估技巧合併使用，而可以獲得銷售預估額？兩種判斷式預估法將如何可以補足這些量化預估法的不足？

6. 就行銷控管而言，缺口分析是什麼？且這一家跨國運動用品製造商（第五題）在該公司五個拉丁美洲國家市場已做出預估後，這種分析將如何應用？這些概念將如何應用於針對以下分析項目而推出的活動：潛在市場、滲透市場、合格市場與可預期市場。

7. 請說明莫頓之語音辨識（Speech Recognition）軟體部門，針對專業課程的潛在市場、合格可預期市場、目標市場與滲透市場之間的差異。

8. 假設莫頓的工業電子部門打算預估其月晶片（Moonchip）在某一新地區的潛力，並且依據月晶片在其他地區的經驗，而有以下的

數據與實際狀況：月晶片50%的銷售額是在SIC編碼3661與SIC 3662區（電話／電報設備），SIC 3661區有一千五百名員工的企業，是莫頓的顧客，購買價值75,000元的月晶片，SIC 3662區則有二千名員工是屬於已服務過的企業，購買金額為200,000元。在這個新區域裡，SIC 3661企業聘僱員工數為一千二百人，且SIC 3662企業聘僱員工數為一千人。你預估月晶片在這個新區域的銷售額為何？

解答

 配對練習

1.1c，2a，3b，4d
2.1b，2a，3c，4d，5e
3.1c，2a，3b，4d

問題討論

1. 企業對某一產品的行銷費用，將決定市場潛力將在哪一個關鍵點，轉換為銷售額。一方面，某些營業額或許沒有花費1毛錢，但另一方面，在某一個關鍵點以上，再多花費額外的1元，獲得的營業額將少於1元。在這兩個極端之間，有效與可靠的銷售額預估，係指無論以單位計或金額計，在行銷支出增加的情況下，而增加的營業額。

2. 銷售額預估係指企業在經過規劃而支出行銷費用，而預期所可能產生的銷售額。這種銷售額的預估，也可能以競爭對手亟於奪得

的市場占有率的形態呈現。策略行銷規劃,是指確認出市場機
會,訂定目標與計畫,以使得企業的資源得以有效運用,以便掌
握這些競爭對手也一直努力想要獲得的機會。因此,一個有效的
銷售團隊,是行銷規劃的基礎,可以找出這些機會,確認競爭對
手的市場占有率,並計算出為掌握這些機會而必需的支出。

3. 低估需求所導致的成本,包括銷售額損失的成本,以及從這些銷
   售而可能得到的利潤,以及因顧客好感而產生的未來銷售額的成
   本。高估需求而導致的成本,包括存貨成本,以及為減少存貨而
   降價所導致的成本。

4. 就空間——產品——時間行銷預估模式,預估狀況如下:

	空間	產品	時間
一般黨員	全國	公司	長期
總統候選人	全國	項目	中期
上議院候選人	全國	類別	短期
明星候選人	區域	項目	短期

5. 運用市場因素指標預估技巧,估計2001年該公司高爾夫球在該國
   的銷售額為5,500,000元:

   $0.5 \times 0.09 + 0.3 \times 0.12 + 0.2 \times 0.15 = 0.111$,再乘以50,000,000元
   五國總計銷售額5,500,000元
   運用連鎖比預估技巧,估計2001年該公司銷售額為6,400,000元:

   800,000 高爾夫人口
   x .20 將會購買(或獲贈)一套高爾夫球者
   160,000
   x .10 將會購買該製造商的球具者
   16,000 高爾夫人口×400元／每人=6,400,000元銷售額

   這兩種預估法金額的差異幾乎達100萬美元,可以看出預估人員
   必須運用的該國資訊(市場因素指標算式反映出美國的狀況)並

不十分可靠，而必須使用其他預估方法。兩種可以採用的判斷式技巧，包括：(1)購買者意向調查（高爾夫球購買者）：例如，專業商店與運動用品配銷商，可能被請求依據他們對該國市場狀況，而預估對該一製造商高爾夫球的購買量；(2)專家意見調查：具備相關知識者，例如，企業行銷主管與高爾夫雜誌主編，將會接受訪談調查，或許會運用戴菲技巧而獲得共識。在運用這項技巧時，依據量化估計法所得的數額（5,500,000元與6,400,000元）可以作為原先預估的參數。

6. 就全球行銷的專業名稱而言，缺口分析是比較企業在不同國家的績效，以期得知該一企業在各個國家的績效表現，並且當實際績效未如預期（行銷掌控），採取適當行動。例如，就此一運動用品商的情況而言，假設在其中三國的實際銷售額與預估額相當接近。然而在第四個國家中，銷售額卻大幅落後於預估數額，且在第五個國家，則遠高於預估金額。這種實際績效與預估水準之間的缺口，即代表行銷人員必須採取行動。在第四個國家中，管理階層可能發現問題出在哪裡，並且設法彌補（例如，修正次年的預估額或改變行銷組合，以充分反映市場真實狀況）。在第五個國家，管理階層可能會找出成功的原因，以便將之應用於其他國家。總體而言，這些方法將形成以下策略：(1)增加潛在滲透市場的規模；(2)擴大合格市場或可預期市場規模（例如，改變合格之標準）。

7. 潛在市場包括對於購買莫頓語音辨識軟體具有各種水準之興趣的消費者所組成。合格的潛力市場是指有足夠的所得與參與此一課程的資格者。此外，語音辨識軟體的銷售者將可以滲透到合格潛在市場的成員。目標市場是莫頓決定進入的合格可預期市場，而滲透市場則是目標市場中實際接受語音辨識課程者。

8. 計算：3661產業每名員工50元，3662產業每名員工100元。因此，在這個新的區域，員工分別有一千二百人與一千人，這個產

業預估之總銷售額為160,000元。然而,這僅是莫頓預期在該區銷售額的半數。因此為: 320,000元。

Marketing

第十三章

產品規劃 I：
產品／市場成長策略

本章概述

產品與服務是主要用來確認一家公司的消費者、競爭對手、資源配置，以及支持行銷組合的價格／通路／促銷等元素。現有產品與新產品可以根據目標的特性、延伸的特性、優點和包含在消費者和組織化市場的行銷組合而定義。產品在其生命週期不同的階段移動，每個階段有其不同的行銷組合策略。這些策略也因產品的特性影響，而有不同程度的適應情況，從標準化到定製化計畫，行銷組合元素因為特定市場的需要和特性而調整改變。當產品從本地市場發展至全球時，其優勢隨之增加，包括技術能力、資源的經濟規模和可轉移性等。

產品定義消費者、競爭者和行銷組合

在這個部分，將檢視策略性的行銷企劃過程，廠商憑此可以：(1)理解並說明環境對潛在市場有利與不利的影響力；(2)鑑定、確定以及測量目標市場的區隔，與公司的任務、目標及資源一致。

在接下來的八個章節裡，將重點放在行銷組合的四個組成要素──產品、價格、通路和促銷──廠商綜合這些元素，經由滿足市場的需求而達成公司的目標。

將從產品這個主要的組合要素開始談起。在很多時候，產品確定了公司的營業內容，包括它的消費者、競爭對手、資源需求和支援的通路、定價和促銷策略。

本章將用各種方式將產品分類，以區隔市場以及規劃銷售策略，包括：(1)實際、擴大以及核心的產品；(2)消費者和產業產品；(3)產品和服務；以及(4)本地、跨國、國際和全球的產品。也將討論新產品在成功

進入／成長策略的重要性以及產品生命週期的模式如何幫助規劃與指引
這些策略。

產品定義：滿意度

　　產品的定義，是任何獲得注意力、能夠為人所獲得、使用，或者消
耗，以滿足需求的事物。這種滿意度可以從一個有形的產品得到，譬如
一條肥皂；或者從一種服務得到，譬如剪頭髮剪得很好；也可以從一種
象徵性的想法得到，譬如一個政治口號。從行銷經理的觀點來看，他們
全部都是產品，全部能銷售而滿足一個需求。

　　圖13-1顯示出一個行銷經理如何看待他或她的公司產品提供填補需
求的滿意度，從一個很廣的範圍中，自高度有形的純粹商品到高度無形
的精神上滿足。這範圍裡的貨物中，最大的部分代表了貨物和服務的結
合。舉例來說，一個輪胎是一個單純的貨品，購買此一產品時，其價格
可能也包括了安裝與平衡的服務。莫頓的MM系統就說明了在此範圍裡
的產品。在「產品」末端是伴隨著電腦的軟體與周邊產品，使該產品可
以應用各種不同的情況，例如，支援電腦設計、工作表分析，以及線上
訓練和發展會議。訓練和發展軟體代表有形的產品、光碟（CD-ROM）
與服務（延續CD-ROM的課程）的結合。無形的想法則是演講的內容。

　　除了定義所謂有形與無形這兩種情況之外，產品還可以用它們在這

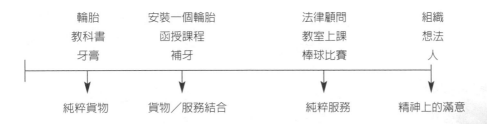

圖13-1　貨物服務範圍

範圍裡的屬性而定義。在最上面的階段是實際產品，就產品的本身的特性，如品質水準、品味、尺寸、價格、款式、顏色、使用效率、品牌和包裝。

下一個階段是延伸產品，包括了產品有形的元素以及形象和服務特性。舉例來說，進階的MM系統將包括了軟體程式、使用說明、保證書和保固證明、維護合約、品牌名稱聯想，以及快速的服務。對消費者來說，延伸產品是整個產品的一部分，但延伸的特性經常是用來與其他相似產品做區別。最簡單的例子如在法國製造生產的酒，跟在德國製造的車子，這也許是最能讓消費者區別延伸產品的方法。這個決定經常必須檢視購買者與產品有關的消費模式，包括在哪裡購買、什麼時候購買、為什麼購買、如何和由誰來購買。

最後，另一個階段是核心產品，就它所提供的好處或它為購買者所解決的問題而定義。例如，MM系統的訓練和發展軟體，作為一個核心產品，可能會被定義為增加生產力以及讓專業人士獲得權力的方法。在廠商銷售利益的程度上，他們通常專注在核心產品的發展行銷策略。以下是幾個例子。

1.「在工廠，我們製作化妝品；在藥局，我們出售希望」（雷夫森公司，查理斯‧雷夫森）。
2.「銷售一百萬個四分之一吋的鑽孔機不是因為人們想要這個產品，他們要的是四分之一的洞」（希歐多爾‧萊維特，哈佛教授）。

定義消費者／產業產品

另一個用來幫助發展產品／市場策略而定義產品的方法，是根據消費者和產業購買者的特性和需要。**表13-1**和**13-2**總結了每個市場購買產品的階段和種類，購買行為通常由消費者和工業購買者顯示與這些產

表13-1　消費產品：購買者行為和行銷組合屬性

消費產品分類	案例	購買行為	行銷組合屬性			
			產品	價格	通路	促銷
便利性 廉價的習慣或衝動購買；少量的服務或銷售花費 ·釘書機 ·衝動 ·緊急性	食品，藥物電視節目指南，糖果雨傘	經常在商店中計畫購買，基於「划算」快速，無計畫的購買；基於強烈認為需要當很需要該產品時而購買；做一點小購物	品牌，包裝，標籤對衝動型的消費者很重要，通知購買者	釘書機低單價，即興購買的物品；緊急貨物較高	在很多商店有銷售；在非常顯眼的位置放置即興購買的產品，靠近結帳櫃台附近；緊急項目經常以「補充性」項目出售	群眾市場廣告在促銷組合主要的元素
購物 認為產品值得花時間和心力去跟其他競爭做比較 ·同質性產品（基本上覺得兩者相同） ·差質性產品（覺得兩者不同）	某種尺寸，冰箱的類型，電視機；相對昂貴的超級市場東西（咖啡、奶油），家具，照相機，衣服	尋找最低的價格 在預想的品質標準與產品特色的基礎上做比較	延長產品屬性（安裝、信用、追蹤、交貨、服務）已發展；需要廣泛的產品分類以滿足個人口味	通常比便利性商品價格多一些	強調位置的便利性	同質性產品強調產品特性的延伸（服務、品質）；異質性產品具有競爭性的特徵，好處；人員銷售的組合關鍵部分
特色 覺得值得特別跑去買	Mercedes汽車，Gucci的鞋子，卷心菜，洋娃娃	購買者想要一種特定的產品；不需要比較；會花上相當多的時間和心力	品牌識別很重要，也如服務一樣延長了產品屬性，包裝；生產線擴展決策重要	獨特產品特性，聯想品牌名字所以允許較高的價格	商店的位置比起店面的數量來得重要	強調獨特產品屬性和產品聯想；廣告訴求以及媒體決定反映出產品形象；人員銷售相當重要
未經要求 消費者不想要這個產品，或者他們根本不知道可以購買這個產品	新的未經要求：五百個頻道的有線電視；煙霧警報器 已知的未經要求：人壽保險，百科全書	有這個需要，不過購買者沒有動機來滿足它 沒有搜尋產品	延長產品屬性（服務、保證）重要	一定必須具有競爭性才能克服購買者的抵抗，但也必須高到足夠涵蓋銷售的成本	未經要求的情況需要很多的商店，經常採店內簡報說明的方式	要求強烈強調所有的促銷組合要素，特別是先進的人員銷售方法；比起產品特點，比較強調產品優點

表13-2 產業產品：購買者行為和行銷組合屬性

產業產品分類	案例	購買行為	行銷組合屬性			
			產品	價格	通路	促銷
設備 長命的資本財因時間的流逝而貶值	大樓（老舊） 大樓（新） 固定設備 顧客化 標準化	主要經濟動機（投資回收）倍數，高程度購買影響力 與賣主的談判很重要	購買的費用和風險經常使得租賃比購買較有吸引力；產品的形式沒有改變；消耗率非常低	高單價；需求傾向無彈性的，特別在投資回收率（ROI）吸引經濟回升時；否則，競爭是以投標方式進行	通常直接從製造商那裡購買	間接促銷（廣告、宣傳）不如人員銷售重要；可能被集中一個集中化的市場，但是符合個別消費者的需求
附屬設備 短命的項目，不會成為成品的一部分	生產工具與設備，辦公室活動（可攜式鑽子、打字機等）	有更多的潛在客戶，但是購買中心影響力比起安裝更少；小訂貨規模	與設備比起來更標準化；租賃的吸引力只在一些目標市場內；工程服務不是那麼重要	單價適中；當設備變得較標準化時，需求傾向更有彈性	市場地理上是分散的，因此使用更多的仲介	使用較多的間接促銷（特別是銷售促銷）
原料 末處理消耗型項目進入生產過程	自然和培育的資源（原油、鐵礦石、木材）；還有農產品	低階決策；提供連續性，成本效率關鍵動機；偏好分類，將產品分級；鼓勵用合約購買以控制供給	會腐敗的，季節性的，在短期內不會擴大的	經常依賴供應，但這部分很難調整需求；通常，對產業部分是無彈性的，對個別公司則有彈性	固定需求，季節性生產，意味著強調儲藏，運輸，分級；生產者分散，意味著集中購買者很多，集中化的經銷商垂直整合	產品很難差異化，所以直接出售是促銷組成中一個重要的部分
零件 消耗型項目比原料需要更多的處理；同時進入生產過程	零件（已完成或者差不多要完成，已經可以組裝）；輪胎，小型馬達材料（需要更進一步處理）電線，綿紗，鐵	如果零件是重要且昂貴的，則為修改性再購或新任務購買；直接再購乃根據標準經濟需求（價格、可用性、品質、重要）；通常有很多候補的來源	非常迅速的消耗性，強調服務和持續性	產業需求的產生基本上是無彈性的，但對個別公司則是有彈性的，價格是組合元素中一個主要元素；單價低	很多供應商造成具有競爭性的市場狀況	代工和售後市場特別有吸引力

（續）表13-2　產業產品：購買者行為和行銷組合屬性

產業產品分類	案例	購買行為	行銷組合屬性			
			產品	價格	通路	促銷
供應品 維護、修理、運作（MRO）項目；不會成為成品的一部分	油漆，釘子，掃帚，螺帽，迴紋針，潤滑油	需要候補的來源；通常直接再購，少有購買影響力，小型購物；可能會談判合約以創造直接再購的機會；通常會期待彼此相互之間的關係	品牌很重要，使購買容易些，容易貯存的包裝；迅速的消耗性所以強調可靠性；應該提供完整的產品種類	單價非常低；在短期內需求非常有彈性	很多供應者造成具有競爭性的情況	媒體廣告，銷售促銷支持直接銷售的成果
服務 ·維護維修 ·商業諮詢	油漆，機械修理，警衛管理諮詢，會計	經常根據合約購買，或者以雇員為基礎，經常內部處理	品牌聯想，產品品質，服務	獨特產品的需求經常是無彈性的；否則，透過談判的價格範圍可能會很寬	很難擴大配送通路；位置的重要性隨消費者接觸的數量而變化	人員銷售高度支配了個人化服務；推薦介紹很重要；廣告較重要，因為服務變得較不個人化

有關，以及行銷組合裡引起銷售企劃人員興趣的部分。

 消費產品

　　在消費者市場裡，產品是根據其產品壽命，和顧客對該產品的購買行為而定義的。

產品壽命

　　產品以一種或一些用途被消耗，譬如迴紋針，或者一塊長條形糖果，我們稱之為非耐用品；有形的實際產品中，可以被運用在很多方面的，如家具或者重型設備，我們稱之為耐用品。

顧客的購買行為

便利性產品經常被快速地購買，並且多半未經過比較。而一般物品的採購則多半在品質、價格、款式和合適性等方面做比較。獨特性商品則較重視產品獨特的屬性，採購者會花特別的心力在這上面。這些購物特性相對地會依據每種產品的類型而決定行銷組合的重心。例如，便利品具備衝動購買的特性，因而強調通路元素，以確定這些產品的便利性與可見度，而獨特性產品，則強調促銷產品的品牌名稱。

產業產品

從行銷企劃者的觀點來看，產業產品通常是依他們如何在有效能的過程裡被使用而分類，就如同根據購買該產品的人是誰而定義一樣。如同本書第十章所討論的，這裡的購買行為與消費者市場的購買行為是很明顯不同的。例如，對產業產品的需求，通常是從對消費產品的需求而衍生出來的，較無彈性，變動性較大，而且以更多人的更多集中性購買為特點。產業購買情形被分類為：直接再購、修改再購和新任務購買。

某些產業製品，譬如原料和零件，最後都會成為成品的一部分，反之其他如裝置和供應品，則成為涉及生產活動的維修、修理和操作等動作的一部分。

產業產品的購買行為，和製作這些產品的使用，主要在確定行銷組合對不同產品種類的回應。舉例來說，昂貴的裝置會隨著時間的流逝而貶值，通常需要高階人員對於經費支出的授權，以及具影響力的人士參與購買的過程。為了接觸到這些具影響力的人物，通常會採取人員銷售的模式。對於那些較非昂貴的產品而言，在直接再購買這種定期購買的情況裡，重點很可能會放在關於價格，特別是那些很難有差異性的產品。

快速成長的全球服務

　　服務是為了出租或銷售產品而提供的，可能是一項活動，某一個優點，或者是產生滿意度，服務基本上是無形的，而且不是因為任何事情的所有權而導致。

　　服務的費用支出，在過去的十年裡，增加到將近美國國內生產總值的四分之三，1999年，約占全部工作供給額的80%。數據處理、管理諮詢、會計／金融，以及工程／建築服務，都是迅速成長的行業領域。

　　服務業快速成長的主要動力，是由於美國自1960年代後期開始放鬆了對服務業的管制。從那時候開始，政府和服務業的同業公會，將這個力量推動到其他的工業化國家，宣揚這個觀念，以提升市場競爭力量。主要受到影響的服務業，包括交通運輸、銀行業、電信和類似莫頓公司MM系統這類的專業市場，如保健、法律和會計。競爭增加以致價格降低，需求增加，服務市場增加了新加入者，並且加速尋找新市場商機。

　　刺激全世界服務業成長的其他原因，還包括電腦與電信方面的先進科技，導致訊息和資源很快傳輸，以及與服務有關的產業橫向聯合，成為一個新成長的行業。1996年美國通過電信法案，用以定義與指導娛樂、有線電視、電信，以及網際網路技術的有效整合。

服務的特性定義產品應用與策略

　　服務可以從各種角度來看，以確定有關在銷售方面與策略的獨特問題。

　　首先，服務可以被就其與更多有形的產品的關係來觀察。服務可以與有形產品區別。舉例來說，在航空業，將飛機銷售給航空公司時，他們所考慮的可能是提供的後續維修維護服務。然而，一旦銷售出去了，其他的一些服務，如預約飯店、租車，以及其他等等，將倚賴到可靠的

有形飛機功能。

服務也可以與有形的產品（如租賃或購買一輛汽車）競爭，或者跟其他的服務競爭，如租車服務，也就亟於挖出旅客的錢。

競爭成功的關鍵，是瞭解無形服務與有形產品之間的關係。例如，什麼樣的服務可能被放棄或增加，以加強在一個已知市場中，一種產品或服務的訴求？

依據消費者、內容和特性將服務分類

服務也可以就其針對的消費者類型來觀察，一些服務性企業，如揚雅（Young & Rubicam）（廣告業）以及勤業眾信（Deloitte & Touche）（會計），就是以服務組織性市場為主，另外像Club Med、湯瑪士·庫克（Thomas Cook）以及希爾頓酒店等，都是以服務消費者市場為主。

另外一種將服務分類的方法，是根據是否結合了有形與無形元素的範圍來判定。舉例來說，到一個醫生的辦公室去做一次訪問，可能包含5%的貨品內容（如聽診器），以及95%的非貨品內容（如醫生的診斷），你對滿意度的感覺，可能是你目前的情況很良好。另一個極端的例子，是看門人的服務，這部分可能有80%的貨品內容（如抹布、水桶，以及其他等等）和20%的非貨品內容（如一間乾淨的工作場所）。一個有相對高的貨品內容服務，經常會被歸類為以設備為主，較非屬於有形，非貨品的服務則會被歸類以人為主。

從那些對區隔和進入新市場感興趣的廠商觀點中，將服務分類與定義的最有效方法，尤其是那些以人為主的服務，如顧問、作家、老師、會計師和其他專業人士等，可能是根據將服務與其他有形產品差異化的屬性來做分類。**表13-3**就指出了這些差別以及他們如何影響行銷組合。

要說明這些屬性，可以考慮一個運動團隊在銷售服務時所面臨的一些問題。因為這種服務是易毀滅的，不能被放在倉庫中貯存；一場因雨取消或延期的比賽通常會失去收入。因為這種服務是易變動的，收入與

表13-3　服務：特性與行銷組合屬性

服務特性	與更多有形產品相比較	案例	行銷組合屬性			
			產品	價格	通路	促銷
無形性	較難品嚐，感覺，看見，或者在使用之前體驗	剪髮的品質，審計，或者廣告促銷運動	建立，維持品質形象和歷年成績紀錄；商標名稱中有形的符號（如美林的公牛圖騰）	歷年成績紀錄很強，品質形象可以證明高價是正確的；有一些服務是避免問題的間接定價（如佣金）	服務環境強調有形的觀點（航空餐飲、牙科診所中所提供的雜誌等）	「形象」廣告，發言人證明，免費試用，推薦人，人員銷售對文件期望利益的重要性
不可分離性	更難從賣方的人或形象那裡分離	精神科醫生、醫生、律師	商標名稱聯想到賣方的形象（H&R Block公司）	高額的個人服務費經常協商（會計師、房地產經紀人）；強烈的賣方印象；經常索取高額費用	通路機會高度限制個人服務，鼓勵直接經營的行為（Jacoby & Myers公司）或者經銷權（H&R Block，麥當勞）	促銷集中在服務人員的品質（Club Med被聯想到可靠的航空飛行員），經常使用的服務人員像是發言人（H&R Block銀行總裁）
變化性·在使用方面	用戶的數量時常改變	度假中心的季節，尖峰時間的火車時刻表	經常包括有形的設備（如自動櫃員機）來擴張假日時段的使用率	議價的範圍可能極寬	當需要時，提供服務很重要	媒體行程必須與服務使用週期相符；促銷會鼓勵非尖峰情況的使用
·在質量方面	使用品質的經驗會經常改變	無聊的棒球比賽，飛機延誤兩個小時	努力取得，維持高品質水準；經常根據新需求而修改	在旺季時，定價經常很高，來彌補非尖峰時期的成本	所在位置能提升加強「品質」的形象（在第五大街的Saks）	強調品質經驗（一次令人興奮的世界棒球對抗賽）
易腐性	必須經常在生產時被消耗；難放在庫存貯放	體檢，電視節目演出時間	特定製作的服務以符合客戶不時的需要（漢堡王的漢堡）	重點在多種不同的價格獎勵（季節性的、現金、數量折扣等）來確定給客戶的承諾去使用	當需要時，服務必須有效地接近消費者	推銷特別獎勵來保證使用服務（如有形的獎勵購買飛行時間、雜誌訂閱）

（續）表13-3 服務：特性與行銷組合屬性

服務特性	與更多有形產品相比較	案例	行銷組合屬性			
			產品	價格	通路	促銷
勞動強度	服務普遍倚賴人員的素質與能力；很難取得規模經濟，學習曲線好處	體檢，海上遊輪旅遊，所得稅準備	選擇給予的動機很重要，以及訓練服務人員產生高生產力與效能	由於人力通常是所有成本中占最高的部分，所以傾向於將服務的價格提高	服務必須放在員工可以便利接近的地方	鼓勵服務人員在銷售服務上扮演更積極的角色，經常使用促銷（如雅芳小姐、草地醫生）
法律，道德障礙	服務業本身和／或政府的規章本身，要求維持高標準	美國廣告公司，證券交易委員會，公共事業管理委員會	道德行為的高規範，特別在人員服務上（警察的藥物檢測、更新給醫生的小組名單）	在確定價格方面，關切立法機關的回應很重要（如醫療的服務）；一些服務的價格（水電瓦斯）是由立法單位決定	個人化的商品服務（挨門挨戶、DM、銷售）經常會產生欺詐和隨之而來的法律約束	在制定服務的過程中，在特性上傾向於防禦性的，預期法令規章的控制約束（如一個政治人物的道歉、公共事業費率增加的辯解）；甚至在某些領域做廣告是被認為不道德的（如法律、醫生）

　　利益將因比賽而不同，服務的範圍從無聊到令人興奮都有可能。因為這種服務是無形的，無法保證參加一場比賽的具體利益（如果地主隊輸了，可能會是一次痛苦無比的經驗）。勞動強度是另一個問題，特別是當大多數的勞動者拿的是六位數的收入時，想要透過規模經濟和效率學習曲線來縮減成本以提升利潤，是相當困難的。因為服務比有形的產品與他們的提供者來說，更不可分離，提供者——客戶這種相互作用是一個服務行銷的特殊功能，如運動員經常被消費者期望成為模範榜樣。

除了這些差別，很多專業人士，例如，醫生和律師，面對法律與道德的限制，經常會讓他們自己變得更易受責難，因自我提升或者玩忽職守而不得不自食其果。

服務的這些特性對廠商來說代表了許多意義。舉例來說，服務的變化性十分強調服務的品質管理，在醫學、法律以及其他方面上，保證一個更有利的結果。事實上，服務很難與服務的提供者分開，這意謂著他們不會讓他們自己參加標準化的策略，即使這個人為原素確實提供了一個機會使服務有差異性。

在行銷服務中另一項大挑戰，是從他們無形的變化性裡衍生出來，這意謂著他們在統計上經常無法察覺像那些有關於產生收入、創造工作機會，以及很難或不可能得到成果的活動訊息。這種服務保持的低姿態，同時使他們變得容易對準政府法令規章這個目標，這些經常是由與廣闊的政策不相關的行政機關所執行的。

區隔的涵義

將產品與服務依他們的使用、特性和消費者購買行為來分類，是區隔市場一個極好的基礎，同時可以確定行銷組合的重點。舉例來說，一家大型保險公司的行銷經理可以就它的「未被要求」情形來定義它的市場區隔：一般人們是什麼年齡、收入以及態度特性，會使這種產品未被要求？同樣地，市場區隔的輪廓可以從人們的特性而來描繪，這些人認為產品是一個購物、特別的東西、新任務購買、直接再購，以及其他等等。一個管理顧問對介紹他的專門技能到國際市場感到有興趣，他可以定製產品、價格和促銷策略以反映出不可分離性、勞動強度以及此服務的無形性。在規劃市場區隔和行銷組合策略時，廠商應該注意到，相同的產品或服務可能被不同的消費者族群視為不同的東西。

例如，一整套的電腦軟體銷售給消費者，可能會被電腦「駭客」的

成員覺得是一個便利性的產品，並且是新擁有者區塊的一個成員採買的項目。在產業市場，相同的軟體可能會用來開動一個維護、修理、運作（MRO）應用的生產線，或者，專業人士可能覺得它是一件管理的工具。

產品生命週期協助策略規劃

產品生命週期（Product Life Cycle, PLC）模式假設了成功進入具競爭性的市場的產品經歷一個可預測的循環，隨著時間的經過，包含了上市期、成長期、成熟期與衰退期，每個階段所呈現的威脅和機會廠商必須一一處理，以保持產品的獲利力（**圖13-2**）。**表13-4**列出了典型的威脅、機會和每個階段回應的特色。

在介紹MM系統這個新產品上市時，莫頓公司的企劃者利用產品生命週期來聯結產品的推廣和適應模式（以下即將討論），在每個產品生命週期階段來預期他們的威脅和機會，確定並定義目標市場，並且規劃行銷組合來吸引這些市場。

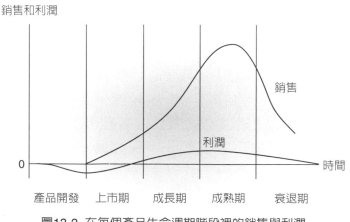

圖13-2 在每個產品生命週期階段裡的銷售與利潤

產品生命週期的特性

依據不同的考量，包括競爭的種類和數量、消費者利益的等級、在銷售上的努力，以及產品技術的複雜性，產品生命週期的長度會戲劇性地變化。

舉例來說，一個昂貴、複雜的技術讓彩色電視在產品生命週期的上市階段為期長達十多年。相反地，許多簡單的、廉價的、積極銷售的流行產品，如寵物棒棒糖和Hoola Hoops鐵環，每個生命週期階段不會超過兩年。市場生命週期，跟產品生命週期的流程一樣，都是遵循著上市期——成長期——成熟期——衰退期這個模式，則是另一個重要的考慮。舉例來說，依據市場發展的階段，一種產品可能在不同的國家有不同的生命週期階段，在每個階段會建議不同的回應策略。

表13-4　威脅、機會和行銷組合回應在每個產品生命週期階段的表現特色

| 特性 | 產品生命週期的各階段 | | | |
	上市期	成長期	成熟期	衰退期
銷售目標	吸引好奇者和意見領導對一個新產品的注意	擴大通路和產品種類	保持不同優勢	（a）減少 （b）恢復 （c）結束
產業銷售	增加	迅速增加	穩定	減少
競爭狀況	沒有，或很少	一些	很多	很少
產業利潤	負數	增加	減少	減少
利潤幅度	低	高	減少	減少
消費者	好奇者	廣大的大眾市場	大眾市場	後來的消費者
產品組合	一個基本的型號	擴大產品種類	完整的產品種類	最暢銷的項目
通路	取決於產品	擴大商店的數量	擴大商店的數量	減少商店數量
定價	取決於產品	更大的價格範圍	完整的價格種類	挑選價格
促銷	情報資訊	有說服力	具有競爭性	情報資訊

典型的產品生命週期

以下是每個產品生命週期階段典型的情況和回應的描述，假定一種產品被認為是一個新成功進入市場的產品，而且橫跨了全部的產品生命週期階段。

上市期

這個階段的主要目標是為這種產品建立銷售，經常以利潤作為付出的報償。雖然競爭的情況還很有限，或者如果是新產品則尚無任何競爭狀況存在，其利潤幅度會相當低，因為：

1.最初的市場量尚無法產生規模經濟而可以獲利運作。
2.單位的生產和行銷成本較高，通常隨後成本將會均攤而降低。

因為費用很高，通常這種產品只有一個型號會被放在這個階段期間內出售。對一個便利性的項目來說，如一本新雜誌，通路是廣大的，透過很多經銷商銷售出去；對昂貴的項目或者特色項目來說，如汽車，通常會從很少的經銷商中挑選一個或獨家經營。這主要都取決於產品的類型，這種產品可能有一個高價格或者一個低的大眾市場價格。

促銷一般都是為了使潛在客戶知道有這種產品上市，並且通知他們有關該產品的特色和好處。產品的試用會透過折價券、樣品或者邀請消費者試用這項產品。

成長期

這個階段主要的行銷目標是擴大通路和產品選擇的範圍。對這個產品種類的主要需求迅速增加，有許多公司帶著尚未實際開發的潛能加入這個非常有吸引力的市場。產品單價利潤增加，因為這個擴大中的市場的成員，願意為付高一點的價格來購買這些數量有限的產品。為因應這

個快速成長的市場需要，而修改產品的版本（如提供MM方案給另外的
專業團體的計畫）。另外，通路擴大，價格幅度增加後，大眾促銷會變
得更有說服力，重點會集中在具有競爭性的產品特徵和優點。

成熟期

　　這個階段以激烈競爭為特點，而且由於公司渴望利用市場上仍然龐
大的需求，所以市場較為飽和。公司主要的銷售目標是維持不同的優
勢，而且透過更多的產品型號和特色，更低的價格，更多的服務選擇，
和更多的創新的促銷活動讓利潤與優勢結合。由於打折扣成為受消費者
歡迎的作法，所有的產業和單價開始下降。由於最好的目標市場變得飽
和，其他較不那麼有吸引力的市場區塊變成努力銷售的焦點。一個完整
的產品類別可以經由很多商店通路用不同的價格銷售出去。

衰退期

　　在這個階段需求會開始減少，因為消費者減少了，而且其他更具吸
引力的產品出現在市場。賣方現在面對以下三種選擇：(1)減少銷售計
畫、產品的銷售數量、配合的經銷商和促銷活動；(2)重新定位產品，重
新包裝，或者重新行銷這個產品；(3)結束這種產品。當產業銷售下降
時，產品組合會更集中在暢銷的產品上，或更有生產力的經銷商，和最
有效的價格和促銷策略。

產品生命週期的擴展和運用

　　擴張和運用過程的型式，與產品生命週期的模式在概念上很相似，
兩者都追溯新產品銷售的經驗。與產品生命週期不同的是，這些型式集
中在於誰買了這個產品，而不是產品本身。因此，他們幫助企劃者描繪
出不同種類消費者的購買行為，從個人到一大群人，以及根據這些描繪
輪廓規劃出行銷策略。

擴張過程描述族群購買行為

　　根據擴張過程的模式（**圖13-3**），一串連續的五個採用者族群隨著時間的延長而購買產品，範圍從一開始的好奇者到後來的消費者。這些族群中的每一個根據購買人口的百分比而定義（例如，早期和後來的主要族群包含了68%的人口），而且就人口統計、心理分析以及媒體特性來定義。舉例來說，一位研究人員把早期的採用者描述為：

> 這群後期的採用者年紀很輕，社會地位較高，有利的經濟財務地位，較多特殊的運作，以及不同類型的精神力……（他們）利用不牽涉個人感情及全球的訊息來源，並且與新想法的起源有密切的接觸……❶

消費者採用過程模式描述個人購買行為

　　消費者採用過程模式集中在於一個個別消費者的看法和決定，該消

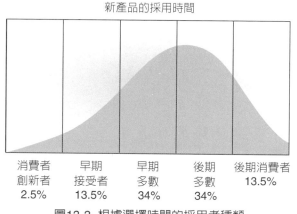

新產品的採用時間

| 消費者
創新者
2.5% | 早期
接受者
13.5% | 早期
多數
34% | 後期
多數
34% | 後期消費者
13.5% |

圖13-3 根據選擇時間的採用者種類

---

❶Everett M. Rogers, *Diffusion of Innovations* (New York: Free Press, 1983), p. 192.

費者後來變成固定購買該產品。如擴張模式一樣，莫頓公司的企劃者希
望將人們用最快的速度從模型的各個階段中移動。消費者採用過程的階
段可能被分類如下：

1.知覺：消費者獲悉有這項新產品，但是缺乏相關的訊息。
2.興趣：潛在購買者被刺激而尋找關於這種新產品的訊息。
3.評估：他們經由試用而考慮這種新產品的可能好處。
4.試用：他們試購該產品以改進他們對此新產品原先估計的價值。
5.採用：他們決定固定使用這種新產品。

潛在購買者在採用過程之中，莫頓公司的企劃者運用了適合每個階
段的戰術。例如，他們藉由提供免費的試用品給潛在客戶，來加強評估
和試用新型的專業軟體程式，以及提供免費使用莫頓電腦來引誘潛在客
戶從試用的階段移動到採用階段。

新產品：任何新鮮的事物

從廠商的觀點來看，一個新產品是任何被認爲是新的東西，包括一
項較大或者較小的發明或革新，或者將現有的產品做一些輕微或者較大
的修改。這種產品對市場而言可能是新鮮的，或只是爲了把它引入市
場。

在美國的國內市場，所有市場上的新產品大約有70%是修改後的產
品上市，20%是小部分的產品革新，只有10%的產品是眞正的創新。

不管如何被分類，很多公司考慮的是在競爭的市場裡持續的、新產
品有系統地發展，這對產品的成長和獲利力都很重要。這些公司認爲新
產品可以達到共同目標是一個相當珍貴的方法，例如，與競爭者較量、
將生產線完成、符合銷售和利潤的目標，並且可以利用過剩的產能。

其他未開發新產品的公司，假設他們採取「追隨領導者」定位，跟

隨那些開創新產品的公司，如微軟、奇異（GE）、3M和吉列。他們之所以不願開發新產品的原因，包括市場不完整的破碎，小塊的市場區隔利潤與銷售量低；新產品創意的短缺，是因為缺乏新技術的支援；產品壽命較短；新產品開發加速費用的產生；以及缺乏資金來支付這些費用。

或許不願進入新產品競賽的主要原因，是成功的可能性太低了。根據協商理事會最近一份針對七百家企業所進行的研究報告內容顯示，每七種新產品中，只有一個產品會出現商機，而這些商品上市之後有三分之一不會產生任何利潤。產業產品的失敗率是大約20%；服務方面的產品是介於15%到20%之間，消費性產品則大約是40%。

新產品開發的組織

發展新產品方面，有四個最普遍的組織：

1. 品牌經理架構：一個品牌主管承擔新產品開發的責任，除了確定目標之外，還要確定目標市場，並且為一個單一產品或一條生產線策劃出行銷組合策略。

2. 新產品委員會：由主要功能領域的最高階經理組成，他們必須不定期開會見面，來審查選拔新產品創意，然後返回他們原來的工作崗位。

3. 開發團隊：由來自不同功能範圍的經理組成，他們有權力規劃和進行新產品開發，與其他部門無關。

4. 新產品部門：由各個領域的專家組成來做產品開發、研究、財務、生產、行銷，負責新產品開發過程中的每一個階段，從創意的產生到產品上市。

在一個擁有多樣產品並在多國設立分公司的企業裡，極大數量的新產品，結合了大量消息來源，建議了後來的機構化選擇：一個全職的新

產品單位。根據一項研究❷，在功能作用組織的公司與新產品部門之間有強烈的相互關係，在國外介紹新產品上市的速度：有40%的發明是從這樣的公司在二年之內所推出的，與那些只有6%發明的功能作用組織公司比起來，後者缺乏這種新產品部門。

新產品部門的功能

通常新產品部門在新產品開發過程中，會進行以下幾個步驟：產生創意、創意篩選、發展概念和測試、發展行銷策略、商業分析、產品開發、試銷和商業化。以下將介紹莫頓公司的新產品部門如何遵循這些發展步驟來發展MM系統新產品。

產生創意

在這個過程中需要新創意的來源，以及為產生這些創意的方法。

1.創意來源：這部分包括了消費者、供應者、競爭者、業務員、經銷商、代理商、輔助的主管、總公司的主管、內部的報告和實際的觀察。**表13-5**顯示了消費者和產業市場裡的這些新產品創意來源的百分比。莫頓將這些來源的訊息，有系統地蒐集，並且整理進公司的MIS數據庫（在本書第六章中有討論），然後傳送到相關的篩選和決策中心。

2.產生創意：補充增強莫頓的系統化流程來蒐集新產品創意的，是把這些想法轉變成產品概念的技術。這些技術包括系統化地評估各種不同的競爭性個人電腦系統，來確定主要的特色和優點，以產生市場上的勝利。然後，在腦力激盪時，部門成員聚集在一個毫無約束的環境裡一起激發創意想法，在這個環境中不鼓勵批評

---

❷William Davidson and Philippe Haspaslegh, "Shaping a Global Product Organization, "*Harvard Business Review*, Vol. 59, March-April 1982, pp. 69-76.

表13-5 新產品創意的來源

來源	產業產品（%）	消費產品（%）	總計（%）
研究與發展	24.3	13.9	20.8
除了研究與開發之外的內部單位	36.2	31.6	34.6
消費者的建議和抱怨	15.8	12.7	14.7
正式研究用戶的需求	10.5	17.7	13.0
競爭產品的分析	27.0	38.0	30.7
公布訊息的分析	7.9	11.4	9.1
供應商的建議	12.5	3.8	9.5

資料來源：Leigh Lawton and David Parasuraman, " So You Want Your New Product Planning to be Productive," *Business Horizons*, December 1980.

性的言語，但希望所有的參與者可以「夾帶」創意給其他人。所有的想法都記錄下來，只有極少數的一些創意將會留到下一個階段繼續進行。

創意篩選

這個階段的目的，是要減少第一階段出現的創意想法，而留下幾個值得更進一步考量的想法。在此同時，部門成員要避免「剔除」錯誤，不要將有真正潛能的創意剔除掉（如IBM和柯達公司曾經剔除全錄的影印技術），以及「執行」錯誤的想法，也就是公司決定採用一個新產品，但稍後這個產品卻失敗了〔歷史上最大的失敗產品是福特的Edsel車款，杜邦的Corfam，拍立得相機的Polavision，美國無線電公司（RCA）的Videodisk，新力（Sony）的Betamax，IBM的PCjr，新可樂，和Nutrasweet的Simpless，肥胖的代替品〕。

莫頓公司篩選創意的基本過程是一份檢查表，包括了經濟上的考慮（譬如投資要求和獲利潛能），市場標準（如預期的競爭情況、市場潛力的大小，以及配送通路的可用性如何），以及產品特性（如符合目前現有的生產線和生產能力，以及所預期的產品壽命）。

　　除了提供一個成功量化的目錄索引之外，衡量每個標準領域，以及在每個屬性領域方面為每個產品概念評分，這份檢查表同時也指出，哪些領域部分採取行動的話可以有成功的機會。例如，如果產品「可以促銷的特性」上拿到很低的分數，在設計變化時可能需要進行補救這個缺點的動作。

　　當新產品概念從清單分析中脫穎而出之後，要將這個概念寫在一個標準的格式上，包含關於市場的預估、競爭情況、優缺點、開發成本，和利潤回收率，然後移到過程的下一個階段。

發展概念和測試

　　新產品開發的第三個步驟，是開始更進一步發展產品的想法變成產品的概念，根據潛在客戶的條件來定義。一般的作法是發展最初想法，進而代替產品概念，並且評估每一個概念的吸引力，透過提出每一個詳細說明的版本，附上描述的文案和圖解，讓消費者焦點團體回答以下的問題：這個產品有真正符合你的需要嗎？它在具競爭性的報價上，有提供什麼顯著的好處？你將如何改進它？它值得花多少錢？你買它的可能性有什麼？

發展行銷策略

　　如果新產品概念可以殘存到這個步驟，它已經被發展而且將被放在行銷策略中被測試。詳細說明這個策略，如果產品商品化的話，它有可能會是稍後規劃的行銷策略模型，通常它包含了以下幾個描述的部分：(1)這個產品、這個產品的市場和它將被推出上市的競爭環境；(2)計畫的行銷組合策略支持這種產品推出上市；(3)長遠的行銷組合策略和銷售／利潤預測；以及(4)提出時間表和預算。

商業分析

　　在新產品開發過程中的這個步驟，前面幾個步驟的假設和規劃將被

放到經濟分析的強光下剖析。這裡會問到的幾個主要問題是：我們將要投入多大投資額來推出並支持這種產品？銷售、成本和利潤將會以什麼比率成長？預期投資的收益足以證明比起其他風險較少的選擇來說是正確的？在我們其他的產品上，這種產品發展的影響將會是什麼？用來提出這些問題的工具和技術，包括保本、現金收支、和投資分析的回收。

產品開發

在前幾個階段，那些新產品的提議經歷一系列的變化之後，從一個口語的描述，到「紙上原型」描述，到實際產品的原型。

在這個階段，莫頓的研究與開發部門要被收取費用，由於發展產品原型將會把所有成品的屬性具體化，而且會用來確定它的商業的可行性。這個步驟的費用超過前面幾個步驟成本的總合，但是生產的原型可能會就其功能性被作測試，在實驗室的情況下，從預期的購買影響力得到回饋（如專業人士，他們稍後將會成為MM系統模型的消費者）。舉例來說，這種產品可以被改進嗎？如何改？促銷的主張是可以信服和有說服力的嗎？價格與認知的價值一致嗎？這種產品跟其他競爭者的報價相比較如何？

試銷

這個步驟包含介紹這種新產品進入一種真實情景的環境，例如，兩個試驗的市場城市，然後在實驗情況下，測量各種不同的行銷組合彼此相關的影響，如第八章所描述。通常，因為這個步驟被認為過分昂貴和競爭危險所以被忽略。 在測試莫頓的產品概念過程中，試銷研究會被消費者小組取代，以協助產生期望中研究成果的秘密性、可靠性和有效性。

商業化

新產品開發過程的最後步驟，是最昂貴的，涉及完全生產和行銷投

資有關的開支，整個商業化市場裡所花費的金額有可能會超過2億美元。為了改進成功銷售新產品到新國家可能產生失敗的可能性，莫頓公司重點放在以下四個決定性的地區：

1.在哪裡推出這種產品：決策乃根據預期進入的市場中其環境的威脅和機會徹底的分析，以及市場的兼容性而做出的決定。
2.由誰來推出上市：根據對預期的目標市場的特性、需求、目前規模和發展潛能的瞭解而做出決定。
3.什麼時候推出上市：根據對目標市場何時的需要最大，以及最能控制競爭的回應的理解而做決定。
4.如何推出上市：根據為了這種新產品的上市花了多少費用的數據，以及這些資金應該如何被配置到行銷組合的四個要素而做決定。

所有這些關心的範圍，都會記錄在新產品的行銷計畫中，以幫助協調並控制銷售上的努力，並支持新產品的上市。

國際觀點

本章所討論的大多數有關國內市場產品計畫的概念，也可以應用在國際市場裡。消費者和產業產品及服務定義 相似（便利性、購物、周邊附件、零件），並且以有相似的購買者行為與支持的行銷組合為特點。此外，相似的還有產品生命週期的目的和階段，以及新產品開發過程。

在全球市場廣泛的範圍裡，這些基礎概念同時也呈現出更寬廣的意思：一個產品的覆蓋種類補充了國內市場的產品目錄；產品生命週期擴大的定義；以及另外的考慮形成新產品開發過程。這些較寬的定義，也會影響產品在國際市場被設計、發展，以及銷售的模式。

在國際市場上將產品分類

除了將全球產品和服務就特性、用途和購買行為而分類之外，基根❸建議以下的分類方法來定義市場性，以及行銷組合確實符合產品的成品／市場的發展策略。

1. 當地產品：是被認為只在一個單一市場有潛能的產品（例如，某些種類的衣服、紗麗和褶裙，在特定的某些國家穿著）。
2. 跨國的產品：是適應全國市場獨特性的產品（例如，可以適應不同的國家電力設備的器具）。
3. 國際產品：是被視為有潛力擴展到許多國家市場去的產品（例如，麥當勞的速食連鎖店）。
4. 全球產品：是已經取得全球地位的國際產品；這些產品包括世界品牌，如萬寶路香菸、埃克森石油和可口可樂。通常，全球產品在各地市場都使用了相同的定位和行銷組合策略，只是做了一點小小的修改，以符合當地文化和競爭需求。

全球產品的優點

因為產品從本地移至全球的位置，好處加倍。從昂貴的區域級辦公室，以及當地總部辦公室的銷售量增加可以作為證明。規模經濟和學習曲線的效益增加。企業的產品得以保持一個單一、統一的品牌形象，而有助於介紹新產品和銷售，特別是那些在各國旅遊不斷增加的消費者。

此外，全球或國際地位透過比較分析，為國際影響力建立起機會。

1. 國際影響力：認為優點和在全球版圖上的其中一個地區之生產經

---

❸Warren J. Keegan, *Global Marketing Management*, 6th ed. Englewood Cliffs, New Jersey: Prentice Hall, 1994.

驗——生產、研發和發展、行銷——是可以轉移到其他領域的。

2. 比較性分析：假設了一個產品在一個或一個以上的市場的經驗紀錄，和在同一個時間或替代的時間裡發現市場相似性的能力。舉例來說，MM系統在加拿大的銷售和利潤成長會拿去跟在美國的銷售和利潤成長情況相比較，以精確地指出在一個國家或其他的國家的表現，是明顯的高於或低於其他國家，以及檢視爲什麼會有這些差異的存在。或者，比較性分析可能會用來「替換」墨西哥市場，認爲在可預知的將來，根據這個假設計畫和預測，可以與美國市場勢均力敵。

標準化VS.客製化計畫

如果一個全球性的廠商要進行一個重要的任務，就是決定國際市場、當地市場、多國的、國際的、全球的產品最有效的位置，一個重要、相關的問題就是產品或者服務所提供的範圍，它必須適應他們即將進入的不同市場其特性與需求。全球品牌（如可口可樂、本田和萬寶路）可以運用基本上相同的行銷組合，一個標準化的計畫，來解釋與本地之間的微小差別，如語言和法令規範。一個產品放到標準化的計畫裡可以得到許多前面提到的優勢，例如，集中化的經濟規模和比較分析的好處。

其他產品也許會要求在產品設計方面做很大的變化，或者其他行銷組合要素，來取得在國際市場上的成功。這些被客製化的計畫比標準化的計畫通常來得昂貴些，雖然他們確實常常提供這些好處，可以對本地競爭的挑戰做很快的回應，以及讓那些有國際市場技能的經理得以發展。

經濟整合的力量和複雜度日漸增加的通訊技術，正將市場移動到一個更大的統一方向，給予這些市場標準化的市場營銷計畫。對大多數的產品來說，標準化的計畫不是很可行的，透過一項調查了一百七十四位

消費者的研究報告證明，每十件的包裝貨物裡，只有一件在沒有做顯著的修改情況下輸出到國外，平均四·一種變化裡，包括品牌名稱、產品特徵、包裝、標籤，以及使用說明等項目❹。

如同**全球焦點13-1**所描述的，無法修改產品／服務以符合當地市場需求的話，將會付出昂貴的代價。

修改產品的原因

提供特別定製計畫的主要原因，與消費者、市場、國家、競爭對手和出口公司的特性和需求有關。

1. 消費者的特性和需求：在一個進入市場的文化落地程度，可以強烈影響需求而採用一個產品。舉例來說，在伊斯蘭國家，他們文化上的禁忌強烈地禁止了酒和豬肉這類產品，包含這些成分的產品，顯而易見地必須符合這些禁忌的要求。通常，消費者非耐用品對文化品味和限制條件會特別高度敏感，並且很有可能要求產品適應當地的情況。消費者耐用品，例如，照相機和家用電子設備產品，對文化基礎則不那麼敏感，如鋼鐵這類的產業產品、化學製品以及科學的和醫學設備的高科技產品是最不敏感的。

   除了文化特性之外，消費者生理上的特性也會影響適應上的變化。例如，種族特性（如膚色、高度及其他等）會影響與這些特性有關的產品適應（如護膚產品和室內家具）。

2. 經濟發展：如同在本書第五章中所討論的，國家經濟發展的一般的階段和狀態會主導一個適應策略。例如，產品包裝可能會與家庭規模和收入一致（例如，四包裝而不是六包裝，以及家庭號食品包裝）。

3. 政治和法令考量：如同我們在第五章中討論過的種種原因，國家

---

❹John S. Hill and Richard R. Still, "Adapting Products to LDC Tastes," *Harvard Business Review*, Vol. 62(March-April 1984), pp. 92-101.

針對某些進口產品設立了關稅與非關稅壁壘，通常都是因為出口
商導致產品的適應性。例如，透過單純改變一把扳鉗的目的說
明，一家公司就可以成功地將該產品的關稅降到一個低得多的關

與產品計畫漸行漸遠時

　　以下說明當產品計畫無法符合消費者、競爭對手、文化和在進入市場的情況而失敗的
例子。

1. 當沃爾瑪（Wal-Mart）1995年在阿根廷開始它的第一個商店時，認為全球化的趨
   勢，傳播了美國文化價值，在整個南美洲將可以保證美國的經營模式，以及與美國
   商店相同的模式會在這裡成功，因為那也是使沃爾瑪成為世界上最大的商品零售商
   的模式。四年之中，以及後來四次徹底的檢討，沃爾瑪最後彌補利潤上的不足，
   沃爾瑪在這方面的失誤，反映在累計下來的巨大的損失上（在此同時，法國的連鎖
   店家樂福（世界第二大的百貨商店），也是沃爾瑪在阿根廷的主要競爭者，則繼續
   累計營收和利潤）。商品規劃的失誤，包括販賣以美國牛排為特色的丁骨牛排，而
   不是阿根廷人偏好的肋排和牛臀部；化妝品櫃台到處放滿了鮮豔的胭脂和唇膏，而
   不是阿根廷婦女們偏好的更柔軟、更自然的色彩；衣服尺寸也沒有說明阿根廷人平
   均比美國人個子小一點的事實；阿根廷婦女喜歡穿金戴銀，珠寶櫃台卻強調以鑽
   石、綠寶石和藍寶石為主；並且阿根廷的標準電壓是220伏特，他們販賣的工具和
   器具卻是以110伏特電力為主。其他誤算的項目還包括商店內的通道實在太狹窄，
   無法容納阿根廷大量的交通運輸模式，地毯也很容易耗損。

2. 1993年4到6月那一季（通常是一年中第二好的季節），位於法國的歐洲迪士尼主題
   公園卻產生了一個災難性的8,700萬美元虧損，股票面值暴跌20%。主要的原因包括
   誤判了經濟趨勢（例如，比預期來得高的還款利率讓迪士尼37億美元的負債變得非
   常昂貴，再加上歐洲正逢經濟衰退，以致嚴重衝擊了娛樂方面的開支），還有誤判
   了文化環境（例如，迪士尼嚴格規定餐廳不可販賣酒精飲料，而且女性雇員必須穿
   上內衣，讓滿不在乎的法國人對此強烈的譴責，他們同時也不是那麼願意排成一條
   長隊伍等待，或者變更他們的午餐時間跟美國一樣）。有趣的是，在法國徹底拒絕
   的相同價值，卻在日本迪士尼獲得大大的成功，在過去五年裡到訪日本的迪士尼主
   題公園的參觀者，比起在過去三十五年內拜訪過原始迪士尼主題公園的人數還要來
   得多。

稅類別。瑞典禁止所有的煙霧噴霧器，日本要求所有的醫藥製品都必須在他們的實驗室裡接受測試，還有法國法律規定所有與產品有關的說明（標籤、指示、促銷，以及其他等等）都必須使用法語。

4.產品特性和組成部分：費耶韋瑟❺建議了五種相當有用的產品特性作為需求、特性以及擴展到其外市場之適應性的定義標準：主要功能的目的、第二功能的目的、耐久性和品質、維修和操作的方法。以下是莫頓公司的企劃者如何使用這些標準來定義在那些經濟、政治、和文化環境允許進入的國家裡對MM系統適應的需求。

(1) 主要功能的目的：在它的國內市場，MM系統的首要目的是幫助教育專業人士迅速、有效，和具經濟性地提供一個交互式的線上學習模式和進入一個巨大的數據庫。那些需要專業教育計畫的國外市場表示MM系統在該地有發展的潛力。

(2) 第二功能的目的：每一部MM系統，以及有關的軟體，可以在更多的個人電腦應用上，執行計算與分析的工作。外國市場對專業教育計畫沒有需求時，他們可能需要從這些傳統的應用裡得到一些益處。

(3) 耐久性和品質：MM系統在不同的外國環境內會受到什麼樣的阻礙？為系統服務將會是一個問題嗎？如果是這樣，服務將是可提供的嗎？如果可以，費用將會是多少？（例如，在高薪資所得的國家，低於40美元的家庭用具市場是很有限的，因為維修費太貴所以不修理）。莫頓能承受得起改進產品的耐久性和品質到某個程度，而不把服務的需求當成一個收益的要點？

(4) 維修：如果一個服務可以用一個具競爭性的費用提供，它可以

❺John Fayerweather, *International Bussiness Management: A Conceptual Framework* (New York: McGraw-Hill,1969).

　　用一貫的高品質來適應各種不同的、複雜的MM系統用戶對維
　　修的需求嗎？

　(5) 操作的方法：在預期進入的國家中，其科技的狀況與MM系統
　　　的操作一致嗎？例如，它們可以進入網際網路嗎？這個國家的
　　　電壓和整個要求與MM系統的執行一致嗎？

5.競爭情況：一家公司經常會在國際市場發現，或者建立自己的利
　基，藉由提供不同的適應性策略以跟競爭對手做區別。

6.公司考量：有一些公司會要求進入策略必須具體達到的第一年投
　資報酬率（Return-on-Investment, ROI）水準，如此才能讓產品適
　應策略，第一年的花費可以與利潤目標達成一致。

產品／市場適應策略

　　圖13-4中所描述的四個產品／市場策略，是為了讓產品／服務與稍
早之前所討論的標準保持一致，重點放在兩個支配性的，行銷組合中最
貴的要素——也就是產品和溝通活動——從一個在產品和促銷上只做些
微改變的標準化的計畫，到因應產品與促銷兩者劇烈改變的特別定製的
計畫。

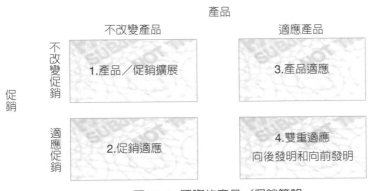

圖13-4　國際的產品／促銷策略

產品──溝通擴展

一種產品在一個外國市場用和國內市場一樣的產品和促銷訴求銷售。這種直接的擴展在某些案例上是成功的,可是在其他的案例裡卻是一個災難。舉例來說,家樂氏玉米片、海尼根啤酒和百事可樂就是成功的例子,在全世界以幾乎一樣的形式出售產品。但是飛利浦‧摩里斯(Philip Morris)公司在很多喜歡純香菸的市場裡,卻無法賣出美國樣式的混合香菸;通用食品(General Foods)無法出售粉末狀的傑樂(Jell-O)產品到英國市場,因為當地客戶更喜歡蛋糕的形式;還有飛利浦(Philips)只在日本出售它的咖啡機,因為他們將咖啡機的尺寸縮小以符合小一點的日本廚房。

產品擴展/溝通適應

相同的產品滿足同一個需要,也可能服務不同市場裡的不同目的。例如,美國的外裝馬達,通常是用於國內家用市場的娛樂,但在亞洲市場,卻是作為捕魚營利之用。在這裡,溝通有助於這項產品,包括基本訴求和媒體,適應全球市場不同的特性和需求,為修正溝通程式而產生的費用,將會反映出本地的狀況。

產品適應/溝通擴展

當這個通訊策略基本上保持不變時,不同於本地使用的條件會改變這個產品。

有關這種策略的例子,如那些最常使用在全球銷售的產品,包括:(1)IBM改裝了全球的個人電腦線以滿足當地需要,在歐洲只單獨授權了二十個不同的鍵盤, 以及(2)埃克森公司在不同的國家裡,因為不同的天氣情況而重新規劃了汽油銷售。以上這兩種情況,該公司的溝通策略基本上是維持不變;例如,埃克森的「在你的油箱裡放一隻老虎」訴求,就運用在世界各地。

雙重適應

產品和促銷策略兩者皆適應於本地市場的需要。這個策略代表了我們前面所描述的兩個策略的結合，我們以歐洲的賀軒（Hallmark）賀卡策略來做說明。在歐洲，人們習慣於在卡片上寫下個別的訊息，而不是像美國的賀卡那樣，由廠商把訊息印在卡片上。結論是不同產品，有不同的溝通訴求。

有關雙重適應的案例，產品發明有以下兩種形式：

1.向後發明：通常用在介紹產品到較未開發的世界時，包括與將這種產品簡化到它早期發展的階段。例如，美商安迅（NCR）公司再次推出許多當初它在亞洲和拉丁美洲註冊的曲柄。

2.向前發明：當一家公司為了要符合全球市場的新需求而設計的新產品時，就會發生這種情況。例如，安東／鮑爾，一家位於康乃狄克州的小型公司，研發出一個可攜式動力系統以處理全世界不同電力供應，從五十到230伏特以及五十到六十個電路循環。這個系統包含了電池和充電器，可以「讀取」插座的電壓並因此調整到正確的電壓數。此外，寶僑（P&G）公司為歐洲市場發展了艾瑞爾（Ariel）衣服洗潔劑，清潔力的要求（浸泡時間、水溫、容量大小，以及其他等等）在各國都不盡相同。

向前發明一般被認為是全部產品——市場策略中，最有風險、最昂貴，以及非常費時的，但也是最能獲得高額利潤與報償的一個策略，經常可以為公司獲得全球各地的認同。

迅速成長的全球服務業

先前討論了有關全球產品的類別、優點和行銷組合策略，以運用在服務以及許多有形的消費者和工業產品，應該留意到，全球市場的服務

業所面臨的獨特機會與問題，必須採取獨特的銷售策略。

服務業是全世界貿易成長最迅速的部分，1996年，約占了全世界整體貿易30%，在工業化國家，大約占65%。服務業在美國的出口上，扮演了最重要的角色，服務業貿易順差，幫助降低了美國每年巨大的貿易赤字大約三分之一。

服務業快速發展的主要動力，是由於1960年代美國開始放鬆了對服務業的干預。從那時候開始，政府和服務業的同業公會，將這股力量散布到其他的工業化國家，宣揚這個觀念，而鬆脫市場競爭力量。受到影響的服務業主要包括交通運輸、銀行業、電信和專業市場，例如，保健、法律和會計。競爭增加以致價格降低、需求增加，服務業的生力軍加入了全球市場，並且加速尋找新商機。

刺激全世界服務業成長的其他原因，還包括電腦與電信方面的先進科技，導致訊息和資源很快傳輸，以及與服務有關的產業橫向聯合，成為一個新成長的行業。1996年美國通過電信法案，以定義與指導娛樂、有線電視、電信，以及網際網路技術的有效整合。

服務的特性定義市場的問題和策略

服務也可以與有形的產品（如租賃或購買一輛汽車）競爭，或者跟其他的服務競爭（如租車服務），這也是想要挖出旅客的錢。

在國際市場中，競爭成功的關鍵，是瞭解無形服務與有形產品之間的關係（例如，一個租賃的服務與有形的汽車租約之間）。這些關係很可能會全面地改變（例如，什麼服務可能會被撤銷，或者增加，來加強目前現有市場中有形產品的訴求？）

銷售經理應該也瞭解這些關係在國際市場裡所產生的問題。例如，一張單獨的輸出執照，要求在地主國銷售有形的產品（例如，一條齊全隨時可使用的生產線或者一支汽車的艦隊），但是這樣的執照經常要求本國賣方每次都要服務這種產品。這意謂著如果以政治狀況來看，這份服務合約在地主國等同是被扣住的人質。

國際產品的生命週期有助於策略規劃

　　當類似MM系統這種創新的產品，從本地市場移至全球狀況時，其優勢會隨之增加，如同我們稍早之前所討論的（影響力、學習曲線、規模經濟等），他們通常會經過兩個產品生命週期的階段。第一個產品生命週期以國內市場為特性，稍早時我們在本章裡有討論。第二個階段是國際產品生命週期模式，在這四個階段裡出現了與國內的產品生命週期不同的解釋（上市、成長、成熟、衰退期）。根據這個模式，這些產品的生產地點，會因不同階段的競爭與成本原因而做國際性地移動。在上市階段，商品只會在本國生產。在隨後的階段，生產的動作會移到其他發達國家，然後再到較低度發達的國家，但依然由原先的公司掌控。從產品上市到產品衰退這段過程，面臨了持續增加的競爭對手，所以對價格變得敏感且標準化。公司生產這種產品，也需要籌措更多的資金來進行全球企業的運作，最後將會成為一個單純的進口商。

　　跟國內產品生命週期一樣，國際產品生命週期的每個階段都會建議各種不同產品／市場情勢的行銷組合策略，包括確認威脅和機會、訂立目標市場，以及規劃行銷組合。這些策略也受到產品特性的影響，對不同程度的適應性，從標準化到特別定製計畫，與相關適應策略一起產生作用。

　　姑且不論全球發展的階段如何，產品上市的步伐加速，幫助了那些國家提升能力（如印度和菲律賓），靠著低廉的生產成本和一大群熟練的工人快速且便宜地大量複製產品，縮短了全球市場的產品生命週期，使產品上市變得更昂貴和危險。有鑑於這段上市介紹期可以在好幾年前就做事先的展延，企業現在必須為未來幾個月或更短的產品生命週期做準備。

　　在國際市場，引進產品上市的最初投資，償還狀況通常比起國內市場的要來得更大也更危險，產品生命週期的訊息通常會避免介紹那些生

命週期曲線很短的產品，例如，短暫流行的商品或以流行為導向的商品、無法與競爭品牌做區別的產品，或者無法提供足夠支援的高科技產品等。

把新產品引入全球市場

在國際市場，最獨特的新產品類型是一個已經被公司銷售的現有產品，第一次被引進到一個挑選的全國性市場。最不普通也相當危險的新產品上市類型，是公司不太熟悉，外國市場也不太熟悉其好處，包括更大的產品認知度，有接近本地和全球市場技術發展的機會，從母公司快速移轉技術到子公司，以及明確地發展新產品到一個選擇的全球市場。有時候，當全球過濾需求時，可能在特定的國家會有新產品創意出現，因而使某項產品會突然有立即的需求，這股潛力可能會被轉移到其他國家。

本章觀點

在國內市場，消費者和組織性產品與服務如何被定義（如有形、無形、未經要求、附屬的）將進而幫助定義目標市場行為，以接近他們與行銷組合策略，吸引這些目標市場。指導與支持這些產品／市場策略的是產品生命週期預測和新產品開發的過程，也就是從最初的創意產生到最後的商業化。在國際市場，產品是本地的、國際的、跨國的，或者全球性的商品，主要是用來確定行銷組合支持的程度，是將被標準化或者被定製化。把新產品引入的外國市場的風險和費用，可以透過理解國際影響和比較性分析的技術而減輕，國際產品生命週期的運作，和新產品規劃的過程可以應用在外國市場。

觀念認知

學習專用語

Accessory equipment	周邊設備	International prducts	國際產品
Actual products	實際產品	Local products	當地產品
Augmented product	擴大產品	Multinational products	跨國性產品
Backward invention	向後發明	New product committee	新產品委員會
Brand manager	品牌經理	New product development strategies	
Commercialization	商業化		新產品開發策略
Comparative analysis	比較性分析	Product adaptation strategies	產品適應策略
Components	零件	Product adaptation strategies	產品適應策略
Consumer products	消費產品	Product life cycle	產品生命週期
Convenience goods	便利品	Products	產品
Core products	核心產品	Services	服務
Customized plans	特別定製計畫	Shopping products	採買產品
Dual adaptation	雙層採用	Specialty goods	特色商品
Forward invention	向前發明	Standardized plans	標準化計畫
Global products	全球產品	Supplies	供應品
Industrial products	產業產品	Unsought goods	未經需求的貨物
International leverage	國際槓桿		

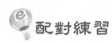

配對練習

1.請將第一欄的產品概念與第二欄中的描述相配對。

1.非耐用	a. 布雷克德克（Black & Decker）公司的鑽孔機與保證書
2.擴大	b. 一個鑽孔機
3.核心	c. 鑽孔機打出來的洞
4.耐用	d. 附在產品保證書上的迴紋針

2. 請將第一欄中的產品種類與第二欄中的產品與相配對。

1.便利性	a. 你需要一個新冰箱
2.供應品	b. 你用什麼工具去清理工廠的地板和油漆牆面
3.購物	c. 冰箱裡的馬達
4.零件	d. 帶你去冰箱部門的自動扶梯
5.安裝設置	e. 在付帳櫃台購買了一本國家詢問報

3. 請將第一欄中的新產品開發階段與第二欄中的描述相配對。

1.概念發展和測試	a. 讓我們來腦力激盪
2.產生創意	b. 那是個愚蠢的想法
3.篩選創意	c. 那，這個如何？
4.商業分析	d. 如果推銷得好，它應該會大賣
5.行銷策略發展	e. 它可能賣得出去，但是絕不可能產生足夠的利潤

4. 請將第一欄中的全球產品／溝通策略，與第二欄所描述的情形相配對。

1.產品──溝通擴展	a. 美國單車在美國被定位為娛樂用的，但在中國卻是基本的運輸工具
2.產品擴展／溝通適應	b. 沒有另外的研發和發展、生產製造，或者促銷費用發生
3.產品適應／溝通擴展	c. 通用食品公司瞭解到英國人喝咖啡是添加牛奶一起喝，而法國人則是喝黑咖啡
4.雙重適應	d. 汽油構想改變，但埃克森公司的文案──「老虎在你的油槽裡」維持不變

5. 請將第一欄中的產品生命週期階段與第二欄中概述的情況相配對。

1.上市	a. 稀少的競爭者，通路商店，銷售
2.成長	b. 穩定的銷售，毛利低，競爭較少
3.成熟	c. 擴大產品種類，通路商店，銷售，價格幅度
4.衰退	d. 情報促銷，好奇的消費者，銷售增加

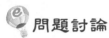 問題討論

1. 你將如何就核心、實際和擴大的重要性來定義Club Med跟
   Windows 2000？ 哪一個重要性在定位、促銷和定價時，是最重
   要的？

2. 勤業管理顧問公司（Anderson Consulting），世界上最大的顧問公
   司，有超過65%的毛利盈餘是來自國外的服務。就服務的特性，
   來將它與有形產品做區分，請你以一位合夥人的立場，來討論在
   日本設立辦公室將會面對的問題。

3. 同上題2，請假設在兩年後，日本辦公室不如其他勤業在亞洲國
   家的辦公室一樣，日本辦公室仍然無法產生利潤。請討論你將如
   何使用國際槓桿原理和比較性分析法來處理這個問題。

4. Ray-O-Vac公司是一家製造電池和其他消費產品銷售到全球市場的
   製造商，它計畫要宣布為動力車發展一個新的、更強有力的電
   池。就費耶韋瑟的標準而言，請敘述Ray-O-Vac這家廠商，在建造
   這個新電池成為一種高槓桿操控的全球產品時，會有什麼考量？

5. 一個新型的高解析度電視機，大約八分之一吋厚，而且可以掛在
   牆上如同一幅畫，請討論該產品的產品生命週期的每個階段中，
   其促銷支出的特性和角色為何？

6. 新產品開發過程中的八個階段，可以有效應用在新服務的產生、
   發展，和商品化想法，或在實質性範圍另一端，新想法？

7. 請思考為什麼在消費者市場裡，每十種新產品中有七個是用產品
   修改上市的。

解答

配對練習

1.1d，2a，3c，4b
2.1e，2b，3a，4c，5d
3.1c，2a，3b，4e，5d
4.1b，2a，3d，4c
5.1d，2c，3b，4a

問題討論

1. 每一個核心重要性將會就它解決問題的服務或提供的好處而確定。例如，依賴市場區隔來吸引每一個族群，Club Med的核心優點可能包括：找到一個伴，皮膚可以曬成可愛的褐色，擴大文化範圍，或者只是單純地擺脫沉悶的雪景。 Windows 2000的核心好處，可能包括專業能力的提升，時間和金錢的運用可以更有效率，或者透過網際網路擴大社交圈和學習經驗。實際產品將依據品質水準、特色、款式、品牌名稱，以及包裝，確定每一個的重要性。就Club Med的情況而言，舉例來說，這些重要性將包括很多方面，如住宿的舒適性、導遊的可靠性、費用和行程其他組成的部分，譬如短程遊覽；而Windows 2000，可能包括花費、易於操作、微軟公司品牌的聯想，以及包括程式裡的軟體。兩者的擴大重要性將包括其他額外的服務和好處，包括不滿意保證退貨、Windows學習課程，以及免付費電話號碼，可以來電要求提供更

多的訊息。

儘管核心、實際和擴大產品特色可以全部用來定位、促銷，和定價，Club Med和Windows 2000（例如，Club Med的促銷活動將包括價格、目的地和住宿的訊息）核心好處則是購買者最後付出的會得到的東西。因此，從廠商的觀點來看，這些好處——可愛的褐色，在網際網路上的冒險——或許是最有用的。

2. 與產品區分起來，服務比較傾向於較少有形而且更易變動的、易消失的，以及勞動力密集。他們也更有可能去面對法律和道德的障礙，與提供者不可分離。這種諮詢服務的勞動力密集方面，建議招募專業人士來成為這個新辦公室的配備人員可能很難做到並且很貴，而且這些費用將很難透過規模經濟來降低。同時，由於諮詢服務是易消失且很難被儲存的，將無法賠償這個損失，當辦公室產生帳單費用時，透過昂貴的個人聯繫，與潛在客戶合作，經常涉及需償付的款項被打了折扣。並且因為服務的變化性，以及涉及客戶關係的專業倫理，把具體的好處許諾給未來的客戶將是不可能（而且不道德的），尤有甚者，可能會稀釋你為新案子所做的簡報的說服力。從他們提供者那裡，你的服務不可分離性，或許表示你的諮詢顧問可能必須度過許多不能計費的時間去發展與客戶和準客戶之間的個人關係。

3. 國際槓桿原理意味著從事全球銷售的公司可以將成功的元素從一個國家到另一個國家轉移，包括系統、策略、服務和工作人員。比較性分析是使這次轉移變得容易的過程。例如，其他有獲利的安德森辦公室，在使用期限、領域、目標和服務的市場等方面與日本辦公室相類似的，也許可以拿來跟日本辦公室相比較，來確認成功的元素也許可以成功地讓使日本辦公室開始有獲利能力。

4. 就主要功能的目的而言，電池市場的潛力將首先被達成，就它主要的應用，它們即將被發展的功能，還有這個產品會應用在哪裡應用而定。關於第二個功能的目的，電池額外的第二個應用方式

將會被研究，就這些應用會在哪裡執行，市場潛力數字可能會升級。例如，儘管是爲了車輛而設計，但也許這個電池可以運用在一些開發中國家的發電廠，只要再多一點點接近能量來源。就耐久性和品質而言，他們會根據將來會在世界各地使用的情況而測試電池，包括北極和熱帶地區。電池的維修要求將在進入預期的全球市場時，會對維修資源再做評估。最後，操作方法分析主要是爲了確定如果條件和設備在預期進入的市場存在（如爲電池再充電）可以正確地維持電池。根據這些分析與可行的修改，電池的需求可能跟大眾的需要一致，Ray-O-Vac廠商可以從產品修改策略開始，把新電池改變成一個全球的產品。

5. 在這個產品的生命週期上市階段，廣告和宣傳將進行一個基本開拓的角色，試圖讓好奇者和早期的接納者知道有這項產品，還有通知他們有關這個新電視技術，還有建立這個產品等級的主要需求。競銷也將強調鼓勵盡早試用，人員銷售會試著去讓經銷商對此產品感到興趣。在成長階段，競爭更加激烈，重點將會放在關於建立產品本身的選擇需求，而不是產品等級。廣告和宣傳在這個階段仍然很重要，但是競銷會降低，因爲購買該等級的獎勵少。在成熟階段，競爭明顯增加，促銷組合裡的競銷變得很重要；已經取得領導地位的企業要進行提示廣告；其他則繼續進行非常積極的勸買性廣告。最後的衰退階段，繼續推出提示式廣告；宣傳和促銷逐漸減少或者完全消失；業務員對這種產品不再注意。

6. 新產品開發過程的八個步驟，可以非常容易應用在新服務或者新想法上。爲了說明，我們假設一種展望情勢，有一組政治家會面爲了一個高的辦公室（「產品」將在平台上溝通想法），所以爲候選人設計了一個平台。所有的想法將在一個腦力激盪的會議裡產生（平衡預算？引進平頭稅（flax tax）？安置一個「贊成」條款在平台？）然後，根據遠大的政黨任務和目標篩選求得一致性

接下來，他們將在一群採樣的選民中發展並且測試（或許會使用民意測驗）。成功的創意想法將轉換成一個行銷策略，包括媒體廣告、宣傳以及演講保證，在商業分析階段，這個內容將受到成本效益經濟監督的管制，必須確定是否期望額外的選票，這個策略是否值得有形與無形的費用。然後他們將被更進一步發展、試銷（如在當地初選時），最後在上市期間使之商品化，到粗略的實際運動導致失敗。

7. 多樣化策略包括了市場和產品的變化，比市場開發策略中的任一個都來得危險，包括了在新的市場區塊銷售現有的產品，或者產品開發策略，這部分包括了在現有市場區塊裡出售新產品。還有滲透性策略，在這裡，現有的產品更積極地銷售到現有的市場區塊，通常也是全部策略性選擇中最不危險的一個。關於這一點，與產品修改相比較，主要和較小產品創新很可能代表了更高的危險多樣化或者產品／市場開發策略，這通常是滲透性策略的一部分。更安全的產品修改策略，就竭力反對新產品成功的趨勢是有意義的，如更高的發展成本、資金短缺、較不賺錢的市場區塊，以及新技術的短缺，以及在很多領域大量產生新產品創意。

Marketing

第十四章

產品規劃 II：
產品設計與發展策略

本章概述

　　無論是在國內或全球市場，產品規劃的目標都相同：為滿足顧客的需求與企業目標，而開發產品與行銷策略，包括：產品設計、品牌建立、品質、安全性、服務、包裝與標示等領域。

產品規劃以滿足顧客需求與企業目標

　　在第十三章中，我們已討論了行銷組合的四項要素，定義出產品與服務的類別與特性，並且說明開發、評估與新產品商業化的系統方法。這種方法是源自三種說明產品／市場動力之概念的模式，包括：產品生命週期模式，以及說明產品的適應與散布的模式。

　　本章將繼續討論行銷組合的產品成分，並檢視為了達到在國內市場與全球市場的獲益，而必須考量的因素。這些考量包括產品的設計、品牌建立、品質、服務、安全性、包裝、標示與產品組合。

產品規劃的背景

　　產品規劃並不是憑空而來的。大多數成功的產品，都可以反映出產品用途、使用者、競爭的狀況、經濟、技術、文化，以及政治趨勢。未經事前的產品規劃，而逕行設計產品，便可能扼殺了原來有可能成功的產品概念。

產品設計：一個重要的決定

足以影響產品在一個競爭市場之成敗的最重要的決定，是關於有形產品的特性，與這些產品的延伸性。

有形產品設計的特性

有形產品設計的特性，可以依據以下本質屬性而定義，包括品味、價格、型式與顏色，主要視顧客的偏好、產品的成本與相容性等條件。

顧客的偏好

顧客對產品的需要與期望，是產品設計的主要考量，如果賣方忽略了這一點，將是危險的事。例如，近年來針對美國製造商的起訴案件數量急遽增加，主要原因是公眾對產品之安全性的關切日益升高，以及相關法案對此議題的支持。安全性（以及產品耐用性的保險），如今已成為產品設計策略的重要議題。

成本

製造與行銷產品的成本，是價格的基礎，也是產品的競爭性與獲利性的主要決定因素。除了依據顧客的偏好而設計的成本以外，除了因應顧客偏好的設計成本以外，最主要的考量，包括生產過程中的勞工成本與材料成本，以及行銷該產品的成本。

相容性

所設計的產品必須與未來將被使用之環境具有相容性。不同的環境、評估系統，以及不同的傳播體系，僅只是影響產品設計的其中一部

413

分環境限制因素。

其他產品設計考慮因素

除了有形產品的設計特性以外，完整的產品規劃，還包括延伸之產品的設計特性，包括有形產品的屬性，以及其所代表的形象與服務功能。這些特性包括品牌名稱、品質、安全性、服務水準、包裝與標示等，以及有關產品線的長度、寬度與產品組合延伸之決定。

產品品牌：定義、利益與策略

品牌是一個名稱、專有名詞、標誌、符號、設計，或所有助於區別某一個別銷售者之產品與服務特性的總合，例如，本田（Honda）或福特（Ford），或某一群銷售者，如液態乳加工業者推廣協議會（National Fluid Milk Processor Promotion Board）。品牌可能是地方性的、全國性的、區域性的或世界性的品牌。

品牌名稱，是品牌可以說得出來的一部分，例如，保德信人壽（Prudential Insurance Company）即為一例。品牌標誌是品牌的一部分，是可以被辨識但卻不能說出來的，例如，保德信的直布羅陀岩石（Rock of Gibraltar）的品牌標誌。商標是獲得法律保障的一個名稱或標誌。例如，全錄（Xerox）商標僅可以由全錄公司所使用。著作權是針對文字、手稿或藝術作品的法律保障，唯有在獲得所有權人的許可下，方得以出版或銷售。

建立品牌對買方、賣方與社會的好處

為說明建立品牌對買方、賣方與整個社會所帶來的好處，不妨參考

前蘇聯共和國（Union of Soviet Socialist Republics, USSR）的計畫經濟體制當中，對所有的生產與行銷都採取中央控制，僅有極少數競爭性自由市場。在這個體制之下，蘇聯大部分的彩色電視機，都是在兩個大型工廠所製造。不幸的是，蘇聯人很快便十分痛苦地發現，其中一個工廠的產品不適用，實際上所有彩色電視機可能會有的毛病都有了，這些電視損壞的速度，跟修理所需要的時間成反比。由於不易區別從兩個工廠出品的產品，一般人開始停止購買彩色電視機，造成該產業因此而衰退。

　　與這種情形相反的，是企業在競爭的環境中，賦予產品一個品牌。從購買者的觀點而言，品牌將可便於找到產品，並讓購買者購買符合其需求的產品（也較容易找到該一品牌製造商所生產的其他產品）。由於賣方把企業的聲譽與品牌名稱結合在一起，因而產品的獨特價值，與品牌是獲得保證的。這個品牌名稱的優勢，以及與其產品相關的品質與獨特價值，使得賣方較易於控制產品的定價與促銷活動。這些關聯性，也有助於建立起該公司所有產品線的良好企業形象，吸引具忠誠度的目標顧客群，並且在這個品牌名稱下，再導入新產品。品牌的建立，也有助於賣方區隔市場。例如，彩色電視機製造商可以提供不同的電視機產品線，以吸引有不同旨趣的區隔市場成員。

　　最後，建立品牌對社會是有貢獻的。一個成功的品牌產品，將可激勵其他企業改進追求成功。因此，建立品牌除了使得購物更有效率，且可維持產品品質以外，將可刺激競爭、創新與持續的產品改進。品牌在心理方面的重要影響力，可以從一份針對美國消費者的研究得知，即平均而言，某一類產品的第一品牌將可擁有20%的獲利，第二品牌的獲利率為5%，而其他品牌均係賠錢產品❶。

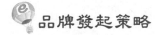

品牌發起策略

　　品牌發起策略是賣方所採用，包括製造商品牌、私有品牌或者一般

---

❶"The Year of the Brand," *Economist*, December 24, 1988.

品牌。製造商品牌是產品的製造者所賦予的，例如，賀曼（Hellman）的美乃茲。私有品牌或經銷商品牌，是批發商或零售商的品牌，例如，美乃茲品牌——安培茲（Ann Page, A&P）。一般品牌則是最普通的品牌。經銷商把一般品牌視為可節省其他製造商品牌或私有品牌花費在廣告、包裝與其他相關之成本，而可增加獲利的品牌。

通常，銷售者會採取多種品牌策略。例如，惠而普製造的產品是使用自有的品牌，同時也使用西爾斯百貨公司（Sear）的私有品牌——肯摩爾（Kenmore）。

無論是國內或國外市場，製造商品牌與私有品牌在超市貨架空間的競爭，已形成趨勢，這對於製造商而言，尤其困擾，因為他們經常必須對經銷商讓步。

品牌名稱策略

以下四種品牌名稱策略，是該部門人員為MM系統產品規劃品牌名稱時的考量：

單一品牌名稱策略

品牌名稱是應用於產品線中的某單一產品，而企業的名稱卻並未強調。例如，寶僑的產品線。其好處是這些品牌可以把目標鎖定某些市場族群，其中一個品牌失敗，並不致損及其他品牌，且個別品牌越多，可占據貨架的空間越多。另一方面，在大量生產與行銷的情況下，整個企業的形象則被犧牲了。

針對不同的產品類別而命名的品牌家族系列

例如，西爾斯百貨公司的設施用品，使用肯摩爾作為該系列家族產品的品牌，而手工具產品，則使用克夫曼（Craftsman）作為另一系列家族產品的品牌。家族系列品牌的好處，是在一個成功品牌帶領下，較易

運用品牌延伸策略而推出新產品，或修正既有的產品，此外，確認成功品牌名稱所花費的研究費用較低廉，促銷品牌認同度與品牌偏好度所花費的成本也較低。

所有產品均使用同一全盤式品牌名稱

例如，奇異與海斯（Heinz）的五十七個產品線。一般而言，這種方式的好處，與品牌家族系列策略相同。

企業品牌名稱與個別品牌結合

例如，克洛克（Kellogg）的脆米片（Rice Krispies）。其中一個好處，是較易於在企業品牌之下推出新產品，而在個別品牌名稱之下，找出目標市場族群。

決定要採取哪一種品牌策略，或幾種策略混合併用，則取決於產品的導入與商品化過程中的產品／市場條件。例如，如果某一企業的產品組合已經區隔化，則採用個別品牌名稱策略是最適宜的。如果企業大部分的產品都是在某幾個少數市場裡銷售，則所有產品均使用全盤式品牌名稱策略最為適合。然而，如果某一企業的產品線中各個產品差異極大，例如，史威福（Swift & Company）的Premium品牌火腿與Vigoro肥料，則所有產品均使用同一品牌名稱便不適合，而將家族品牌系列與個別品牌結合的策略，可能是最適合的。

選擇適當的品牌名稱

莫頓運用以下的五個步驟，為其新產品選定品牌名稱，以便進入全球市場。

訂定品牌名稱之標準

潛在品牌名稱的最重要評估標準，包括該品牌名稱是否符合顧客的

感知，是否符合該產品所需要的形象，以及是否符合該產品的行銷組合。例如，就MM系統而言，規劃人員希望有一個高科技形象的品牌名稱，使得產品本身也可以為自己促銷。除此而外，品牌名稱必須具有獨特性，顯現出產品的特性與優點，易於識別、好記與發音，並且也可套用於同一產品線的其他產品。

擬定潛在品牌的名稱表

主要的來源，包括已經在產品組合之中的名稱，經銷商給予某一私有品牌的名稱、企業已經擁有商標權的名稱、或其他任何原有名稱（IBM, CBS）、創造出來的名稱〔可麗舒（Kleenex）、埃克森（Exxon）〕、數字（21世紀）、虛構的名稱（Samsonite行李箱）、人名（福特）、地理名稱（Southwestern Bell）、字典名稱〔惠而普（Whirlpool）家電〕、外國名稱（雀巢）以及字母的組合〔（海倫仙度斯（Head & Shoulders）洗髮精）〕。

篩選名單中的名稱，找出最適合的名稱進行進一步測試

規劃人員將參考原來的選擇標準而進行篩選。

獲知消費者對其餘名稱的看法

這一個步驟是針對莫頓員工，與MM系統潛在買主的非正式調查與焦點團體座談。

進行商標調查研究

跨國企業必須在其產品銷售的國家進行註冊商標，這是一個相當耗時且昂貴的程序。為了獲得法律保護，商標必須與產品、包裝、或標籤是一體的，不可以標示產品所沒有的特性，也不可以與其他商標有所混淆。一旦註冊以後，包括「一個字句、符號、數目字的結合或其他特殊代表標誌，例如，特殊的包裝」等商標，在該一產品仍存在於市場的時

間內，都將爲該公司所獨有。然而，品牌名稱也可能因爲太過於普及而成爲一個一般公共財，例如，阿斯匹靈（aspirin）、油布與尼龍（nylon）等，而如全錄與可麗舒等品牌，未來也有可能步入同一後塵。

 ## 品牌槓桿策略

　　成功獲得市場的品牌名稱，可以用來進一步地透過槓桿原理而獲得額外的市場占有率與獲利，有時候，甚至可以獲得巨額的獲利。當某些MM系統的產品，以超級腦的品牌名稱獲得品牌支撐以後，莫頓規劃人員即採用三種槓桿策略，包括品牌延伸、品牌授權與共同品牌（當少數公司已經達到最重要的品牌忠誠度階段後，品牌支持度意指顧客拒絕接受其他替代品，並且堅持找尋原產品。下一個階段，則是品牌偏好階段，是指顧客在情況許可下，不選擇競爭產品，而選擇原產品，品牌名稱的槓桿潛力在堅持品牌的階段較少出現。在品牌忠誠度的第一個品牌認知階段，品牌名稱的槓桿作用潛力尚不存在）。

1. 品牌延伸：意指將某一受歡迎品牌名稱，加諸於一個與原產品不相關產品類別的嶄新產品，以期在新市場獲得新顧客。成功的品牌延伸策略，例如，BIC拋棄式刮鬍刀，延伸至BIC拋棄式打火機，芭比（Barbie）娃娃延伸至芭比遊戲，立頓（Lipton）茶延伸至立頓湯包。不成功的品牌延伸策略，則包括哈雷——戴維森（Harley-Davidson）摩托車延伸至哈雷——戴維森香菸，李維（Levi）牛仔褲延伸至李維的辦公室衣著，傑克‧丹尼爾（Jack Daniel）玉米酒延伸至傑克‧丹尼爾煤磚。
2. 品牌授權：係品牌延伸的一個變形，係指企業接受其他企業支付款項，而准許對方使用該公司的品牌名稱。權利金通常是授權商品營業額批發價的4%至8%。
3. 共同品牌：把兩個實力堅強的品牌結合在單一產品上。這個策略最常見的，就是信用卡發行公司把發卡品牌與其他實力堅強的品

牌結合。通用汽車的萬事達卡（Master Card）有超過一千三百萬人持有。

全球使用模式定義品質水準

依據使用者的感覺，並且可以應用於全國性品牌、私有品牌與一般性品牌而形成的定義，品質是指產品在客觀與主觀上，呈現出耐用性、安全性、可靠性、外觀、使用方便性與售後服務等功效的能力水準。

圖14-1顯示對產品品質的日趨重視的現象，該圖中顯示即使最高級的品質，僅比高級品質的獲利率稍高，但低品質對獲利的損傷極大，且獲利在中等與高品質水準時，都大幅增加。然而，環境也可能改變這些結論。例如，如果在某一個市場裡，所有的競爭對手都提供高品質產品，則降低品質並且提供較低價格或許是一個獲利的捷徑。

決定品牌的品質

銷售者在決定其產品品質的水準時，有三個選擇：(1)持續提升品

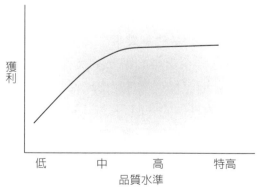

圖14-1 品質水準與獲利之關係

質；(2)維持既有品質水準；(3)降低品質，通常是因成本提高，或期望
有較高獲利所致。

偉伯法則有助於定義品質水準

一般而言，如果產品品質提高，銷售者期望買方會發現到這個改
變，如果品質降低，他們期望買方不會發現。一個決定提高或降低品牌
品質的有用方法，是運用偉伯法則，這是紀念19世紀德國科學家偉伯
（Ernst Weber）而定名，他發現一個刺激，在恰巧可被人看出其差異的
量時，剛好與等於前一個刺激的規模。偉伯法則中，K這個剛好被發現
到的差異量（jnd），是一個因感覺而變化的常數，可以用下列公式展
現：

$$K = \triangle I / I$$

△I等於最小幅度的刺激密度之增加，被視為與既有刺激密度的不
同，而I則等於既有的刺激密度。

例如，莫頓以昂貴的技術為超級腦的視覺解析度提升10%是否值
得？或許如此，如果從焦點團體座談會，顯示潛在買主的K平均值為8，
如果超過這個水準，他們將會注意到視覺解析度的改變。

另一方面，如潛在購買者將會注意到視覺解析度改變的K值水準到
達11%，則改變可能不會被注意到，或許不應該做任何改變。偉伯法則
可以應用於其他許多行銷狀況，例如，決定價格應提高或降低多少，或
者在促銷活動中，人們何時會注意到顏色或噪音密度的改變。

服務機會

除了產品品質以外，顧客服務的品質，也被視為越來越重要的競爭

工具,許多企業已設立了客服部門,以探尋顧客的需求,並處理訴怨。從近期一項針對重型建築設備之國際客戶的調查,發現除了製造商的聲譽以外,能夠快速運送零件,是選擇供應商的最重要指標,可以得知在競爭的國際市場中,服務的重要性。

這項調查中,也顯示主要顧客的抱怨,都與服務相關,例如,訂單被耽擱,欠款資料通知未送達,保證條件未獲兌現,退貨服務不佳,售後服務受到忽視,且損壞零件未替換。**市場焦點14-1**說明了服務對於達成行銷目標的重要性。

滿足顧客對服務之需求

在國內與國際市場中,主要的服務決策包括:(1)包含在服務組合內的服務;(2)服務的水準。這兩個問題,都可以透過對顧客的需求、競爭狀況,與企業的資源之系統化分析而得到。例如,莫頓進行了一項調查,把顧客針對MM系統的服務需求,依先後順序排出:「妥善的保障」、「快速送貨」與「低廉的服務費」等。

調查結果中,也列出了最不重要的服務項目:「便利的服務位置」、「退貨服務」以及「換貨保證」。

找出了最重要與最不重要的服務項目,莫頓著手調查以便得知:(1)顧客目前獲得莫頓競爭對手所提供的服務;(2)莫頓能夠提供的服務水準。

服務組合與服務水準等決策,則是依據這些調查的資料而定。例如,雖然「妥善的保障」是最重要的服務項目,但是在這個市場之中,莫頓的所有競爭對手沒有一家提供顧客所需要的服務水準,因此莫頓提供了水準稍高於競爭對手所提供之保障服務的服務內容。

圖14-2顯示莫頓為控制其服務組合而採取的方法。垂直軸是從最重要到最不重要,水平軸則是MM購買者對服務需求的滿足程度。例如,

市場焦點14-1

服務在競爭市場的重要性日益提升

從以下三家企業的經驗中，顯示服務的重要性，在競爭環境中是一個重要的變數。

- 哈金森（Hutchinson Technological Corporation, Hutchinson, Minnesota）公司。業務與行銷部門主管瑞克潘（Rick Penn）表示：「高品質的服務與高品質的產品，對於滿足顧客既有的需求而言，是非常重要的。」哈金森是一家電腦與醫療零件製造商，為朝這個目標邁進，而採取了一項「服務加值」計畫，以系統化方式處理員工與顧客的回饋意見，並測量顧客的滿意度。例如，近來的一項調查，顯示在品質、接觸頻率、送貨與價格等領域，至少獲得了82%。該公司在亞洲有一個品質管制實驗室，以便現場測試亞洲顧客的退貨。

- 皇家牙科設備（Royal Dental Manufacturing, Everett, Washington）。總裁哈洛泰（Harold Tai）表示出口占皇家牙科設備牙醫專用椅及擱腳凳總銷售額的20%，主要是透過經銷商，銷往東歐、沙烏地阿拉伯、中國與韓國。「我們在波蘭做得特別好」哈洛泰如此表示，「要感謝持續的經濟私有化，促進牙齒保健醫療的現代化，並且創造了對最新牙科設備的需求」。雖然美國牙齒相關技術具備全球公認的品質水準，是皇家牙科設備成功的重要原因，但是泰認為該公司的服務也具有相同的重要地位。「我們以信件、傳真，以及美國商務部在中國、巴基斯坦與印度所贊助的展覽等，而與經銷商及顧客保持快而有效的溝通，此外，我們全球的經銷商會把技術人員送到我們的工廠接受訓練，學習使用我們的工具，因此他們可以為購買與使用我們設備的牙醫與醫療專業人員做更好的服務」。

- 紙業機械（Paper Machinery Corporation, Milwaukee, Wisconsin）。全球最重要的紙製品生產機械之供應商。1996年，該公司供應全世界紙杯與容器製造用機械出口的40%左右，主要的市場為中國、日本、歐洲與南美，目前主要的行銷重心，則集中在東歐國家與獨立國協國家。在1996年以前的十年間，這家有一百八十五名員工的企業，淨利幾乎增加了五倍。總裁唐納‧包格納（Donald Baumgartner）認為該公司獲利持續成長的關鍵是服務：「在我們服務所及的四十個國家之中，任何顧客只要打服務電話，我們就立刻提供服務。甚至我們會定期打給未曾打電話給我們的顧客，以確保我們的機械運作情況良好。」

資料來源：*Business America*, U.S. Department of Commerce, March 1996, pp.22-23.

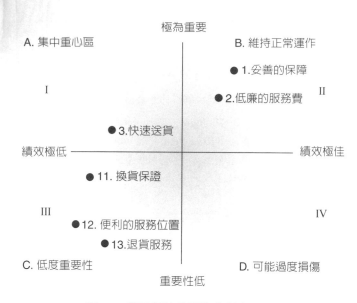

圖14-2 衡量與控管服務效益之方法

兩個最重要的服務項目「妥善的保障」與「低廉的服務費」都位於第二
象限「維持正常運作」。第三重要的服務項目「快速送貨」，則位於第一
象限「集中重心區」。三個最不重要的服務項目在第三象限，但是這對
於莫頓的規劃人員並不重要，因為都屬於低度重要性區。

產品包裝決策遵循環境之需

　　一如產品的品牌、品質與服務，產品的包裝決策，也可能強烈影響
顧客對產品的印象。

　　莫頓在擬定有關MM系統與零件進入國際市場的包裝決策時，特別
考慮到以下與莫頓的行銷目標，以及這些國家的條件等與包裝目標相關
的因素。

裝置與保護產品

出口產品的包裝，通常有三個包裝：產品容器，稱之為主要包裝，裝置主要包裝的容器，稱之為第二級包裝，以及作為運輸之用並且可容納數個第二級包裝的容器，稱之為運輸包裝。可用以作為包裝與保護產品的材料，包括紙板、塑膠、金屬、玻璃、泡棉與玻璃紙〔90年代最重要的保護包裝發明是牛奶與果汁飲料的無毒容器。瑞典公司利樂包國際公司（Tetra Pak International）把西歐40%的牛奶銷售額轉換為無毒包裝，這種包裝可保新鮮，無需冷藏可保存五個月〕。

促進產品的使用率

大包裝的清潔劑，與六瓶包裝的蘇打飲料，均是可以刺激產品使用量的包裝設計，另外套裝式包裝，如烹煮袋、易開罐啤酒，與MM課程的軟體包裝，都便於存取，更便於產品的使用。

產品確認與促銷

包裝設計可以從兩個層面而加強促進溝通：

1. 資訊層面：確認品牌，並且提供內含物與使用方式。
2. 促銷層面：透過銷售相關訊息，宣傳產品特性與優點，而與競爭產品做出區隔。

莫頓規劃人員在包裝方面的重要決策，包括：說明文字應該出現在包裝的哪一部分？包裝上應該傳達出哪些訊息與形象訊息？宣傳品是否應該加入？包裝的美學因素，包括體積、顏色與形狀，應該如何配合促銷訊息？

新產品規劃

包裝設計可以把產品形象強化為新產品（如介紹為一種早餐穀物），或者也可以傳達該一產品的新特色，如牙膏唧筒，或可以微波加熱的晚餐包。就這些目的，通常關切的重心，包括體積、顏色與形狀，以及其他可以傳達出「嶄新意念」的視覺與書面訊息。每一個包裝都相同的家庭式包裝（如康寶濃湯）是否在達成這個目標上有任何差別？

配銷管道的合作

包裝設計可便於批發商、零售商與其他配銷管道經銷商更易於管理、儲存與展示產品，進行標價並控制存貨，並且可以讓產品在貨架上有合理的陳列時間。在發展包裝設計時，把配銷商需求納入考量的關鍵因素包括：經銷商是否期望採取傳統式包裝？競爭對手的包裝模式為何？經銷商是否期望產品包裝能具備改進存貨控制與顧客服務的特性？〔例如，可以用Universal Product與光學元件辨識碼（Optical Character Recognition Codes）的電子掃描器，而從資料庫中獲得產品與價格的資訊。〕企業的包裝是否造成對環境的損害，或增加顧客的成本而不為當地國所接受？

標示說明可補強包裝之決策

標示的主要功用，是提供有關包裝後之產品的資訊，或有關產品銷售者的訊息。標示說明本身可能是包裝印刷的一部分，或是釘在產品上面的小條子。

1. 分級標籤：係以字母（A級）、數字（#1）或條件（嚴選）等說明產品的品質。

2.訊息標示：係說明產品的保護、使用與裝置方法（如「此面向
　上」）。

3.說明標示：說明重要特點或優點（如增加23%咖啡容量）。

　　一般而言，標示可增進包裝在激勵對產品之使用上的功能，包括增
進溝通、區隔市場，並且規劃新產品。標示也可以擔當起對社會與法律
議題的回應訊息。例如，列出使用期限，可以避免產品被糟蹋。營養成
分標示可以說明加工食品的營養、脂肪、鹽分與熱量。以基本數量如盎
斯或品脫計價的單價，則可讓顧客比較各種品牌的價值。

產品線與產品組合策略

　　產品線是由具有類似特性、市場與最終用途之相關產品所組成。例
如，MM系統產品線，即是由各種規模與複雜度之電腦，依據每一個區
隔市場需求而設計之軟體等所組成。莫頓所有的產品線，包括針對組織
市場的電腦配件，組合而成為其產品組合（product mix）。

　　莫頓規劃人員所面臨的產品線策略包括：

1.產品線長度策略：該產品線中涵蓋之產品數量（一般而言，只要
　有助於獲利，且不會影響到既有產品的營業額與獲利，則產品越
　多越好）。

2.產品線延伸策略：即在既有產品線之中增加產品，以吸引獲利較
　少的市場（向下延伸），與獲利較大的市場（向上延伸），或兩者
　皆有。

3.產品線填滿策略：即把既有產品線的缺口填滿，通常可以獲得額
　外的營業額或利潤，運用額外的產能，或針對經銷商競爭所需而
　做出的反應。

4.產品線特色策略：決定哪些產品特色列入促銷活動之中。

莫頓規劃人員在不同市場中，所面臨的產品組合策略，包括：

1. 產品寬度策略：即莫頓應該推出幾種不同的產品線（與產品長度策略一樣，通常取決於新產品線的獲利能力，與企業使命的吻合度，以及是否影響到其他產品線的營業額）。

2. 組合連貫性策略：該產品線與企業本身產品在最終使用、配銷管道、價格範圍與市場等的關聯性。

在國際市場上，產品線的連貫性是非常重要的，因為諸如進入市場的高成本，有限的溝通條件與配銷管道等，往往會限制獲利的機會。產品組合的連貫性，可以協助企業專注於生產與行銷，獲得規模經濟，並且創造強勢的品牌形象，建立與配銷商之間的關係，而抵消掉這些限制因素。

從莫頓產品線與產品組合的產品生命週期定位，往往可以看出哪些策略是適合的。例如，如果該公司的產品組合中之產品，主要是處於高度競爭成長階段，則產品延伸與填滿產品線策略可能可因應這些威脅。產品組合寬度與連貫性的策略，可能為因應競手的產品生命週期環境，而在成長階段增加產品項目，或在衰退期縮小產品範圍。就MM系統的個別產品而言，在產品生命週期後期階段，競爭更為激烈，且市場與獲利開始衰退時，三種策略特別有效：

1. 重新定位策略：是運用廣告與促銷活動，改變消費者對產品的感覺，例如，莫頓可以輕易地把產品的藍芽形象，轉變為針對一般目標市場，價格較不昂貴的電腦系統產品。這種策略的危險，是可能會喪失或混淆該公司的主要市場。

2. 產品生命延伸策略：採取以下一種或多種戰略——產品的新用法，產品的新特性或優點，既有產品的新顧客層，增加產品的用途，或改變行銷策略。當MM在國內市場到達生命週期後段時，所有的選項都已採用，莫頓著手為產品進行重新設計與定位，以便在全球市場中服務新顧客群。

3.產品剔除策略：即把不再能夠獲利的產品撤出產品線，包括：(1)
持續策略——持續銷售該一產品，直到必須放棄為止；(2)擠牛奶
策略——在產品生命週期的衰退期時，降低行銷費用，以維持獲
利；(3)集中策略——把所有行銷力量集中於最強的既有區隔市
場，並且剔除其他產品項目。

擠牛奶策略與集中式剔除策略的危險，是將這些策略一體適用於全
部產品，而並未考慮產品組合與產品線中的其他產品，並且未曾全盤考
慮到重新定位策略與產品生命延伸策略等。

國際觀點

無論是國內市場或國際市場的產品規劃，產品設計、品牌、品質、
服務、標示與包裝等，其基本的考量與方法都是一樣的。然而，在國際
市場上，額外必須考慮到的因素，包括在國內市場不盡然適用的環境條
件與限制。

我們在下節中將探討這些考慮因素，以及產品仿冒，和對這些問題
的各種不同回應。

全球市場的產品設計

一如本章前述，產品設計的兩項重要決定因素，包括成本與產品使
用時與環境的相容性。

在全球市場中，成本與產品的競爭性與獲利性，通常是產品設計時
的主要考慮因素。除了因應顧客的偏好與勞力與材料（在海外市場通常
較便宜）成本等因素，其他重要的因素，包括運輸產品之成本、關稅與
其他障礙（這些成本與其對價格及其他行銷組合要素的影響，於第十五
章中探討）。

針對全球市場的產品設計,也必須考慮產品將被使用的環境因素。不同的氣候,不同的度量系統(美國是唯一非公制的國家),與不同的電力與廣播系統,僅只是其中部分可能影響到產品設計的環境限制例子。美國產品設計者,最重要的是留意各個國家與區域經濟體的產品標準。例如,於1994年1月實施的歐洲經濟區域協定,要求設計必須符合十八個歐洲國家的相關規定,才可以銷售以下多項產品,包括玩具、建築產品、壓力管、瓦斯用具、醫療裝置、電訊設備與機械。

除了這些國家與跨國的標準以外,理察·羅賓森(Richard Robinson)❷建議因應以下九種環境因素而改變產品設計(**表14-1**)。

表14-1 因應進入海外市場九種環境因素而改變的產品設計

進入海外市場之環境因素	設計之改變
1.低度技術能力水準	簡化產品
2.勞工成本高	自動化或手動式
3.低識字率	圖示標誌或簡化
4.低所得水準	改變產品的品質與價格
5.高利率	改變品質、價格(對高品質產品之投資無利於財務)
6.低維修水準	改變承受力,簡化
7.氣候差異	改變使產品適應性
8.隔絕度高(維修不易,昂貴)	產品簡化,改善耐用度
9.不同之標準	重新制定

全球焦點14-1說明在不同的海外市場中,產品的設計關係著產品的成敗。

在全球市場為產品制定品牌

很少美國品牌的市場超出國內市場的範圍。除了少數全球性品牌諸

---

❷Richard Robinson, *International Business Management* (Hinsdale, IL: Dryden Press, 1985).

全球焦點14-1

從產品設計的成敗中學習

　　以下的範例，強調產品的設計必須符合全球市場中顧客的需求、成本的限制，與競爭環境。

- 加州雷當多海灘（Redondo Beach）一個小型家庭製造商，在向廣島的Tech Corp銷售汽車停車塔時，面臨了來自十七個日本製造商的競爭。一名公司發言人表示日本製造商的停車塔是「過多工程設計與收費過高」。日本人偏好美國停車塔，是因為其設計簡單、好用，且不貴。
- 麻州坎頓的克利普公司（Kryptonite Corporation）的腳踏車鎖在獲得日本設計與推廣組織的傑出設計獎後，在亞洲市場的銷售額大幅成長。
- 奧提維公司（The Olivetti Company）發現其原先在歐洲成功推出的現代、獲得獎項與輕便型的打字機，卻無法與美國市場中大型的打字機競爭。奧提維被迫調整打字機的設計（在現代博物館展示）以符合美國消費者的偏好。

資料來源：*Business America*, World Trade Week 1993.

　　如可口可樂（Coca-Cola）與李維（Levi's）牛仔褲以外，大部分的美國品牌80%的營業額，都是來自國內市場，其餘則多半來自文化類似的市場。

　　即使某一個產品或服務，在全球市場獲得成功，也不可能堅持在行銷組合中，針對不同的海外市場，僅做小幅度改變的標準化作業一體適用於全球市場。相反地，必須以顧客導向之原則，在產品設計與其他行銷要素之中做改變。

　　一個有效的全球品牌策略，可以改變這一切。在國際市場中，品牌是一個最簡單的標準化作法，並且有助於同一產品線其他產品與行銷組合要素（例如，價格、品質、促銷）的標準化。標準化產品與品牌並非一定是連在一起的，例如，某一地方性產品可能有一個標準化的品牌名稱（例如，在美國生產的德國啤酒品牌），或相反的情況（在海外生產以當地品牌名稱的美國設備）。

🔖 在全球市場為品牌命名

在全球市場為品牌命名的一個重要考慮，是該一品牌名稱是否易於翻譯為潛在海外顧客所使用的語言，而不會產生負面的效果（以下是一些語言翻譯所造成的尷尬：Coke在中國翻譯為：「咬一口蠟製蝌蚪」，Chevrolet Nova翻譯為西班牙文是：「不會動」，Sunbeam的Mist-Stick鐵製燙髮卷翻成德文是：「肥料棒」。

在國際市場為產品命名的另一個重要考慮，是僵化的態度，或母國對外國產品的看法，有可能助於或妨礙到行銷活動。例如，一項研究顯示德國人對其產品與其他國家產品品質的評分：德國54，英國30，荷蘭24，法國16，比利時8，義大利2。而被德國人列為最後一名的義大利人，則評分如下：德國347，荷蘭25，義大利24，英國10，法國-1。另一項研究顯示「美國製」標示，在全球觀點中，已輸給「日本製」。在進行全面的行銷組合策略規劃時，該國對其他國家產品的看法，或許也應該列入考慮，尤其是當某一品牌的廣告中說明產品的來源時。例如，在德國，麥斯威爾品牌與「美國最佳咖啡」標語的結合，就非常令人倒胃口，因為德國人對美國咖啡的看法，就跟對美國啤酒的看法是一樣的。另一個情況，生產鑽油精密設備的巴西製造商，就把設備零件銷往瑞士，在當地組裝並且加上「瑞士製造」，而成功地扭轉了墨西哥對巴西產品負面僵化的印象。面對這些負面僵化的看法，一個成功的品牌策略，往往是運用當地名稱，或當地知名的品牌以建立全國知名度。另一方面，如果該國的產品在當地國受到歡迎，例如，在美國的許多進口啤酒，則品牌上或許應該反映出這個事實（「Becks——德國最受歡迎的啤酒」）。

🔖 全球市場的品質

在全球市場中，產品的品質，與所銷售之國家所採用的型式與標準相關。例如，杜邦公司（DuPont）的訂單，被獲得ISO認證的英國公司

奪去後，便採用ISO 9000標準（係歐聯所採用的一系列技術標準，鼓勵製造與服務機構實施完善品質程序）。相反地，已開發國家的高標準，在低度開發國家則被視為不必要的成本。

北美消費者對品質的強烈要求，可以從對日本汽車與電子產品品質的要求，以及歐洲汽車、衣服與食品之中獲得印證。幾家公司正迎合這個日益重視品質的趨勢，例如，福特的「品質第一」促銷活動即為明證。在國際市場中，品質也日益成為購買產品的重要標準，尤其是針對產品品質的差異不易分辨者，如電冰箱或彩色電視機。例如，PIMS集團（Profit Impact of Marketing Strategies）的一項研究，其結論為如果企業能夠創新，並且確保產品的品質，則將同時可在已成熟市場與遲滯的市場中，獲得高報酬。這些企業也會避免在毫無差異性，且無法獲利產品上的競爭。

產品仿冒威脅全球貿易

仿冒產品，其定義為未經授權，而使用某一個商標、專利發明，或版權作品，目前情況非常嚴重，並且已威脅到國際貿易。受到最大打擊的是創新產品、快速成長產業（電腦軟體、藥品、娛樂）以及高能見度的消費性產品品牌（Polo, Gucci, Izod）。這種趨勢對於美國出口的打擊，可見之於美國企業每年損失了700億美元，皆因為產品仿冒以及其他對智慧財產權的傷害（國際商會估計全球仿冒商品貿易占全世界貿易額5%）。

從美國出口商的角度而言，對產品仿冒的回應，主要在於該公司的產品在何處仿冒與銷售。在所有仿冒品當中，75%是在美國以外的地方生產，主要仿冒者是中國、巴西、韓國、印度與台灣。如果這些產品是在當地國銷售，則依據當地國的法律辦理。例如，1995年，與中國簽定了一項智慧財產權協議，在制裁的威脅下，中國關閉了仿冒美國產品的工廠。

在海外仿製並且在美國銷售的產品，應該在海關擋下，雖然人手不足，且仿冒技術日益精進，使得偵查難度增加。針對25%無論是本地製或進口產品但標示為本地製造的這些仿冒品，最好的辦法是送往美國聯邦法院。

雖然並沒有所謂的國際專利、商標或智慧財產權，但是以下部分國際條約與協議，仍可提供保護，例如，巴黎保護企業財產公約、專利合作條約（the Patent Cooperation Treaty）、伯恩公約（the Berne Convention for the Protection of Literary and Artistic Works）、世界智慧財產權公約，以及其他區域性專利與商標辦公室。

在全球市場包裝與標示產品

在考慮MM系統於全球市場的運輸、裝卸與儲存等的包裝材料時，規劃人員將考慮到額外的處理事宜與較長的運輸需求，並且須防範氣候因素（如濕度、高熱等）而可能影響到產品上架時間的長短。

大批貨物的運送使用貨櫃，MM系統置於運輸包裝後，再放入堅固的貨櫃之中並封好，以避免損壞與竊盜。在外包裝上印上裝運號碼，而可以降低竊盜機率。

在海外市場中，某些國家對包裝設計往往有特殊的要求，如缺乏冰凍設備，或所得較低的國家，最好提供少於六件的包裝。

顏色與其他促銷訊息相同，在包裝上也是一個會引起注意，並且有助於產品形象的重要因素。例如，研究顯示非洲國家偏好原色，而在工業化國家，銀色代表著豪華、黑色代表品質，而一般產品多為白色。百事可樂在東南亞的促銷中，可以看出顏色的影響，當地的消費者把百事淺藍的促銷色彩與死亡與悲傷聯想在一起，而使得百事可樂喪失了許多市場占有率。

在標示出口產品時，最重要的是觀察進口商的語言要求，例如，加拿大要求雙語標示（法語與英語）、比利時（法語與法蘭德斯語）、芬蘭（芬蘭語及瑞典語）。

本章觀點

　　無論是國內或國外市場，基本的產品規劃概念是一樣的：產品必須
經過設計、賦予品牌、包裝與標示，並且必須依據產品相關的服務與品
質而訂定成本決策。此外，必須擬定產品線與產品組合策略，以確保顧
客與經銷商的需求與獲利得以滿足。然而，在複雜的全球市場中，各種
因素的影響下，使得這些決定與相關的決策更為重要且不易達成。

觀念認知

學習專用語

Blanket family name	全盤式品牌名稱	Packaging	包裝
Brand	品牌	Private brand	私有品牌
Brand mark	品牌標誌	Product compatibility	產品相容性
Co-branding	共同品牌	Product deletion strategy	產品剔除策略
Company／individual brand name		Product design	產品設計
	企業／個別品牌名稱	Product life extension strategy	
Copyriight	版權		產品生命延伸策略
Country-of-origin effects	當地國之影響效力	Product line strategies	產品線策略
Forward extension	向前延伸	Product mix strategies	產品組合策略
Generic brands	原有品牌	Separate planing	獨立規劃
Individual brand names	個別品牌名稱	Quality	品質
Labeling	標示	Repositioning strategies	重新定位策略
Licensing	授權	Separate family names	獨立家族名稱
Manufacturer's brand	製造商品牌	Trademark	商標
Open dating	加註日期	Unit pricing	單價
Package aesthetics	包裝美學	Weber's law	偉伯法則

配對練習

1. 把第一欄中的品牌策略與第二欄中的說明配對。

1. 製造商品牌	a.一個名稱用於兩個以上的產品
2. 全盤式品牌	b.從大部分的產品獲得最大的銷售額
3. 一般品牌	c.強調產品而非名稱
4. 家族／個別品牌	d.經銷商命名之品牌
5. 私有品牌	e.克萊斯勒道奇、道奇空調

2. 把第一欄中的產品特性與第二欄中的規劃考量配對。

1.品牌	a.是否可激勵對產品產生更多的使用率？
2.品質	b.個別、家族或兩者皆有？
3.服務	c.提升剛好被發現到的差異量
4.包裝	d.在「平均」與「高」水準時，獲利增加最多

3. 把第一欄中的產品線／組合策略，與第二欄中的關鍵的策略目標配對。

1.產品線長度	a.補足缺口
2.產品線延伸	b.增加相關產品線
3.產品線填滿	c.吸引新市場
4.產品組合連貫性	d.增加獲利產品
5.產品組合寬度	e.增加獲利產品線

問題討論

1. 就有效的品牌名稱而言，請分析與評估把昂貴的美國銀行卡換為 VISA 的轉變。

2. 至 2002 年時，康寶濃湯期望來自海外的營業額，從 1995 年的 30%，成長到一半，亞洲，尤其是中國被視為最有成長潛力的區域。在中國，大部分的競爭來自於家庭自製的湯。為了面對這個競爭，康寶濃湯計畫保持有吸引力的價格，宣傳其產品的便利性，並且廣泛應用當地食材放在湯中。康寶為全球知名品牌的優勢，如何有助於其達成目標？如何促使中國購買者選擇康寶而非其他產品？在中國邁向自由市場模式的途中，這對中國經濟有何好處？

3. 你將如何把莫頓超級腦電腦與莫頓月晶片分類？還有什麼分類方法？為何這種分類法比較好（不好）？為何這符合一個有效品牌名稱的標準？

4. 以較大折扣向航空公司與海運公司購買尚未賣出的空位，再以使該公司仍然獲利的折扣零售價賣給一般旅客，請說明偉伯法則如何可以應用於行銷組合的所有元素（如產品、價格、地點、促銷）。旅行社將可從銷售這些票款而獲得佣金，這些訊息多半是透過網路，與星期天報紙的廣告中宣傳。

5. 一項針對加拿大工業設備採購者的調查，以下列順序排出服務要素的重要性：交貨準時、快速報價、技術服務、快速貼現服務、售後服務、業務代表、便於聯繫、換貨保證。依據這些優先順序，你會給一個有如下服務水準的加拿大經銷商什麼建議？

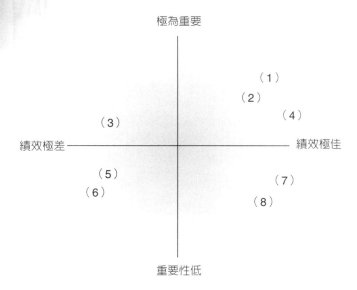

6. 請說明以下包裝的兩項典型目標：

　　(1)酒類之易開罐容器包裝

　　(2)雷哥斯（L'Eggs）絲襪的蛋形包裝

　　(3)運輸紙箱轉換為分格式電燈泡展示架

　　(4)WD-40防鏽液八盎斯或十二盎斯罐裝與五十五加侖桶裝

7. 請討論莫頓超級腦系統，在其產品生命週期中如何與為何採用以下的策略：產品線延伸、產品組合連貫性、產品生命延伸策略。

8. 蘋果電腦公司發現所有的電腦產品線與軟體被仿冒，約70%仿冒品是在美國以外地方生產與銷售，而約20%是在美國生產或進口後標示為美國生產。提供一個蘋果電腦可能採用的策略，以有效克服這些未經授權即使用其創意、智慧財產權與商標的情形。

 解答

配對練習

1. 1b，2a，3c，4e，5d
2. 1b，2d，3c，4a
3. 1d，2c，3a，4b，5e

問題討論

1. 與原來的美國銀行卡相較，VISA品牌較獨特，簡短、易於辨識
   與記憶，也說明了產品的一些優點（在這個廣告中，展現了一個
   通往快樂生活的簽證），並且在外國語言中，沒有不雅的發音。

2. 康寶濃湯的強勢品牌名稱，在全球市場強勢促銷，將為顧客、公
   司與國家帶來好處。例如，以中國市場為例，潛在顧客將從品牌
   名稱中，把自己的需求與欲望相提並論，並且在購物時很快地確
   認出來。由於康寶濃湯公司可以把宣傳重心放在單一的產品名
   稱，因此而獲得標準化的好處，以及得以維持價格，生產水準，
   與康寶強勢且正面的品牌形象。一個經過適度宣傳的品牌名稱，
   也有助於康寶在這個市場中，以同樣的名稱導入數十種新產品，
   並且瞭解潛在顧客，將會以同樣正面的態度看待新產品。建立起
   忠誠顧客資料庫的期望，將成為康寶維持高品質水準的誘因。建
   立品牌也有助於康寶區隔其在中國的市場，針對不同的市場區
   隔，而提供不同的品牌產品線。最後，康寶的品牌策略，將有助
   於中國的經濟，競爭對手會基於這些動機，而改進產品，並且仿

照康寶的模式行銷，有助於改善購物效率，並且維持產品品質。

3. 莫頓超級腦與月晶片說明了該公司品牌名稱與個別品牌名稱類別的結合。其他可能選擇的產品類別，包括全盤式品牌名稱莫頓電腦與莫頓晶片板與獨立家族名稱超級腦電腦與月晶片。企業與個別品牌名稱結合的一個好處，是新產品可以在公司品牌之下推出，而也可在個別產品品牌名稱之下，找出目標市場。此外，與個別品牌名稱不同的情況，是可以維持一個強勢、專注的企業面的產品形象。至於有效產品名稱的標準，這些品牌似乎可以符合：他們認為這個產品的高科技本質月晶片及產品的優點，都相當易於辨識、記憶與發音，並且可以應用於其他產品。

4. 產品：折扣旅行所選擇的路線，可能被視為具吸引力。地點：給旅行社的折扣，可能足以涵括其行政費用。價格：給潛在顧客的折扣，可能被視為足以吸引到目標市場成員。促銷：報紙與網路廣告，可能被視為吸引潛在顧客的有效工具。

5. 服務內容顯示，在「技術服務」、「售後服務」與「業務代表」等項目的績效得分較低，顯示該公司的顧客，並未獲得外地銷售人員的良好服務，然而，在訂單已經發出以後，顧客卻獲得良好服務，在「交貨準時」、「快速報價」與「快速貼現服務」等項目獲得高分。由於相對較不重要的項目，包括「便於聯繫」、「換貨保證」等也受到重視，顧客可能獲得太過度的服務，或許是為了彌補業務人員的效率不足。依據這項分析，該公司或許應該更努力訓練其業務人員提供更有創意，有助於銷售產品的工作，如此或許可以節省一些需提供保證的成本。

6. 以下的矩陣列出每一種包裝的主要目的。事實上，也可以說每一種包裝在某些程度上都達成了這些目的。

	包含產品	鼓勵使用	溝通	規劃新產品	配銷管道合作
酒類之易開罐容器		X		X	
雷哥斯褲襪蛋形包裝			X		X
運輸紙箱轉換為分格式電燈泡展示架	X		X		X
防鏽液容器		X		X	X

7. 在產品生命週期的成長與成熟階段，可採行產品線延伸策略，以吸引新的市場區隔加入超薄電視，向下延伸至獲利較少的廉價產品類型，向上延伸至獲利較多的產品類型，並且雙向延伸至兩個極端之產品市場。產品組合連貫性將有助於確保新產品線（如光碟機）與該公司產品組合有共同的使用者、配銷管道、價格範圍、市場範圍與促銷活動。例如，如果該公司以標準化促銷活動而接觸許多國際市場，則一個新產品線加入該一組合，將應該也可以適於此一標準化作業。產品生命延伸策略是在產品生命週期的成熟期與衰退期採用的，其重心將放在產品的新用途（例如，在一個模組化娛樂中心的一個單元）、產品的嶄新特性或優點、該一產品的新客層，以及增加產品的用途。

8. 針對在美國的仿冒品，蘋果電腦透過聯邦法院侵權制裁而獲得相當好的成果。至於在美國境外仿冒但進口至美國（進口至美國組裝或標示為美國製）的仿冒品，蘋果電腦與關稅局合作禁止仿冒品偷渡至美國，而協助聯邦法院的制裁侵權行動。蘋果採取了各種糾舉措施，包括推動制定法令、與仿冒國家進行雙邊與多邊協商，與其他同業共同採取私下行動，以及採取個別行動（例如，與當地機構共同執行查抄，或把仿冒者帶進蘋果家族使其成為合法授權商），並且提供查獲仿冒者之獎金。

Marketing

第十五章
擬定定價目標與政策

本章概述

在行銷組合的所有元素之中，定價是最具有彈性，並且通常對顧客的感受、銷售額與獲利情形具有最直接的影響力。

訂定價格是一個複雜且具挑戰性的工作，必須擬定出符合實際的目標，以及達成這些目標的政策、策略與戰術。在訂定價格的規劃過程當中，必須考慮到成本、顧客與競爭對手的本質與行為，以及經濟、法律以及政治因素對價格的影響。

定價目標界定出政策與策略

本章中，將持續探討行銷組合的要素，探討全球行銷人員確定定價目標、政策、策略與戰術等之價格的制定流程。並以莫頓將MM系統滲透某一新市場的過程為例，說明這四個概念彼此之間的關係。

這個滲透市場的目標，可能是在兩年之內獲得20%的市場占有率。這個目標將依序擬定出一套定價原則，導出一套滲透定價策略，使MM系統的價格定在競爭對手之下。這個策略也將導出一些戰略，例如，針對競爭對手的反應，而提高或降低售價。

此一擬定與執行定價策略，以達成獲利目標的流程，將必須對諸如成本行為、顧客需求模式以及競爭對手之反應等變數有充分的瞭解。

在探討這些變數時，將討論一下價格的重要性，包括貨品與服務的金錢與非金錢的交易，對於銷售額、獲利、市場與其他行銷組合因素的影響。

隨後我們將討論定價規劃流程的前兩個階段：透過對有關產品、成本、市場、競爭對象與其他無法控制因素資訊之系統化分析，而擬定定

價目標與政策。第十六章中,我們將討論依據這些目標與政策而衍生的
定價策略與戰術。

定價影響銷售額、獲利與行銷組合

　　為說明價格在創造銷售額、獲利與行銷組合之價值上的重要角色,
我們將假設MM系統進入某一嶄新國外市場時的價格,以及消費者對這
項產品的反應。

　　首先,假設莫頓每一個系統的製造與銷售成本是900元,但是該公
司決定其單位價格為2,000元。此外,假設最具潛力的顧客,認為每一套
系統的綜合價值僅為1,100元,因此銷售額始終不見起色,直到莫頓把價
格降低至接近1,100元的市場價格。

　　現在,假設另一個不同的狀況。為了快速滲透此一嶄新市場,莫頓
把MM系統訂定在與其實際成本相同的價格水準,即低於競爭對手的價
格,每一套900元。該公司預期這個價格將可增加銷售額,並且創造出
經濟規模(亦即隨著大量生產的經濟效益而形成採購、生產與行銷成本
降低),將迅速創造更多的利潤。

　　然而,由於價格較低,潛在顧客認為MM系統是一種廉價的電腦系
統,是次級品,因而銷售額仍然無法提高。莫頓行銷人員瞭解了這個不
當措施以後,把MM價格提高到顧客認為是適當價格的1,100元,因此而
非常高興地見到銷售額與獲利的提升。

　　這個例子說明了行銷組合當中,定價的重要且複雜的特性。這也是
行銷組合要素當中最具有彈性的,可以在短期間內隨時調整。這也是唯
一能創造銷售額的行銷組合要素,其他幾個要素均代表著成本支出。依
據一項調查的結果,大部分的行銷主管的看法,是認為這是最重要的行
銷組合元素,原因是針對顧客、競爭狀況、成本與政府因素而訂定價格
時,必須有複雜而多樣的考慮。

除了這些特性以外，這個例子也說明了定價對於消費者感觀，以及伴隨著這種感觀而來的銷售額，以及伴隨著銷售額而來的獲利情形的直接而特定的影響。

為說明價格對獲利情形的重大影響，假設莫頓把其中一個價格提高，但並未增加成本的情況：從1,000元提高到1,100元。請留意價格提高了10%（100／1,000），而形成獲利從100元增加到200元，增加了100%。

定價是行銷組合要素的支援因素

由於產品的價格有助於產品的定位，傳達出產品的有形與無形價值，決定產品應在何處配銷與如何配銷，並且甚至訂定其目標市場，因此定價規劃便必須同時考量到產品、地點與促銷規劃等因素。

例如，就MM系統的個案而言，便提供經銷商特殊的價格誘因，鼓勵經銷商販售MM系統產品，MM系統與競爭產品的品質差異則反映於價差上，此外，為促銷MM系統，而選擇的媒體與廣告訴求，則反映出價格與品質的關係上。因此，一如價格可以提升顧客的觀感、銷售額與獲利，也有助於行銷組合要素達成行銷的目標。

價格、行銷目標，以及其他行銷組合要素之間的關係，將隨著探討莫頓行銷人員為使MM系統產品獲利而採用的價格政策與策略，而更為明確。

將定價視為行銷的功能

一般而言，有志於進入競爭市場的企業，都會將定價視為一個行銷而非會計的功能。定價的行銷概念最適宜於多重產品的消費者市場，這些定價規劃人員會考慮的因素，包括需求型態、成本行為、法律限制、

產品與產品生命週期特性、競手的啓動與反應、對經銷商的折扣與津貼，以及彈性範圍等。

有效的定價規劃，最重要的正面目標，就是增加獲利，而主要的負面目標，就是避免三種定價失誤：(1)價格未能反映出目標市場的需求與感知；(2)未能將價格與其他行銷組合要素適當整合；(3)未能因應競爭環境的變化而調整價格政策與策略。

這並不表示簡單的成本加利潤等於定價的計算方式完全不宜。在某些情況之下，當競爭與顧客反應皆屬無關緊要時，成本則是唯一的考慮因素。例如，大型公用設施的定價原則，即爲成本加利潤，而可以達到預期的獲利目標。

擬定定價目標、政策與策略

在莫頓，針對其電腦系統與零件在國內市場與海外市場的訂定價格，被視爲一種行銷的功能。以下作爲擬定定價目標、政策與策略的方法，即反映出這種看法。

擬定定價目標

一般而言，定價目標是依據以下外在與內在的考慮因素而定：

1. 外在考慮因素：顧客對產品的觀感、產品遞送給顧客的成本，以及競爭對手的價格。
2. 內在考慮因素：企業的使命、與達成此項使命的生意目標（例如，莫頓昂貴的藍芽形象）、企業的資源（例如，財務、行銷與製造），以及產品的本質（例如，易於與競爭產品區分）。

依據對這些因素的考量，定價規劃將達成以下一項或數項目標：

目標報酬率

配銷商與製造商都使用目標報酬率，即訂定銷售額或投資金額的報酬百分比。例如，零售商與批發商會把銷售額再加上一定的百分比率，而足以涵括所有的營運成本與預期的獲利。定價的目標投資報酬率，是定出一個針對投資金額而可獲得某一特定稅後報酬額的價格。最常見的稅後投資報酬率目標是10-30%，訂定較低的報酬率是因為競爭狀況，而當預期的競爭狀況不嚴重時，則訂定較高的報酬率。

在較大的跨國與全球企業當中，投資報酬率目標，則是將使用到資金的各個部門的績效評估與控管予以簡化。這也可以簡化定價流程。許多企業長期以來已瞭解到其投資的平均報酬率為何，因而便以此作為新產品導入的目標報酬率。然而，這種僵化的獲利報酬計算方式，也可能忽略了影響定價決策的其他重要因素，並且往往被其他願意犧牲短期利益而追求長期利潤之競爭對手的競爭，而導致績效不佳的結果。

市場占有率領導者

市場占有率領導者的目標，通常是為創造更多與長期的利潤，而把產品價格定在低於市場價格水平，而獲得較強的市場定位。企業運用這種強化的領導定位，可以因量化市場的規模經濟而獲利，使得競爭對手被迫進行較昂貴的追趕行動〔例如，百事可樂（Pepsi）與可口可樂（Coca-Cola）或固瑞奇（Goodrich）與固特異（Goodyear）〕。領導企業也具有提高價格的較佳地位，並於稍後再彌補原先因為較低價格所造成的損失。

產品品質之領導地位

產品品質領導者的目標，通常必須針對目標市場成員，而採取代表著高品質產品的導入價格。顧客的感覺是達成這個目標的一個重要考慮因素。如果產品的優越形象掉落在其高價之下，則銷售額與獲利便跟著

下降。

其他定價目標

定價策略與戰術的其他目標，有助於達成以下的功能：(1)有助於銷售其他產品〔例如，超級市場對普度（Perdue）雞肉訂定的低價，而吸引消費者以較高價格購買其他產品〕，以及(2)有助於在市場中生存〔例如，在面臨過多空位，或高度競爭，或過少顧客的情況下，某一航空公司的「超省」機票價格，雖然未能使其獲利，但至少確保可以獲得足夠多的乘客人數，足以支應油料成本與飛行人員薪資的費用〕。

瞭解需求行為

市場焦點15-1說明了消費者感知，對於價值決定因素的重要性，遠高於對成本與品質的考量。

市場焦點15-1

顧客的感知將如何界定品質與價格

流行機具（Popular Mechanics）於1991年所進行的一項調查，發現許多美國汽車買主表示如果車子類似，他們寧願買美國車而非日本車。但是如果實際上美國車與日本車不僅類似而且完全一樣的時候又如何呢？

鑽石星汽車（Diamondstar Motors）（由克萊斯勒與三菱各占50%合夥）所生產的雷射（Laser）與三菱日蝕（Mitsubishi Eclipse）是相同的跑車。無論商標為何，該車基本款的售價均為11,000元，而馬力較高等級者售價則為17,500元。然而，1991年，銷售額則有所變化。1990年時，克萊斯勒的三千個經銷商，賣出了四萬輛雷射，而三菱的五百個經銷商，即賣出了五萬輛日蝕。這個驚人的差異，意謂著美製車面臨著形象問題。「人們認為日本車品質較佳。賣日本車比銷售雷射容易得多」依利諾州水晶湖地區，同時銷售克萊斯勒與三菱的經銷商依拉·羅斯柏格（Ira Rosenberg）如此表示。

資料來源：John Harris, "Advantage, Mitsubishi," *Forbes*, March 18, 1991, p.100.

要瞭解如何以最佳定價政策與策略達成定價目標，最重要的是瞭解顧客的感知如何展現於需求曲線上。例如，如果潛在顧客認為MM系統是非常獨特且有必要的，則莫頓的價格規劃人員可能會採取一個超出其實際成本與市場價格的定價策略。相反地，如果MM系統被視為與其他競爭對手毫無差別的情況，則這種策略將會損毀MM系統的競爭機會。

為說明顧客的感知，以及產品價值與價格之間的關係，假設如**圖15-1**所展示的需求狀況，以說明MM系統的價格與需求之間的關係。請留意在這個圖形之中，MM系統的需求模式是從（P_1,Q_1）點，向上經過（P_2,Q_2），以至（P_3,Q_3）點的曲線。因此，至（P_2,Q_2）點時，雖然價格提高，但對MM的需求，實際上是增加的。甚至在（P_3,Q_1）點時，價格是（P_1,Q_1）點的三倍時，需求仍然非常強勁。

經濟學家把價格與銷售量之間的關係，用彈性係數（elasticity coefficients）表達，係將銷售額除以價格的百分比呈現：

$$彈性係數（E）＝\frac{銷售額變化（Q）\%}{價格變化（P）\%}$$

需求無彈性（inelastic demand schedules），一如前例中所述，是指需求係數少於一的情況（例如，價格提高並不會導致銷售額相對降低）。需求無彈性的產品，是人們需要，且僅有少數替代品的產品，購

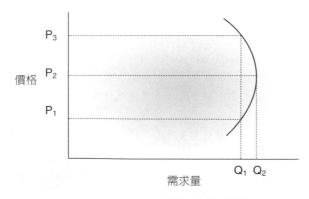

圖15-1 MM系統之需求狀況

買者並未真正留意到這個價格過高，或認為較高的價格是適當的。例如，醫師的帳單便可能符合這個標準。從價格規劃者的角度而言，這種需求模式意謂著在銷售額不致衰退的情況下，而有高獲利潛力。

有許多替代品的產品，則不被視為必要性產品，因此具備需求彈性（elastic demand pattern），其需求彈性係數大於一，因此最好是採取低價策略。例如1999年，當1,000元的低價電腦出現時（P百分比降低），銷售額巨幅增加，以致占美國電腦銷售額的半數。

另一個決定產品價格的重要變數，是販賣者能夠，且願意提供的不同價格（請參考供應曲線）。例如，雖然無論價格為何，莫頓實際上都將會達到其生產量的限額，但如果是採取無法獲得利潤的低價策略，則莫頓MM系統的生產量，或許將少於獲利較高之價格的生產量。

當需求曲線，如**圖15-2**中的DE，在供應曲線AB上時，則當賣方願意供應的數量與價格，與買方所願意接受的數量與價格相等時，便達到均衡點（F）。這就是產品的市場價格。

瞭解競爭價格

由於所有行銷導向的定價政策與策略，是假設產品的價格將緊盯競爭價格的水準，因而瞭解競爭價格是定價流程中必要的步驟。

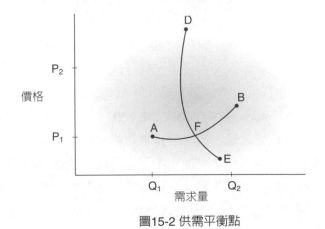

圖15-2 供需平衡點

當莫頓計畫把MM系統打入沒有任何競爭存在的市場時，則有關競爭價格的資訊，必須自行推估或想像。針對潛在消費者的調查與焦點團體的訪談，而獲得有關消費者對MM的產品與服務之看法（以及獲得如本章稍早所探討過的需求狀況之資訊）的有用資訊。莫頓規劃人員為補充這些調查與訪談的資訊，也採用了其他方式，如針對與此一導入產品類似的其他產品的詳細分析。例如，在一個潛在市場中，每一名學生接受專業訓練的平均成本，則被用以作為購買具備專業教育訓練功能之MM系統的代用品。

瞭解成本行為

在所有市場的價格規劃，都必須考慮到以下產品生產與行銷時所發生的各種成本：

1. 固定成本（Fixed Cost, FC）：例如，租金、稅金與人員薪資，無論生產的數量多寡，這些成本都是固定的。

2. 平均固定成本（Average Fixed Cost, AFC）：是固定的成本除以所生產的單位數量。MM系統生產的越多，分攤至每一單位的MM平均固定成本就越低。例如，如果生產MM的固定成本是1,000,000元，而產量是一萬件，則每一件分攤的平均固定成本即為100元。

3. 變動成本（Variable Cost, VC）：是直接與生產相關的成本，當生產停止時，這些成本也不再發生。材料成本或銷售佣金都屬於變動成本，短期內只要更動生產的水準，就可以控制變動成本。

4. 平均變動成本（Average Variable Cost, AVC）：是所有變動成本除以所生產的單位總數量。通常最初生產的單位變動成本較高，平均變動成本將隨著生產量增加而產生的規模經濟效益而遞減。例如，隨著時間的累積，生產工人已學會每小時生產更多的MM系統，且銷售人員也可以在一天內銷售更多的產品。然而，實際

上，當所有的設備已達到最高產能，且需要更多的新設備（如一
個新工廠）時，變動成本便將開始逐漸上升。

5. 總成本（Total Cost, TC）：是生產一定量產品之所有變動成本與
固定成本的總合。

6. 平均總成本（Average Total Cost, ATC）：是總成本除以所生產的
單位量。

7. 邊際成本（Marginal Cost, MC）：是每增加一個單位的生產成
本，可顯示出每生產一個額外單位產品之成本，必須創造出最低
的額外銷售額。邊際成本通常等於生產最後一個單位產品的變動
成本。

　　這些成本彼此之間的關係，可參考**圖15-3**，該圖中顯示出生產量變
化時所造成的變動。請留意所有成本在生產量增加時而降低，並且在某
一不同產量水準時，成本再度升高。此外，請留意每單位的邊際成本，
比起變動成本，將在較低的產量水平時上升，並且從平均變動成本與平
均總成本曲線下方向上延伸而交會，隨後便急速上揚（平均變動成本與
平均總成本是總量的平均值，因而上揚的角度較平緩，邊際成本與每單
位變動成本一樣，因為是以個別單位為準，所以急遽上揚）。基於定價

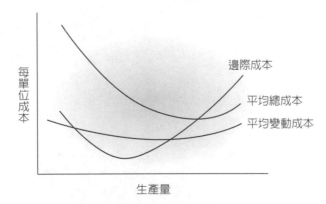

圖15-3 生產量增加如何造成單位成本變動

之目的，每單位的邊際成本是最重要的成本，因為這是銷售額必須能夠涵括在內的額外成本。因此，為使生產的利潤最大化，企業的生產量，應該是邊際成本恰巧低於或等於邊際銷售額（最後一個單位產品所帶來的銷售額）。在這個水準點以前所生產的所有產品單位都可以獲利，所有的獲利累積額，即代表企業得以從該一產品賺取的最多銷售額。

圖15-4顯示在產品生命週期中，訂定價格時另一個重要的成本考量。雖然成本曲線短期是向上揚，但隨著生產經驗的累積（學習曲線），與更有效率的生產設備與生產方式，因而長期成本曲線則是呈現向下的趨勢。

政治與法律環境如何影響定價

在第四章與第五章中，探討過各種鼓勵與限制貿易的政府政策、法令與規範。由於這些因素均與定價有關，因而其直接的影響有兩個層面：(1)轉移定價；(2)規定價格將必須在何時、何處以及如何改變或維持現有水準的定價規範。

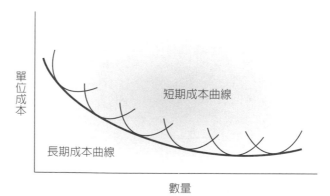

圖15-4 長期成本曲線呈向下趨勢

轉移定價

轉移定價（transfer pricing）是指把貨品在各個利潤中心移轉的定價（組織中任何一個部門都可以分攤成本或營業額，如某一部門或某一個配銷中心）。在訂定這些價格時，規劃人員必須決定是否應該僅包括直接與生產相關的成本，或應該包括其他間接成本，例如，固定支出與獲利的空間。例如，在國內市場中，類似莫頓的生產者，通常會擬定轉移定價策略，以激勵部門經理在達成部門的目標的同時，也追求企業整體目標。例如，如果莫頓把MM系統轉移至西岸A分公司的轉移成本，是轉移至東岸B分公司的兩倍，因此便在各個市場中，個別加上轉移的成本費用。這項安排的涵義，是假設兩個分公司皆能夠為MM訂定具競爭力的價格，並且具有銷售足量產品的能力，而能夠彌補這些轉移費用。

定價法規

定價的法規通常包括以下領域之中的法律與規範，將影響及於產品生命週期過程中，主要顧客與中間顧客所支付的價格。

價格控制

無論是透過立法程序強制執行，或經立法政策而鼓勵的價格控制，通常是在海外市場為約束生產商與配銷商的交易，而較少在國內市場中發生。在國內市場之中，與競爭對手合作而把價格固定是非法的，除非是在政府的監督之下，如對運輸業的規範。

價格歧視

價格歧視，或在同一交易水準（如MM銷售量相同的各個批發商）上，針對不同買方，而要求不同的價格，依據美國羅賓森（Robinson-

Patman）法案的精神將屬非法，除非價格的差異，係基於如下原因：(1)
成本調節（如製造商因規模經濟而將大量貨品銷售予大型顧客）；(2)承
諾把競爭價格降低；(3)無損於競爭對手。

價格提升

除非是公用事業，通常在國內市場提升價格，通常並無任何規範，
企業可以自行提高價格。

競爭定價戰術

其他可能限制貿易行為的定價法令規範，包括：(1)再銷售價格之維
持，或製造商非法要求經銷商以特定的再售出價格銷售；(2)最低定價法
案，要求銷售者不可用低於成本的價格銷售，而擾亂競爭狀態；(3)定價
詐欺法案，嚴禁誇稱價格從原來的價格水準降低，並且不得未經查證而
宣稱價格低於市場價。略奪式定價（predatory pricing），意指市場上既
有的企業明顯地試圖以侵略式定價，驅逐其他較小規模的新公司，這是
難以證明的犯行，因為聯邦法要求必須證此一侵略性價格是低於其平
均成本，並且將合理地償付其損失。

國際觀點

在國內市場為產品定價的複雜程序，到了國外市場將更形困難，因
為還必須考慮各種經濟、物流、政治、文化與法律的相關議題。就國際
市場而言，這些定價的考慮因素，主要重心在於成本行為、轉移定價、
幣值、契約條件、傾銷法規與定價規定。

成本因素如何影響全球定價決策

在高度競爭的國際市場之中，瞭解生產與行銷不同價格與需求水準

的產品之相關成本，是訂定最初價格，並且隨著產品生命週期的變化而調整價格而言，是非常重要的。

一般而言，與出口相關的成本，主要有三大類別：(1)為因應全球市場而調整產品之成本；(2)出口作業所需之成本（如人事、行銷調查、裝運與保險、海外促銷成本、海外溝通聯繫成本等），以及(3)進入成本（如關稅、一般稅、商業、政治與匯率變動之風險）。

表15-1說明了在國內市場零售價為12元的產品，出口時價格可能遞增的情形。其中包括了四種不同的情況，所有情況都包括了CIF價（成本＋保險＋運費）以及20%CIF的關稅。除了這些基本的成本，每一種情況中，也包含其他額外的成本，如加值稅、進口商利潤以及經銷商的各種利潤。請留意成本最低的情況，是把國內的零售價再增加70%，而成本最高的情況，則是增加了275%。

由於出口商的成本，往往大幅高於國內廠商，因而必須有一套有效率的會計系統，以便計算出所有與生產、行銷，與將產品運送至海外行銷管道之成本。如果不瞭解這些成本與其本質，行銷人員將無法得知產品的價格應高於或低於競爭對手的價格，也無法找出正確方法使其成本與競爭對手相競爭。

降低遞增之全球成本

以下是企業為了因應當地國家特殊的價格規定，而可能用以降低諸如國際運輸與海外配銷成本遞增的方法。

1. 調查該公司海外生產體系，以找出較低成本的原料與生產方式。
2. 針對既有配銷體系進行稽核，找出較低成本之中間商，或更有效率與符合規模經濟之實體配銷體系。
3. 運用其他行銷組合因素，例如，設計出一套簡化但合宜的產品，以具競爭力的價格出售，或者調整產品內容，使其符合較低的關稅稅目〔通常可以獲得一個較低的分類，稱之為關稅退款（duty drawback），即從進口國家進口零件與材料，用於生產出口的產

表15-1 出口價格遞增

國際行銷管道要素與成本因素	國內批發——零售管道	第一種狀況 直接批發進口，與國內市場相同，加CIF／關稅	第二種狀況 與第一種狀況相同，但加入海外進口商	第三種狀況 與第二種狀況相同，但增加加值稅	第四種狀況 與第三種狀況相同，但加入國外當地批發商
製造商淨價	6.00	6.00	6.00	6.00	6.00
＋加保險與運費（CIF）	–	2.50	2.50	2.50	2.50
＝到岸成本（CIF價）	–	8.50	8.50	8.50	8.50
＋關稅（CIF價20%）	–	1.70	1.70	1.70	1.70
＝進口商成本（CIF價＋關稅）	–	10.20	10.20	10.20	10.20
＋進口商利潤（成本的25%）	–	–	2.55	2.55	2.55
＋加值稅（總成本加利潤－之16%）	–	–	–	2.04	2.04
＝批發商成本（＝批發商價格）	6.00	10.20	12.75	14.79	14.79
＋批發商利潤（成本之33%）	2.00	3.40	4.25	4.93	4.93
＋加值稅（利潤之16%）	–	–	–	.79	.79
＝海外當地經紀人成本（＝批發價）	–	–	–	–	20.51
＋經紀人利潤（成本之33 1/3%）	–	–	–	–	6.84
＋加值稅（利潤之16%）	–	–	–	–	1.09
＝零售商成本（批發商或經紀商價格）	8.00	13.60	17.00	20.51	28.44
＋零售商利潤（成本之50%）	4.00	6.80	8.50	10.26	14.22
＋加值稅（利潤之16%）	–	–	–	1.64	2.28
＝零售價（消費者支付價格）	12.00	20.40	25.50	32.41	44.94
國內市場價格遞增百分比	–	70%	113%	170%	275%

（續）表15-1 出口價格遞增

國際行銷管道要素與成本因素	國內批發——零售管道	第一種狀況直接批發進口,與國內市場相同,加CIF／關稅	第二種狀況與第一種狀況相同,但加入海外進口商	第三種狀況與第二種狀況相同,但增加加值稅	第四種狀況與第三種狀況相同,但加入國外當地批發商
第一種狀況價格遞增百分比	－	－	25%	59%	120%
第二種狀況價格遞增百分比	－	－	－	27%	76%
第三種狀況價格遞增百分比	－	－	－	－	39%

品）。也可以發展出一套促銷活動,來說服目標市場成員這些價格是單獨針對他們而調整,而在其他情況下是不可能有的價格（例如,AT&T的促銷活動,即說服潛在用戶他們支付的高價將可獲得的是最高品質與服務）。

 ## 轉移定價與稅務

在國內市場,前面所提到的轉移定價,通常是指貨物在同一公司各部門之間的運送,其目的單純,通常是為了協助經理人員做更有效的價格競爭,並且達成部門的銷售額與獲利,極少會涉及於法律議題。

然而,在全球市場之中,由於不同的稅率與關稅,所以便應該以嶄新的角度來看待轉移定價。為便於說明,假設A國的關稅稍高,但是出口稅率較低,而B國關稅稍低但出口稅極高。在這種情況之下,出口商在A國的分公司,可以因為較低的轉移價格而獲利,假設這些獲得實現的利潤可以比在B國享有較低的稅率,則高轉移價格可能抵銷了所有應稅的獲利。而從A國的獲利將高於因為高關稅而抵銷的利潤。這就是霍夫曼‧拉羅契（Hoffman LaRoche）僅要求其義大利分公司為安定劑支付每公斤22元的低稅金,而要求高稅率的英國分公司支付每公斤925元

的稅金，因而有效地消除了應稅的獲利金額。

　　拉羅契的經驗，說明了何以企業逐漸從計算稅率與關稅，而轉向轉移價格。英國政府與所有政府皆然，都有權重新分配收入與支出，因而控訴該公司逃稅並且獲勝。所有的工業化國家如今都十分謹慎地審查依關稅與稅率之取捨而進行的轉移定價（美國稅務細則第四百八十二節中均係討論此一主題），而僅只是想到相關費用的支出與說明辯解就足以使許多企業卻步。**全球焦點15-1**探討政府如何從法律方面遏阻轉移定價，以及企業如何回應。

　　另一個對於轉移價格浮濫的遏阻因素，是主張全球採取一致稅率的經濟共同體，還有一個不利因素，即人們瞭解到依據市場競爭狀況而採

全球焦點15-1

嚴懲轉移定價濫用：行動與回應

　　美國國稅局（U.S. Internal Revenue Service, IRS）開始更仔細追查企業的產品與服務在分公司與分公司之間，以及分公司與母公司之間的轉移定價狀況。該局近年來將數以百計的企業存檔列管，並宣稱跨國企業經常透過企業內部移轉價格而降低全球的應稅金額。專家估計外國為基地的跨國公司，在美國逃稅金額至少達200億美元。其他國家也強化其審查系統。日本制定了特殊的轉移定價法案，懲罰未在政府時限內提供資訊者。德國的稅務機關則仔細地查核跨企業之間的費用，以判斷其合理性。

　　國稅最大的戰果，就是日本豐田汽車多年來，對在美國分公司銷售的大部分汽車、卡車與零件索價過高。原來應該是在美國的獲利，如今轉移到日本。豐田否認對此一不當行為的指控，但同意提供10億美元解決此案。

　　稅務機關之間彼此的溝通日漸增加，已產生了巨大的影響，並且這種趨勢也將持續，尤其在獲利的移轉方面。以往，就美國企業的觀點而言，轉移價格代表著把美國的收入轉移，但是仍有34%的企業所得稅，許多美國的跨國企業必須調整轉移價格。

　　由於關稅的變化，導致所有稅率的計算更形複雜。在許多國家之中，從關稅與間接稅所得到的稅入，甚至高於企業所得稅。稅務機關會緊密地看守關稅，行銷人員將發現所得稅的減免將因關稅損失而抵銷。

資料來源："Pricing Yourself into a Market," *Business Asia*, December 21, 1992, p.1.

取價格轉移所獲得的利潤，卻會因為關稅與所得稅而被抵銷（例如，這種操作可能會擾亂正常行銷流程，海外分公司經理會持續從傑出的績效獲得巨幅獎金，直到公司終於發現他的高所得，主要是來自於該公司在該國採取低轉移價格，而在其他國家採高轉移價）。

貨幣價值的威脅與機會

貨幣價值包括某一國貨幣的貶值與重新評估。貶值意指降低某一國貨幣相對於其他國家貨幣的價值。例如，如果以日本的貨幣（圓）的金額，要購買以美元計價的產品，從200日圓降到100日圓，美元對日圓即為貶值。貶值的效果是與降低出口價格一樣的，但是在本國內的價格則不受影響。

另一個影響，是在國外市場增加貶值產品的銷售額，並可增加在本國的生產量、投資額與就業人數。如果某一個國家出口值超過進口值，貨幣貶值國家的經常帳也可以獲得改善。

貶值的另一個效果，是增加在貶值國家銷售之產品的成本，而以更昂貴的外國貨幣定價。的確，從貨幣貶值國家出口的產品，包括海外零件等，則價格將會提高。例如，90年代初期，美國電腦在日本銷售，當美元對日圓貶值時，如果使用較昂貴的日本晶片，則價格便較便宜。

重新評價是貶值的相反情況，是某一個國家貨幣的價值相對於其他國家的貨幣提高了價值。因此出口便較昂貴，且較不具競爭力，貶值的優勢將轉而成為劣勢，銷售與生產衰退，升值國家經常帳不平衡。

例如，處於升值國家的行銷人員，是在進口國家與其他貶值國家的產品競爭，或是以升值的價格在升值國家競爭，都面臨困難的定價決策。如果所行銷的產品是強勢與競爭性的位階，便可能抵得過產品對顧客而言升值壓力。否則，便可能須採取其他的方式，例如，從貶值國家購買（例如，1993年，本田汽車公司宣布90%的汽車零組件將在美國生產），自行吸收提高的成本，以降低價格方式因應貶值貨幣產品的競

爭，或降低行銷與營運成本。

80年代初期起，美元相對於其他許多國家貨幣長期貶值，研究人員發現了許多國家對貶值的反應：

1. 美國出口商的產品，如今在進口國已較為便宜，通常低於以外國貨幣計價的產品，因而提升了競爭力。
2. 外國生產商（如日本）平均吸收了其貨幣交易價格貶值的一半。

面臨貶值國家之競爭，而可以採取的其他策略，包括：(1)轉向其他匯率較佳的市場（如德國把賓士Mercedes與BMW的銷售重心從美國轉向日本）；(2)推銷一些通常對貶值不具任何影響的產品（如美國油田服務公司不在乎貨幣浮動而在中東與遠東銷售）；(3)在貨幣貶值國家設立工廠（如本田在美國的工廠）。

為保護企業面對匯率浮動，而可以採取的其他策略，假設匯率是1美元＝2.10德國馬克，而一名對美國出口的德國出口商，同意以250,000美元的價格，九十天貨到的條件，輸出一批價值525,000馬克（250,000元×2.10）的產品。然而，在九十天期間當中，美元的價值掉至1美元兌2.0馬克，意謂著德國出口商在這筆交易損失了50,000馬克（250,000×2）。

德國出口商可以採用的一個保護策略，是以德國馬克報價，如此將可確保所收到的美元，在九十天內仍然等於525,000馬克。因為這個策略是把貶值的風險由賣方轉移到買方，但是卻不一定能採用。某些外國政府堅持以其本國貨幣報價，而許多國外買主也具有決定報價方式的優勢。

出口商另一保護策略，是面對幣值不穩定之國家時，堅持以短期報價為主。以這種情況而言，如果德國賣方堅持以十五天而非九十天的條件，則美元可能便不致於有如此大幅度的貶值。

面對幣值不穩定之國家出口時另一個保護策略，是透過遠期外匯市場（forward exchange market）銀行保證出口商將以一協議匯率獲得償

付。就前一個例子而言,無論美元對德國馬克的匯率如何浮動,德國出口商將會在九十天後獲得1美元＝2.10馬克的匯率。當然,如果當時的匯率是1美元＝2.20馬克,則德國出口商將必須吸收這個損失。

 ## 獲利之附帶條件

附帶條件通常是指要求出口商把原屬於獲利的金額綁住,這是跟國外做生意的代價。請參考以下狀況:

1. 現金存款:要求出口商必須把相等於從進口國預期獲利之某一百分比的金額,在一定時間內不得取出。
2. 獲利轉移規定:依據某些限制的條件獲利才能轉移出該一國家。

在這兩種情況下,都可以採取轉移定價策略,而可以避免存款規定或把獲利轉移出該國的規定。

 ## 傾銷:難以定義與證明

依據美國國會對傾銷的定義為:「不公平削價,以作為破壞美國產業之手段」,包括在美國進口產品的價格低於其國內相同產品之價格,或低於生產國之價格的價格差異。例如,日本可能因為被證明消費者可以花比日本消費者更便宜的價格在美國市場購買摩托車,或以比美國摩托車更便宜的價格銷售,而接受傾銷之處罰。有時候,傾銷的控訴,可能是因為某一家企業試圖操控轉移價格,或者是因為在海外市場貨幣貶值的因應措施。更常見的,是企業藉助於傾銷產品,而更快地獲得更大的海外市場,或是為了消耗掉過多的存貨,並且維持在本國市場的穩定價格。

傾銷難以證明的原因,是難以找到證據,就貨幣價值的轉變而言,當地國產品在本國的成本更高,或就出口商使產品差異化的情形而言,

在進口國與類似產品的比較，都難以找到證明。此外，也必須證明有價格歧視與傷害的情形〔國際貿易委員會確實發現日本的本田（Honda）與川崎（Kawasaki）有在美國市場傾銷摩托車的情形，並且在1983到1988年期間，課徵從45%起為期五年的特別關稅〕。

關稅暨貿易總協定（GATT）對傾銷的定義範圍較窄，係指在某一進口國銷售的價格，低於在出口國銷售之價格。進口國的「比較產品」價格則不在探討之列。

某些傾銷是持續性的，例如，政府補貼農產品，在海外市場以低於國內市場的價格出售，某些則係偶然性質。偶然性質的補貼則較具殺傷力，因為難以預期與採取因應措施。某些企業為規避傾銷罰款而犧牲獲利，會對配銷商提供非價格性的補助，以作為進入市場的誘因。例如，大幅度折扣或信用延伸等，在公開市場中均具有與減價相同的效果。

定價法案

有關於價格控制、價格歧視與提高價格等定價的規範，多半是在海外而非國內市場所進行的對價格規劃的影響。

價格管制

由立法程序而進行的價格管制，在海外市場比國內市場更普遍。有時候，原材料如咖啡、原油、錫與橡膠等的過量生產，便會導致價格控制措施，通常是用來因應通貨膨脹或外匯短缺之用。通常價格管制是在國外市場，而非國內市場之外國製造商與批發商的交易（在國內市場，與競爭對手合作而固定價格是非法的，除非是在政府機關的督導下執行，如運輸業）。

美國國會深知這些國外企業的聯合，與卡特爾組織所帶來的威脅，於1918年通過了「偉伯法案」（Webb-Pomerence），幫助美國出口商合作降低成本，而與大型歐洲卡特爾競爭。至1922年，僅二十二個「偉伯法案」會員組織實際存在，僅占美國出口額不到2%，並且對其效益產生

懷疑。與價格控制相抗衡的一個較佳辦法，是提出訴願。一般而言，解除價格管制的主張，是提出訴願的企業，證明並未獲得足夠的投資報酬以進行再投資。

價格歧視

價格歧視，或是指在同一個貿易水平上，提供購買者不同的價格（例如，**MM**所有銷售額都相同的批發商）在美國是不合法的，但是在其他許多國家則否。因此，在這些國家之中，以價格誘因與行銷管道成員配合而獲得競爭優勢，往往是可以採行的措施（第十六章中將討論一種普遍認可的價格歧視）。

價格提高

在國內市場提高價格通常並未受到限制，除非是公用事業，企業可以隨意提高價格。但在全球市場則未必如此，企業必須在規劃定價策略時找出例外的情況。

其他前面已經討論過的定價法令，則是企業在規劃全球定價策略時必須考量的：(1)維持零售價格，或者要求經銷商收取特定的零售價格；(2)最低定價法令，要求賣方不可以為了競爭而以低於成本價格銷售；(3)欺騙式定價法，禁止企業訛稱價格已低於原來水準，或低於一般市場價格。一般而言，在國外市場，這方面的法令與規範，比在美國較不受到約束。

本章觀點

一個產品的價格，將影響顧客的觀點、獲利的情形，以及產品應該如何定位、促銷與配銷。針對不同的市場區隔而定出「最佳」價格，則必須擬定定價目標、政策與策略，並且對成本、顧客、競爭對手與相關立法機關都必須充分瞭解。

觀念認知

學習專用語

Cost behavior	成本行為	Market share leadership	市場占有率領導者
Cost curves	成本曲線	Price controls	價格控制
Currency valuations	貨幣價值	Price discrimination	價格歧視
Demand schedule	需求狀況	Price increases	價格增加
Devaluation	貶值	Price legislation	價格法案
Dumping	傾銷	Pricing objectives	定價目標
Elasticity coefficients	彈性係數	Pricing strategies	定價策略
Escrow requirements	附帶條件	Product quality leadership	產品品質領導地位
Exchange rates	匯率	Revaluation	貨幣重新評價
Forward exchange market	遠期外匯	Supply-demand	供需
Marginal cost	邊際成本	Target return objectives	預期報酬率目標
Market price	市場價格	Transfer pricing	轉移定價

配對練習

1. 請把第一欄中價格相關之行銷目標與第二欄中企業行動配對。

1. 市場占有率領導地位	a.市場沉寂時，汽車經銷商價格低於成本並且提供退款
2. 存活	b.然而Mercedes-Benz卻拒絕降價
3. 產品品質領先導地位	c.預期經濟是景氣中的沉寂，家用品經銷商停止提供折扣
4. 目前獲利最大化	d.富士（Fuji）為其照相設備訂定低於市場的價格而獲相當強的市場地位

2. 請把第一欄中價格型態與第二欄中的敘述配對。

1. 市場價格	a.「如果我們可以用100元的單價購買這些手機，我們將可以賣出五十萬件」
2. 無彈性價格	b.「我知道他一小時收費300元，但是他有這個價碼」
3. 轉移價格	c.「我們向日本分公司收取每公升40元」低估價格
4. 低估價格	d.「因為我們更需要沃爾瑪，所以提供比沃爾瑪更多折扣」
5. 歧視價格	e.「清倉價——法國酒再也不可能有如此低價」

3. 請把第一欄中成本類型與第二欄中敘述配對。

1. 固定成本	a.總成本除以總銷售數量
2. 變動成本	b.生產最後產品的成本
3. 平均總成本	c.無論生產多少都保持一定的成本
4. 邊際成本	d.與生產與行銷直接相關的成本

問題討論

1. 假設你將在暑假時，在路邊設攤賣潛水艇三明治時的一個三段式練習。

(1) 用以下算式S＝P×U（銷售額＝價格×銷售數量），如果你六月時以每一個2元的成本，賣了一千個潛水艇三明治，你的銷售額是多少？

(2) 用以下算式NP＝S－CGS－E（淨利＝銷售額－已銷售產品之成本－費用），如果每一個三明治的配料單價為1元，且該季（主要的支出包括銷售與送貨）所有的支出為500元，則你的獲利為何？

(3) 假設你發現三明治的需求量使你可以把價錢提高到每一個2.20元但仍不至於影響到銷售額。如果整季都維持這個價格，則你的獲利將提升多少百分比？

2. 問題1的練習中，對於價格影響消費者觀感、銷售額、獲利與其他行銷組合元素的看法如何？

3. Hewlett-Packard，是一家160億美元的企業，以生產技術產品為主，並且掌控了高品質、高價計算機的市場，因為消費者認同其獨特且高價值的產品，且物超所值，故在目標市場中獲得競爭優勢。目前，Hewlett-Packard在亞洲有一萬五千名員工，銷售額達30億美元，在日本與馬來西亞採取市場成長策略。請討論Hewlett-Packard的高品質／價格的形象，與以下其市場成長策略：(1)目標市場選擇；(2)產品／地點／促銷等之間的關係。

4. 從以下的圖示，依據以下情況說明莫頓的超級腦電腦系統進入一個選擇出來的市場時的供需關係：線DE、線AB、點F。這些資訊對於莫頓行銷經理的策略意義為何？

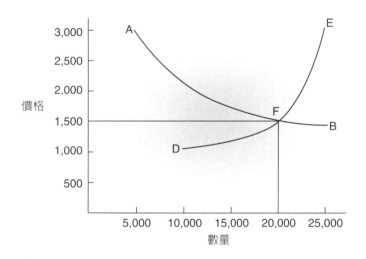

5. 以下的表格顯示裝運一千九百零八箱化學品，重量為三萬五千磅，從Kansas City運送至巴拉圭的Encarnacion。請注意運送價格成長了一倍。請討論三種使得最終零售價格可以更具競爭力的方法。

項目		占FOB價格百分比
FOB堪薩斯城	10,090	100%
到紐奧良之運費	110	
到巴拉圭Encarnacion	1,897	
領事發票	21	
報關費	8	
保險費（19,000元價值）	383	
港口費	434	
文件費	3	
全部運費	2,856	28
CIF價值	12,946	
關稅（CIF價值20%）	2,584	26
配銷商加成（10%）	1,547	15
經銷商加成（25%）	4,289	43
所有零售價	21,384	212%

6. 請定義以下有關印刷報紙的成本：

(1) 租借印刷工廠的成本。

(2) 為印製額外的版面而使用額外的紙張與染料之成本。

(3) 最後一份額外版面的生產成本。

(4) 所有成本總合除以出版報紙數量。

這些成本中，哪些成本是當額外的報紙印出來時，將不再產生獲利？價格如何列在這個等式之中？

7. 全世界第四大半導體生產商摩托羅拉在香港設立了一個數百萬的晶片製造工廠，期望至2002年能供應太平洋盆地達160億美元的半導體市場。請說明長期成本將如何影響摩托羅拉的半導體定價策略？

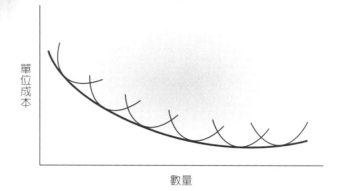

8. 在銷售給亞洲顧客時，如果美元兌亞洲貨幣的匯率下跌或上升，是否對產品的需求有影響？摩托羅拉可以如何採取保護措施以因應需求減少的情況？

解答

配對練習

1.1d，2a，3b，4c
2.1a，2b，3c，4e，5d
3.1c，2d，3a，4b

問題討論

1. (1)銷售額＝2元×1,000＝2,000元

   (2)淨利＝2,000元－1,000元－500元＝500元

   (3)淨利增加＝2,200元－1,000元－500元＝700元（200元以上）

   $$\frac{200元}{500元}=40\%$$

2. 在不影響銷售額的情況下，可以提高潛水艇三明治的價格，顯示顧客認同產品的價值高於你所訂定的2.00美元。對三明治的價格／價值兩種因素之關係的看法，足以創造你的所有產出。然而，雖然價格可以影響銷售額，但是對獲利的影響也非常大，一如當價格提高10%，獲利即可提高40%。依此價格持續的高需求，反映消費者對三明治的所有行銷組合要素的感覺，包括其風味（產品）、攤位所在地（地點）以及如何為三明治做廣告。

3. (1)由於這關係到目標市場的選擇，Hewlett-Packard的高價／高品質策略把所有的行銷重心放在能夠負擔HP的高價產品的小型目標市場。HP的目標行銷也包括了持續地監控市場成員，以測度顧客的滿意度（HP的前任總裁John Young發現十個顧客中，有九個對購買HP產品者會再度購買，這將帶來極佳的獲利，依據Young的估計，要吸收一個新顧客的成本，是維繫舊顧客的五倍）；(2)至於HP的高價格與其他行銷組合要素之間的關係，以下是一些效應。產品：持續研發、新潮的產品設計與零瑕疵率的品質控制，使得HP得以維持一個適於其價格策略的品質水準。例如，當HP1991年開始擴張其亞洲市場時，即著手使製程、個案管理與設計能力效率化。地點：與低階競爭對手不同的，是HP的產品多半是銷售給直接顧客，而非透過量化市場，這種個人化的服務，被視為是顧客購買HP產品的重要環節。促銷：雖

然HP並未採取集中式廣告策略，大部分海外事業單位的廣告可以自行因應當地的趨勢與文化，但所有的促銷活動都是與企業識別一致，且設計標準均能反映出HP的高品質／高價格的形象。

4. 圖中的DE線是供應曲線，說明了MM電腦系統在不同價格時可以供應的數量。例如，在3,000元的價格時（E點），莫頓願意再排出生產與供應資源而生產二萬五千件（請注意這個數量比莫頓願意在2,500元的價格時供應的數量並未多很多，在這個生產量時，企業產能不足且缺乏資源生產更多產品）。AB是需求曲線，顯示MM系統的顧客願意在不同的價格水準購買的數量。在3,000元的價格時（A點），莫頓的研究顯示僅有八千名顧客願意購買MM系統，全部的營業額為24,000,000元。然後當價格降低時，較多顧客會購買，當價格到達1,500元，而數量達二萬時，總銷售額達到30,000,000元。當價格降低，銷售額提高，至少提高到某一個點，顯示在這個市場中，MM的需求是有彈性的。在另一個市場中，MM被視為非常獨特且必須的，需求可能呈現無彈性，當MM價格升高，銷售額也隨之升高。F點是供應線與需求線交會之處，稱之為均衡點或市場價格，亦即人們願意買與銷售者願意賣的地方。從行銷人員的角度觀之，要發展行銷組合策略，瞭解供需之間的關係是非常重要的。例如，如果莫頓的行銷經理從供需分析發現MM顯現出無彈性的需求曲線，她就會把價格提高而使獲利最大化，並且以這種高價格／高品質的形象作為定位與促銷策略的依據。她不會犯下在這個市場中把MM訂得過高（E點）或過低（D點）的錯誤。

5. 這一批混合化學品可能較具競爭力的三種計算方式如下：(1)以FOB堪薩斯市的較低價格。如果賣方採取邊際定價策略，即假設固定成本已經在美國國內市場的行銷支出中涵蓋，或者為了更具競爭力而放棄部分在巴拉圭的利潤；(2)這筆從巴拉圭的訂單可以降低高關稅；(3)如果可能的話，改用較便宜的配銷管道。

6. 租金成本是固定成本，額外的紙張與染料是變動成本，生產最後一份報紙的成本是邊際成本，所有成本之總和除以印製報紙的數量是平均總成本。邊際成本將訂定某一個點，在這個點以上，額外印製的份數將不再產生獲利，為回收成本，最後印製之報紙必須等於邊際成本。只要邊際營業額（額外的報紙所產生的銷售額）超過邊際成本（每印製額外報紙的成本），則每一份報紙都將可獲利。當邊際成本與營業額相等時，即當產出等於總獲利時，獲利最大。報紙的價格可以從預期的獲利、成本與預期報紙達到這一定點的時候而決定。

7. 長期成本曲線，顯示出由短期平均成本曲線組合而成的曲線呈現出遞減並再度上升的趨勢，但長期成本曲線呈遞減趨勢。短期曲線向下是由於學習曲線的效益與規模經濟使得成本向下，再度上升的原因是由於摩托羅拉的新成本（建立額外的生產線）超越了學習曲線。然而，由於每一條短期成本曲線都低於前一條，總體的長期成本曲線趨勢是向下的，意指雖然有暫時的壓力，但是摩托羅拉仍然能夠長期性降低價格。個人電腦、攝影機與卡式錄影機僅只是幾個當成本降低，且競爭增強，而價格大幅降低的幾個例子。

8. 假設其出口產品是在國內市場製造，如果美元對外國貨幣貶值，則摩托羅拉將更有利。這即代表著德國馬克或日圓可以購買更多美元，更多的以美元計價的產品。對摩托羅拉而言，這表示該公司可以把價格降至低於這些國家中的競爭對手的價格，或許可以無須犧牲獲利而同樣獲得競爭優勢，因為該公司仍然可以獲得相同數量的錢。為保障因為美元對外國貨幣升值的風險，摩托羅拉可能會運用遠期外匯市場的服務，以確保付款將以未經過升值的美元，或協商一個短期付款條件，因而貨幣的升值將可以預期。

Marketing

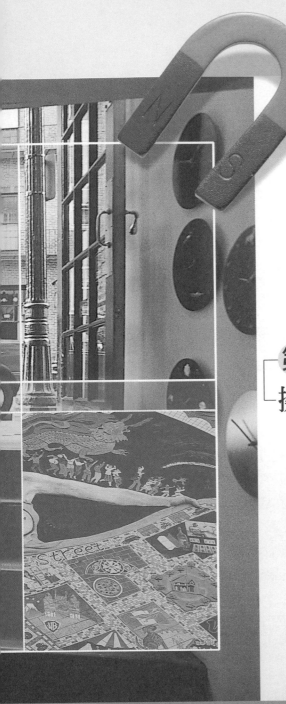

第十六章
擬定定價策略與戰術

本章概述

定價策略，從成本以至需求，均反映價格的經濟與競爭環境。支援這些基本策略的是價格修定策略，從中可據以找出顧客在要求的功能、購買的數量、購買時間，與支付方式的差異性。除了訂定價格以外，價格規劃工作，也包括了決定銷售與付款條件，並且因應競爭狀況而改變價格。

定價策略有助於達成行銷目標

在第十五章中，已經探討過為有助於訂定出定價策略的生產、獲利目標與政策時的考量因素。我們也探討過有關成本、顧客、競爭對手與相關法案，造成價格規劃成為一個複雜又困難工作等的市場特性。

本章中，將探討在各種不同競爭環境中，為達成各種行銷目標，而採取的各種價格策略。一開始將討論適宜於獨占與寡占市場的成本導向定價策略，然後再進至適用於自由競爭市場的需求與競爭導向策略。此外，我們也探討針對產品群組的產品組合定價策略，以及主要重心在於提高或降低價格之原因與方法的產品改變策略。

針對市場挑戰者的定價選項

在消費者市場與組織市場定價的企業，在產品生命週期之中，有數個選項：

1. 把預先設定的利潤加上成本，而成為成本導向之價格。

2. 依據消費者偏好與行銷管道的需求而定出的需求導向價格。

3. 強調競爭多於需求與成本考量的競爭導向價格。

4. 以產品族群而非個別產品為基礎的產品組合價格。

其他的選項，包括依據環境變化而改變價格的產品調整與產品變更價格，例如，必須配合經銷商，或突然提高或降低價格。

一個檢視定價策略與戰術的一個重點，是這些策略的名稱並不具排他性。因此，成本導向策略雖然強調成本，但並未排除對需求或競爭因素的考量。同樣地，需求與競爭導向策略，也並未排除影響價格的其他因素。

成本導向定價策略

成本導向定價策略，包括成本加利潤、加成式、損益平衡與投資報酬率定價法，多半是面臨較少競爭，或完全沒有競爭的企業。

成本加利潤定價法

成本加利潤是最簡單的成本導向定價法，僅僅只是在成本上外加預設好的利潤。這個策略多半是由沒有任何競爭對手的獨占企業，如能源與電力設施，與產品極端獨特或特殊，而獨占整個市場者。例如，莫頓在決定MM系統在這類市場的價格時，先估計在某一特定時間內，以某一特定價格範圍可以賣出的數量，然後再把所有的變動成本與固定成本，及預期利潤加總。然後把這個數目再除以生產的產品數量，即可得出價格。因此：

$$價格 = \frac{所有固定成本 + 所有變動成本 + 預期利潤}{生產數量}$$

如果在某一市場預期銷售五千件產品，莫頓需要的利潤是500,000元，固定成本與變動成本如下，則每一套系統的價格為：

$$\frac{1,500,000元＋3,000,000元＋500,000元}{5000}＝1000元$$

成本加利潤定價法有兩個問題。第一，這是假設固定成本與變動成本可以分開，且得以分配至特定的產品上，而這通常卻是難以做到的。第二，這種方式是假設消費者需求模式與價格對競爭的反應是不相干的，然而通常情況卻非如此。

加成式定價法

加成式定價法是成本加利潤定價的一種，主要是批發商與零售商所使用，他們會處理上千種產品，並且無法逐一分析需求與競爭因素。決定產品加成價格的最簡單辦法，是產品的最後價格，等於購買成本除以一減去預期的加成數。例如，假設零售商以1,000元購買MM，並且預期的加成數是40%，則：

$$1,000元／（1－0.40）＝1,000元／0.60＝1,666元$$

經銷商加成的規模，取決於各種變數，包括產業狀況、製造商牌價、存貨週轉、競爭作業與其他本章稍後將探討的折扣。通常經銷商考量消費者需求而採用加成定價，而放棄未能達到加成數的產品。

損益平衡定價法

損益平衡定價法是同時考慮成本與市場的需求，而找出企業在某一個定點時，將可從某一產品上獲得利潤。本質上，這種損益平衡是全部營業額（銷售單位量×每單位之價格）等於全部的固定成本與變動成本。

損益平衡點的計算，可以用單位或銷售金額：

$$損益平衡點（單位）＝ \frac{全部固定成本}{價格－變動成本（每單位）}$$

$$損益平衡點（銷售金額）＝ \frac{全部固定成本}{\dfrac{變動成本（每單位）}{價格}}$$

例如，假設莫頓計畫以1,000元的價格，在海外市場銷售MM系統，生產的固定成本為1,500,000元，每一套系統的變動成本為600元。則其損益平衡點的數量為1,500,000元／（1,000元－600元）＝3,750件，如果以金額計，則為3,750,000元（1500,000元／〔1－（600／1,000）〕。在這個損益平衡點以上，所有的收入都可以獲利。如果莫頓的研究顯示可以輕易地超過這一點，就應該推出MM系統。

損益平衡分析雖然是成本、營業額與價格彼此之間的一個有用的粗略分析指標，但是如果用來作為衡量這些因素之間的關聯性的唯一衡量標準，則有幾個限制。例如，這種方法是假設固定成本可以被正確地分攤給特定的產品，而通常許多共同分擔的固定成本，卻無法如此分攤，且變動成本可以明確計算，通常許多變動成本卻是難以正確計算出來。此外，許多損益平衡分析是假設總成本線會呈線型上升趨勢，然而實際上由於經驗曲線，或因產能達到極限而突然上升，或必須採購新設備等因素，而經常會有不規則的曲線出現。

投資報酬率定價法

投資報酬率定價法，又稱之為目標報酬定價法，衡量某一產品的整體投資，即如MM系統的新產品，包括除了目前的固定成本與變動成本以外龐大的額外成本，而後訂定一個可以從此一投資獲得預期獲利的價格。目標定價法主要是資本密集企業所採用，例如，飛機製造商與公用事業等。投資報酬率定價法公式如下：

$$價格＝平均變動成本＋\frac{全部固定成本}{預計數量}＋\frac{（投資報酬率）（投資額）}{預計數量}$$

例如，當MM系統在一個海外市場處於成長階段時，每一個系統的定價將具有10%投資報酬率的水準。因此：

2,300元＝600元＋5,000,000元／3,000＋0.10（1,000,000元／3,000）

由於需求曲線顯示在某一目標市場中，可以用2,300元的價格賣出三千件MM系統，這就成為MM系統的價格。投資報酬率定價法策略與其他以成本為基礎的定價形態類似，也是假設預期的銷售量將會以所訂定的價格確實達成。這種假設對於柯達、IBM與豐田等全球企業確實奏效，然而到90年代，由於經濟與競爭壓力，往往使得企業無法訂定可以達成投資報酬率目標的價格。

寡占策略：抄襲與糾纏的需求

寡占，是指通常但並非絕對地由少數大型企業掌握了某一個產業的大部分營業額。在美國，寡占產業包括汽車、香菸、渦輪、早餐穀物與冰箱。莫頓的MM系統仍處於初期成長階段，僅有少數的其他大型競爭對手，目前也處於一個寡占的市場環境之中。

在這個寡占的環境之中，少數的銷售者對於彼此的行銷與定價策略非常敏感，產生如圖16-1的扭曲需求曲線。請留意所有的競爭者的產品，在這個曲線中的定價都位於A點。這種抄襲式定價策略的原因，是如果某一名競爭對手把價格降到B點，所有其他競爭對手都會跟進，由於需求不會提升，因此也將消除降價所造成的優勢。另一方面，如果某一家企業把價格提升至C點，沒有任何一個競爭對手會跟進，而這家企業將很快地把營業額拱手讓給其他競爭對手。

　　請留意這種寡占定價策略的兩種特性。第一，與獨占不同的是成本導向的策略，也必須考慮購買者與競爭對手的行為。因此，雖然莫頓採用損益平衡與投資報酬率分析法，而到達一個扭曲價格點，但是這個點主要是因購買者與競爭對手而決定，而非預期的獲利目標。第二與前述成本導向策略不同的，是這種寡占策略不再是為了使獲利極大化，而僅只是達成所有競爭對手皆同意之情況下的合理獲利目標。

需求導向定價策略

　　上述所探討的重心，都在討論適合於沒有獨占競爭對手，且寡占情況也十分平和的定價策略。然而，在真實的環境之中，企業不可能進入這種市場，或在其中獲得成長，如果某一個產品能夠吸引某些市場，早晚也會吸引到競爭對手。競爭對手的崛起或退出，端視對方在市場上，是否具有掌握需求模式的能力。

滲透策略

　　市場滲透策略是在市場中採取較低的導入價格，甚至低於MM的生

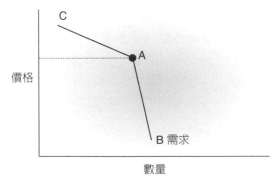

圖16-1 寡占扭曲需求曲線

產成本價。

這種低價格的目的，是從既有或潛在競爭對手手中獲得市場占有率，而刺激市場的成長。在目標市場主宰市場占有率，將可以產生長期獲利，並且輕易彌補短期獲利的損失。但是要把領先企業踢出市場，也是困難的事，例如，可口可樂、立頓紅茶、固特異輪胎、Life Savers糖果與桂格麥片，都是在全球市場超過八十年的市場領導者。另一方面，領導者往往可以在生產與行銷方面獲得規模經濟，使其更易於掌握利潤與控制價格，包括比追隨者更能輕易地提高價格。

在考慮滲透策略時，價格規劃人員也應該瞭解這種策略在什麼樣的情況下最容易獲得成功。通常都需要有一個夠大、具有擴張性，且對價格敏感的市場，以及產生規模經濟的可能性，使得單位生產與配銷成本，可以隨著銷售額的增加而降低。此外，較低的價格也可以排除競爭，並且也不會違反價格法規的罰則。

撇取策略

從法律／政治觀點而言，較安全的方式是撇取政策，以較高的價格，吸引追求MM品質、獨特性與功能，而非在意價格的小型目標市場。稍後當主要目標市場的銷售額開始掉落，MM的價格便開始降低，以吸引次一級目標市場的成員。如果產品並未造成過度競爭，或高價格有助於品質形象，如果有足夠的目標市場成員數量，願意付出這種價格，或者必須獲得短期的投資報酬時，則撇取式定價是合宜的策略。其他有利於撇取式定價策略的因素，包括生產設備數量較少，以及必須將製造與行銷流程的弱點排除。

價格──品質策略

圖16-2顯示一系列依消費者對於產品品質與價格之看法為基礎的需

	價格		
	高	中	低
高	頂級	滲透	超值
數量 中	超收	一般價值	價值相當
低	剝削	價超所值	價值不符

圖16-2 價格品質定價策略

求導向定價策略。例如，某一個產品同時被視為高品質與高價格，如 Mercedes-Benz汽車，被視為「頂級」產品，而一個類似的低價高品質產品，則被視為「超值」。瞭解消費者對產品的感知範圍，將有助於強化產品目前的價格——品質利基（例如，許多頂級的時尚產品，在促銷時甚至根本不提價格），或找到更有利潤的利基〔例如，好萊塢星球（Planet Hollywood）連鎖餐廳通常被視為「超收費用」與「剝削」，便試圖以改善餐點品質，而重新定位為「頂級」〕作為擬定行銷組合策略的起始點。

價格歧視有利於不同的市場區隔

歧視定價，是一種適用於組織市場與消費者市場中的需求導向策略，其定義為在未反映出成本差異的情況下，合法地以兩種以上價格銷售產品。適宜於歧視性價格的情況如下：

1. 不同的市場區隔（會計師、醫師、律師等）顯現出不同的需求強度。
2. 某一個市場區隔，將不會對付出較高價格之市場區隔，以低價銷售產品。
3. 歧視性價格將不至於損及聲譽。
4. 歧視性價格在不違法的情況下。

價格歧視的型態

最常見的價格歧視，就是地點歧視，例如，看足球或排球比賽時，雖然每一個位子的設置成本是一樣的，但中野的位置就比終點區貴。

其他的歧視定價包括顧客、時間與產品的價格歧視。以下是MM系統定價的各種情況：

1. 顧客歧視：是當莫頓針對大型企業收取比自行創業之專業人士更高的服務費時，這是類似於航空公司與租車公司所提供的折扣策略。

2. 時間歧視：是當莫頓在需求尖峰時間，提高MM系統的價格，通常是在夏季假期結束，企業再度開始訓練課程的時候。

3. 產品歧視：雖然所有程式的製造與行銷成本都一樣，但莫頓則針對有高度需求的軟體訓練程式收取較高價格。

促銷定價可吸引市場區隔

莫頓需求導向的促銷定價策略，包括低於表單定價，甚至低於成本價，都是為了獲得更大銷售額或獲利。例如，MM的配銷商經常會為了增加MM電腦的銷售額而規劃的促銷活動時，為MM客製化軟體提供折扣價。整體銷售額與獲利的增加，很容易就補足了軟體的小額獲利。

在成熟階段尖峰，電腦系統製造商之間的競爭增加，並且也難以區分各個系統彼此之間的差異，莫頓也採用現金退款的方式，作為最終使用者購買該系統的誘因，並且促使經銷商進行推動。這項誘因使得莫頓可以維持原價，並且維繫了與此一價格相符的頂級形象。

預期獲利策略控制標價

另一個莫頓在組織市場中,所採取的需求導向策略,是預期獲利定價法。**表16-1**即說明了這種方法,主要是因應大型潛在顧客對投標的需求而採行,莫頓針對某一家會計公司,共計一千套MM系統,而提供的一個密封出價。

當開始投標時,莫頓每一個MM系統的製造與行銷成本已降至580元。因此,如果每一套MM系統價格定為600元,整個投標金額為600,000元,全部的利潤即為20,000元。以此低投標價格,依據管理階層的智慧與既往經驗,顯示莫頓有70%的機會可以獲得這筆訂單,所以從這項600,000元的標金中預期獲利為14,000元(0.7×20,000元)。依此模式計算,其他800元、1,000元與1,200元的單價,顯示投標金額800,000元,可能有30%的機會獲得訂單,而最高的預期獲利可能是66,000元,這就是莫頓的出價。

產品線定價策略

除非某一產品本身是以分離式方式進入市場,否則一般在定價時,

表16-1 最高預期價值決定出價

公司出價	公司獲利	預期成功機率	預期獲利
600,000	20,000	.70	14,000
800,000	220,000	.30	66,000
1,000,000	420,000	.05	21,000
1,200,000	620,000	.01	6,200

都是以較廣泛的產品組合與產品線而訂定。例如，莫頓的MM電腦系統與相關軟體，都是電子產品組合的一部分，並且是消費市場與組織市場的一部分。從廣義的角度而言，三種需求導向策略可用以達成行銷目標：

價格線：範圍定義品質

當莫頓在既有的產品線範圍內，再推出一個較為複雜的MM系統時，必須把此一產品價格盯住原來產品線的價格，例如，價格規劃人員已經知道這項新產品預期的獲利水準，以及應該反映的產品形象為何。

依據原有產品線而為新MM系統定價，規劃人員最主要的考慮因素，是此一產品的成本，與該產品線其他產品之成本的差異，其他競爭對手對於與MM類似產品的定價，以及潛在顧客對新產品的評估。

此外，他們的規劃也考慮到在MM產品線中訂定差別價格。例如，他們瞭解價格點應該有足夠的空間，如此顧客將可感受到不同產品類型的品質與功能差別，否則，顧客僅只會購買最低價格的產品。他們也瞭解價格應該離最高價有一段空間，使顧客的需求不致有太多彈性。因此，位於頂級的MM豪華型產品為400元，遠高於300元的次高價者，而這是僅高於最低價的價格。

從莫頓與其經銷商的角度而言，價格線有許多好處。各種MM產品可以吸引許多市場區隔，且可以鼓勵這些區隔成員，因而增加營業額與利潤。此外，一個廣泛的產品線，擁有遍及各價格範圍的型號，是抵制競爭對手的利器。

選項式定價

採用選項式定價策略，企業將面臨提供哪些成分與零件作為選項，以及標準配備中應包含哪些項目的抉擇。例如，一家汽車製造商可以用

非常具吸引力的價格而吸引顧客購買過時的款式,並且把較具吸引力的選項款式以高價賣出。這就是通用汽車典型的定價策略,直至80年代,因為日本汽車製造商的入侵,而把以前僅作為選項的部分,列入標價之中。

控制型定價:較高的售價

企業採用控制型定價,生產的產品必須與主要產品配合使用,且影響到產品與整體獲利。例如,一家照相機製造商可能會為照相機訂定較低的價格,但是把用於照相機的底片價格,訂定為高於市場的價格,因此,把從照相機損失的利潤從底片中獲得。這種策略對莫頓而言相當有用,在一個價格敏感的高度競爭的市場裡,該公司可以降低MM的價格,並同時提高某些客製化軟體的價格,而獲得利潤。

配合經銷商需求的價格調整策略

莫頓初期在國內市場行銷MM系統的成功,很快地便造成零售商與批發商銷售莫頓產品的大量需求。然而,在這些中間商顧客的需求產生以前,莫頓沒有任何可參考的以往資料以便吸引經銷商,因而採取以下價格調整策略,包括了折扣與補貼的作法,以降低風險並且提高經銷商的營收,使其願意儲存與銷售MM系統。

1. 功能性折扣:也稱之為交易折扣,是製造商提供給經銷商的,而可以促使經銷商購買、儲存、販賣、市場調查與信用購物。
2. 數量折扣:是顧客購買多於一般採購的數量。莫頓提供經銷商高於一般的折扣比率,以彌補經銷商大量倉儲的費用。
3. 現金折扣:是提供給顧客的價格減低措施,以作為吸引他們即時購物的誘因。例如,2/10折扣,淨20,意指二十天內付款,如果

買主在十天內付清,則可以獲得2%的折扣。

4. 補貼:是把表列價格減低,通常是定期性或未預期到的意外狀況,如特別促銷或產品銷售狀況不佳時使用。例如,瞭解早期經銷商認為MM系統可能在某些市場不易銷售,莫頓便對經銷商提供了相當大的補貼條件,如購買價全額支付,減少10%以提供作為裝運與處理費用。促銷性補貼條件也非常好,經銷商銷售額每貢獻2元,莫頓便提供1元補貼。

地理性定價誘因

除了一般的折扣與補貼外,莫頓也提供條件相當好的地理位置定價誘因給經銷商,以提升他們更好的競爭力。這些誘因包括:

1. 採取船上交貨條件(FOB)的策略:商品運送到經銷商處,將免費放置在運輸工具上,隨後所有權與責任,就轉移給經銷商,經銷商將從這時起負擔運費。這種方法的一個優點,是基本上的公平,每一個經銷商依據與製造商距離的遠近而付費。然而,由於距離較遠的經銷商必須支付高額費用,而可能使其競爭力相對於距離較近者較差。

2. 制式運送定價(UDP):這種策略使莫頓無論經銷商的位置在何處,均可以收相同的運費。這個費用足以支應販售者的運送成本,但是卻不足以讓個別經銷商進行有效的價格競爭。

3. 區域定價:船上交貨價格與制式運送定價的特性結合而形成的一種策略,是結合兩個以上的區域,在同一區域內的所有經銷商都付相同的費用。例如,所有在密西西比州西邊的經銷商,支付的費用可能高於東邊的經銷商,但不會高於採取船上交貨價格的運費。由於這種策略是一種船上交貨價格與制式運送定價的混合產品,雖然公平性比不上船上交貨價格,但卻比制式運送定價公平,這種方式可便於經銷商的價格具有競爭力,但並不如制式運

送定價般有效益。

4. 基礎點定價：考量到企業最賺錢的國內與海外市場，而在每一個區域的中心位置，設立一個基礎點，而成爲低費率區域。例如，如果法國代表莫頓產品在歐洲最大的市場，則巴黎可能成爲最低費率區域的基礎點，而在潛力較小的地區則逐漸增加費用。

5. 運費吸收定價：莫頓將自行吸收所有運費，或大部分的運費。這種策略通常是對經銷商是最強的地理性定價誘因，但也可能造成銷售者利潤完全損失。

考量過就MM系統行銷目標各種定價選擇的優、缺點，莫頓的定價規劃人員決定採取基礎點策略，使莫頓五個最高潛力交易地區的經銷商，可以支付較低的運費，而在潛力較低地區提高運費。

價格改變策略：何時與如何

無論是被視爲一個獨立的實體，或是某一大型產品組合或產品線的一部分，在全球市場成功競爭的產品，早晚都將改變價格（例如，因應競爭之挑戰而降價，或反應市場供需情形而提高價格）。

降價

最常見的降價原因，是MM系統在大部分市場處於成熟期後期與衰退期的時候，市場占有率降低，導致產能過剩，且必須開創更多營業額收入以消化這些過剩產能。另一個降價的重要原因，是莫頓在競爭市場導入期時所採用，是爲了達成市場領導者的地位，並且獲得因爲這種地位伴隨而來的規模經濟。

提高價格

如第十五章中所討論，假設需求並未因為價格提高而減少，則相對小幅度提高價格將可以提升巨幅的獲利。雖然價格增加往往比降低價格更難以執行，但在以下情況下則可以進行：

1. 對產品的需求超出預期水準，則把被視為過低的價格調增。
2. 成本提高，迫使該產業所有製造商都必須大致同步地提高價格。
3. 額外的服務，往往可以把個別服務的價格調高。例如，某一大型律師事務所的稅務部門，可能會把金融規劃服務另外分列，因而較易於依據顧客的觀點而定價，而一般的稅務服務卻多半係以較低的每小時費率計價。
4. 折扣、補貼、回扣與其他價格調整安排，都可以提高產品的價格。
5. 運用遞升模式，合約上載明准許的利潤，通常在與政府協議合約時可以提高價格。

預期對價格變化的反應

規劃人員應該預期顧客與競爭對手對於產品價格改變的潛在反應，並且必須確定這些反應的正面的。例如，當莫頓提高MM系統在某些海外市場的價格時，該公司發出的促銷訊息即強調這種價格的調增，是印證了MM的品質與價值，並且即使再高的價格，很快地也將無涵括其成本了。同樣地，當莫頓競爭與成熟階段降低MM的價格，促銷訊息也必須強調這個產品將會被另一個新型產品取代，或如果顧客願意等待，價格將更進一步降低。

國際觀點

在國內市場形成定價策略的因素，同樣地也將在國際市場中適用的，包括競爭狀況、成本結構、需求模式與企業目標。然而，全球市場有三個獨特的特性，使得這些因素的運用更形複雜，茲分述如下：

▶ 出口相關之成本

一如第十五章中所討論的內容，出口商在定價與報價時，必須考慮幾個與出口相關的特別成本。除了把產品調整為適於海外市場使用的成本以外，這些成本還包括了出口的運作成本，以及進入海外市場的成本（如關稅、進口稅、貨幣轉換等）。美國出口商經常面臨的另一個成本，是工業化國家經銷商，往往期望比國內經銷商享有較高的加成比率，以彌補一般較缺乏效率的作業。

▶ 各國的差異

跨國企業與全球企業在不同國家的定價，例如，在歐盟國家，必須因應不同的文化、政治、經濟與金融狀況，對於從成本以迄需求為基礎的各種價格，而採取不同的定價策略。

▶ 灰市

貨幣評價的差異，是各個國家之間的重要差異，也是在同質性的國內市場所不會發生的，這種情況造成灰市（gray market），或平行輸入的風險。

為了說明灰市的本質以及其對經濟的潛在損害影響，假設莫頓在歐盟十四個國家銷售MM系統，而貿易障礙的撤除，使其輕易地把貨物在各國邊界移動。在這些歐盟國家之中，貨幣評價差異，意指某些產品在

南歐國家如西班牙與葡萄牙，通常均高於挪威與德國等北歐國家。這種價格上的差異，通常會刺激企業家在南歐國家購買MM系統，而以低於北歐國家最低價格的價格銷售MM系統而獲利。有效地縮短莫頓的配銷網路，並且在這些國家進行行銷活動。

從全球而言，灰市的效果，通常被視為當地行為，也可能遏阻了許多產品，包括便宜的糖果條，以迄昂貴的資本設備。例如，由於高關稅，日圓價值高，以及政府鼓勵出口的措施，導致許多在日本生產與銷售的產品都非常昂貴，因而日本行銷人員赴洛杉磯購買日本製的出口產品。

全球定價問題之探討

價格規劃人員在成功地探討過有關價格升高，與各個國家在市場與貨幣價值上的差異以後，便將重心放在價格的嚴控與協調，定價功能的組織，以及適於全球市場的策略。

控制與協調全球價格

由於不當盯住價格，將可能對獲利產生重大的影響，價格規劃人員持續地控制全球市場的價格與行銷組合。定價策略與戰術，因而便必須以這些資訊為參考基礎。例如，因應灰市的出現，而採取的定價策略，包括導入低成本品牌（如在挪威與德國等高價國家），而使得平行輸入無利可圖，或者把高價國家的獲利作為補貼低價國家內較高的價格。

全球定價

從對在許多不同國家之價格狀況之總體藍圖的瞭解，可以得知必須進行中央定價控管，以找出未曾反映出特定市場的本質與需求的價格，或價格的差異，將可能造成灰市的發展。此外要留意的，是在全球市場影響價格的法律議題（例如，未防範灰市而訂定過低價格，可能會遭致

傾銷或價格掠奪行為的指控。）

　　然而，對全球市場採取強勢中央控制定價，卻會剝奪可以快速反映地方市場特性的分散式定價。研究顯示大部分的跨國企業允許其分公司採取自由定價，但是仍須遵行中央的定價原則。

採行有效的全球定價策略

　　因應全球市場的競爭、經濟與法律環境因素，跨國企業與全球企業所採取的重要定價策略，包括邊際成本、市場維繫、選項定價以及價格調整策略。

1. 邊際成本定價：即針對產品在全球市場定價時，不列入生產與行銷的固定成本，假設這些成本已經在國內市場被吸收了。因此，基本的產品定價，即為出口產品的生產與行銷的邊際成本，這種策略往往可以有效地抵銷價格上升的影響。

2. 市場維繫定價：是為了維持企業在面臨匯率變動時，維持市場占有率而採取的一種需求導向的定價策略。例如，80年代初期，當美元對大部分的貨幣都呈現升值時，美國企業並未依據匯率而把產品價格直接換算為外幣，而依據每一個市場的競爭狀況，以及顧客的負擔能力而定價。如第十五章中所示，大部分企業面臨在競爭市場貨幣貶值的狀況，採取需求導向的策略，他們甚至吸收50%的價格提升。

3. 選項定價：在全球市場也可以帶來合法的利益。例如，製造商把原來單獨銷售的汽車配件工具涵括在汽車價格之中，而可以規避這種工具的高關稅，並且因為未在目標市場中與競爭產品競爭，而無須擔心傾銷規定。

4. 價格調整策略：無論企業是採取成本導向策略或需求導向策略，一個重要的額外因素，是價格調整策略，這種策略將定義出在哪些情況下，所有權將自賣方轉移至買方，即所謂的銷售條件，以及買方支付貨款給賣方的方式，即所謂的付款條件。

在全球市場之中，買賣條件將依據雙方交易的需求程度而定，並且可能造成雙方在交易上獲利情況的差異。如果是有利於買方的條件，即代表這是市場中間商販賣產品，與最終使用者或顧客的強而有力的競爭工具。如**全球焦點16-1**即說明了把銷售條件與可滿足顧客需求的付款條件兩者結合的重要性，並且考慮到這些條件對獲利的影響。

全球市場的銷售條件

全球市場銷售條件，稱之為國貿條規（Incoterms），是指買方與賣方在把貨品從原產地運送到終點站的責任。這些條款是由國際商會（International Chamber of Commerce, ICC）所制定，並且於1990年開始實施。其中詳述出口產品將於何時由買方轉移至賣方，從買方承擔最大風險與成本的出廠條件，以迄由銷售者承擔到最後關稅付訖且運送到終點站的條款。

1. 出廠（EXW）：意指買方從訂單起始點的貨物出廠（礦場、工廠或倉庫）即開始負擔運輸費用。

2. 免費運送（FCA）：意指賣方負責把貨物裝置於預定抵達的內陸運送點的交通工具上，買方則負責其後的風險與費用。

3. 船邊交貨（FAS）：意指出口商負責把貨物送達至港口貨船邊，包括卸貨與碼頭費用。買方則須承擔裝貨、海上運輸與保險費。

4. 船上交貨（FOB）：意指賣方的價格包含把貨物送到貨船上的費用。

5. 成本與運費（CFR）：意指賣方的價格包括把貨物送到進口港的運輸成本。保險費與保險公司的選擇則由買方負擔。而在CIF條件下，賣方的價格則也包括以飛機或船隻運送到目的港的所有成本、保險費與運費。

6. 關稅付訖（DDP）：意指賣方運送貨物，付清進口稅，而送到買方的所在。由於關稅尚未付清，買方須負擔關稅與消費稅。

不同的企業，不同的定價策略

　　出口定價的複雜性，以及對獲利的影響，可以從不同企業採取不同的定價調整策略中得知。

- 柏格漢（Baughamn）是富固企業（Fuqu Industries）鋼粒倉儲與相關產品的其中一個部門，以往出口占總營業額30%。柏格漢的產品具備高品質，其價格往往並非其行銷組合中的一個主要因素。該公司出口條件，包括以美元計價，且匯率固定之不可撤消的約定信用狀。在出口成本加入以前，其出口價格與國內價格是相同的。然而，柏格漢將為了獲得策略性的營收，而更改這項原則。

- 電池與其他消費產品製造商Ray-O-Vac自50年代以來均從事出口業務。出口占其整體營業額20%，主要的市場包括歐洲、遠東與日本。這些市場是透過其成本或利潤中心，且擁有100%所有權的分公司而運作。為獲得市場占有率而採取需求彈性定價與折扣。分公司經理可以每天依匯率的變動而調整價格。

- Hart-Carter International在四年期間，出口價值1,200萬美元的農業機械至超過九十個國家，而沒有任何瑕疵。該公司針對新顧客的策略，是運用信用付款，該公司向海外顧客已經有信用往來的美國銀行出示裝船證明，而在出貨日期時，獲得已運送貨品的費用。稍後，當該公司與新顧客有交易經驗以後，他們會減少信用條件，甚至許多交易是以放帳方式進行。所有的放帳幾乎都是以三十天為準。

- 科羅拉多的英格伍德的舒梅兒珍奇產品（Schummel Novelty Products of Englewood）的負責人理查溫特（Richard Winter）對出口商提出以下警示：「在國際金融方面，請謹慎處理信用狀。如果切實做到就可避免風險，但是如果未能謹慎處理，將可能面對可怕的狀況」。即使擁有法律與會計背景，溫特（Winter）仍然把公司裡所有信用狀交給銀行家與舒梅兒（Schummel）報關公司進行查對。

資料來源："Stories of Exporting Success," *Business America*, October 1993 and June 1994.

　　賣方吸收運費的情況日漸增多，通常是採取成本與運費或關稅付訖條件，這是最符合經濟利益的。作為一種營銷工具，這種策略可以讓賣方提供海外買主最明確的運送成本，並且可以節省買方昂貴的行政費用。這種策略也可以為賣方提供支付運輸費用時大量貨物的折扣條件，並且可以維持貨品品質與服務，確保產品在送給買方時是良好的狀況。

全球付款條件

在全球市場裡，買方付款給賣方的過程，往往是經過特定的安排，以現金預付給托運者，這種方式日益被視為不利於賣方而有利於買方。在決定採用哪一種方式可同時滿足買方與賣方時，考量的因素包括顧客的信用度、產業狀況、付款金額、買方與賣方的相優勢，以及賣方在全球交易上的金融調度能力。

以下是每一種方式的特性與相對利益：

預付現金

出口商要求在裝運以前，以現金支付全部或一部分貨款。預付現金存款通常是在某些目的地國家有外匯管制，或懷疑顧客的信用，可能造成遲付貨款或投機取巧。國際貿易上這種方式較為少見。

出口信用狀

如果出口國銀行背書為不可撤消，則出口信用狀即可為出口商提供僅次於預付現金的收取貨款的最佳保障。出口商信用狀可遏阻訂單在付款以前被取消，保護出口商免於目的國家外匯管制，並且可確保裝運文件作為提單的協議型式，郵包收據與領事管發票。出口商信用狀可以循環使用，有助於財務調度，並且可以提供進口商流通使用。

現金

通常是以立即支付的銀行本票，或附帶裝船文件的三十天、六十天或九十天期票。

這種財務型式也為外匯管制或顧客的信用風險提供保護。在親眼見到或期票的保證下，買方可以延長信用期間。

▶ 放帳

沒有任何書面的欠款證明，或任何付款保證。放帳是在歐盟國家常見的交易方式，並且在外匯管制情況較少，出口商與信用良好之顧客關係良好，或銷售至分公司時採用。國際貿易採取放帳方式，最主要的困擾是因為沒有書面證明帳款，而可能導致訴訟。

▶ 托運

在自由港或自由貿易區，托運貨品往往可以用海外銀行的名義，存放在保稅倉庫，而當貨品賣出時，以正常的付款條件支付。直到貨物賣出以前都無須支付關稅。與放帳條件相同，這種情況也沒有有形的責任，而可能產生法律問題。

▼ 本章觀點

基本定價策略，是為了達成行銷目標，反映經濟／競爭環境，從在獨占市場的純粹成本為基礎的策略，以迄競爭環境下的需求為基礎的策略。例如，在一個海外市場中，產品在整個生命週期之中，企業可能初期以成本為基礎的損益平衡與投資報酬率定價策略，而後，隨著需求與競爭情況增加，採取撇取、滲透與維持定價策略。除了這些基本的策略以外，則是其他戰術導向的價格調整策略，規範出銷售方式與付款方式，以便吸引顧客與中間商，並同時達成獲利目標。在整個產品生命週期之中，最重要的價格規劃決策，是何時與如何提高或降低價格。

觀念認知

學習專用語

Allowances	補貼	Marginal cost pricing	邊際成本定價
Basing point pricing	基礎點定價法	Market holding price	市場維持定價
Breakeven-point priciing	損益平衡點定價法	Marktup price	加成定價
Captive pricing	控制型定價	Oligopolistic pricing	寡占定價
Cash discount	現金折扣	Open account	放帳
Competitive pricing strategies	競爭定價策略	Optional pricing	選項定價
CIF	成本＋保險＋運費	Penetration price	滲透定價
Consignment selling	托運銷售	Price change strategies	價格改變策略
Cross-country differences	各國差異	Price discrimination	價格歧視
Cost-plus pricing	成本加利潤定價	Price lining	價格線
Dollar drafts	現金本票	Price modification strategies	價格調整策略
Expected profit pricing	預期獲利定價	ROI pricing	投資報酬率定價
Export-related costs	出口相關成本	Skimming price	撇取式定價
Freight absorption pricing	運費吸收定價	Target return pricing	目標回收率定價
Freight forwarders	報關行	Terms of payment	付款條件
Functional discount	功能定價	Terms of sale	銷售條件
Gray markets	灰市	Uniform delivered pricing strategy	制式運送定價策略
Incoterms	國際貿易條件		
Kinked demand	扭曲的需求	Zone pricing	區域定價
Letter of credit	信用狀		

配對練習

1. 請把第一欄中的成本導向定價策略與第二欄中的說明配對。

1. 損益平衡	a.購買成本／0.6
2. 40%加成	b.全部營業額＝全部成本
3. 成本加成價格	c.扭曲的價格
4. 投資報酬率	d.將包括預期獲利的價格
5. 寡占價格	e.成本＋預期獲利／預期銷售額

2. 請把第一欄中的需求導向定價策略與第二欄中的說明配對。

1. 促銷定價	a.莫頓超級腦電腦將提供20%折扣
2. 控制型定價	b.MM訓練與開發軟體成本將增加10%
3. 滲透定價	c.當然，高齡者可獲得10%的折扣
4. 價格歧視	d. 我們需要一個夠大、可擴張且價格敏感的市場，並且獲得規模經濟
5. 預期獲利定價	e.我們估計如果價格為800,000元，則有50%的機會獲得訂單

3. 請把第一欄中的價格調整條件與第二欄中的說明配對。

1. 出廠	a.沒有任何帳務證明
2. 關稅付訖	b.對所有顧客都採取相同的費率
3. 放帳	c.大部分的風險與成本由買方負擔
4. 制式運送定價	d.大部分的風險與成本由賣方負擔
5. 2／10 net EOM	e.每月月底必須付款

問題討論

1. 就滲透或撇取定價策略的條件而言，請討論最適於以下情況的定價策略：(1)一名傑出的哈佛教授受僱協助東歐政府制定自由市場經濟政策與活動；(2)麥當勞於80年代積極進入法國市場，而法國是麥當勞次於漢堡王的唯一主要國家。

2. 紐約羅契斯特一家由女性所擁有的HCR公司，近來獲得一份為期

一年，針對俄羅斯塔吉克共和國醫療保健的可行性研究合約。假設在準備這份研究案的提案時，你預期會有以下以美元計價的成本：專業事務（租房子與辦公家具，聘僱秘書等）36,000元，每個月一百五十小時，每小時50元的費用，每小時10元的利潤。運用成本導向算式，請在提案中列出你每小時的收費。

3. 明尼蘇達州歐瓦托納的維拉康（Viracom, USA）是一家製造強化安全玻璃的公司，於1987年開始出口，而其出口部門從一個人增加到十個人，70%的出口是銷往太平洋國家。一個典型的維拉康亞洲服務中心的專業設備需要20,000元，並且需要兩明裝配專業人員，每小時必須支付15元，他們對顧客的服務收費是每小時25元。用損益平衡算式，請算出維拉康投資於這項設備與這些專業人員的損益平衡小時數。

4. 請討論在不同的寡占市場（如汽車、照相機、穀物等）海外競爭狀況，將如何把A圖改變為B圖。

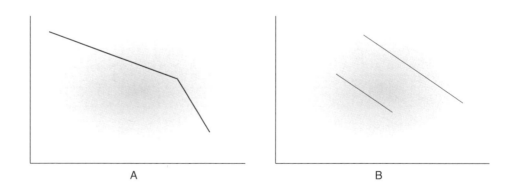

5. 就適於價格歧視的狀況而言，為何在布魯斯音樂會之旅時不易於採行？

6. 請說明大型國際製藥批發商Foremost-McKesson如何可以運用折扣與補貼策略而增加其本身的獲利與零售商顧客（藥商與藥店）的獲利。

7. 依據以下的數據，企業應該採取哪一個價格？

出價	獲利	預期獲利
5,000	1,000	.80
10,000	2,200	.40
20,000	3,500	.20

解答

 配對練習

1. 1b，2a，3e，4d，5c
2. 1a，2b，3d，4c，5e
3. 1c，2d，3a，4b，5e

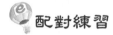 問題討論

1. 對美國顧問而言，最適宜於撤取策略，由於這個顧問的專業知識極為獨特，故高價格也不易產生競爭。此外，由俄羅斯與前蘇聯其他衛星國家也形成了一個龐大的市場。除此而外，高價格也可以增進顧客對顧問的信心。另一方面，麥當勞將會採取滲透定價策略：由於食品生產線作業方式，而得以透過以低價大量購買而獲得規模經濟。除此而外，如果該公司提高價格，將無法在一個擴張且價格敏感的市場中，把營業額從漢堡王，以及其他法國餐廳連鎖店奪取而來。

2.
$$\frac{\text{全部固定成本＋全部變動成本}＋\text{預期獲利}}{\text{生產單位}} = \frac{36,000\text{元}＋（1,800\text{小時}×50\text{元}）＋1,800\text{元}}{12×150\text{小時／月}}$$
$$= 80\text{元／小時}$$

3.
$$\frac{20,000\text{元}}{25\text{元}－15\text{元}} = 2000\text{小時}$$

4. 圖A顯示出一個扭曲點，這一點是該一產業的少數企業同意訂定的價格。如果某一個競爭對手把價格降低到此點以下，其他競爭者將會追隨，因此消除了降價的競爭優勢，而使需求增加。如果某一個公司提高價格，沒有任何公司會跟進，因而這家公司的營業額將很快地被其他較低價格的公司所奪走。然而，來自海外企業的積極競爭（如日本汽車製造商在美國的競爭），將可能把這種寡占的環境轉換為一個獨占的競爭，而扭曲點將被需求曲線所取代，而當顧客的偏好是以非價格特性為基礎時，成功的企業將把曲線推向右。

5. 價格歧視的四種型式，布魯斯音樂會最可能會採取的是歧視性定價策略，越接近表演者的費用，將越高於遠離表演者的票價。由於音樂會僅在每一城市表演一次，因此時間歧視便不會採用。除非是由布魯斯親自邀請的聽眾（如少數的高齡或兒童聽眾），否則一般都是來自同一個市場區隔的聽眾，所以顧客歧視策略也不會採用。此外，由於布魯斯並不會以不同的形態出現，所以也不會採用產品歧視策略。

票價也不易實施價格歧視，違反了三種有效歧視的條件：不應該給某一個族群較低價格而給另一族群較高價格，銷售者不應該把額外的成本列為價格歧視，且歧視不應該違反自由意志，而大規模的賣出確實如此。

6. Foremost-McKesson可以運用一系列的折扣與補貼增加營業額與
   降低成本,而協助改善零售商顧客的獲利。例如,促銷補貼可以
   協助零售商支應銷售活動而增加營業額,而零售商成本將可以透
   過在存貨與運送等功能性折扣,與即時付款的現金折扣,以及大
   量購買的數量折扣等,而降低成本。

7. 該公司應該採取10,000元的出價,其產品將可獲得最大的利潤
   (2,200元×0.40=880元)。

Marketing

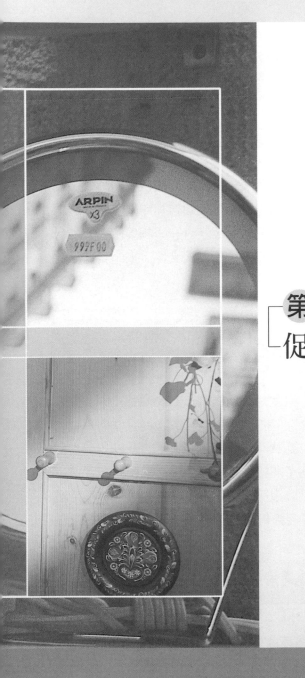

第十七章
促銷計畫 I：間接促銷

本章概述

　　行銷組合的促銷要素，包含用來告知、說服或提醒的雙向溝通，結合其他行銷組合要素，以創造一個更有效率的行銷過程，以及令雙方滿意的交易。規劃促銷活動一開始，就需要根據行銷傳播機會的評估，和行銷組合要素的修改來設定目標。然後，將促銷組合裡間接和直接的要素，例如，廣告、宣傳、促銷和人員銷售等，結合在一起以使每個項目的功效達到最大化，最後，由預算和時間表等制式文件，來印證促銷計畫的功效與成果。

促銷組合要素：告知、說服或提醒

　　本章將討論關於促銷組合，也就是行銷組合四要素裡的其中一個要素，包括了消費者和潛在客戶之間的告知、說服，或者提醒他們有關社會的產品、服務、印象或社會的衝擊等的溝通。

　　促銷組合的組成要素，包括了間接廣告、促銷、口耳相傳和宣傳／公關等項目，當莫頓的銷售員試圖說服潛在消費者購買超級腦電腦系統時，這些要素可以支援人員在直接銷售上的溝通。

促銷工作人員的工作為何？

　　促銷活動可能是針對消費者或者企業；可能是商業性或非商業性的；可能是產品導向或者非產品導向的；可能包括了當地、整個地區性、全國性或者國際性市場。

　　行銷經理的工作是協調並集中促銷組合裡間接和直接的要素，以便強化這些項目與行銷組合裡的其他要素。一種產品或者服務的設計、定價以及運送，必須符合目標消費群的需要，能做到這點，就已經等於是獲得了促銷上的支援。

溝通過程的模式

　　圖17-1包括溝通過程中最新模式的主要特點，並說明了訊息流通的步驟，譬如從寄發者，寄到接收者或閱聽人。舉例來說，我們在寫一封信給朋友之前，我們必須把心中所想像的轉變為一個形式，讓對方友理解，同時必須是可以被傳送的，透過言語或其他符號，因此我們將這個訊息寫下來，或者將訊息編碼。莫頓電子公司結合了印刷與彩色插圖，創造了一幅圖像，期使目標市場的成員們能理解並對此作出回應。

　　下一步就是透過一個媒體管道傳送訊息，我們需要貼上郵票把信寄出去。莫頓的訊息，包括公司名字和形象的訊息，和MM系統不同的優勢，將透過各種不同的媒體傳送出去，包括宣傳摺頁、報紙和雜誌等。

　　在管道的另一端，我們的朋友會接收到信件並打開閱讀。在莫頓的通訊模式裡，促銷訊息的閱聽人通常是目標市場裡的成員。顯然地，知道在另一端的閱聽人是否能夠將接收到的訊息解碼是很重要的。編碼和

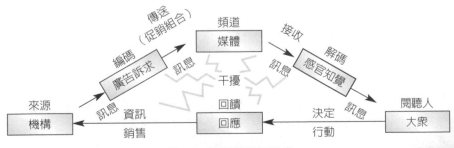

圖17-1 溝通過程的模式

解碼取決於一個共同的參照架構。

由於溝通需要耗費心力、費用和時間，所以大多數寄出的訊息，都被預期可以得到某種程度的回應或回饋。在朋友這方面，回應可能是他回覆你的信件，或者完全沒有任何回答；在莫頓訊息的接收者方面，回應可能是買或不買他們的MM系統，或者對莫頓的產品路線發展出一個更友好的態度，而在未來很有可能會購買他們的產品。

溝通過程的每個階段都很容易受到干擾的影響，這個干擾很有可能是來自內部或外部。內部的干擾可能是想法上的轉移。外部的干擾通常以物理性型態出現，例如，一台電視機中的電氣性干擾，或者收音機音波播送的干擾。這全是其他訊息製造出來令人心煩的干擾喧囂，以博得大眾注意，例如，圍繞在莫頓印刷廣告旁邊的眾多其他家產品的宣傳廣告。

規劃一個有效的促銷方案

一般來說有效的促銷方案會有三種結果：(1)促銷的訊息得以接觸到預期目標的接收人；(2)接收人瞭解訊息的內容；(3)訊息激勵了接收人採取行動（如購買、試用或散布產品）。

以下七個步驟，是用來取得這些結果的方法：(1)評估行銷溝通的機會；(2)選擇溝通管道；(3)建立目標；(4)決定促銷組合；(5)發展促銷訊息；(6)編列促銷的預算；(7)確定促銷活動的成效。

步驟1：評估行銷溝通的機會

促銷計畫過程中第一個步驟，必須瞭解目標市場的特性及需求、什麼環境造成這種需求，以及什麼樣公司和產品的屬性，可以最有利地傳遞到這些市場。除了潛在的客戶外，還應該包括那些個體的、族群或公眾裡面現有的用戶、決定者以及有影響力的人士。舉例來說，莫頓的企

劃人員可以根據MM系統預期的用途和益處，以及經濟和文化特性，描繪出目標市場，這有助於確定有效的促銷訴求。

 ## 步驟2：選擇溝通管道

促銷計畫過程中，對市場、產品和環境方面擁有充分的訊息，將決定需要使用哪個傳播管道來舉辦促銷活動。溝通管道有兩種主要的類型：個人化及非個人化。個人化溝通管道包含兩個或兩個以上的人們彼此面對面直接溝通、透過郵件、或者透過電話，以及現場機會，將消息加上自己的名字後得到對方的回應。一個有關MM系統的個人行銷簡報，指出了以下三種個人化溝通管道：莫頓的業務員將會是一個促銷的管道；業務員在銷售簡報中所引用的一位電腦化訓練系統方面的專家，將會是一條專家管道；一個使用MM系統很滿意的客戶，將此產品推薦給一位在董事訓練會議中的朋友，將會是一個社交管道。莫頓有關MM系統的促銷計畫都是為了到達這些管道而設計的。

非個人化溝通管道在傳送訊息時，都是不經過個人接觸或互動的。總體而言，這些訊息是透過以下付費的媒體來傳遞：印刷媒體（報紙、雜誌、DM），廣播媒體（收音機、電視），電子媒體（錄音帶、錄影帶、錄影光碟），和陳列品（廣告看板、招牌、海報）。除了這些媒體以外，非個人化溝通管道還包括：(1)宣傳，或者有關已出版的產品或者電子媒體的非付費訊息；(2)氣氛，或者「包裝的環境」，可以製造或加強消費者購買產品的動機（如讓潛在客戶觀看一間可以體驗MM系統軟體的房間）；以及(3)設計用來與目標消費者溝通促銷訊息的「事件」（譬如MM系統在董事會議上展示）。

引領莫頓公司協調促銷策略的心力，用於到達個人化及非個人化溝通管道，是卡茨（Katz）和拉徹菲爾（Lazersfeld）❶所發表的研究成

---

❶Elihu Katz and Paul Lazersfeld, *Personal Influence* (New York: Free Press, 1995); also Elihu Katz, "The Two-Step Flow of Communication: An Up-to-Date Report on a Hypothesis," *Public Opinion Quarterly,* Spring 1957, pp. 61-78.

果，該報告指出了意見領袖的水平特性。如圖**17-2**所示，這些成果指出一個二段式的溝通流程，從意見領袖到同儕，而不是垂直地從上層到下層的社會經濟階級。這些結論指出，人們大多數的訊息，是從屬於他們自己社會階級的成員處所獲得，大眾傳播訊息會更有效地集中於意見領袖，他將會把消息帶給其他的意見領袖。

步驟3：建立目標

與行銷目標不同，那些通常與數字量化的方法有關，如銷售、利潤，或市場占有率等，大多數的促銷目標都是使用曝露在促銷溝通中的人們，其長期或短期的行為模式來陳述說明。

舉例來說，MM系統可能有一系列這類的行為目標，被分配到支持促銷的生命週期上。一開始主要的目的，可能是讓人們知道這個產品；然後，當知名度到了某個程度時，促銷的目的可能是對產品優點的理解（品牌接受度），還有信念（品牌偏好度）、渴望（品牌堅持），以及採取行動（品牌試用或購買）。在購買的行為後，滿意度可能是最後的目的。

無論是促銷目的，或者一個為促銷活動而企劃的目標，都應該清楚說明、具體而且適合該市場發展的階段。例如，如果大多數的潛在客戶在還不知道這種產品的存在時，就設定了「明年度增加15%的銷售額」這樣的目標，就顯得相當不切實際。

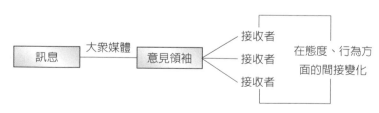

圖17-2 卡茨——拉徹菲爾的二段式溝通模型

步驟4：決定促銷組合

這個步驟包含了促銷、廣告、宣傳和人員銷售等資源的分配。在決定分配的過程中，最主要的考慮包括了每個促銷工具的特性、被促銷的產品特性與生命週期的階段，以及規劃的通路策略。**圖17-3**顯示了消費者和工業市場促銷工具的相對重要性，這同時也適用於先進的全球市場。

促銷組合成分的特性

以下是有關MM系統的促銷組合是如何做出分配決策，包括了下列各項促銷組合要素的特性。

■促銷

促銷包括了給經銷商或消費者短期、單筆獎金，用以加強其他促銷和行銷組合的部分，以及刺激銷售（如折價券、競賽、樣品、遊戲、商展等）。

■廣告

廣告是由同一個贊助者透過完全不同的媒體，做短期或長期的非個

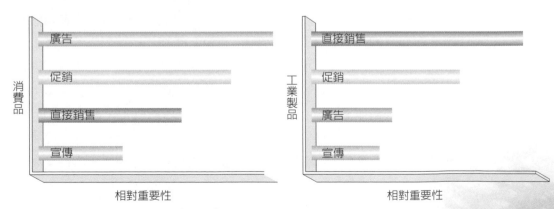

圖17-3 消費者與工業市場促銷工具的相對重要性

人化溝通。它的目的包括告知（新產品、新產品使用方式），說服（購買產品、變更品牌、更多訊息需求），以及／或者提醒（產品的存在、去哪裡買）。主要的廣告媒體被分成兩類：印刷品（報紙、雜誌）或電子媒體（電視、收音機）。國際性銷售商使用的主要媒體，如商業和貿易期刊等，內容範圍可以是全球性、區域性、或者是地區性，以及水平式（迎合產業需要的功能，如購買或產業的通路）或者垂直式（迎合單一產業，如化學工程）。一些期刊，如《商業周刊》和《華爾街日報》是全球標準來源。關於印刷媒體的訊息傳播的發行量和閱聽率可以從標準費率和數據服務（Standard Rate & Data Service, SR&D）中獲得，該組織出版了一個有關國際出版物完整的目錄，以及為美國市場審核類似發行量的訊息。對於不在標準費率和數據服務範圍的地區來說，出版商和當地的業務代表可以提供這類訊息。

　　另一種進入全球市場頗受歡迎的廣告媒體是直效行銷，主要包括直接信函（DM）以及目錄行銷。直接信函包括信件、廣告、樣品和夾報等，寄給郵寄名單上的潛在客戶，不但提供目標市場一個高選擇性，也可以被個人化，可變通的，而且容易測量結果。雖然每千人接觸成本比起使用雜誌或電子媒體高一些，但是透過這個方式可以接觸到比較好的潛在客戶。

■目錄行銷

　　目錄行銷的內容，包括把目錄郵寄到挑選名單上的客戶，或讓這些產品在商店裡找得到，讓消費者知道廠商的名字，對產品訊息產生需求，刺激他們下訂單，並且讓目錄成為訂單與訂單之間一個可以幫助提醒客戶的物件。它的利弊基本上與DM類似。在目前全球性的企業中，使用目錄行銷作為主要促銷組合要素的公司包括雅芳（Avon）、L. L. Bean公司及迪士尼公司，他們寄發出數百萬份目錄到世界各地，促銷從褲襪到錄影帶等不同的產品。目錄在促銷需要專家服務的組織性及高科技產品方面尤其有效。

■宣傳

所謂宣傳乃是指關於產品以及人物在印刷媒體或電子媒體上，一種短期、非付費性、非個人化的溝通模式。由於它是以一種編輯的形式出現，讀者們會傾向於認為它比廣告來得有可信度。宣傳的重要時機點包含如描繪全球性公司是好公民、介紹該公司新產品時，以及預期和反擊各種批評指責。

■人員銷售

人員銷售包括在中間商、消費者以及潛在客戶等的面對面銷售簡報。可以讓業務員與客戶之間產生一種長期或短期的關係，在提供客戶需求的產品或服務銷售簡報上，增加說服力。在第十八章裡，我們將提到有關業務員和行銷經理在協調其他行銷組合要素以產生盈餘及利潤時所扮演的角色。

莫頓如何結合促銷組合的要素

在MM系統產品生命週期的上市期，在專業期刊裡刊登廣告是為了增加產品的知名度，宣傳則是用來幫助將這個認知度轉換成對產品的理解與信念。

廣告和宣傳同時也會放到雜誌裡，寄給可能合作的經銷商，鼓勵他們處理這條產品線，並在商展上補充說明（例如，莫頓保留一個招待客戶的房間用來促銷產品，他們可以透過直接信函的方式，邀請特別挑選出來的購買者和潛在的經銷商來此參觀）。

莫頓公司為MM系統而排列它的經銷商時，最初的重點是與它的推式銷售策略一致，透過這個管道來推動MM系統；針對潛在消費者而舉辦的促銷活動，則是一個拉式銷售策略，用於營造消費者的需求，讓他們要求經銷商提供這種產品。

當產品的知名度、理解度和信念等目標在經銷商和MM系統的潛在消費者中建立後，MM系統開始進入產品生命週期中的成長期，將會有相對比例的資源，分配到促銷組合要素中的人員銷售這一塊領域，有了

推銷員的努力，由廣告和宣傳活動等促銷活動所造成的知名度、理解、信念以及口耳相傳等，會更加有效率與更有收穫。可以更進一步強化人員銷售的成果，以及增加其他促銷組合及行銷組合要素的功效的，是促銷工具。這些工具包括鼓勵經銷商之間有更好的銷售成績的競賽，在商展的會場上展示MM系統，以及MM系統的業務代表留下型錄給潛在消費者參考。

步驟5：發展促銷訊息

這部分的焦點是在內容或者訴求上，以及架構、形式和消息來源。訴求是接收者應採取行動的原因——也就是他們即將得到的好處。「談論產品是最好的一件事」——獨特銷售主張（the Unique Selling Proposition, USP）。它可以是理性的、感性的、或者道德的，而且在定位反競爭時，它是一個重要的謀略。訊息架構要考慮到傳播者是否應該引出結論，或是把它留給接收者去決定，以及是否要一併提到優缺點。訊息形式包括標題、內文、顏色和插圖等等的決定，要使用印刷廣告、或者書寫，聲音和電子媒體的攝影角度。在訊息設計與來源等最後的考量上，要考慮到發言人的可信度。專業知識、可信賴感和可親度可以加強可信度。

在一個成功的促銷活動裡，訴求和執行總是一起進行運作：舉例來說，李維牛仔褲男性氣概的訴求，在促銷活動中就運用了西方牛仔的模特兒、音樂和主題等元素。

步驟6：發展促銷的預算

在決定了促銷活動的標準與實施方法後，就可以開始進行總促銷預算準備的工作了。這部分的工作內容需要確定分配到每個領域以及促銷組合要素中的經費金額。一般配置到這些單位的經費編列方法，是根據

其負擔能力、銷售的百分比，以及競爭同等性來決定，全部都假定外部的影響（有多少可用的產品、賣出了多少、競爭對手在這方面花費了多少經費）支配了促銷金額的配置。雖然這些方法在某些情況下全部可以應用，也可以作為大多數情況裡的檢視標準，但最有效的方法是目標任務，就是先確定什麼是必須做的事，才能達到促銷的目的，然後再估算這大概會花費多少費用。

 ## 步驟7：確定促銷活動的成效

在行銷溝通任務被指派之後，促銷計畫會被做成一份書面報告，裡面的內容包括情境分析、題材大綱，以及有效整合促銷組合因素與其他行銷組合元素的時間表。 在這份計畫內容中還包括在計畫執行後，依據實際表現如何達到計畫目標的估算，來測量其功效的方法。這部分通常包括詢問目標群眾他們認不認得或記不記得特定的廣告訊息，他們記得哪一點，他們對這個訊息有什麼感覺，以及對這家公司和它的產品之前跟現在的態度如何。此外也可能包括了群眾回應的行為評量，譬如有多少人購買了這個產品、喜歡它，並跟別人談論這個產品。

國際觀點

在國內或在全球市場規劃促銷活動，都是運用相同的基礎概念和方法。舉例來說，溝通模式（消息來源將訊息編碼後，透過喧鬧的媒體傳送至目標群眾，將產生可測量的回饋）會引導全球促銷活動發展的基本過程步驟（評估機會、選擇管道、建立目標、確定促銷組合、發展訊息和預算以及估算功效）。

在這些相似性之外，國內和外國市場之間環境的差別，改變了國際市場中促銷上應用的概念和方法。以下將檢驗這些環境上的差別，目前

面對的問題，還有這些問題是如何在規劃及執行全球促銷活動中被提出的。

全世界的廣告

日本部分，全球的廣告費用支出，也就是間接促銷組合元素中最大的一部分，在過去十年裡，以每年平均10%的速度增加中。在1999年，全球整年廣告費總支出，不包括美國，超過1,800億美元。主要的全球性廣告主包括了聯合利華（Unilever）、寶僑（Procter & Gamble, P&G）、日產汽車（Nissan）和雀巢（Nestle）。 美國部分，在全球廣告費支出超過1,000億美元，是以下五個國家（日本、英國、德國、加拿大及法國）廣告費支出總額的三倍以上。雖然全球人口平均廣告費用是55美元，美國的平均人口支出卻超過了500美元，許多國家（包括瑞士、芬蘭、挪威、加拿大和澳洲）平均也都超過了200美元。平均廣告支出最低的地區是非洲和亞洲。

一般來說國際性廣告的品質都非常高；廣告公司跟在美國的那些廣告代理商一樣優秀，在一些媒體裡的表現極為傑出，如電影和海報廣告。

全球促銷規劃的問題

在國際市場，許多不同的目標市場成員，對經常受到強烈的文化及法令限制影響的促銷訊息作出回應，在一些環境裡，促銷的資源經常是不適當或者不存在的。

文化限制

要說明在外國市場裡，文化差異是如何影響促銷計畫，我們用李維（Levi's）牛仔褲來做案例，李維牛仔褲因為男性氣概活動的主題，所以

在活動中使用了西部的牛仔模特兒、主題和相關音樂。雖然在一些國家裡沒有所謂的「老西部」傳統，不過，這個訴求卻如同在國內市場一樣，沒有受到任何影響。舉例來說，在日本，執行李維的西部策略，幾乎無法在市場占有率、品牌知名度以及廣告記憶度上有任何斬獲，所以促銷活動改成利用日本對美國影星的迷戀，因而認同李維牛仔褲。整個品牌知名度於是驟升至75%；廣告認知度是65%。

李維牛仔褲的教訓，說明了將國內的廣告訴求和執行方式轉移到外國市場時，會產生的一些問題。國外的消費者因為不同的語言和認知架構，對促銷的訊息也會有不同的解釋，就像以下的案例所顯示的❷。

1. 酷爾斯啤酒的訊息（Coors beer）：「隨著酷爾斯放鬆你的心情」在日本運用得不是很好，因為它翻譯成日文後變成「隨著酷爾斯拉肚子」。
2. 在拉丁國家，雪佛蘭新星（Chevrolet Nova，後來改稱Caribe）被翻譯成「不走」，福特的商用車Fiera被翻譯成「又醜又老的女人」，Evitol洗髮精被翻譯成「頭皮屑避孕劑」。
3. 可口可樂的主題「可樂增添活力」，在日本被翻譯成「可樂讓你的祖先死而復活」。

在翻譯廣告訴求到外國市場時，所有的問題都是因為全然差異的語言衍生而來（在以色列，交談的語言有五十種以上），是譯者們的惡夢；高文盲率，所以必須將經費放在以視覺為主的促銷訊息上；文化／次文化差異（在香港，年青人、老年人、都市及郊區的居民約有十種不同的吃早餐模式），所以在修改廣告訴求時必須說明該地方的需求和認知。即使廣告的文案特性可以在翻譯基本訴求時提出一些問題，用摘要的方式，但向來以精練簡潔寫作風格著稱的美國廣告，還是很難將它的原意翻譯成其他外國的語法。

❷Marty Westerman, "Death of the Frito Bandito," *American Demographics,* March 1989, pp. 28-32.

法令限制

法令限制了廣告費支出的量、使用的媒體、做廣告的產品，以及文案與插圖可接受的型式，在很多國家，法令是另一種標準化促銷活動的限制。舉例來說，在德國，使用相對的專門用語（譬如「我們是最好的！」）是不合法的；在義大利，使用許多普通的字眼如「防臭劑」和「流汗」是不合法的；在科威特，一天只能播放三十二分鐘的電視廣告；在英國，公平交易委員會（Monopolies Commission）禁止任何可能幫助製造獨占勢力的廣告（促使委員會抽掉某些寶僑（P&G）的電視廣告使其不能播放）的廣告；在奧地利，媒體（收音機、電視、電影）課稅率依國家的不同，範圍從10-30%不等。在其他國家，有許多項目無法在媒體裡做促銷，包括糖果、舞蹈、香菸、酒精、巧克力、航空公司和各式競賽等。

媒體／測量的限制

在為全球市場策劃促銷組合的過程中，莫頓公司面對了另外一個在國內市場時不常遇到的考量：缺乏可運用的媒體。儘管當市場規模與人口統計特性相類似時，媒體的情況卻無法急遽變化。舉例來說，在北歐國家幾乎沒有電視廣告；在其他國家，則缺乏印刷媒體——雜誌和報紙——來服務目標市場。另外的情況則是，有太多的出版品，服務了太多的市場區塊，以致無法得到有效的訊息覆蓋率。

另外一個限制媒體選擇的考量是費用問題。例如，廣告公司的補償安排和媒體價格，因為國家的不同而有極大的差異，根據一份研究報告顯示，為了接觸到一千個讀者，其花費的範圍，從比利時的1.58美元，到義大利的5.91美元不等。

覆蓋率仍是媒體配置上的另一個限制。由於媒體特性的限制，所以實際上業者不可能接觸到某些目標市場；如果可以，經常也是出奇的昂貴。媒體是如何有效地接觸目標市場？通常是不可能知道的。大多數工

業化的國家都有類似國際發行稽核局聯盟（Audit Bureau of Circulations, ABC）的組織來審核印刷媒體的發行量，但是他們的數據通常不正確也不可靠。

即使發行量可以被測量出來，但有關消費者方面的人口統計和心理統計等銷售數據仍舊付之闕如（年齡、收入、態度、偏好等）。

成功的全球促銷指南

面對全球市場裡各種限制，促銷計畫者被建議遵循那些成功的廠商指導方針，包括專注在全球促銷組合中具成效的要素，努力朝向標準化的方向，以及考慮首次展示（rollout）的方法。

專注於具成效的組合要素

與國內市場比較起來，全球市場裡促銷組合大多數的要素，特別是廣告、公共關係、促銷和直效行銷，都是既昂貴又很難在全球市場裡成功地執行。

其中一個例外的情況是貿易促銷。尤其是商展，比起在國內市場，提供廠商許多機會在國外接觸促銷的目標對象。每年在全世界有超過八千場的商展，會場中的交易額超過250億美元❸（例如，在歐洲，商展和市集有將近一千年的歷史，個別的歐洲經銷商和製造商平均參展的紀錄超過九年以上）。

對莫頓電子公司來說，參加商展的好處，是成功滲入全球市場的一個方法，包括介紹、示範以及促銷MM系統；尋找中間商，以協助製造與行銷這些產品（如經銷商、銀行家、投資者、政府官員等）；估算潛在目標市場的競爭情形；以及在行銷功效上製造一些回饋。為了能實際獲得這些好處，莫頓電子公司設定了具體的目標（如大買主或者未來的經銷商數量）以及執行接下來的各項作業。

---

❸Echo Montgomery Garrett,"Trade Shows," *World Trade*, December 1993, pp. 88-89.

519

　　參加商展的最大問題，可能在費用部分，儘管這部分的負擔可以用售出門票來抵銷參展費用，或與經銷商、代理甚至競爭對手一起分攤費用而減輕。

　　另一個減輕商展費用負擔的方法，是參加由美國商業部所發起的活動，或在美國貿易中心舉辦展示會，或在出口發展辦公室。**全球焦點 17-1**就說明了一家公司如何得到來自商業部的協助，在海外的貿易展覽

全球焦點17-1

海外貿易展覽會促進直效行銷

　　位於美國邁阿密佛羅里達州的杜卡公司（Dugal Corporation）利用參加海外的貿易展覽會的機會，建立了國際行銷計畫。這家小型、家族經營的企業輸出了它全部的產品，包括一整條歐洲樣式的流行珠寶產品線。該公司的執行副總裁大衛·波尼曼（David Poniman），以及他的妻子，喬安娜，該公司的總裁與主要珠寶設計師，每年至少參加二十個在世界各地舉辦的商展，包括在歐洲、東南亞、中東以及中美洲等地。他們每個月平均只有一星期的時間會待在他們的邁阿密總部。

　　波尼曼解釋說：「每一次出國，我們都儘量在每個地區安排參加兩個或更多的商展，以便充分利用我們的時間，同時節省許多開支費用。在抵達當地後，我們會去訪問幾家之前跟我們建立商業往來關係的經銷商。我們通常會在商展開始的前一兩天到達該城市，商展結束後再多停留個一兩天。」

　　位於邁阿密的美國出口輔導中心（U.S. Export Assistance Center），是由美國商業部門和其他聯邦政府機構一同運作的單位，他們提供的協助，讓波尼曼在時間的運用上更有效率。該中心利用電子郵件的發送，通知在美國大使館的商業官員一些他們可能會面臨的問題的簡報和建議書。波尼曼認為由美國贊助發起舉辦貿易商展顯得更有價值，因為藉由它的聲名，商展可以得到更多地主國商界人士的注意力。

　　商業展覽會與杜卡公司做生意的方式結合後，所產生的經營模式是直接出售，這家公司沒有任何代銷商。波尼曼家族的人都是直接跟經銷商面對面洽談，然後當場簽訂交易。「消費者不需要依賴圖片來鑑賞商品」波尼曼這麼說：「他們可以直接看到珠寶實品，感覺它，然後再決定他們是否喜歡它」。

　　這種個人的接觸也給了喬安娜·波尼曼一個機會得以觀察來自不同國家的消費者對珠寶有什麼回應，以便她可以做修改以符合他們的品味。

資料來源：*Business America*, Vol. 115, No.6, June 1994, p.10.

會上建立了整體的國際行銷計畫。

努力朝向一個標準化的策略

所謂標準化的促銷活動，基本上表達了相同的訊息，在全部市場以相同的方法進行。舉例來說，埃克森石油針對動力方面所發布的消息稿，用「像有隻老虎在你的油槽裡」（Tiger in Your Tank）這句標題來表達，並且在全球各地使用。與那些為了不同國家的特性與需求而做修改的促銷活動比起來，一個標準化的促銷活動，通常可以因為集中化的作業，而產生相當多的盈餘。無論是在國內或國外市場，都只需要跟少數的代理商合作，在這些地區裡複製有關文案、美術工作、媒體和研究方面的工作，所需要的費用與心力也較少。標準化的促銷活動也比較容易控制，允許在不同的地方讓相似的創作做比較，還有提供更多的機會給有創意的執行方法，因為促銷方法的創新效果，可以從類似的基本架構中測量得知。另外，標準化的促銷活動受益於鄰近國家讀者們、聽眾和觀眾人數的重疊（例如，《巴黎競賽》（*Paris Match*）雜誌，它在比利時、瑞士、盧森堡、德國、義大利和荷蘭都有讀者）。另一個支持標準化促銷活動的看法是，在不同的國家裡，人們的態度和需求之間差異正在逐漸減少，他們對單一的促銷活動很可能會作出回應。有關標準化促銷活動的可行性與應用性研究報告似乎都同意了這些結論：

1. 某些產品由於他們本身的特性，所以擁有普遍的訴求與吸引力，使得它們可以進行標準化的促銷活動（例如，瑞士手錶、義大利設計師所設計的服裝、蘇格蘭威士忌，以及那些經常性購買的商品，低成本、大量銷售，如香菸和可樂等）。
2. 購買者的動機模式是標準化的促銷活動何時可行的關鍵決定原素。如果人們因為不同原因購買了相類似的產品，促銷活動就應該做一些修正；如果他們對相同的促銷刺激有類似的回應，促銷活動可能就可以標準化。
3. 一般來說商業市場的促銷活動，比消費者市場的促銷活動來得容

易標準化，因為購買者的動機、產品和產品使用性等傾向於更一致性。

在全球市場裡有關標準化促銷活動的問題，透過訪問五十位有經驗的廣告執行業者所做的調查報告發現，只有強烈的購買訴求（如「頂級品質」和「低價」）才能將超過50%的時間轉移到外國市場，其中，有創意的促銷執行只剩不到25%的時間可以有效地翻譯。這些執行業者大多數也同意，儘管有重重的困難，促銷和產品的標準化仍然值得努力一試，不但可以節約與控制成本，還有創意的槓桿效率等種種好處。舉例來說，百事可樂（Pepsico）運用了四個基本的廣告影片傳達給全世界有關其產品的訴求；每一個外國的訴求，都會根據不同的因素來修正基本設定，譬如用人們在宴會中或在海灘邊得到樂趣，來反映他們對音樂的偏好度、種族特性，以及北美洲、南美洲、歐洲、非洲和亞洲的普遍自然環境等等。

百事可樂促銷活動的作法，是一個標準化方法的案例，他們允許活動內容做某個程度的修改，以符合當地的情況。通常，跨國企業會運用這個策略，來發展他們在總部的促銷活動原型，再傳到他們國外各地的子公司，給予他們相當多的空間去調整他們的創意表現方式以適應當地的情況。

考慮一個首次展示的方法

通常，在外國市場所進行的促銷活動，特別是在一個具有競爭性的環境和活動早期的階段，會比在國內市場進行來得昂貴，所以經常會讓決策者決定縮減他們最初的計畫，並將火力集中在一兩個關鍵的市場。舉例來說，歐洲的酒商會將他們在促銷上面的心力集中投注在美國和英國市場，因為那裡的交易量和消費量是最大的。

本章觀點

　　規劃促銷方案必須將各個促銷組合元素，包括廣告、促銷、宣傳和人員銷售等，就不同的需求、認知和環境限制等方面做出整合與解釋。主要決定的範圍包括設定目標、標準化促銷活動、選擇媒體管道、想出具說服力的訴求、有系統地規劃促銷預算，以及評估測量促銷活動的成效。

觀念認知

學習專用語

Advertising	廣告	Message format	訊息格式
Advertisng appeal	廣告訴求	Personal selling	人員銷售
Audit Bureau of Circulation	國際發行稽核局聯盟	Print media	印刷媒體
Awareness	知名度	Promotion budget	促銷預算
Business/trade journals	商業／貿易期刊	Promotion mix	促銷組合
Conviction	信念	Publicity	宣傳
Catalogs	目錄	Public relations	公共關係
Decoding	解碼	Pull strategy	拉式策略
Direct mail	直接信函	Push strategy	推式策略
Direct promotion	直接促銷	Sales promotion	促銷
Electronic media	電子媒體	Trade fairs	市集
Encoding	編碼	Trade missions	貿易代表團
Indirect promotion	間接促銷	Unique selling proposition	獨特銷售主張
Medium	媒體	Word of mouth	口耳相傳
Message	訊息		

配對練習

1. 請將第二欄中的溝通過程組成部分與第一欄中有關家樂氏廣告在日本促銷玉米片的活動內容配對。

1. 比起日本人很難發音的 "snap, crackle, pop" 這些字眼，形容大米脆片（Rice Krispies）口感的說法改用 "patchy, pitchy, putchy" 等發音	a. 媒體
2. 研究指出，跟美國一樣，日本的家庭主婦是大米脆片廣告活動的主要目標市場	b. 閱聽對象
3. 有關大米脆片的廣告會放目標市場成員所閱讀的家庭雜誌上	c. 回饋
4. 根據公布的活動研究指出，大米脆片促銷活動是使銷售量比預期規劃的銷售額增加的主要工具	d. 編碼

2. 在1998年，特百惠公司（Tupperware Corporation）在超過一百個國家舉辦了超過一千五百萬個特百惠宴會。這些聚會中只有一個符合了第一欄中的銷售活動，與第二欄中預估生產的行為結果。

1. 知名度	a. 特百惠公司的銷售代表對與會人士解釋有關產品的特色與優點
2. 理解	b. 銷售代表示範產品的特色和優點，並說明該產品是如何優於替代另一種貯藏食品的方法
3. 信念	c. 與會人士收到特百惠公司的宴會邀請函，其中還包括了參加宴會的獎勵津貼
4. 欲望	d. 銷售代表展示了該產品的特色和優點是如何解決了與會人士有關貯存的問題，不但可以節省金錢，增進營養價值，還能得到家庭成員的感激
5. 行動	e. 銷售代表專注於利用同儕壓力，使所有的與會人士答應會去購買特百惠的產品

3. 請將第一欄中的促銷組合要素與第二欄中的描述配對看看。

1.廣告	a. 非付費、非個人化的簡報
2.宣傳	b. 在銷售工業製品上非常重要；在銷售消費品上不那麼重要
3.促銷	c. 購買或分銷商品的短期獎勵金
4.直接銷售	d. 在銷售消費品上非常重要；在銷售工業製品上不那麼重要

4. 請將第一欄中的促銷預算準備方法與第二欄中的描述配對。

1.可負擔的	a. 銷售支配廣告支出，反之亦然
2.銷售的百分比	b. 在我們將其他費用都包括進來後，花掉了其他剩下的部分
3.具競爭的同等性	c. 這些是我們應該做的，這是它將花費的費用
4.目標和任務	d. 維持下去的方法是花掉他們所花費的

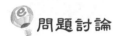

問題討論

1. 在美國喬治亞州亞特蘭大市的朱蒂斯‧桑斯（Judith Sans），自 1985年開始在海外銷售她的天然彩妝品和皮膚護理產品，那一年 她參加一個到遠東的貿易代表團，見到許多外國的商業代表。目 前她的產品銷售超過二十個國家，1995年的出口量占公司總營業 額超過50%。桑斯女士的產品促銷與健康、自然的生活模式的印 象強烈地連結在一起，包括適當的飲食和運動養生。什麼樣的廣 告、促銷和宣傳工具可以結合來銷售一個新的皮膚保養產品，以 增加她的生產線？

2. 請參考上一題中有關朱蒂斯‧桑斯所做的努力，請討論在較不先 進的國家中，目標市場的成員與那些在國內市場裡成員比起來， 產品促銷訊息的取得方面，可能會面臨什麼樣的問題？

3. 請檢驗三個史克美占公司（SmithKline Beecham）可能運用到的 個人溝通管道，用來銷售該公司的新藥物「梵蒂雅」 （Avandia），這是一個產品定位為「給第二期的糖尿病患的一個

新治療方法」，可以用「加強你身體本身控制血糖的能力」。

4. 透過檢視行銷溝通模式裡的每個階段，看其如何被運用於介紹莫頓公司的超級腦筆記型電腦。

5. 當全錄公司針對全球商業市場裡不同的市場區塊介紹其新款影印機（型號1020，1035，1045以及1075）時，它的促銷活動結合了地方與國際媒體，傳播了一則頗具創意的廣告主題，放在標幟附近被選為表達產品系列的持久耐用特色：馬拉松（「終於有一台精巧又耐用的影印機了！」介紹全錄1020馬拉松影印機……）。請推測有關活動企劃的前五個步驟中，哪些步驟可能會創造出這個活動。

解答

配對練習

1. 1d，2b，3a，4 c
2. 1c，2a，3b，4d，5e
3. 1d，2a，3c，4b
4. 1b，2a，3d，4c

問題討論

1. 天然產品的市場，包括生機水果和生機蔬菜、飲料，以及身體保養方面的產品等等，在全世界持續成長。請運用你的想像力，為以下項目增添一些內容：

廣告	在健康雜誌裡放廣告；在廣播節目裡播放有關健康生活方式的廣告；寄發郵件至租賃的郵寄名單上各個美容師或化妝品經銷商；寄發郵件到健康出版品訂戶名單上的讀者
促銷	在櫃台展示樣品或試用品；在商展會場上擺設攤位；折價券
宣傳	在報紙和廣播電台上刊登解釋新產品的特色和優點

2. 桑斯會面臨的問題是，在她的目標市場成員得到「健康的生活方式」訊息前，有可能她必須先證明這是她的目標市場，並針對市場的需求定義他們與這個產品關係。強烈的文化差異以及缺少人口統計和社會經濟數據來解釋這些差異，使得市場分析成為一個令人望而生畏的工作。而且，即使確定了目標市場，桑斯還得面對另一個同樣令人感到畏懼的問題，就是在接觸那些較不先進的低開發國家時可運用的媒體極為有限。舉例來說，她希望影響的市場（如美容師）的及時郵寄名單有沒有用？電子媒體（如收音機、電視）與印刷媒體（如報紙、雜誌）可以瞄準用戶或者經銷商目標市場嗎？如果可以，根據每千人平均廣告成本的算法，是否負擔得起這些媒體的所需費用嗎？再者，即使負擔得起，也可以運用媒體，有什麼可以信賴的測量方法可以評估在接觸這個市場與達到其促銷目的時，這些媒體的成效？

3. 史克美占的業務員拜訪醫生時，說服他們為第二型的糖尿病患開立梵蒂雅處方，我們稱之為提倡鼓吹的管道。發明梵蒂雅藥物的研究小組的組長是最能理解這個新藥的優點和限制，我們稱此為專家管道。曾經成功地開立梵蒂雅處方給患者的醫生，而且推薦給其他糖尿病專科醫生，我們稱此情況為社交管道。所有這些管道都可能是史克美占公司促銷活動的目標。

4. 由於必須隨時將消費者——用戶放在心上，再加上根據調查研究確定了不同目標市場的需求與特性，莫頓公司的廣告部門應該：

(1)把新產品的特徵翻譯成用戶可以察覺的優點（例如，有足夠的記憶體可以支援頗受歡迎的電子表格程式、可以減緩眼睛疲勞的高解析度單色監視器、可以運作全部軟體的能力），然後將最重要或者最獨特的優點進行編碼，放入廣告訴求（「一台擁有充足記憶體容量的電腦，讓你在任何地方都可以進行重要的工作」）。

(2)透過選擇的媒體代表溝通管道（如電腦雜誌）將訊息傳送出去。當閱聽者收到訊息時，必須能被解碼。因此，廣告主應該跟電腦愛好者的術語一起提供翻譯，用每天講的口語，拓展新電腦的市場到那些認真的電腦新手。就這群人的獨特生活經驗、態度、必需品與需求而言，廣告的內容可以被每位群眾瞭解。

在整個過程裡，可以預期到會有干擾的產生（如其他廣告和社論會影響讀者），但它的負面效果可以因為被顯著的標題吸引而降到最低；令人注目的，字字斟酌的文字內容；以及一再重複的重複性。

溝通的成功與否可以從回饋的數量上預估得知，就渴望回應來說，如經銷商的詢問、客戶的詢問，以及業務員等都是。

5. 促銷活動規劃的第一步是評估行銷溝通機會，全錄的企劃者需要針對不同目標市場的特性和需求，確定地理上、人口統計上、行動主義的（例如，在德國或西班牙的小型企業用戶裡產品特定使用者）種種因素做出分析。這個分析也將會檢驗馬拉松生產線內的產品如何最能滿足這些需求，以及每個市場的文化、經濟，和政治情況將如何影響這個促銷活動。

規劃過程裡的第二步驟，確定標準化／適應的需求程度，這部分將會倚賴從第一步得到的數據，然後在計畫裡做必要的修改。因此，儘管在全部的市場裡都會以馬拉松主題作為活動的特色，但各國之間有關文化、法令以及語言上的隔閡問題，可能會需要針

對一些個別情況做某些程度上的修改，譬如限制反對「吹牛式」
或比較性的廣告，或者一些可能會冒犯某些國家的言語。

第三個步驟是分析行銷溝通資源，全錄的企劃者必須分析成本效
益，來確定這個活動專案的費用，以及可能再發生的活動支出。
例如，對不同的市場裡不同的媒體費用做出的研究，可能會指出
以現有資源，沒有辦法涵括範圍廣大的全球性促銷活動，以致會
做出從最有獲利潛力的市場，進行促銷活動「首次展示」的決
定。

第四個步驟是設定目標，將使用那些已經在市場的特性和需求方
面發展出來的數據，以及接觸這些市場的過程時相關資源的限
制。因為促銷目的集中在渴望的行為，從知名度到採取行動這塊
範圍內，這裡主要強調的重點將是到每個市場裡已經有產品知名
度的國家評估測量和推銷簡報（例如，知道這個市場情況的可能
買主或有影響力的人士，喜歡處理全錄的產品，簡報就可能必須
集中較多在取得信念以及渴望的行為）。

第五個步驟是決定促銷組合，這部分將會著重在目前以及未來在
廣告、宣傳、促銷以及行銷組合中的直接銷售要素等資源上的配
置。例如，在介紹馬拉松這個新產品的上市期間，重點可能會放
在促銷上面（特別是商展和產品展示說明）以及宣傳（例如，在
商業或科技期刊裡刊登產品的相關報導評論，來產生知名度和理
解度）。之後，廣告和直效行銷，可能被強調用來作推銷式策
略，以說服經銷商處理這條線，以及拉式策略來說服最終用戶指
定全錄這款馬拉松產品。

促銷也會強調用目錄、價目表、示範產品型號以及給其他購買影
印機的經銷商和消費者的獎勵等方式進行。直接銷售可能強調利
用那些促銷初期已經做好的基本研究而得到銷售名單，以及讓潛
在客戶由渴望這項商品，到採取行動來嘗試或購買這項產品。

Marketing

Street Station

L 1
2 3 9

第十八章

促銷計畫 II：
業務員和銷售業務管理

本章概述

業務員分很多種不同的類型，從被動地接受訂單到積極的取得訂單，是企業中唯一可以直接產生利潤的要素：人員銷售。一個有效率的訂單取得者，通常會結合行銷和促銷組合等要素，列入簡報說明中，從事先接近客戶的研究開始，到最後的成交和後續追蹤。業務經理持續關心的內容還包括：人員招募、甄選、提供誘因與獎勵、評估與考核及給予業務員的獎金津貼，在全球市場裡，這樣的工作顯得更具挑戰性。

人員銷售：昂貴且可獲利

本章將檢視人員銷售的功能，這是促銷組合要素中，唯一可以產生盈餘，而且可以直接得到消費者回饋的一個要素。同時也是促銷組合要素中最昂貴的一種：舉例來說，一家公司裡，分配到廣告預算的比例平均是1-3%，業務銷售費用平均介於10-15%之間，這個數字如果再乘上在美國從事業務銷售的一千五百萬人，就成為最大的促銷總體費用。

最終的目標是銷售

由於全部的促銷和行銷組合活動，其最終的目的都在最後的銷售，所以本章就從這裡談起。用一個業務員拜訪客戶的案例作為說明的起點，我們將檢視不同類型的銷售情形；從事銷售業務工作的原因和好處；管理業務團隊的活動內容與和各種挑戰；以及銷售功能自動化的最近趨勢。

業務員拜訪客戶的案例分析

　　艾瑞克・桑達姆（Eric Sandham）是一家大型經銷商的業務員，該公司經營關於消費者與企業間電子商務系統，尤其著重莫頓公司MM訓練系統。雖然桑達姆產品銷售到很多不同的行業，但是基於他的教育背景及經驗，他最擅長的範疇是專業的會計領域。

　　因為桑達姆是一名典型的專業銷售員，他每個月平均的電話費用，包括他的薪資、佣金、紅利、員工福利，和銷售管理費用，他的電話費用平均是115美元，但每三通電話中，只有一通電話可能有機會產生利潤。無論如何，桑達姆是處在一個人員銷售極有可能成功的環境裡從事銷售的工作：他的客戶在地理上非常集中，個人訂單量數特別大，他所銷售的是一個技術上相當複雜的產品和服務（可以用在多數員工的MS訓練發展系統，這套系統必須持續更新），而且他所出售的產品會送到一個較短的管道（也就是一階，或就販售保險或者百科全書的售貨員而言，零階）。

　　我們將檢視的案例，是桑達姆拜訪一家擁有許多部門的會計師事務所裡的訓練主管，這家公司除了審計部門之外，還有稅務以及財務企劃部門。**圖18-1**顯示了拜訪客戶的步驟、拜訪的過程，以及後續的追蹤。有許多研究報告指出，在早期階段裡多花費的心力與時間等，例如，開發客戶、審核客戶資格、規劃與準備工作，在後段的過程裡，將可加速成交，訂單金額也較大。

客戶開發和審核客戶資格

　　桑達姆的客戶銷售名單，主要來源是來自於他的公司，他的公司提供他初級與次級資料（例如，過去的銷售紀錄、人口統計調查資料，以

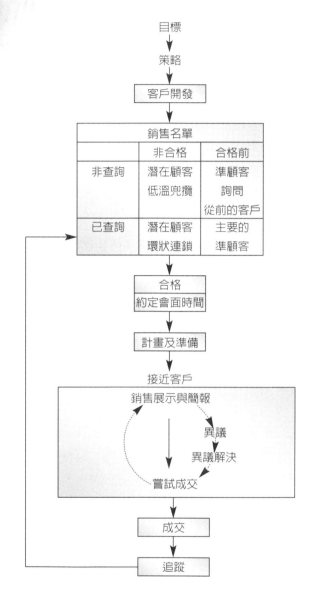

圖18-1　有創意的銷售過程

及來自網際網路的數據）各種統計數字、市場規模，以及他所負責的會
計事務所所在的位置、過去的購買情況，以及影響購買決策的人員名
字。

桑達姆補充了一些從其他來源得到的資料，包括他自己所屬的會計
公會、他參與的會計師公會、會計期刊上的文章，以及透過電話或親自
拜訪會計師事務所的開發工作（cold canvassing calls）。然而，桑達姆最
好的客戶名單來源，是對MM訓練系統感到滿意的現有顧客，他們也會
提供具影響力的背書，稍後這些客戶名單則會變成客戶拜訪名單（桑達
姆其實不喜歡做客戶拜訪開發工作，不過後來他從一項研究報告上得
知，一個被用戶推薦的客戶，值得十二次的拜訪開發）。

如上所述，有一位對MM系統感到滿意的顧客，提供了桑達姆這份
他接下來打算去拜訪的客戶名單，這是一家最近才剛取得足夠業績，證
明可以成立一個正式訓練部門的會計師事務所。這個新部門的新經理，
南茜‧肯尼瑟（Nancy Knipscher），最近才剛從這家公司的稅務部門被
擢升到這個新職位。

然而，事實上看來這家公司好像是一個潛在用戶，沒有必要再多做
什麼了。但根據桑達姆自己的經驗，以及他們公司業務團隊共同的經
驗，桑達姆訂定了資格標準門檻來審核客戶的資格，查看他們是不是值
得花費心力和費用去進行客戶拜訪。這些資格審核的標準，是根據本書
第一章中曾討論的MAD-R公式（準顧客應該買得起這種產品，有專責
的管理機構負責購買，需求這種產品，也會給予銷售訊息正面的回
應）。舉例來說，這家可能成為顧客的公司，至少應該有一個正式的訓
練部門，需要訓練一些成員，以及最低標準的銷售量營運成績。

約定會面時間

在審核完這家公司的資格並確定這是一個可以繼續進行的潛在客戶
後，桑達姆打電話到肯尼瑟的辦公室，在經過一些不甚成功的叩門嘗試

後，終於可以跟她取得聯繫，並得到與她會面的機會。他解釋說他知道她才剛新上任，或許他可以提供她一些有關最新的訓練和技術發展的訊息及設備，可以幫助她在新工作上更容易上手並更有效率。他們也同意桑達姆的首次拜訪主要目的，將是發展後續拜訪簡報訊息的根據。

桑達姆也寄了一封私人信函給肯尼瑟，感謝她提供他一個見面的機會，信裡還放入了一些產品促銷的資料，譬如像文章和廣告，作為預售MM系統的暖身動作。

計畫和準備

在這個階段，桑達姆的首務之急，是要想辦法深入瞭解這家客戶的實際情況，可能的話，愈多愈好，然後再根據這些消息內容準備簡報。

對桑達姆來說，規劃簡報的內容，包括最初回答的問題，例如，這家公司的訓練需求是什麼？誰會涉及到購買的決策？（如本書第十章中所提及的，在一個組織內會有許多人，例如，守門人、購買者以及使用者等，全部都是能影響這種決定的人）對採購決策須負最大責任的這個人，他的購買「風格」是什麼？（他／她是個非常行動導向的人嗎？實際和細節導向？以社會關係為導向嗎？是一個思慮周密極富遠見的人嗎？）誰是這家公司的主要競爭者？這家公司購買了莫頓競爭對手中哪個產品？他們對於售貨員的政策是什麼？我的簡報內容可能引起對方什麼異議？

根據這些問題的答案，桑達姆擬定了一份書面簡報，內容包括：(1)一開始的開場白和整體概念介紹；(2)有哪些MM系統的特色與優點要強調的？(3)這個產品在過去被指定使用時對該公司所產生的好處，擴大並補充其他說明，以克服預期會產生的異議；(4)想出具創意的字句來支持重要論點；以及(5)為瞭解肯尼瑟的需求而提出具體問題，以及找出他們可能反對的理由。

接近客戶

　　接近客戶，或者與客戶最初的接觸，除了需要確定客戶端的情況之外，還有其他目標，例如，減少客戶的緊張情緒，促進彼此的互信，還有讓客戶對此產品或服務感到興趣。運用已經蒐集到的訊息以及已經準備的簡報腳本，桑達姆開始著手建立與肯尼瑟的關係。他的外表、穿著，以及舉手投足之間都經過精心計畫，希望製造一個有利的第一印象。他的問候總是極為誠懇、自然，伴隨面部微笑的表情和接觸客戶的眼睛。他握手的時機也掌握得恰到時機，極為自然。

　　在一開始輕鬆的對話之後，桑達姆開始詢問一些問題以確定肯尼瑟的需求。這些需求內容通常是有關組織的（如財務、形象、業績表現等）或個人的（如自我意識、社會地位等）問題。他提出的問題大都為開放式，沒有制式答案，其用意是為了找出肯尼瑟真正的想法和感覺，不管對方的答案對MM系統是否有利或不利。這些開放式問題的探索，可以瞭解肯尼瑟所欠缺的部分，她的需求，以及態度，所有的這些問題與答案，都將在桑達姆稍後的簡報中一一陳述。

銷售展示與簡報

　　通常簡報可以被分成以下幾類：

1. 一個有架構的公式或方法，有時會被稱為制式銷售簡報。這是根據刺激回應理論，認為當潛在客戶受到某些刺激時，會給予制約性可預測的回答。通常那些沒有經驗的兼差業務員，和一些挨家挨戶推銷產品的業務員會使用這種方法。以產品本身最好的賣點為主軸的方法，通常會忽視用戶真正的需求。

2. 需求滿意性方法的論點，是認為所有的購買行為，都是基於需要或為了解決問題而產生。 包含了以下步驟：(1)確定準顧客的認知

問題；(2)與準顧客確認問題；以及(3)提供一個解決問題的方法。這種方法的缺點是準備一份密集性銷售訓練和簡報需要耗費相當的時間、費用和心力。

3. 混合性方法結合了強調主要賣點的架構式方法，以及確定客戶需求以定作針對個別用戶所使用的銷售簡報的需求滿意式方法。這也是桑達姆所採用的方法，也是一些專業的銷售人員較偏好使用的方法。

在他的簡報當中，桑達姆展露了以下可運用在有效銷售簡報的訣竅與技巧：

1. 如果業務員對準顧客是否會下訂單的可能性不夠敏感，會讓簡報變得不必要地冗長，他或她可能在不知不覺中「購回」了他自己的產品，因為客戶會有時間懷疑該產品的特性，以及是否沒辦法從競爭對手中拿到一個更好的價格。在做每一個銷售簡報時，桑達姆無時無刻不敢忘記ABC座右銘——「隨時準備接單」（Always Be Closing, ABC）。

2. 桑達姆將他的簡報視為是「表演與演說」。演說內容跟演出方式一樣重要。因此，以公司的文獻、證明書、網站、非官方報告，和雜誌文章等形式做成的文件，以及展示產品用法的示範品，譬如特別挑選出來的訓練計畫錄影帶，都是簡報重要的構成要素。

3. 為確定客戶需求而做的第一次登門拜訪之後，每一次的客戶拜訪，桑達姆一開始都會先複誦有關上一次他來訪時雙方所同意的內容，將客戶的精神和感情引導到一個適當的狀況再繼續談下去。

處理異議

桑達姆在做簡報時，非常歡迎客戶提出不同的意見，因為這些異議

可以被視為客戶為了得到更多的產品訊息所偽裝出來的要求，而且這表示客戶認真在聽簡報內容並感到有興趣。在異議提出之後，桑達姆通常會試圖做一個嘗試交易，如果成功，可以一路做到最後的成交。如果不成功，就回來繼續做簡報。

在處理異議時，桑達姆通常會遵循以下這些指導原則：

1. 聽完客戶的話。雖然桑達姆聽過許多次異議，但是只要客戶以前沒有說過，就應該有禮貌地注意聆聽。作為一位有同理心的傾聽者，業務員可以獲悉客戶知道了什麼，因此處於一個有利的地位，因為客戶不知道業務員這邊有什麼訊息。此外，讓客戶卸下被壓抑的感覺，業務員將會得到客戶更好的傾聽，因為他不會對業務員的看法和意見聽不進去。
2. 複誦異議的內容，讓客戶知道業務員已經明白他們反對的理由了。
3. 研究異議，鼓勵客戶將異議再詳述一次，然後提供更多的訊息來回答這些反對的理由。
4. 回答異議。當回答了異議之後，必須跟客戶再做一次答案的確認，例如，「那個答覆是那樣嗎？」然後等雙方一致同意後，再進行下一個步驟。

在某些產品上可能會有一些共同的異議。在業務員做簡報時可以事先預期到這些問題，並做一些因應的準備。

成交

最後的交易是做簡報的目標、銷售訓練的目的，也是製作銷售簡報的原因。考慮到這些重要性，當我們知道業務員對銷售交易的要求極少時，確實令人感到驚訝（許多研究調查顯示，在所有的客戶拜訪中，有超過70%的業務員都沒有要求客戶購買他們的產品）。大多數的原因都

是業務員害怕被客戶拒絕。但有更多的可能性是，業務員的銷售訓練和成交技術訓練不足。因此比起業務員最後成交的案數，客戶發出了更多的異議。

對成交來說，一個常見的緩衝作法，是「我要再想想看」，這通常只是個拖延戰術，卻給予客戶一個機會用較低的價格出手。有了這個機會，一些別家的業務員會趁虛而入，因為這個客戶已經有了購買的概念。因此，業務員必須努力達成交易。但他們的回應可能會是：「當然，我同意這樣的決定需要更周延的考慮，但我只是想再把自己的想法弄得更清楚一點，什麼是你想要再三考慮的？是我的公司夠不夠正直誠實嗎？我們一致同意A好處？還是B好處？」客戶對以上的問題很可能會回答：「不」而且一直東想西想，考慮再三。

在列舉出彼此同意的每一項好處之後，業務員還必須提供一個集結所有優點後整理出來的摘要給客戶，讓客戶承認他或她不知道還有什麼是他們需要再考慮的，這時候業務員就可以問他們是不是跟費用有關，通常客戶很可能會很快地同意這一點。在跟客戶確認了他們認為多少金額太多，多少金額太少之後，業務員現在可以加上購買產品之後的盈餘，減去閒置的損失，去掉預料中的還本時期的費用，還要向客戶說明如果使用了這個產品後，將如何讓工作的效率加倍、業績增加，以及其他任何有關的好處。

追蹤

追蹤就是指一個用戶。可能只是一通電話查詢物件是否已經送達，或是提供一些其他的產品訊息。無論是什麼理由，只是讓客戶知道業務員很在乎他們的事情，而且沒有忘記他們交待的事。如果這個產品或服務的要價是很昂貴且會定期使用的，銷售後的追蹤動作就極其重要。後續追蹤對業務員來說有以下幾種好處：

1.強化銷售：如果客戶對產品有任何抱怨，一個及時的追蹤可以解
　決這些問題，而且可以預防客戶取消訂單以及退還商品。
2.推薦的客戶名單：我們已經看到了推薦名單的價值。從那些滿意
　的顧客手中收到的推薦名單是最好的東西，因為他們都投入了相
　當熱忱。
3.連續反覆的交易往來：一個真正成功的業務專業人士經營客戶，
　就像種植經濟作物一樣，在銷售之後會跟客戶保持聯繫，持續追
　蹤產品的表現如何，因此，當有新產品型號問世時，這些動作可
　以增加另一次銷售成交的機會。
4.附加產品的交易：一直與客戶保持聯繫的業務代表會有更好的機
　會來銷售產品的周邊產品，使購買升級，同時還可以建議客戶在
　什麼時候需要將產品替換。

銷售工作的種類

在銷售領域裡基本上有三種不同的類別：

1.訂單取得者（order getters）：如同桑達姆，從事積極有效的銷
　售，他們確定用戶的需求以及用一種權威的、有說服力的態度來
　解決問題。這類的業務員可以在所有的產業界內找得到，但尤其
　在那些必須適合到個別用戶需求的產品別裡特別多，如高科技的
　MM系統。
　這些專業的銷售人員可能被指派許多不同的頭銜，譬如業務主
　管、業務顧問或是業務代表。一個有相當經驗的訂單取得者其頭
　銜可能是國內業務經理，他的工作內容包括：拜訪總公司的主要
　客戶，做正式的銷售簡報，為公司上層執行人員發展策略企劃，
　並協助這個層級的人員做產品方面的決策。舉例來說，如果桑達

姆即將拜訪的是會計業的一個個別的客戶，例如，勤業眾信
（Deloitte Touche）紐約總部，就無須要求莫頓的業務員去拜訪這
家公司分布四處的辦公室。

2. 業務支援人員：是在許多方面支援訂單取得的專家。通常他們會
與訂單取得者，以協助銷售簡報中所提及的技術問題。其他的業
務支援人員在得到客戶許可的情況下，可能會幫忙將產品陳列在
客戶的店面。還有一些支援人員會協助訂單處理的完成以及追
蹤，或執行相關工作，讓業務員可以有更多的時間去進行有效的
銷售工作。其中一個由傳教士型的業務員執行的工作，是確定有
價值的潛在客戶，並且提供足夠的訊息給他們，讓訂單取得者能
更輕鬆地做到最後的成交動作。

3. 訂單接受者：是回應者。商品是向他們購買，而不是銷售給他們
的。訂單接受者包括：零售店員、固定運輸路線人員，以及接電
話訂單的公司內部銷售人員／客戶服務人員。如果在一家零售店
中，訂單接受者打電話並包裝客戶購買的東西算是個人服務導
向，業務員則可以扮演一個訂單取得者的角色，確定需求，協助
商品的選擇，以及給予銷售上的建議（例如，選擇一條可以搭配
西裝的領帶）。

4. 電話行銷人員：利用電話來做銷售、客戶開發、或者追蹤客戶等
工作。對外的電話行銷人員利用電話拜訪客戶；對內的電話行銷
人員（也稱為公司內部銷售人員）則是接聽客戶的來電指示而訂
貨。這類公司通常會使用免付費電話號碼以提供客戶聯繫上的便
利。

業務員的職業生涯

業務員過去給人的印象，是別有居心、虛情假意的職業，從事一個

腐敗的行業，不僅富挑戰性與高報酬，同時也是公司福利與國家安寧不可或缺的角色。桑達姆的業務拜訪，使人聯想到一些所謂的個人滿足：在面臨新問題與協助客戶方面的智慧與感情的報償，擁有靈活的時間表、社交與旅遊的機會，以及管理階層的督導極其有限。

此外，給予業務人員的獎金津貼是相當高的。1999年，一個新業務的薪水平均是24,290美元，如果加上差旅費及交際費，一個才剛開始擔任業務代表的業務員薪資可以增加到34,790美元。如果是有經驗的業務主管，薪水等級從50,000美元到每年超過200,000美元不等，以上資料是根據美國行銷協會所進行的一項調查報告所得到的數據。

另外根據美國勞工部的一份資料顯示，職場中業務工作的前景最被看好，也是成長最迅速的領域，預估到2005年為止，可以成長24%。

業務經理管理人員

銷售業務管理意指有關業務銷售人員的管理，而非銷售的管理。就如其他所有的經理一樣，業務經理會授予相當的權責給底下的人，讓他或她的工作效能得以倍增。然而，監督一個銷售團隊與管理一個公司內部的部門，兩者之間是有一些基本上的差異。一個是銷售團隊地理上的分散，以致許多面對面溝通無法進行，溝通與督導的過程，於是變得更形複雜困難。

另一方面則是有關有效的銷售工作，其主要的前提是滿足客戶。因此，業務經理手下的人員，也可以被視為是二老闆，這種情況會衍生出問題，舉例來說，如果客戶提出的要求是一個極低的價格，而莫頓無法應允時，就會產生問題。而且，業務員的工作時數極長，通常會讓他們工作很沮喪，很多部門（如帳單、信用、貨運、促銷以及其他等等）也會影響到他們的行動力，還有很多工作（會議目標、帶進新客戶時同時也要服務舊客戶、促進產品的理解、進行有效的銷售簡報，還要處理與

銷售相關的文書工作等）都得一一完成。

除了要管理這些很難管理的業務員之外，業務經理還得擔負起無數其他的責任，包括企劃、做預算、預測以及規劃銷售團隊的工作。

 ## 規劃

業務經理的企劃工作在概念上與行銷經理一樣，根據對SWOT分析（優點、弱點、機會與威脅），建立一個與任務相關的目標。銷售團隊的目標，包括發展新商機、銷售、服務、資訊蒐集，以及保護自己的銷售責任區以防止競爭對手入侵。這些目標指引了銷售策略的構想，應該與銷售團隊一併發展成長。

銷售規劃的過程中，一個重要的構成要素，是擬定一個考慮到計畫是無法預測、無法控制的替代性計畫，例如，在經濟上、法令，以及環境調整方面的變化，都會影響到銷售的表現，所以必須有意外情形替代計畫的準備。企劃的架構應該包含幾個假設情形，包括最壞的情況。

預測

整個組織都會期望業務經理可以提供一些預測的訊息，看能銷售什麼，以及能銷售多少出去。在一個生產製造的過程中，生產力、原料、零件、勞工，以及空間要求等，都是經由預測得來。如果預估得太過樂觀，公司可能必須解僱過剩的人力，來承擔過度的庫存和過高的宣傳費用。如果低估，公司則可能會沒有能力承接客戶的訂單。如此一來，不僅會失去訂單也會失去客戶，連同投資的金錢，以及未來的商機都消失了。

體認到預測的重要性，莫頓公司特別強調預測的正確性，該公司運用第十二章裡所討論的分析方法，以及從上至下的原則，並且特別仰賴業務員與銷售管理內部和外部所給予的資料。

預算

　　如所有的部門主管一樣，業務經理必須編列預算。對於業務部門而言，包括管理、訓練，以及與銷售相關的花費，例如，差旅費、誤餐費、社交費、交通費、通訊費、業務會議、商展以及會員費。

規劃銷售團隊

　　本節強調銷售團隊如何組成，以及將會執行什麼樣的策略，以達成計畫階段時所建立的工作目標。

銷售團隊的組織架構

　　銷售團隊的組織架構根據地理區域（銷售責任區）、產品、客戶類型，或者以上要素的綜合體。舉例來說，莫頓的業務經理可能會分派銷售團隊的成員，到潛在客戶的銷售區域，以證明這些花費是正確的，或是指派專業化銷售團隊專門負責某些產品群（如MM系統、莫頓製造的零件，以及其他等等），或者讓銷售團隊專門負責不同的客戶類型（如桑達姆的重點集中在會計專業人士）。在莫頓的區域辦公室運用了一個組合型架構，讓每一位業務人員接受交叉訓練而得以理解公司全部產品的報價。

銷售團隊的經營策略

　　莫頓的業務經理的工作內容，有一部分是用來舉行定期的策略會議，在會議中，業務人員基於對莫頓新產品上市介紹、需求的變化、市

場人口統計特性，以及大環境的變化（尤其是具競爭性的主動出擊）影響市場成長及獲利情形等多方面的理解，在策略性及戰略上的回應，取得一致的看法。例如，在這些非正式的聚會中，業務人員可以發表他們從客戶端聽取到的不同看法，而且彼此討論如何克服這些問題。

銷售團隊的管理

一般來說，業務經理主要的工作重點，包括人員的招募、甄選、訓練、發展、指導、管理、提供動機與獎勵、評估考核，以及發放獎金津貼給業績出色的業務人員。

招募和甄選業務員

招募人員的目的，是從一大群的申請人中，找出符合甄選標準的足夠的人數，讓招募人員的公司有機會做出重要的選擇。因為他們會提供有關行銷、會計、電腦、科學，以及其他項目的正式訓練，所以大專院校的畢業生經常被網羅旗下接受銷售方面的訓練。

但是人員招募是件很花錢又很耗時間的事。有很多業務銷售的工作，隱藏在就業市場的很多地方。當業務經理打電話給一些商場上的朋友詢問他們哪裡可能找到好人才時，總會讓一定數量的人員流動切換跑道。如果工作機會具相當吸引力，根本不必做廣告就找得到人。與人接觸以及人脈網絡是敲門進入這些隱藏的就業市場最好的方法。

僱用具備與公司目標一致的人員，可以降低人員流動率，這也就是產業裡的最大的單一人事費用。每當一個員工離開公司時，當初投資在這個員工身上的指導與訓練，都隨著員工的離去而喪失。當一個業務人員離職時，他所負責的銷售區域短時間內會傳出一些負面的影響，不僅有可能因為失去訂單而降低業績收入，還有可能會危及與客戶之間的關

係。

　　如果被競爭對手趁虛而入，不僅是丟掉訂單而已，可能連客戶也會
搞丟了，不只是投資在客戶身上的直接與間接促銷的投資，連與他們交
易這種未來的商機都將損失。業務人員的甄選一般都會在個人簡歷、能
力、和智力測驗各項結果達到預先設定的標準後才進行。根據申請者與
業務主管的面談，來決定最後的人選，這些主管們有獨特的經驗，可以
判斷出這個申請者未來對公司是否有所貢獻。在招募新人時，誠實與務
實地說明公司的晉升管道，以及未來的工作收入是很重要的。為了吸引
一個傑出的候選人而描繪出一個華而不實的遠景，會種下失敗的種子，
反而使得這些人才在很早的時候就選擇離開。

 ## 訓練和發展

　　為了增加員工的生產效能及其業務收入，訓練和培育可以增加他們
的工作滿意度，並降低人員流動情形。訓練內容一般來說包括了以下的
範圍：

1. 公司方針：由於業務人員將代表公司在外面與客戶接洽，所以讓
   他們瞭解公司的方針是非常重要的。此外，這些業務代表必須知
   道當客戶有技術方面的問題，或有關信用額度方面的問題時，或
   尋求專家的資訊時，他可以打電話找誰。
2. 產品知識：業務人員是產品的專家，他必須完全精通瞭解產品的
   特性，以及它所衍生出來的好處。
3. 銷售方法與技術：傳授業務人員推銷時的銷售方法和技術。
4. 非銷售性的活動：這些活動包括服務、預測、取樣、處理客戶的
   投訴與抱怨，以及協助客戶瞭解公司的款項支付政策。
5. 市場知識：包括未來獲利潛力、趨勢以及具競爭性的活動。有關
   這方面的知識部分可以在這個領域裡學習到。作為公司耳目的業

務員，可以將這些市場的狀況，透過每天的客戶業務報告傳達給公司。至少可以將客戶的問題或觀點列入其中。

所謂發展是指更新基礎，並介紹銷售團隊有關新產品的上市與該新產品的用法。後者是更形重要的，因為這將給業務代表一個跟客戶再次聯繫的理由，並將產品銷售給那些想要產品最新功能的客戶。

 ## 指導和管理

指導和管理一群有雄心、獨立、有創意幹勁、客戶導向的業務人員是一項挑戰。人們之所以從事業務銷售的原因之一，是希望在很少的規範限制下，做「自己的頭家」。令人遺憾，這群人中有能力掌握事情重要性，並能有效管理自己時間的人數太少。由於人員銷售的優勢，在於實際出現在客戶面前與解決異議、成交的能力，一名業務員在與客戶打交道時，是最有工作效能的時候。但是在正常的情況下，普遍來說，一般的業務員一天之內只能做六個業務拜訪。而其中，星期五下午的工作成效大都不是很好，因為有一些客戶可能會提早下班，所以有些業務員會利用那段時間做一些文書工作，而安排一星期中另外四個工作日去做業務拜訪，以及花在那些推展與業務行銷會議的時間，很顯然的，業務員必須利用可以運用的每一分每一秒去將自己的工作做得更有成效。

將客戶依其主要、中間、小型三種客戶別來安排工作的優先順序，可以讓時間的運用更加有效率。根據這些客戶目標，建立一個業務拜訪的標準和工作量，並明確地設定一個目標，舉例來說，至少每年要增加20%的交易量，讓那些業務代表可以在自己的銷售責任區域內做出規劃，而且給業務經理一個衡量標準來評估他們的工作表現。

給予動機和獎勵

在對抗那些消極的影響方面，譬如面對一個特別挑剔的客戶、激烈的競爭、對失敗的畏懼與不安感時、或者另一種極端，為了超乎預期的高額佣金收入，獎勵就顯得特別重要。動機不能從外面產生，它是一個內部的驅使動力。一般說來，沒有所謂的通用動機，根據每個人自己的事業規劃方向，每一個人都有他或她自己的動機組合。這個組合的組成要素，可以分成直接與間接的獎勵。直接的獎勵包括：(1)創造一種組織化的環境，鼓勵全面參與及溝通；(2)設定配額，由銷售團隊裡大部分成員的齊力合作。有一個很熱心的銷售團隊勝利者，比起一個令人失望的落敗團隊來得好些。 而且，由於他們的銷售成績太低，以致不能在這段期間做到指定的額度，一些失敗的團隊可能會決定將比較不急的訂單累積到下一期，以製造出現金收支的高峰與谷底；(3)提供認同感、獎賞以及其他非金錢相關的獎勵。

間接的獎勵則包括：比賽，這部分必須仔細地計畫，才不致產生負面的影響。 舉例來說，在非旺季時所舉行的業務績效競賽，有可能是根據該段期間所有訂單的整體數量。如果比較規則訂定得不清楚，或者有監控不周的情況時，一些業務員可能會向大客戶直言說他們需要拿訂單來贏得業績的競賽，並進而讓客戶先行預估他們未來可能會產生的需求而提早下訂貨，但由於知道是在這種情況裡下的訂單，所以所有的貨運與帳單都會晚點才送到他們手上做請款的動作。這種行為反而是在製造營收不均，而不是讓營收情況更平均順遂。

評估和考核

業務經理對銷售團隊的評估和考核，通常包括正式與非正式兩種方法。

1.非正式評估和考核：可能是根據業務報告、一份工作企劃內容，或是業務責任區的行銷計畫，以及與業務代表一起到主要客戶那裡做實地考察。

2.正式的評估和考核：是透過與其他銷售團隊的比較，以及在這個領域裡過去在生產力與費用控制等方面的業績表現來評估。

獎金津貼

獎金津貼應該適當地反映出銷售目標。如果強調的重點是在服務方面，而且管理階層希望維持一個有力的控制，通常會直接付薪水給業務員。如果重點是在銷售量上，而且利潤是重要的考量，則支付佣金可能是較受歡迎的作法。大部分專業的業務員，如果手上負責銷售的是一種好產品或服務，他們會比較偏好領取業務佣金，通常有了這樣的動機吸引他們（由佣金中支付），他們能賺到的經常比起該公司的總裁還來得多。

建構綜合性的計畫，以平衡不同津貼計畫的優點（例如，50%的保證底薪和50%的佣金收入）。這個薪資內容可以做更進一步的修改，例如，在指定的期間內做出一定的業績，提供一個紅利。但有關紅利的問題，是業務員經常將紅利視為員工福利，如果整體表現不如預期，以致沒有支付紅利，又會傷害到業務員的士氣與影響他們的表現。

自動化的銷售團隊

艾利克·桑達姆的業務工作內容可以說明有關銷售簡報的過程，並且說明了銷售方面的一個主要趨勢——銷售團隊自動化（Salesforce Automation, SFA），或者說應用新技術使人員銷售以及業務管理更有效率、更節省成本。在銷售團隊自動化的種種好處中，還包括了改善銷售

簡報以及產品上市；降低銷售、印刷和訓練的費用；以及更完善體貼的
客戶服務。銷售團隊自動化的工具包括呼叫器、可攜帶式傳真機、筆記
型電腦、軟體程式、行動電話以及聲音和電子郵件。

　　舉例來說，在規劃拜訪客戶的業務時，桑達姆在他的筆記型電腦裡
使用一個套裝的軟體，可以確認在他的業務責任區中，這個潛在客戶的
業務量有多少，而投入固定的業務拜訪在這個客戶身上可以獲得有效的
覆蓋率。這台電腦與莫頓的MIS數據庫連結，可以提供有關這個客戶業
務銷售潛力的資料，還有現有用戶的需求與過去銷售的歷史紀錄。其他
的套裝軟體也協助桑達姆在準備簡報和做簡報、整理潛在客戶名單，還
有做後續追蹤的拜訪。表格程式幫助客戶在採購支出上更有效完善，網
站則可以展示所有產品的特性和優點（有關網際網路的行銷將在第二十
一章中討論）。

　　除了筆記型電腦，桑達姆還使用了行動電話和可攜帶式傳真機來與
用戶及莫頓辦公室的人員進行溝通，例如，約定會議時間、取得價格認
可核准、確認交貨日期、解決客戶問題，以及取得關於產品和客戶的最
新訊息。

　　桑達姆的業務經理也運用了這些電子工具來進行許多工作，如處理
銷售數據用的表格程式、與業務代表聯繫溝通，還有準備以及提出銷售
會議的計畫。

國際觀點

　　業務員與業務經理是促銷組合中的主要部分，他們在全球市場所面
對的問題，很少會出現在國內的市場。

　　舉例來說，銷售簡報就受到相同文化和法律約束的影響，如同在第
十七章裡所討論的，將會影響廣告和其他間接的促銷訴求。尤其是語言
上的障礙會造成面對面溝通時最大的問題，如同**全球焦點18-1**所指出的

別再犯下語言上的大錯了！

　　很多美國的跨國公司很難跨越語言的障礙，從輕微程度的窘迫，到徹底完全的失敗。表面上好像無害的商標名字和廣告文案標題，在被翻譯成其他語言時，卻呈現了無心的或意有所指的誤解。粗心的譯文，會使一家廠商在外國消費者眼中看起來十足的愚蠢可笑，就像以下這些精典的語言誤解一樣：

- 1929年可口可樂在中國開始上市銷售時，推出了一組中文產品名，雖然譯音類似原來的英文發音，但是翻譯的意思卻成了「咬蠟蝌蚪」。今日，產品名已經改譯成：「口中的歡樂」的意思。

- 幾家汽車製造商的品牌名稱，在翻譯成其他語言時也遇到了很大的問題。雪佛蘭的新星被譯成西班牙語的 "no va"，也就是不走的意思。通用汽車後來將這個名字改成Caribe，銷售量才開始增加。福特的Fiera卡車在翻譯成西班牙文後，發現它的意思變成「又老又醜的女人」。在墨西哥推出它的新款彗星小汽車，取名叫作Caliente，這個名字翻成西班牙文後，變成當地俚語「妓女」的意思。勞斯萊斯避免在德國市場用「銀霧」（Silver Mist）這個名詞，因為英文的 "mist" 在德文是「糞肥」的意思。然而當Sunbeam公司在德國推出他們的 "Mist Stick" 時，他們發現那些德國人很少用到「肥料木杖」這種字眼。

- 廣告的主題經常會在翻譯的過程中，失去或獲得一些東西。酷爾斯啤酒的標題文案「隨著酷爾斯放鬆你的心情」，翻成西班牙文後變成「隨著酷爾斯拉肚子」。可口可樂的主題「可樂增添活力」，在日本被翻譯成「可樂讓你的祖先死而復活」。

　　這類精典的錯誤，很快地就被發現並改正，他們可能只造成了廠商些微的困窘情況。但有無數其他可能尚未被發現的小錯誤，以較不明顯的方式在損害品牌的形象。跨國公司必須謹慎篩選商標名稱和廣告訊息，防止它可能造成的銷售傷害，使它看起來很愚蠢，或者冒犯觸怒了客戶。

資料來源：David A. Rick, "Products that Crashed into the Language Barrier," *Business and Society Review*, Spring 1983, pp.46-50.

　　那些案例一樣。

　　其他有關有效面對面溝通的障礙，還包括不同的認知架構，以及法令規範影響訊息與媒體的選擇。此外，業務員因為要研究客戶的需求與

建立一份具說服性的簡報，經常遇到資料來源不足的問題。

銷售管理在全球市場的挑戰

除了銷售團隊所面對的溝通問題外，還必須發表演說，業務經理在外國代表了國內企業，也面臨了只有在外國市場裡才會出現的人員管理問題。

在國際市場從事業務工作的業務員，其角色、身分地位和任用期等都各有不同，再加上他們很可能面對的文化差異問題，人員管理方面所提出問題，根本是在國內市場時所無法想像到的。雪上加霜的是，在美國企業中，鮮少有跨文化的能力來參與全球市場的競爭，缺乏外語和國際商業技巧的能力造成管理上效能低劣，耗費極多的成本、軟弱無力的談判，還會失去銷售的機會。

在業務經理的觀點中，這些考量顯示出許多實際的問題，如人員招募、甄選、訓練、給予動機，還有獎金津貼給銷售團隊的成員。以下的摘要提供了一個指導方向，說明這些問題與全球環境限制條件、業務員的情況（移居國外或者待在國內），和銷售人員及雇主的目標是一致的。

人員招募

整個過程中最關鍵的第一步，是先吸引一大群有能力的候選人，再從裡面選出合格的人員，給予正式的職務說明，考慮到公司長程和短程的目標範圍，以及必須具備什麼樣的條件才會派到特定的國家去。這些說明同時必須以未來的員工自己的需求與目標，來詳細說明外派的利與弊。除了傳統的國內人才管道（在職的業務員、人力資源公司、徵人廣告以及其他等等）之外，全球的人員招募還可以考慮到那些來國內讀書的國外學生；在外國市場有銷售的其他公司；想要回家的移居外國者；以及那些與外國企業併購或合資的公司和他們未來的雇員們。

甄選

　　人員招募會吸引許多的申請者，但公司必須從這群人裡選出最好的人才，這個程序可能從一次個別的非正式會面，變成冗長的面試，測試其銷售能力、分析與組織化的技能，還有個人的品格特性。撇開這個程序不談，重要的是這群人的個人特質，當他們到國外工作時，他們的理解力、雄心壯志，外表、語言能力、銷售與商業背景、對其他文化差異性的敏感程度、跟當地人士接觸時的人際溝通技巧、在沒有母公司的支援下，獨立工作與做決策的能力、與新文化環境有關的多方知識，以及一個有助於國際任務的觀點與看法。

　　考慮到困難度、重要性和選擇外派職員的成本，很多公司會將外派人員的家庭一併納入作為甄擇過程的一部分，有證據顯示，許多不成功的家庭調整是外派職員不滿的主要原因。在與家庭成員會晤時，經常會發現他們對新食品、語言、文化價值、學校、朋友和社會地位這類潛在的因素顯示出痛苦調整的對抗性。

　　當一家公司招募人員並甄選地主國的國民在當地工作時，這些屬性中，例如，接納外國文化，或者講當地語言的能力，大多數是可以事先預設的，但是甄選過程應該至少要夠嚴格，特別是許多立有嚴格法令條文保護地主國勞工權利的國家，如大部分的歐洲國家、東亞地區，以及低度開發國家（例如，在委內瑞拉，一個被解僱的雇員只要在該公司服務超過八個月以上，就可以依據法令每個月領到一個月的解雇金以及十五天的薪水，服務超過一年以上，就再加上另外的十五天薪資，外加一條法令，當他或她工作被替換時，公司必須用相同的薪水，在三十天內，找當地人遞補這個位置）。

訓練

　　除了國內市場訓練業務人員的計畫內容之外（例如，目標、產品與市場；產品特性和優點；競爭者特性和策略；客戶需求、動機、習慣；

有效的銷售簡報），用於訓練外派到外國市場的業務人員工作計畫，包括關於發展文化技能，還有瞭解地主國當地的風俗文化、價值、社會和政治機構。一個典型的跨文化計畫目標，包括了以下方面要求的技能：(1)口頭與非口頭溝通，以及對當地人們和文化傳達一個正面真誠的關懷與興趣；(2)容忍語言上的不同涵義，並可以克服文化差異和挫折感；(3)對人們的需求和不同的觀點抱持著投入的態度；以及(4)以無偏見的態度來看待其他人的價值與標準。

提供給地主國當地人民的訓練計畫與國內的計畫內容類似，都強調了企業、產品和市場、技術訊息和銷售的方法。

由於外派人員與當地人民都傾向於維持他們自己的態度和行為，這兩個計畫的重要目標，是建立一個可以從他人的立場看待事情的不偏私能力。在全球市場裡持續的訓練比起國內的訓練計畫來得重要，因為他們不需要與總公司做例行的聯繫。

給予動機

整體的動機計畫目標，用來說服雇員將個人目標與公司目標混合，在國內市場是很難做到的，因為這裡的行銷工作經常是艱苦的，工作時間又長、需要離開家人去出公差，還要面對很棘手的競爭者，特別是沒辦法跟同事同室相處的那種隔離感。

提升士氣並鼓勵人們面對困難表現出最好的工作水準，管理階層經常得依靠以下這些動機的力量：(1)鼓勵參與和溝通的公司氣氛，重視做銷售的業務人員，並針對他們的傑出表現給予適當的獎勵；(2)根據適度額外的努力而達成指定一個配額或者標準；以及(3)給予金錢上與非金錢方面的獎勵（紅利、特別會面、升遷敘勛，以及與「公司高層」會面的機會）。

無論如何，在國際市場裡，這些傳統的動機方法並非永遠可以產生作用的。舉例來說，公司其他的人們總是會自然而然地與外派者保持隔離的情況。文化差異性也會影響到動機方法的成效；例如，在日本，傳

統的父權主義、集體精神、終身雇用制，和年資等，為了得到同儕的認同，而且很多人不想表現得與眾不同。同樣地，在宿命哲學的國家中，阿拉真主是所有成就的原因，所以在這裡要給予個別企業獎賞是很困難的。

管理階層應該將這些差異放入國際市場動機發展計畫的考慮中，鑒於人員流動率高與低迷的士氣，這些要素在此處的重要性比起國內市場來得更重要。其中特別重要的是用來作為晉升以及獎勵的標準，以便迅速而且公正地完成。

獎金津貼

特別在管理這些國際人員時，獎勵計畫可以運用在獎賞、人員招募、發展、動機，還有保留人員，儘管他們做了太多努力而使得組織變得龐大笨重。

在決定一個動機計畫想要達成的目標組合前，業務經理應該考慮的，是全球市場的環境將如何修改這些目標。舉例來說，在高稅額的國家裡，他們會比較重視大量的費用與附屬的福利，所以獎勵津貼的金額有時還可高達薪水的60%，譬如法國就是這樣。

另外一種情形，則包括了外派者與為同公司工作的「母公司」員工之間的獎勵津貼上的差異。如果有哪一方得到較少的金額，他們會感到氣憤及受到不公平的對待，可能會被反映在業績表現與交易額。這裡會產生一些差異：短期的外派任務通常包含了海外保險費、全部的花費以及因為計稅差別而給予的津貼支付。為期更長的外派工作則包括了妻兒舉家遷移的福利，以及差旅津貼，這些津貼加總起來經常超過原先的薪資水平（根據一項研究報告顯示，一個底薪40,000美金的外派人員其附屬的福利金，在三年之後，可以從加拿大的138,300美元到奈及利亞的427,000美元範圍不等）。的確，有時候由於公司支付這麼高的津貼給外派者以說服他們接受外國任務，反而很難將他們遣返回生活費高得多的本國。

本章觀點

　　人員銷售功能是促銷組合中最昂貴的組成部分，也是唯一可以產生直接盈收和收到客戶回饋的唯一管道。專業的業務人員是所謂的訂單取得者，他經常得到技術的、傳教士式以及內部接訂單的業務員的支援，通常都是銷售一些昂貴的、技術性複雜的產品給商業與消費者市場。專業的銷售業務工作提供了多項好處，包括幫助客戶時所得到的實際報酬、獎勵豐厚、有限的監督，以及有趣的、有責任感的工作內容。在準備一份客戶需求導向的簡報過程中，專業的業務人員會結合其他的促銷組合元素放入一個包括了客戶開發、確認客戶資格、確認客戶需求、處理異議、銷售成交以主動後續追蹤的過程中。除了銷售的獎金津貼之外，大部分銷售功能裡高昂的成本都是來自於業務管理功能，包括預估、編列預算、人員招募、甄選、給予動機、指導、審核評估，以及獎勵業務人員的種種活動。所有這些管理的工作在外國市場會變得更加困難，因為在那裡有文化及法令上的差異，以致在銷售與業務管理所有方面都產生了問題。可以或多或少減緩這些溝通上的問題和費用的是銷售團隊自動化，或者運用一些新技術到整個銷售過程。

觀念認知

 學習專用語

Approach	接近客戶的方法	Order getters	訂單取得者
Budgeting	做預算	Order takers	訂單接受者
Close	成交	Personal selling	人員銷售
Cold canvassing	低溫兜攬	Planning presentations	計畫簡報
Compensation	獎金津貼	Prospecting	客戶開發
Creative selling	有效銷售	Qualifying	資格審核
Follow-up	追蹤	Salesforce automation(SFA)	
Forecasting	預測		銷售團隊自動化（SFA）
Handling objections	處理異議	Salesforce design	銷售團隊規劃
Incentives	獎金	Salesforce management	銷售團隊管理
Need satisfaction presentation		Structured approach	架構式方法
	需求滿意簡報	Telemarketing	電話行銷

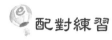
配對練習

1.請將第二欄中的活動與第一欄的銷售階段相配對。

1.客戶開發	a. 臉上帶著微笑，服裝儀容整齊
2.資格審核	b. 檢視客戶的業務潛力
3.接近客戶的方法	c. 歸納總結優點；索取訂單
4.簡報	d. 告訴客戶你的服務將如何解決他的問題
5.成交	e. 請客戶介紹推薦

2.請將第二欄中的優點與第一欄中的銷售活動相配對。

1.處理異議	a. 幫助銷售員更有效地運用時間
2.預測	b. 周邊產品交易的機會
3.追蹤	c. 協助相關的資源銷售
4.指導／監控	d. 顯示客戶感興趣並想獲得更多的訊息

3.請將第一欄中銷售的類型與第二欄中的陳述相配對。

1.訂單取得者	a. 這個穿孔機可以用一半的價格鑽出多一倍的洞孔
2.傳教士式銷售員	b. 你的雇員中有多少是從事生產的工作？
3.建議銷售	c. 你想喝些什麼來搭配你的起士漢堡？
4.電話行銷人員	d. 你已經被選上參加一個包含所有費用支出的夏威夷旅行！

4.請將第一欄中的銷售管理活動與第一欄中的執行結果相配對。

1.編列預算	a. 費用要跟隨預料之外的銷售量變化
2.人員招募	b. 建立大一點的申請者群
3.給予動機	c. 業務代表不覺得他們無法做到指定的配額數量
4.獎金津貼	d. 鼓勵說出抱怨

 問題討論

1. 這是從一份大型的都會報紙中刊登在「業務機會」一欄中的徵人
廣告所節錄出來的內容：

網路工程業務代表	150,000元

「網路策略」是一家網際網路的工程公司，從事於為排名前一百大廠商的電子商務提供
解決對策與服務。我們的核心能力是入口網站的分析，與為B2B的電子商務、VPNs和
採用流動式接收技術的視頻傳播做思科迴路器（cisco router）訓練。應徵者的工作內
容是負責與現有客戶建立合作關係與開發新客戶。我們正有尋找一位積極進取，在企業
環境裡有能力可以同時處理多項工作的雇員。在銷售方面有三至五年經驗，請附上歷年
超越財務目標的成績紀錄證明。

作為一個專業的業務人員，這則廣告中所提出的這個職位有什麼好
處？

2. 你正開始從事一個銷售攝影用品和周邊零件給零售商的工作。請
描述你將如何開發客戶名單。

3. 請規劃一份報表系統以用來記錄客戶的情況（所有的活動與最後的購買）和產品銷售。

4. 在與推薦名單上的客戶接觸之前，應該進行什麼準備工作？

解答

 配對練習

1.1c，2b，3a，4d，5c

2.1d，2c，3b，4a

3.1a，2b，3c，4d

4.1a，2b，3d，4c

問題討論

1. 好處包括幫助客戶、豐厚的獎金津貼、差旅機會、有限的督導監控、逐漸增加的責任，以及高能見度的職業軌跡。

2. 在一座本地的圖書館中，檢查電話簿中每一頁廣告黃頁，找出任何位於你的銷售責任區域裡的每一家照相館，記下他們的名字、地址以及電話號碼。可能的話，特別注意這些經營者的名字、店面特色以及分店資料。不要看漏大型商店裡的攝影部門，以及商業攝影師。試著取得一份涵括了其他協會或組織的名單，以及那些購買的商店。當你在銷售責任區裡走動時，特別注意那些沒有放在電話號碼簿內的新商店。關於競爭對手，你可以問你的客戶。

3. 最簡單的系統是3×5卡片式的文件格式，或是一頁一頁型的葉形

總帳。一個客戶用一張卡片或一頁登錄。特別注意每次拜訪客戶
以及客戶購買訂貨的日期。放一個連續的小計。

關於一張單獨的空白表格，儘可能用多欄式的會計工作表，最上
面那一欄放置所有你銷售的產品名稱以及產品單價。當銷售出去
時，在左側那一欄寫下客戶的名字，在適當的欄目裡填上客戶購
買的東西明細。每一週將所有的欄位數字做個小計，並將排列交
叉註解。這將可以看出根據用戶或產品銷售的銷售量紀錄。

更複雜一點的作法是，從企業支援機構那裡所引用的電子表格系
統，或者你的客戶那邊可能有希望你使用的系統。

4. 如果它是一份透過別人介紹推薦的名單，首先你必須確認這個客
戶的名字是否正確，然後儘可能取得與他相關的資料，愈多愈
好。確定你需要什麼額外的資料來作為客戶的資格審核，並列舉
可能需要詢問的問題。根據你已經瞭解的部分，想想他或她有什
麼問題，以及你的產品或服務可以提供什麼樣的協助。打電話之
前，整理一下你等一下要說的話，記得打這個電話的目的是為了
得到一個合格的潛在客戶的會面機會。在最初的幾個句子裡多花
點心思，以建立一個有利的第一印象，並導入你的幾個資格審核
問題。寫下預期的回覆，在每個問題答覆時，你可以預期接著要
如何回應。每個電話拜訪後，記錄增加在這個工作明細上，修正
你的答覆，直到找到正確的用詞可以讓效果最好。因為你繼續打
電話，你的經驗和對情況的感受，成功的「打擊率」會逐漸改
進，同時也會增加你的自信和熱情。

Marketing

第十九章

通路計畫Ⅰ：
通路策略

本章概述

一般來說，通路是行銷組合的組成原素中，差異最大且最難被理解的一塊；它同時也是最不容易被影響改變、最可能成為成功進入全球市場策略的阻礙因素，因為在全球市場裡通路會拉長，物流問題也會加倍。有效的通路和物流策略從瞭解通路架構、流程、功能、價值以及成本開始，因為這些因素都與消費者的需求以及公司的目標與資源有關聯。

通路計畫透過行銷通路移動貨物

行銷組合中第四個組成要素，或稱通路，需要規劃通路，然後將一個正確的產品或服務送到正確的地方，以正確的形式，合理的價格，在正確的時間送到正確的客戶手上。它同時也經常是行銷組合中，對其他組成元素具有最直接，最具決定性影響力的要素。舉例來說，莫頓公司的通路選擇（如代理商或者經紀商）以協助介紹MM系統進入新市場時，將會有助於決定MM系統的價格（如本書第十六章中所討論的，必須考慮到配送的費用），還有促銷計畫（如支援經銷商在促銷上的努力並與經銷商的業務員一起合作），以及產品本身（必須對經銷商具吸引力並有獲利能力，以及符合目前的生產線）。

通路計畫包括從物品原料到成品，從製造者到消費者整個過程的系統分析以及決策。這些決定包含了通路的選擇與控制，以及實體配送過程的四個元素：運輸、倉儲、存貨管理以及訂單處理。通路規劃過程中主要目標包括整合實體配送的各個元素、選擇的通路，以及行銷組合中的產品／價格／促銷等要素。

在本章中，我們將焦點放在通路計畫過程的第一個階段：規劃設
計、發現，以及管理配送通路系統，使其能符合不同的選擇標準，譬如
客戶的需求、產品特性和公司的資源和目標。我們從通路類型的概述開
始談起，有關他們執行的功能、流程、決定、產生的費用，以及他們所
帶來的利益好處。然後會檢視有關規劃與管理有效的通路系統這方面的
一些考慮及標準。在第二十章中，將會檢視物流方面的種種情況以控制
產品在製造商與消費者之間進出的流程。

通路功能提升銷售成本效益

物流通路被定義為個人與組織兩種，也稱之為中間商，他們協助生
產者拿到原料，製造之後將成品送到消費者的手上。他們遍及全球，而
且是所有行銷組合要素中最變化無常的，最難被行銷管理所理解與控制
的一塊，也是最可能成為公司進入全球市場時的一個阻礙。通路在長度
上可以有比例上的變化（使用的中間商數量），這取決於製造商的需求
功能以及這些功能取代其他功能的可行性。

製造商有一個極端的假設，他們設想所有的配送功能包括：與客戶
聯繫，使產品與客戶的需求符合，促銷產品，實體上配送產品，以及金
融銷售。另一個極端的想法是，幾乎所有功能都可以委派給各形各色的
經銷商，包括批發商、零售商、代理商和經紀商。

例如，在莫頓公司的國內市場，倉儲方面的經銷商提供了許多結合
的功能，所以比起莫頓的業務員直接銷售MM系統給消費者，他們可以
更有效率，價格更低廉地售出產品。理由之一是，這些經銷商比任何單
一公司都來得設備齊全，他們所處的位置可以讓他們可以聯繫數以萬計
的MM系統潛在用戶，而且讓MM系統符合他們的需求。除了可以讓莫
頓公司省下大筆費用不用聘僱與管理一大群的銷售團隊之外，這些經銷
商同時也提供了許多極有效的功能：他們用當地的水平來促銷莫頓的產

品，可以預設客戶的財務危機，然後擴張客戶的信用額度讓他們來購買MM系統；針對市場不斷變化的需求，以及產品在他們的銷售責任區中使用的狀況，反應這些有用的市場研究給莫頓公司的企劃者參考；以及因為考慮到儲存MM系統占去大部分的成本，所以會試著將MM系統運到客戶的所在地以降低這方面的費用。從客戶什麼都重要的觀點看來，這些功能都做到了讓正確的產品在正確的時間，從正確的地方，以正確的形式送到他們手上。

消費者及產業市場的通路網

在規劃配送MM系統的國內與全球市場連鎖網絡時，莫頓的企劃者首先必須決定，如果有的話，要用哪一個外部的配送通路。之後，如果已經決定要運用外部的中間商，接下來的決定可能是要用哪一種通路中間商的類型（如要選零售商還是批發商），以及實體配送的要素，來確認莫頓產品可以有效益地送到客戶手上（在第二十章中將會討論全球物流中處理實體配送的過程）。**圖19-1**說明有關消費者與產業產品普遍使用的通路。

消費產品

圖19-1A顯示的是消費者產品的主要配送通路。通路1內容是製造商直接銷售產品給消費者，就如富樂清潔用品公司（Fuller Brush）或雅芳公司用挨門挨戶的方式銷售他們的產品，或L. L. Bean公司用直接目錄行銷他們的產品給客戶一樣。通路2則包含了一個配送的階段，大型的零售商〔如西爾斯（Sears）、宜家家居（IKEA）和沃爾瑪（Wal-Mart）等〕銷售他們從製造商那裡直接買來的照相機、家具和其他產品給消費者。

通路3包含了兩個配送的階段，小型的食品、藥物及其他產品製造

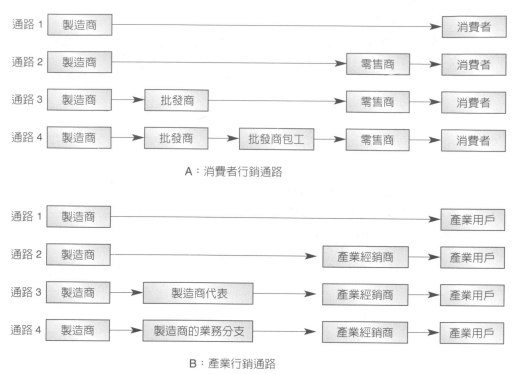

A：消費者行銷通路

B：產業行銷通路

圖19-1 消費者和產業的行銷通路

商，銷售他們的產品給批發商，然後再從批發商賣給零售商，再賣給消費者。通路4包含了三個配送的階段，在肉品包裝產業裡的批發商包工從批發商購買產品之後，再轉售給零售商，最後再賣給消費者。

產業產品

圖19-1 B顯示的是產業產品配送的主要通路。製造商可以用它自己的銷售團隊直接銷售他們的產品給產業用戶（通路1），或者銷售給產業經銷商，再從經銷商賣給產業用戶（通路2），或者它可以經由製造商的業務代表或它自己的銷售分支賣給產業經銷商，再出售至產業用戶（通路3和4）。

通路流程影響通路選擇

　　從一個行銷企劃者的觀點看國內和全球市場的通路選擇，最好從瞭解通路的流程開始，可以看出這些不同流程所會產生的費用和優點。就如**圖19-2**，這些流程連結了那些中間商在一個通路裡，還有貨物、所有權、貨款支付、訊息和促銷材料等。

　　以下是莫頓的企劃者認為這些流程將如何影響MM系統的配送，以及在不同的市場中通路策略的選擇。

　　1.物理流程：供應者運送零件到莫頓公司，然後再組裝到莫頓的系

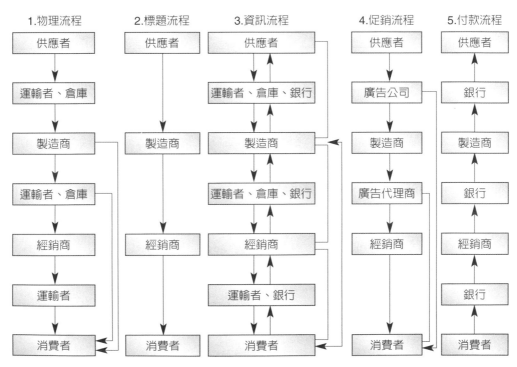

圖19-2　行銷流程強調通路的複雜性

統裡，透過不同的中間商配送到更後端的產品線。

2. 標題流程：莫頓購買零件然後組裝並銷售MM系統；因此，所有權會從供應者轉到莫頓，再從莫頓轉到經銷商，最後到消費者。有時莫頓會預設一些再賣的風險，譬如透過委託的模式提供商品，以致經銷商延誤支付款項，以及所有權的移轉，直到產品售出為止。

3. 資訊流程：如果產品完成了，所有連鎖鏈上的連接必須根據其他通路成員所提供的訊息而調整。

4. 促銷流程：莫頓收到從供應者送來的促銷材料後，它必須促銷它的產品及服務給經銷商，然後他們才會傳達並促銷MM系統給潛在用客。

5. 付款流程：這是一個逆向流程，消費者付錢給中間商後，再從中間商付給莫頓再付給莫頓的供應商用以支付貨物的運送，有關貨款支付的方法在本書第十六章中已經討論（開戶、代銷、信用狀以及其他等等）。

請注意，愈多的通路牽涉愈多的中間商，整個流程也會變得更形複雜、昂貴與具風險性。例如，產品在一個漫長的物理流程裡，可能會遺失、被偷，或者損壞；在一個漫長的付款流程裡，現金的流動可能會延滯，在一個漫長的訊息與促銷流程裡，溝通可能會遭到歪曲與延遲。評估通路的價值，然後形成一個可以平衡這些流程成本的重要性，以對比經銷商可以為賣方履行的功能價值。

零售商和批發商

在已開發國家所有販售的貨物中，有超過90%都是透過批發和／或零售通路，因此廠商有必要規劃一個通路策略來瞭解它們每一個的特性、費用和優點，以及他們如何互相連結以達到不同的營銷目標。

在下一個段落裡，將描述美國與那些已開發國家裡的零售商和批發商類型。 我們同時也會檢視確定的作法與零售商、批發商和其他中間商有效合作的方法。

所有權定義零售商

零售商經由所有權而被分類為獨立型或連鎖型。一個零售連鎖店，由很多單位複合擁有一個所有權為其特點，他們從事於集中式的購買和決策，由於專業化、標準化和精心製作的控制系統，所以他們能夠服務一個大型而分散的市場。雖然只占了已開發國家裡所有商店裡相對小的比例，但零售連鎖店負責了半數以上的總零售店的銷售額。

服務和設備定義零售商

為了做到客人的生意，零售商在控制成本時必須提供位置、價格、服務、便利性和各式各樣的產品選擇。每個被強調的特性都會決定零售操作的本質。

以下是店鋪零售與無店鋪零售最主要的種類，以及混合這些特性以執行它的行銷策略。

店鋪零售

店鋪零售主要種類包括便利商店、專門店、百貨公司、全面折扣商店、目錄陳列室、超級市場、超級商場及綜合型商店等。

便利商店

便利商店以長時間的服務與鄰近住宅區的位置兩個特色以提供客戶購買的便利性。他們以食品爲導向，而且滿足需要緊急購買的客戶。價格可能高一點，選擇性也比較有限，而且基本上都得自己來；7-11即爲這類零售商的範例。

專門店

專門店專注在產品的深度而不是寬度。舉例來說，百視達錄影帶出租店只有一條狹窄的產品線（錄影帶）和電影分級種類和標題的深度。典型的產品線包括服裝、美食、用具設備、玩具、電子商品和運動服裝。售貨員一般來說都很博學多聞，但價格相對地高一些。服務時間和店面位置一定必須夠便利才能吸引到一些衝動購買型的消費者，可是產品的深度才是真正具有吸引力的原因。

百貨公司

百貨公司分成不同的部門符合不同的購買、促銷、服務與控制目的。他們以產品種類的多樣化爲特色，包括流行服飾、家具、家用裝備與器具等。由於他們必須清出大量的存貨來服務許許多多的顧客，所以百貨公司大都很集中並提供便利的時間給消費者。產品價格根據每家店的公司形象而有所變化不同。

全面折扣商店

全面折扣商店如凱瑪（K-Mart）與沃爾瑪，是那種提供低價商品的百貨公司，相對寬的商品種類，品牌產品、店面所在位置租金低廉、走道寬敞、自助式購物、展示很多款式的商品，以及較不提供賒帳。

目錄陳列室

與折扣商店比起來，目錄陳列室在高價產品和名牌產品上提供較深的折扣，以及較少的服務。客戶經常必須排隊等待檢查，或者拿取那些從目錄中選出來的商品。信用和退貨政策是有限制的，店面位置經常不是那麼便利，而且設備是簡陋的。

超級市場

超級市場相對來說是大的，賣場很少有多餘的空間，價格低廉，交易量大，自助式操作，店面位置很便利而且服務時間長，還有多種雜貨、肉、魚、烹調食品、家用品以及農產品。

超級商場

超級商場結合了超級市場的食品和產品種類，除了那些部門外，在某些時候還會加上特殊的商店。產品包括了園藝用品、電視、服飾、酒類飲品、精品項目、書籍、銀行和乾洗服務、糕餅麵包、家庭用品和超級市場全部的產品內容。它的面積通常是兩倍於超級市場的一萬五千到二萬平方英尺面積，而每年平均的營收則是超級市場年收入600萬美元的兩倍。

綜合型商店

綜合型商店在單一場所裡結合了食品／雜貨店和一般的商品，其中一般商品的銷售占總銷售額的30-40%。綜合型商店與超級商場的差別在於前者的訴求是消費者可以一次購足，因為這類商店的店面面積通常是介於五萬到二十萬平方英尺之間。店面的規模與可以容納的消費者人數都使得這些零售商可以運作得更有效率，不斷增加衝動型的購物以及平均交易量的規模（銷售的商品大多以一大批數量型式售出）。價格方面經常打折，但那些低利潤的食品項目和利潤較高的一般性商品價格通

常是合理的。

大超市是綜合型商店的變形體，它結合了超級市場和折扣百貨商店的特色，店面面積約六萬平方英尺。在歐洲大約有二千五百個大超市；美國則大約有一千五百個。其他低價商店最近的零售成長情形也看得出來，包括如限量產品和倉庫型食品商店、特價優惠的連鎖店、折扣藥店、工廠直營店和跳蚤市場。這些商店的特色是提供很少的顧客服務、價格低廉，以及樸素的店面設備。

無店鋪零售

無店鋪零售包括服務業、自助販賣機及直效行銷等類型。

服務業

服務業，譬如電影院、銀行、計程車公司、醫院和健身俱樂部等，他們所提供的商品就是服務。

自動販賣機

自動販賣機是一種使用硬幣或者卡片操作來配送貨物和服務的機器，例如，蘇打汽水、食品、香菸、電動遊戲以及航空公司的人壽保險。它的優點是可以全天二十四小時銷售商品，而且不需要人員來服務。缺點是可能會被偷竊、損壞，以及高維修費用。

直效行銷

直效行銷的內容包括：郵購目錄、直接回應式廣告、直接信函、電話行銷以及電視購物，也就是在第十七章裡所討論的。

批發商的類型

批發商主要有以下三種類型：商品批發商、經紀商／代理商和製造商批發商。

商品批發商

商品批發商是獨資成立的企業體，他們購買商品的所有權後，再轉售出去。他們是批發商中最大的一群，在已開發市場整個銷售上有超過50%的交易比例。這一群批發商被更進一步分成全面服務型商品批發商與限定服務型商品批發商兩種。

全面服務型商品批發商

全面服務型的商品批發商購買商品；維持庫存量；提供商業信用；保管和遞送商品；提供研究調查、管理和促銷協助；以及指派銷售人員服務客戶。

這種類型的批發商普遍存在於醫藥、食品雜貨店和五金行。舉例來說，一般商品批發商（替代補充品）提供了多樣化的產品（如五金、服飾與藥品）給零售商，但他們不會提供任何產品的深度。專業商品批發商（有限產品種類）則提供了一個有限產品類別（如健康和冷凍食品）以及範圍廣泛的功能。超級市場批發商設立展示架並出售他們的商品，通常做了很大的廣告，名牌商品（如養生及化妝品、文具、玩具等）以郵寄方式銷售出去。經銷權批發商服務那些獨立的零售商組織成員，例如，五金和汽車零件供應商，他們使用標準化的店面設計、生意模式、名稱和採購系統。產業經銷商通常賣商品給生產者而不是給零售商。他們可能提供種類廣泛的商品（譬如滾珠軸承、電動工具和馬達），一般

的產品種類或者一個特別的產品種類。他們為他們的客戶提供一整套的批發商服務，包括庫存、信貸和遞送貨品等。

🔳 限定服務型商品批發商

限定服務型的批發商和全面提供服務型的批發商不同。例如，一個直接批貨的批發商拿到一張訂單，就找一家公司來製造這個商品，以產品的所有權去市場推銷，但他們並不負擔庫存；現款取貨批發商不提供信貸、交貨、推銷或者促銷協助；他們沒有銷售團隊；也不協助行銷研究或企劃。然而，對於那些「替代補充品」項目（如汽車零件）或者易腐敗的貨物（如水果）等，他們是很重要的，因為他們提供的價格很低，而且隨時可以提供產品以供使用。卡車批發商沿著一條固定的路線運送並同時銷售那些不完全易腐敗的商品（如麵包或牛奶等）。郵購批發商沒有培養一群銷售團隊，它倚賴目錄來吸引消費者對他們商品的注意力，零售商可能會向他們訂購而且用郵件方式收到他們訂購的商品。

🎈 經紀商和代理商

經紀商和代理商都是為了佣金而工作，他們提供受過訓練的銷售團隊，並協助製造商來擴大他們產品的銷售。這種形式的批發不會涉及貨物的所有權或限制到他們所提供的服務數量。經紀商依買賣雙方需要而被僱用，儘管是由賣方支付費用，但經紀商對買賣雙方皆有實質的助益，因為他們對市場的情況相當清楚而且又有談判的能力。代理商則是長期固定，獨立的業務人員，他代表買賣雙方的其中一方。他們可能代表製造商多一點，因為他們移除了在銷售團隊上的投資。代理商有幾種不同的類型。

🔳 製造商的代理商

製造商代理商代表兩家或三家以上的公司銷售補充的、非競爭的商

品項目。透過出售很多不同的產品，這些代理商讓商品在四處分散的市場裡銷售變得更經濟可行。小型的製造商可能只有一種產品讓代理商處理，這樣的作法比起跟其他的項目放一起可以得到更廣泛的曝光率。製造商的代理商是靠佣金在工作，不提供賒帳，而且也不做產品定價或促銷。

銷售代理商

銷售代理商，雖然也是獨立的公司，但它負責處理製造商的整個產品種類。這同時也可以替製造商省下培養一群銷售團隊的花費。除了貨物的所有權之外，銷售代理商會進行定價談判、遞送貨物和賒帳，並且可以執行其他批發商功能。銷售代理商在小型製造商中相當普遍常見。

採購代理商

採購代理商為買方工作，選擇並且經常貨品儲存於倉庫中，以及寄送合適的商品到零售店面。

代銷商

代銷商在農業方面很普通常見。他們以郵寄方式寄送貨物，出售，然後從販售的收入中拿出一部分作為佣金。

製造商批發商

製造商批發商是由製造商擁有並經營，由它的銷售量來證明這樣的投資是正確的。這些公司包括了儲存和銷售貨物的營業分部，以及處理商品配送的營業辦公室。

零售商和批發商的行銷決策

我們明白零售商和批發商在這些領域所做的行銷決策，是為了目標市場的選擇，而產品、通路、價格、促銷等策略能協助修改行銷組合計畫，將吸引並維持多產的配送關係。

 目標市場的選擇

對批發商和零售商雙方來說，所有關於產品、通路、價格和促銷的決定，都是遵循著這個最初的決定。他們雙方都試圖將潛在市場窄化成為最能獲利的區塊。

透過可獲利的潛在客戶群的年齡、收入和地理位置的人口統計數據，零售商可以修正他們的產品報價、價格、存貨地點和商店氣氛來吸引這些族群的消費者。

批發商利用零售商的特性來鑑定可獲利的目標市場。他們會服務大的還是小的零售商？雜貨店還是專門店？需要快速送貨嗎？支援服務？財務呢？這些問題的答案可以確定批發運作的特性。

 產品分類和服務

以下是零售商在決定產品分類時所提出的一些問題。應該庫存更多種類的產品，還是只要幾種產品類別，而且在每一種類別裡是否增加它的產品深度？應該強調產品的高品質還是它的價格低廉？此外，如服務與氣氛這類無形的東西，在產品展示時會被考慮進去。客戶在購買高級商品時，會期望一個有質感的服務和一個優雅的商店氣氛。

批發商通常會被期望提供更多樣化的產品以滿足零售商立即的需

要。由於批發商通常為他們貯存的貨物付出費用，然而，運送一大批的庫存貨品是很昂貴的，而且目前的趨勢是，削減產品種類到那些最能獲取利潤的產品而不會失去零售客戶。零售商對如賒帳和交貨這類服務的渴望，必須試圖在服務客戶與維持獲利兩者之間取得平衡。

銷售場所

　　零售商在選擇銷售場所時有許多的選擇。一個偏遠的位置可能對於一家折扣商店或目錄陳列室很適合，因為價格上的優勢會讓顧客特地到那裡去做採購。專門店和服務業可以選擇位於一個尚未規劃的商業區中央地帶，用步行的方式可以走到。在鄰近或地區型購物中心（大型購物中心），一個規劃好的店面混合對零售商較有利。

　　批發商在位置的選擇上跟末端的零售商很類似。對他們來說，位於一個低租金、低稅率的功能性建築物是最理想的。最主要的考量包括了地理位置靠近製造商、零售商，或連結主要高速道路。投資在改進設備的費用通常是為了增加效率，譬如使倉庫電腦化或自動化。

價格

　　對零售商來說，價格的決定取決於產品的決策。一個高品質的產品會需要一個高一點的價格；有關庫存貨品快速流通的策略是為了降低價格。因為過於大方的顧客服務與「商場氣氛」會使經常性開支偏高，也會造成價格上的提高。同樣的，獲利力的關鍵是聰明的購買，要理解貨物的收費是否合理。

　　零售商經常運用有創意的定價政策，用超低價的商品吸引客戶而使他們順帶購買許多更有利潤的產品。或者將商品在一開始時設定較高的價格，因為有一部分的庫存將以那個價格出售，稍後再以另一個減價的價格出售這個商品。

批發商跟零售商一樣，用所謂的「低價買進，高價賣出」獲利原則操作。然而， 如果批發商能以低價找到合適的商品，破壞價格的方式通常會轉交給零售商，以鼓勵客戶大量購買或者吸引一些新顧客。

促銷

零售商在為了吸引客戶而使用的促銷作法與程度上有極大的變化。一家葬儀社絕不會做廣告，因為它的價格是「荒唐的」，一家地處偏遠的折扣商店絕不會倚賴口頭傳播廣告。跟所有其他的行銷決策一樣，目標市場決定了促銷的策略。

因為很少計算公司形象，並且因為他們大多提供一種直接單純的服務，所以批發商很少做廣告。有一些批發商會僱用銷售團隊，但是，他們發現還是自己用其他的方式促銷給零售商會好一點。

垂直行銷系統架構協助通路的互助合作

製造商、批發商、零售商和其他通路的中間商使用很多互動的方法來完成產品配送的工作。 但是彼此之間有不同的考量，他們大多會以跟自己有關的直接利益為最主要的考量。雖然當整個系統正常運作時，每個成員可以獲得各自的利益，但競爭的壓力經常會讓其中個別的成員阻止妨礙了其他群組的獲益。舉例來說，經銷商也許會向供應商施壓，使他們提供給其他通路成員的價格上刪掉一些利潤，有時候供應商也會對經銷商做出同樣的事。

垂直行銷系統（Vertical Marketing Systems, VMSs）是這些通路成員的一個協議作法，用以幫助減緩這些壓力並且確保彼此之間的合作。在這些協議安排裡，生產者、批發商和零售商合為一體運作，將彼此的衝突降到最低。垂直行銷系統有以下幾種不同的類型：

公司式垂直行銷系統

一個公司的垂直行銷系統結合了在單一所有權之下有關生產和配送連續的階段。例如，西爾斯公司這家零售商，有很多製造商提供產品給它，其中的一家製造商，威廉斯（Sherwin-Williams），本身就擁有超過二千個零售店面。

契約式垂直行銷系統

契約式垂直行銷系統是那些獨立的通路成員為了共同的利潤而加入組成。在生產者——批發商——零售商的模式裡，有三種可能的組合：

1. 生產者——批發商：這部分所採取的形式是經銷權的運作，製造商授權批發商來銷售他們的產品。舉例來說，可口可樂授權給全球各地的瓶裝公司處理它們放入蘇打水中的糖漿，然後再出售給獨立的零售商。

2. 生產者——零售商：這部分也是採取經銷權運作的模式，生產者給予零售商權力去銷售它的產品，但他們必須符合生產者提出的要求條件。擁有代理權的汽車製造業就是這類垂直行銷系統的例子。服務業也經常使用這種方法。例如，餐廳和汽車旅館連鎖店經常是被個別授權然後可以零售經營。

3. 零售商——批發商：這些系統被分成兩種，一個被零售商控制，一個被批發商控制。在批發商發起的自願加盟裡，獨立的零售商會組成一個聯盟來向批發商訂購大量商品，因為只有大型的連鎖店才得以享有這類的價格優勢。生產者和批發商的利潤來自於大批的訂貨，而零售商的利潤則來自於低廉的價格。零售商控制的系統被稱為合作社，零售商聯合起來建立他們自己的批發運作。合作社的成員從共同擁有的批發商那裡購買商品並且分享它產生的利潤。

管理式垂直行銷系統

管理式的垂直行銷系統是根據通路成員中其中一個成員的規模和權力。舉例來說，IBM從它強勢的市場轉售者那裡得到更大的合作與支持。

垂直行銷系統的選擇：平行式及多重通路系統

平行式通路銷售系統鼓勵同一水平級的通路成員彼此聯合。經由短期或長期的合作，他們可以集結資本、生產能力或行銷資源，做出比任何一家公司獨力奮鬥的成效還要更多。以下有兩個參考的例子：

1. 美國H&R Block稅務公司與Hyatt法律服務公司一起成立了一家合資企業，Hyatt公司透過租用H&R Block公司的稅務辦公室來設立它的法律會客室，因為得以滲透整個市場。而H&R Block公司則藉由設備的出租而獲利，不然將會造成一個非常高的季節性結構問題。
2. 許多儲蓄銀行放置他們的辦公室設備及自動櫃員機在超級市場內，以便用最低的成本迅速進入市場。超級市場也因為提供顧客便利的店內銀行服務而獲利。

多重通路行銷系統取得合作並且經由建立兩條或兩條以上的行銷管道接觸到一個或更多的市場區隔，進而增加了銷售業績。舉例來說，麥當勞透過一個獨立的聯營連鎖店而進行銷售，但它仍擁有它們三分之一的商店數量。

健全的經銷商合約有益於良好的溝通

執行有成效、雙向的溝通方法包括經銷人諮詢委員會以及合夥公司裡的個人訪問。然而,這些動作還是不比負責人和中間商之間所根據的基本協議來得好。 通常這些協議應該包括一個具體的時間(通常是一、兩年),給新經銷商大約三至六個月之間的試用期。其他提供的範圍還包括涵括的產品、地理限制、其他被允許的配送方法、付款模式(包括銷售的條件)、使用的貨幣、中間商的責任與功能、銀行徵信和貨運條款與程序、每位合夥人應得的訊息,以及溝通這個訊息的方法。

在這些具體的考慮內容之外,為了準備一個有效的、可以保護經銷商的協議合約,以下是一些一般的參考指南:

1. 在定義工作表現方面要具體一點。例如,使用類似「代理商同意每一季至少銷售十台**MM**系統」的句子。

2. 在定義履行不力的成果方面要具體一點。例如,「代理商將轉讓當事人全部的合法財產,包括商標、專利、公司名稱、客戶以及接觸名單」。

3. 關於什麼樣的法令會影響到合約的爭論部分要具體一點。如果可行,指定美國一般法令,而不是使用嚴厲的民法來作為大多數其他國家司法審判權的特性。

4. 關於在什麼樣的場所判決爭論要具體一點。從當事人的觀點來看,幾乎都覺得仲裁或調解會比民事法庭好。

5. 最後,關於合約條文要用什麼語言來解釋要具體一點。即使是用代理商或者經銷商的語言寫下來的條文,還是要考慮到用當事人的語言來解釋這些條文。

國際觀點

這一節將檢視在全球市場裡通路系統的特性和範圍，如莫頓公司這樣的出口商，在經由這些系統而達到市場占有率，以及提出這些問題的因應策略時，會面對什麼樣的問題。

全球通路制度

在全球市場的通路系統通常與國內市場的通路系統很類似：批發商的類型（代理商、經紀商、直接發貨商，以及其他等）和零售商（百貨公司、折扣商店以及其他等）都很相似，以及那些通路成員的流程（物理、標題、訊息，以及其他等），他們之間的衝突，以及為管理通路成員將產品配送到消費者和組織化市場的策略。

但是，讓如莫頓這樣的出口公司，挑戰在全球市場逐步發展通路策略這樣的工作，不是這些一般的相似點，而是通路中範圍和架構的具體差別。在全球市場如莫頓這樣的出口商經常別無選擇，只能假設大部分，或者全部的通路功能；舉例來說，在未開發的國家裡，類似國內市場的那些通路通常是不存在的。或者，即使在多數已開發的國家已經存在這類的通路，通路管理也可能因為種種的原因而不願意銷售出口商的產品。

結構上的差異性是全球市場中通路系統的特徵，引起出口商其他的挑戰。例如，日本的企業集團（Kieretsu）系統連接了進口商、生產者、經銷商和零售商，不是透過銀行就是透過貿易公司，結合垂直、水平，和多重通路系統的特性來進入通路系統。這些系統可以旗下擁有一百五十家公司的三菱企業集團來作為說明，對那些成功的滲透日本市場的外國「外來者」形成屏障。類似的屏障也出現在獨占壟斷通路系統，如那些早期共產國家集團許多強制性經濟為特色的地區，以及一些已開

發國家，譬如瑞典和芬蘭的酒精銷售等。

即使一家出口商可以在一個已開發的外國市場為一個產品線拿到通路，它拿到的可能是所謂的授權功能，尤其是銷售、推銷，還有對應功能，可能無法如在國內的配送通路一樣有效運作。

有效的全球通路策略指南

在處理國外市場設立可獲利的行銷通路時所面對的問題時，莫頓公司的管理階層運用了一個很謹慎、階段性的策略，首先保留有效的服務型中間商的策略，然後與這些代理商合作，一起設計規劃、選擇以及管理全球通路。

保留有效的服務型中間商

對公司而言，其中一個方法，特別是針對那種沒有經驗或沒有專業能力滲透全球市場的小型公司，當他們輸出產品到外國市場時要提出昂貴的問題，那就是保留一家進出口管理公司（Export Management Company, EMC）或是一家進出口貿易公司（Export Trading Company, ETC）的服務。進出口管理公司通常是國內的小型公司，幫幾家進出口公司兼做代理商或經銷商。他們為他們的客戶所提供的行銷服務，主要取決於到底他們執行的是代理商還是經銷商的功能。作為一個代理商，進出口管理公司賺取佣金，不處理或拿取貨物的所有權，而且根據正式或非正式合約進行服務的項目，具體指定說明獨家經營協議、價格安排、推銷的款項支付和銷售的指定配額。作為經銷商，進出口管理公司購買並從客戶那裡拿走產品的所有權，提供一整套的行銷服務，並預估貿易風險。

進出口貿易公司的概念乃源起於17世紀歐洲的貿易辦公室，後來在20世紀時於日本整個茂盛發展（在1996年，有九家貿易公司擔任中間商的角色，吃下了整個日本大約二分之一的出口市場，以及三分之二的進

口市場），在美國，自從1982年通過了出口貿易公司法案後，這個行業
在美國得到很強的成長動力。在這個法案之下，有多種架構允許進出口
貿易公司去協助他們與日本的企業集團模式競爭。譬如，放寬反壟斷法
令以允許彼此競爭的公司得以成立合資企業，銀行也被允許得以參與進
出口貿易公司，提供他們更容易取得資金以及獲取產品的所有權。時至
今天，現代的進出口貿易公司為進出口客戶執行了許多不同的功能，包
括：(1)選擇有能力的經銷商；(2)安排處理金融投資、保險和貿易交易
的出口文件；(3)發展市場行銷計畫；(4)研究及發展新產品；(5)建立個
人與外國購買者的聯繫；(6)處理相對貿易的要求；(7)評估外國購買者
的信用風險；(8)在國外的參展裡組織促銷活動；(9)安排外國的包裝與
商標；(10)籌備訓練計畫、廣告和促銷活動供外國市場使用。

　　由於莫頓公司的管理階層相信，比起完全讓進出口貿易公司銷售他
們的產品，公司在與進出口管理公司合作時，有關輸出流程方面將得到
更多監控，這個決定是根據一個選擇的標準，那就是進出口貿易公司在
代表類似莫頓的產品別上歷年的記錄。

▶ 規劃和選擇具有利的全球通路

　　通路規劃的決定與中間商的類型有關，包括通路系統和這些中間商
如何連結，用最有效率且有效的方式來聯繫生產者和客戶。

　　一般來說，出口商和他們的中間商在設計通路系統以服務全球市場
時，會面臨兩個決定。第一個決定是有關於出口商將會使用以下三種通
路系統中的哪一個：

1. 間接出口：包括處理另一家美國的公司，例如，一家進出口管理
   公司或者一家進出口貿易公司等等，作為一個銷售的中間商，讓
   出口商在設立它自己的通路時可以節省成本。
2. 直接出口：如果不是直接銷售給外國的客戶，就是經由當地的業
   務代表直接銷售給消費者。
3. 綜合式通路：涉及有關國外的中間商在一個或一個以上的全球市

場出售產品這方面的投資。

全球焦點19-1將說明美國公司如何在外國市場裡使用這些策略取得通路。

第二個決定是面臨一位決定要綜合式通路的策略的出口商。具體地說，應該選擇中間商經銷商還是代理商？如稍早之前所述，經銷商通常獨自整理組織產品的種類，購買並拿走產品的所有權，提供一個完全的行銷服務，而且比代理商更獨立，因為代理商以賺取佣金為主，而且通常不會實際處理貨物。

圖19-3提供一個與經銷商在國際上做買賣的零售商分類。這些零售商根據他們地理位置上的交易現況被指派成群，並以他們喜歡的進入模式（建議那些由公司控管的商店使用「高成本／高監控」；建議給那些具有經銷權的商店使用「低成本／低監控」）。

通路選擇標準

有關以下交互作用要素的考量，將協助銷售商在設計全球通路系統或者修改現有的系統過程中，使通路機會得以與公司的目標和資源相結合。

1. 公司目標：特別是在要求市場占有率和獲利率的地區，公司的目標可以對通路系統的特性和設計規劃有強大的影響力。舉例來說，在一個具強大競爭性情況的地區，需要快速發展市場占有率，才能指定一個通路系統包括合資企業和強烈激勵庫存的經銷商。

2. 消費者特性：我們已經瞭解目標市場的特性和範圍以及目標市場成員的需求和行為，是確定經銷商服務這些市場一個合乎邏輯的起始點。從相關的人口統計原素綜覽，然後專注於細節，可以幫助我們確定與描繪出期望的經銷商概況。

   舉例來說，你所預期的外國目標市場與你所知道的國內市場，就年齡、收入和教育水準這個標準來看，他們之間的對比如何？市場成

直接和間接銷售：出口商的兩條路

在出口方面有兩種基本的通路配送方式：直接和間接的銷售。

在直接銷售方面，那些與國外進口商往來的美國公司通常會負責產品寄到海外的工作。不過，直接銷售會涉及到利用國外業務代表或代理商的服務。間接銷售方面，美國公司會倚賴另一家公司擔任銷售中間商的工作，而且通常會認為他們應該負責銷售和裝運產品到海外的工作。有關市場產品該透過直接或間接的方式銷售，這種決定應該根據一些主要考量做判斷，如公司的規模、產品的特性、之前的出口經驗，以及在挑選的國外市場裡的營業狀態等。

以下這些出口成功的故事說明了這些考量的應用情形。

· 第二機會鎧甲股份有限公司（Second Chance Body Armor, Inc.）：該公司位於美國密西根州的中央湖地區，透過當地警界與軍事專家的網路，出售它的特製防彈背心到國外，這群專家協助這家只有四十五個員工的公司拿到該國官方代理商的合約。

· 賭博兄弟（Gamble Brothers）：該公司位於美國肯塔基州的路易斯威爾地區，他們發現那個地區對他們公司的木製櫥櫃有強烈的需求，所以他們在英國找到了一個代理商。從那時開始，銷售的業績在愛爾蘭、西班牙、比荷盧三國和希臘等國開花結果。

· 標記銷售公司（Hallmark Sales Corporation）：該公司位於美國德州的休斯頓地區，是一家工業設備和生活用品的批發出口商，聘用了可以說流利西班牙語的雇員，得以與他們設在墨西哥與阿根廷的辦公室顧客直接接觸。

· 塞仕電腦軟體股份有限公司（SAS Institute, Inc.）：該公司位於美國北卡羅萊納州卡里地區，他們在加拿大、歐洲和亞太地區維持了一個完全自營的子公司網路。這個策略允許公司有效地適應它的產品到特別的市場，因為這些子公司的雇員幾乎都是當地人民，他們對於當地的文化和商業運作相當瞭解。

· 亨德森工業（H. F. Henderson Industries）：該公司位於美國新澤西州的西考德威爾地區，他們選擇直接出售它的自動測重機到國外消費者，而不是透過國外的代理商或經銷商。由於這個理由，這家公司特別強調出差旅行和適應語言和文化差異的意願。該公司的董事長小亨利·亨德森，已經去過中國七次了，在那裡他學習到如何與中國人相處以及他們做生意的方式。他也到過澳洲、南韓、香港、法國、俄羅斯、瑞士、奧地利、匈牙利、義大利、芬蘭和巴西這些國家。

· 歐瑪企業（Ohmart Corporation）：該公司位於美國俄亥俄州的辛辛那提地區，採用反向政策成立了一個國際銷售代表的強大的組織。這家擁有一百三十個員工的工業過程測量和控制系統製造商，已經決定讓那些能夠為客戶的技術雇員處理技術數據的有經驗工程師作為代表。

資料來源：*Business America*, World Trade Week, 1993 Edition, Vol. 114, No. 9, pp.4-5.

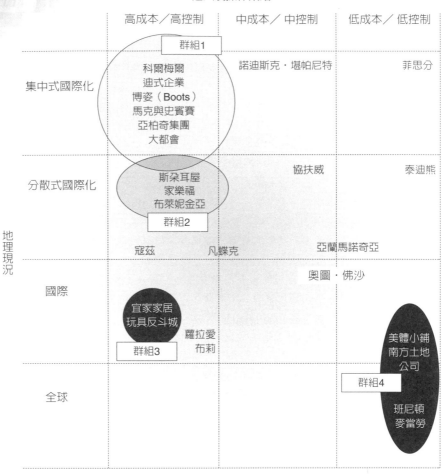

進入及操作策略

圖19-3 國際零售商的類型

資料來源：Alan D. Treadgold (1990). "The Developing Internationalisation of Retailing, " *International Journal of Retail & Distribution Management,* 18: 10.

員需要什麼產品訊息？他們對價格有多敏感？品質和服務的價值有多重要？目標市場成員的購買習慣爲何：他們通常如何購買那些產品或是服務，跟誰買？他們對不同的銷售方法如何作出回應？如果

可以，實際接見這些潛在客戶（包括也是用戶的經銷商）。

一般來說，當目標市場越大，對經銷商的需求會越大，不管這個國家的市場發展到什麼階段。如果市場規模是在數百萬左右，通常會有消費性產品這方面的零售通路和直效行銷通路需求；如果市場以低銷售量的零售商居多，批發商當然要為他們服務。

3. 產品特性：產品特性經常是確認全球通路是否有價值時最重要的單一考量。以下是幾個主要考慮的原因。這個產品有多標準化？（經銷商必須將它顧客化以符合客戶的需求嗎？）它昂貴嗎？（高單價的產品，譬如MM系統，經常會透過更短、更直接的通路出售，因為售價的金額只占總價很小的比例，而且這樣的產品通常需要專業的銷售技能）這個產品的易腐性如何？（易腐的產品通常需要少量、專門銷售，通路成員必須將他們迅速送到市場販售）這種產品量有多大？（數量大批的產品需要將運送的距離減到最小這樣的通路安排）。

4. 競爭趨勢：出口商進入高度競爭的市場時，會面臨將他們的產品或服務差異化以吸引末端客戶與經銷商的問題。一個強勢的品牌、或者有吸引力的、已取得專利權的特點、或者具相當價格優勢等都是種種可能性。然而，儘管這可能還不足以吸引全球各地的經銷商，因為他們通常對那些新上市或者未受測試的產品不感興趣；但他們會想要去銷售這個已經在市場上產生需求的產品。儘管經銷商真的同意來銷售這個產品，也不保證這些經銷商會努力去銷售以增加市場需求。

面對這樣的情況——一個高度競爭的市場和經銷商呈現很低的動機，或者去推動一個產品——出口商有二個選擇：

(1) 提供額外的獎金給經銷商，請他們接下工作並且努力推銷產品（例如，銷售業績的獎賞，保證毛利，或者補助促銷計畫的費用來支持這種產品）。

(2) 跳過外部的中間商而另設自己的行銷通路，將來當這種產品

以它的市場成長率來證明自己的市場銷售力時，可以選擇要
找哪一家經銷商簽約。

5. 通路特性：通路在國際市場的架構和功能可能與國內市場在影響
通路選擇與設計規劃上不同。舉例來說，在全球市場裡，零售商
和批發商通常期望他們的供應商提供更多財務和銷售上的支持，
以及很有可能要求他們全面接受退貨。

另外一個主要的變數是現有的通路所提供的覆蓋率。這些通路可
以有效地覆蓋目標市場的銷售責任範圍嗎？希望使用哪一種通路
覆蓋方法（如密集性、選擇性，還是獨家性）？

6. 合法的政治現實：通路規劃的決定通常在與外部經銷商、批發
商、代理商、經紀商以及其他等等以法律承諾情況告終時，變得
極難改變或終結。在歐洲與拉丁美洲很多國家裡，法律與法規監
督通路關係時，傾向於比美國法律嚴厲得多，有關經銷處／當事
人之間的關係，經常將終止與代理商的合作關係認為是與國家有
關而不是單純的私人事件。惡化這些合約問題的原因，其實是因
為在很多國外和法律管轄範圍裡，「代理商」與「經銷商」沒有
定義清楚的關係，由於他們法律上是在美國。在美國，經銷商是
一個獨立的行業，代表其中還有許許多多彼此競爭的公司；在國
外，許多經銷商不僅為當地市場的商店進貨，而且他們同時也是
一個製造商，擔起了經銷商和獨家專門的業務代表兩種角色的功
能。不出售競爭產品的話，這個經銷商將會期望獨享很多其他合
約的前提，不是如美國經銷商期望的那樣。

此外，在這樣司法管轄範圍內，代理商是被法定授權委任的，意思
就是，他們可以合法要求負責人必須簽訂合約，並將他們處置在法
律與經濟的風險中。在一些拉丁美洲國家，取消合約的這個經濟風
險可能等同於他們五倍的全年毛利收入，再加上代理商的投資，以
及許多額外的費用支付。這些賠償金常常隨著時間的增加而合約繼
續生效，而且還得包括因市場增加的價值所作的補償。

在一些國家裡，通路規劃決定也可以經由立法而規劃出來，他們會要求外國公司只能由經銷商代表，必須100%當地擁有，或在一些情況裡，法令可能會為了保護消費者免於受到濫用歸因到他們，而全面禁止使用經銷商。

7. 涉及財務方面的考量：出口商在設立或修改他們國際市場的行銷通路時，財務方面的考量有三個範圍，包括：

(1) 資金需求：來建立一個期望的通路系統，包括了以下的帳目：開始編製庫存目錄、優惠的貸款、建築物、工作人員，以及訓練經費。

(2) 連續的成本：一旦通路成立之後，為了維持通路的建立，這是一個包含了許多要素的功能，包括這個產品的產品生命週期與經銷商的關係，委託人與中間商之間相關的權力，以及透過每一個要素執行的功能（如銷售、材料處理，以及其他等）。

(3) 風險：這也是一個包含了很多要素的功能，包括了市場貨幣的穩定性、委託人與中間商之間關係的強度，以及他們在契約的關係內，分攤風險的範圍。

在國際市場裡尋找經銷商

在著手進行尋找經銷商來幫助銷售產品或者服務建立或進入全球市場之前，委託人應該先蒐集資料，包括我們稍早之前討論的一些考量，有關威脅和機會在通路趨勢，可以被規劃成符合委託人的目標與資源。這個訊息將有助於定義有效通路系統的構成要素，以及談判到本質。

對那些消息靈通的委託人來說，有太多國內與國外私人及政府消息來源可利用在經銷商上面，最大的問題經常從那裡開始。一個極佳的起始點是貿易協調委員會，用美國輸出計畫的發展和協調所成立一個辦事處之間的小組。這個委員會指導有興趣的詢問者如何取得在那些他們想要進入的市場中，經銷商的類型和名字等最新的訊息，以及安排與他們

特別感興趣的對象接觸。美國商業部門提供兩種服務：代理商／經銷商
服務和世界交易數據報告，由美國一些企業提出那些外國公司的所在，
以及描繪出他們有興趣的輸出計畫。

　　關於在全球市場裡可運用的經銷商這方面的私人訊息來源，包括國
家和地區性企業名錄，在世界各地出版，或是根據國家別和產品線分類
的國內工商目錄，這類的工商目錄可以從美商鄧百氏公司（Dun &
Bradstreet）、鄧雷利公司（Reuben H. Donnelly）、麥格羅希爾公司
（McGraw-Hill）、凱利目錄（Kelly's Directory），以及強生出版公司
（Johnson Publishing）訂購。委託人也可以從如銀行、廣告公司和裝運
航線那樣的服務機構徵求訊息，或者在一些較主要的貿易展覽會中，以
申請人的身分直接蒐集訊息。

 ## 在國際市場裡管理通路

　　在國際市場裡發現並挑選經銷商，並激勵他們組成一隊銷售可獲利
的產品或服務，只是發展複雜的、有生氣活力的夥伴關係的一個開始，
必須有效地營造相互長期的利益好處才是重點。這種夥伴關係在全球市
場的文化、物流、操作、法令限制面前，為了有效地傳達目標、履行行
銷計畫，和解決衝突，彼此之間有效的雙向溝通是相當重要的。

　　執行這些溝通聯繫的方法，包括經銷商諮詢委員會，在合作公司中
進行個人拜訪，以及最重要的，一份有效的、有保護性的經銷商合約
書。這樣的協議內容考量在前面已經提過，包括定義履行與不履行的結
果，判決爭論和協議解釋用的法令和語言等。

本章觀點

　　通路規劃過程需要設計通路和實體配送系統，為有效且具經濟性地

把產品從製造商移動到最後的消費者或者用戶。對出口商來說，一個稍長的通路，更複雜的通路流程，還有為了吸引經銷商而建立通路系統所產生的問題，可以建立出一個成功進入市場的昂貴路障讓他人無法跨越。總成本和總體制系統分析法，整合了全部的配送流程的要素，並協助剷平了競爭的環境。

 觀念認知

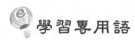 學習專用語

Administered VMS	管理式垂直行銷系統	Horizontal marketing system	水平式行銷系統
Agent	代理商	Indirect exporting	間接輸出
Broker	經紀商	Intermediaries	中間商
Channels	通路	Integrated distribution	綜合通路
Channel management	通路管理	Kieretsu	企業集團
Channel flows	通路流程	Merchant wholesalers	商品批發商
Channel functions	通路功能	Multichannel marketing system	多重行銷系統
Contractual VMS	契約式垂直行銷系統	Nonstore retailer	無店鋪零售商
Corporate VMS	公司式垂直行銷系統	Retailer	零售商
Direct exporting	直接輸出	Retailing functions	零售功能
Distribution planning	通路計畫	Store retailer	商店零售商
Export management company	進出口管理公司	Vertical marketing system	垂直行銷系統
Export Trading Company Act	輸出貿易公司法	Wholesaler	批發商
Export trading company	進出口貿易公司	Wholesaler function	批發商功能

配對練習

1.請將第一欄中行銷通路的階段與第二欄中的活動相配對。

1.零階	a. 一個特百惠宴會
2.一階	b. 宜家家居舉辦家具銷售
3.二階	c. 批發商將牛肉銷售給小批發散工，再轉售給小零售商
4.三階	d. 美特公司將玩具出售給批發商，再從批發商轉售給零售商

2. 請將第一欄中的通路類型與第二欄中的描述相配對。

1.銷售代理商	a. 7-11便利商店
2.製造商的代理商	b. 市場製造商的整個生產
3.無店鋪零售商	c. 代表兩個或更多的公司製造補充性的產品種類
4.有店鋪零售商	d. Bijou電影院

3. 請將第一欄中的考量與第二欄中的決定領域相配對。

1.目標市場選擇	a. 多寬？多深？
2.位置	b. 很快回本還是有品質的形象？
3.產品分類	c. 用戶想要並且需要
4.價格	d. 鄰近客戶和運輸設施
5.促銷	e. 升級、降級，還是中間等級？

4.請將第一欄中的描述與第二欄中的通路流程相配對。

1.付款	a. 產品種類的銷售趨勢
2.訊息	b. 唯一的逆向流程
3.促銷	c. 由供應商、經銷商和生產者完成
4.所有權	d. 委託的貨物延遲

5. 請將第一欄中的通路模式與第二欄中的經銷商相配對。

1.契約式垂直行銷系統	a. 西爾斯公司獲得來自它部分出資或完全出資的公司的50%貨物
2.公司式垂直行銷系統	b. 福特公司授權獨立經銷商來銷售它的小汽車
3.管理式垂直行銷系統	c. 皮爾斯伯里和克拉夫食品合作廣告並將產品出售給零售商
4.平行式行銷系統	d. 湯廚公司的規模和權力命令零售商合作

問題討論

1. 請釐清中間商與服務性代理商兩者間，在把產品從生產者移動到消費者的過程中，每一個基本角色的意義。為什麼中間商和服務性代理商適當的合併在規劃和執行行銷計畫時很重要？

2. 在1996年，特百惠公司海外的銷售，占該公司全年度營收14億美元中的85%，這個成績是由分布在一百多個國家裡一千四百萬家的特百惠店面一起努力做到的成績。就涉及通路階段的主要考量而言，為什麼特百惠公司的管理階層認為比起多重行銷管道，他們寧願選擇一條零階通路？（請注意：你的答案也必須可以應用到如雅芳家用品以及伊芳萊克斯真空吸塵器這類的全球零階通路用戶）

3. 在1970年代，大約有二百個經銷商處理了全球將近一半以上的醫藥產品行銷，其餘則由製造商自己直接行銷。在1990年代早期，只有不到一百二十五家的經銷商處理65%的藥品市場，包括如McKesson這類大型的經銷商。請解釋就通路的流程，越來越集中在批發商和越來越少產品直接配送這種情形會有什麼樣的趨勢產生。

4. 請描述何種通路架構（垂直、水平、多重）將會運用在下列產品／市場情勢內：威廉斯公司是目前世界上最大的油漆生產者，配送油漆到超過一千七百家公司直營和獨立的油漆商店、批發經銷商，以及直接出售一些產品。

5. 就經銷商所執行的功能而言，請討論IBM為什麼出售了它們的直營產品中心，並選擇只透過獨立的通路成員和銷售人員來銷售它們的產品。

解答

 配對練習

1.1a，2b，3d，4c
2.1b，2c，3d，4a
3.1c，2d，3a，4b，5e
4.1b，2a，3c，4d
5.1b，2a，3d，4c

問題討論

1. 服務性代理商如廣告公司、銀行和運輸公司，協助通路功能的運作，但既不負責貨物的所有權，也不談判購買或銷售；有一些中間商，如經紀商和代銷商會為客戶尋找，並代表生產者談判，但是他們也不會負責貨物的所有權。其他的中間商，如批發商和零售商，他們不僅購買產品，也擁有產品的所有權，同時還轉售這些商品。中間商和服務性代理商合併的方法在於規劃行銷通路，這種模式是面對管理時，最具決定性的方法，它牽動了全部其他的行銷決策。例如，定價取決於使用的經銷商類型，費用涉及透過通路移動產品；廣告和銷售決策取決於經銷商需要的訓練和動機；還有可以到達並有效地服務目標市場的重要能力，這都是通路策略不變的功能。

2. 特百惠公司決定採用零階通路，是為了證明，就組織的目標和資

源而言，這樣做是正確的，同時也是因為公司產品和市場的性質才讓他們採用這種方法。舉例來說，公司製造的產品種類廣泛，都使得他們採用一個直接銷售的模式展示示範他們的商品（挨門挨戶，從辦公室到另一個辦公室，住家銷售聚會）。此外，由於特百惠產品的市場極大，幾乎可以包括到全世界各地的每一個家庭。所以特百惠公司可以經濟規模來籌措資本，這部分通常是多重通路的作法。由於這種情形，特百惠公司的管理階層因此有資源可以招募人員、訓練，和管理一個國際的銷售團隊，由它對這支銷售團隊的投資上決定它的銷售交易量，其中包括它必須付給經銷商的折扣和佣金，使零階選擇成為所有通路選擇裡，最好的「機會成本」。另外的好處是，讓特百惠公司控制一個零階的通路。公司可以聘僱、訓練、刺激和獎金津貼補償業務人員，為他們做詳細的說明，並且確定他們只會銷售特百惠的產品。

3. 就如同大眾行銷可能造成生產者的生產經濟規模一樣，它也能為批發商創造通路經濟規模，這傾向於在通路中間商中促進集中和更有效的流程。舉例來說，進行資料流程的McKesson公司，會給予供應者一個詳細的銷售明細、庫存和銷售研究數據所訂作的報告，包括為醫藥產品準備最好的上架安排，以及可以引起醫學和醫藥注意的主要疾病和過敏資料。除了使用這些訊息和大量的資源外，McKesson公司也準備好要促銷它的供應商產品（促銷流程），並確定有足夠的產品類別與藥品數量已經儲存並經由通路運送（實體配送）。用所有這些通路的價值，加上目前可預測的固定銷售量，以及當經銷商拿到產品的所有權而支付商品風險的削減（標題和付款流程）可以理解到醫藥出售的趨勢已經離開直接銷售了。

4. 威廉斯公司直營的商店將是一個公司式垂直行銷系統的案例。當與獨立的油漆商店搭配時，就變成了一個多重通路的例子。另外還有一個水平式的行銷整合，在威廉斯購買了其他油漆公司的產

品時，變成除了它自己的通路之外，還可使用他們的通路。

5. 一個通路網路下擁有廣泛的電子產品項目可以增強IBM的產品線並提供目標市場裡的形形色色的消費者和組織一個更多樣化的服務；譬如Computerland和Prodity網路服務公司，有一個更大的潛在客戶，與他們聯繫並符合他們所需要的更廣那個部分。除此之外，這個更深的產品／市場基礎將爲更有效益的銷售研究回饋奠定基礎，同時對促銷的努力產生一個更有效的回應來支持IBM的生產線。最後，這個獨立的銷售網將會更好，它能夠將IBM產品送至用戶端，因爲這是他們的基本動作，就如製造電子商用機器是IBM的商業本質一樣。另外，IBM目前分攤了很多通路商的財務風險，譬如客戶沒有付費的風險或其他新冒出來的個人電腦公司。

Marketing

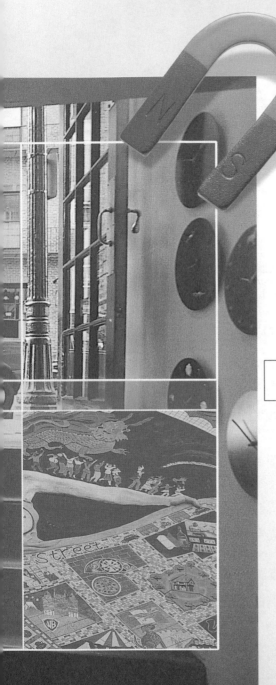

第二十章
通路計畫II：物流系統

本章概述

　　物流係指協調與控制材料管理以及實體配送，包括包裝、交通運輸、存貨、訂單處理，以及庫存管理等等，結合以上要素而將貨品從生產者手中送到消費者。引導此一運作包括總體制和總成本制，該理論認為物流系統是一個單獨存在的綜合性實體，在一個功能範圍裡的決策，譬如交通運輸，會影響到其他功能範圍的決定，而使其總成本在最低的情況下，符合消費者的需求、競爭性的報價以及公司目標。當全球物流功能管理得當時，國內和國際市場之間材料管理以及實體配送方面的巨大差異，會同樣產生極大的成本效益結果。

物流：將產品送到消費者手中

　　在進行通路企劃的同時，必須讓流通管道的設計，與用戶的需求、市場競爭趨勢與公司資源等要素保持一致，行銷企劃者也必須將重心放在有關貨物進出這些管道時，所面臨的物流問題。這些物流問題往往是行銷計畫的阻礙，尤其是當市場競爭激烈，而可運用的管道又特別有限的時候。

　　物流功能包括許多不同的內容，包括：包裝、交通運輸、存貨、庫存控制以及訂單處理等，必須協調與控制以下二個次級功能：第一是材料管理，也就是控管進出的原料、零件和供應品等物件是否能及時送達；第二則是實體配送，也就是注意成品運送到消費者手中的過程。

　　在市場行銷計畫裡，物流的重要性，可以透過許多昂貴的考量來評估：交通運輸和倉儲的成本、涉及物流過程的中間人的數量、這些中間人所進行的交易、運費和包裝／標籤的要求、不當的庫存和材料處理設備、緩慢或者停滯的庫存管理，以及繁複又沒有效率的訂單處理過程。

　　物流重要性的另一個評量標準是，人們對生產者、供應商、消費者及其他通路成員在績效、品質和時機等「團隊合作」的概念日漸增加。顯示這種目的的聯合，包括了及時（Just-In-Time, JIT）庫存調節法，這個方法可以藉由經常性較低數量的訂單來減少庫存所產生的費用；還有快速回應（Quick Response, QR）庫存系統，供應者和經銷商一起聯手合作，提供一個更接近消費者購買模式的商品供應方法，來減少零售的庫存量；以及更好的企劃和產品運送的早期供應商涉入（Early Supplier Involvement, ESI）。執行得當的話，這些策略性的物流工具可以提升競爭優勢該一區域的盈餘，物流的成本通常占訂單總成本費用15-30%之間，**市場焦點20-1**的內容，說明了所有通路鏈成員中，這個團隊合作概念的特性和益處。

總體制及總成本制定義物流的目標

　　以下分別介紹總體制和總成本制的概念。

總體制

　　總體概念將材料管理和實體配送，包括包裝、訂單處理、存貨控制、倉儲以及交通運輸等，視為一個綜合體而非個別的單位。在總體制之下，一個地區的決策將會影響到其他地區的決定。例如，一個倉庫位置的決定，將會影響到交通運輸方法的選擇，以及倉庫提供給零售商的存貨數量。

總成本制

　　物流管理的總成本方法，結合了材料管理和實體配送的作法，運用

作為策略性生意夥伴的經銷商

「我們對待全世界的經銷商的心態，一如他們是我們的客户與策略性生意夥伴」，美國馬里蘭州貝茨維爾（Beltsville）的馬可斯系統（MICROS Systems）公司行銷系統總監，彼得·羅傑斯如此表示。這家擁有四百五十名雇員的公司，是一家專門製作觸控式端點銷售系統（Point-of-Sale System）的公司，這種產品主要是用在飯店、餐廳、遊輪、賭場、主題公園和體育場等場所的現金紀錄模式。

「我們的市場定位，是親和的事業，親和力是沒有國界之分的」羅傑斯說。「我們已經把親和的概念放到我們的事業經營中，這表示我們是以客户為導向的。」

他又說到：「我們取悦客户的哲學，是我們出口與內銷成功的重要因素。這個哲學不僅用在我們的經銷商上，並且還擴及到我們設備的終端用户身上。我們非常重視團隊合作。在我們挑選經銷商或僱用人員之前，都明確地向他們說明了公司的目標，是要為客户服務效勞。我們的經銷商在某種程度的意義上，算是我們策略合作的夥伴，他們是我們經營策略上一個重要的角色，他們將讓客户知道在銷售和行銷、技術協助、軟體程式以及發展上面，有堅實的基礎。」

成立於1977年的馬可斯系統公司，擁有五十家經銷商和六個海外分公司，其中兩個位於英國，而法國、德國、瑞士和西班牙則各設有一個分公司。此外，在德國的法蘭克福有一個辦公室，協助支援在歐洲、中東和非洲地區的業務；而設在新加坡的辦公室，則支援在亞洲和環太平洋地區的業務。截至目前為止，馬可斯系統產品出口的比例約占28%。

為了提供國外客户最好的服務，馬可斯系統公司有一個僱用當地人經營當地市場的政策。羅傑斯解釋說：「因為他們瞭解自己的文化，我們認為他們是最能幫助我們的產品在當地銷售成長的一群人。」

通常馬可斯系統都是將設備銷售給經銷商，這些經銷商將會根據當地情況，而將設備做些許修改，以增加其價值，例如，安裝另一個國外的語系到數據資料庫中。經銷商可能會將這套設備出售到一家飯店，進而得以進入一個有效的場所銷售並接近當地的服務人員，其後就輪到馬可斯系統公司總部提供後續的支援。

資料來源：“Stories of Exporting Success,” *Business America*, Vol. 115, No. 6, June 1994, p.8.

了統計和數學的技術，以便提供整個物流系統裡一個可以讓成本／利潤之間的關係更完善的選擇。這不表示每個單位，譬如倉庫、交通運輸以及訂單處理等的費用一定會降低，但是總體物流費用和消費者的需求、公司目標和具有競爭性的報價會保持一致，並且將儘可能低廉。舉例而言，阿莫爾藥業公司（Armour Pharmaceutical Company）以高昂的空運費用來服務其市場，用以降低存貨運載和倉儲費用，並且由增加平均訂購數量規模，而降低訂單處理的費用成本。與其他的選擇方案相較，這些費用的總額是最低的，其他的選擇方案的運輸成本都必須再降低。

總體制和總成本制的概念，都顯示著物流功能其實就是權衡的觀念。例如，在庫存管理功能裡，在訂單處理的費用越高，表示運送倉庫裡貨品的費用便越低。 在這些功能裡，在包裝上花費的越多，就會降低交通運輸、庫存、訂單處理以及整體物流費用，讓整體系統效能更完善。

企劃一個有成本效益的物流系統

要說明物流作業如何規劃，與協調材料管理和實體配送系統，以達成總體制和總成本制概念中所提及的利益，我們首先將檢視下列功能所需的費用，和這些功能中彼此之間為了減少費用而達成有利的權衡交換。

包裝

在彙總包裝決策與其他實體配送與行銷組合時，莫頓的企劃人員瞭解將必須採取許多必要的權衡。舉例來說，選擇一個可以容納與保護這個產品的材料，也許會妨礙其他包裝的目的，譬如鼓勵消費者多使用該一產品。或者，為了鼓勵消費者多使用該一產品的包裝特色，卻有可能會妨礙到處理和存貨的效率。這種情況就曾發生在一個易倒出的電動機油容器上，與傳統的鐵罐容器比起來，新容器的放置，即占據了相當多

的儲存空間。

除了這些權衡之外，莫頓的銷售團隊也考慮到有關對包裝的最常見的批判，通常多是指某些包裝具有不利於環境的潛在因素，以及加在消費者身上的一些不具功能性的包裝成本。譬如，拋棄式空瓶，不但會造成環境污染，還得花上三倍的精力去回收的瓶子，而這些費用通常都會轉嫁到消費者身上。

交通運輸

運輸成本，包括有形的搬運費用和一些涉及定價產品、交貨、裝運貨物的狀況，以及令客戶不滿意的費用，這些費用通常是所有功能性物流費用中最高的。在選擇和總體制及總成本制概念一致的運輸業者過程中，莫頓的物流企劃人員評估了下列運輸模式的相關優點。

空運

儘管整體交通運輸模式迅速成長，從1980年到1996年間，運輸量幾乎增加了三倍之多，但在全球市場，空運部分占整體運輸量的比例卻極小：空運量只占整體運輸量的1%，產值只占整體總額20%。是所有交通運輸模式中最昂貴的，但又因為經常改變飛行的行程，所以是最不可靠的一個運輸選擇。使用空運可能會免除額外倉庫空間的需求，因為這種方式可以用最快的速度，將貨品送到距離遙遠的地方。舉凡高價值、高密度、易腐壞和緊急的貨物，都會將空運列為優先考慮。空運之所以成為具吸引力的運輸選擇，包括了更好的地面設施、貨櫃運輸以及可以利用大型飛機來運送笨重貨物等。

鐵路

是全世界最受歡迎的運輸模式，鐵路專門運送既大且重的貨物到遠處。對於整車裝載或承載量大的貨物而言，鐵路跟其他運輸方式比起

來，費用較為低廉，並且具備速度快與可靠等優點。鐵路服務是運送木材、煤礦和農產品的一個好選擇。以下三個趨勢已經改善了鐵路運輸的能力：處理特殊種類貨物的新運輸技術與設備、徹除管制規定而更靈活的運作模式，以及公司併購後效率的改善。

水運

運用船隻和大型平底接駁船來運輸貨物，是全世界僅次於鐵路，最受歡迎的運輸模式。其費用相當低廉，但是由於速度緩慢，再加上對氣候條件的限制，所以仍有許多變數。此外，船隻只能在有水的地方運送，所以可以遞送貨物的地區非常有限。在國內市場，水路主要是用來運送低價值、大體積的項目，例如，煤礦、穀類和水泥等。

卡車

可以去任何地方，不如火車一定要使用鐵軌，船必須在水上行走，飛機必須飛行在指定的航線上，當運輸的靈活彈性較受重視時，就可以選擇卡車這個方法。 卡車運輸快速而且可靠，但因為受限於卡車的尺寸，而只能裝載較小量的貨物，所以經濟性比不上鐵路運輸和水運。

管線

阿拉斯加管線或許是這種運輸方式最著名的例子，一天運送超過二十億立方英尺的天然氣到美國大陸。管線的運輸是完全沒有任何中點站或其他的路線可以選擇，而且只運送液態產品（氣體、液體或半流體）。對這些產品來說，管線提供了一個便宜又可靠的運輸模式。

在決定使用哪一種模式把莫頓的產品運送到不同地點的過程中，莫頓的企劃人員在時間、費用和可靠性的考慮上取得平衡。例如，他們決定卡車是運送MM系統到全國各地經銷商最好的運輸模式。儘管透過鐵路的運送費用會更便宜，但他們擔心產品放在需要大量荷載數量的鐵路貨櫃中，會造成更大的損壞程度。而且，倉庫的地點不是直接位於鐵路

的流動線路上，所以把貨品從火車站運送到倉庫的這段過程，可能會產生額外的運輸費用。另外，雖然空運的運輸服務較迅速，但是將造成成本的增加。

庫存

在國內市場裡，可做使用的倉儲設備類型，包括已經服務目標市場的私人倉庫，或公用的倉庫，或企業本身所擁有的倉儲設備。跟總體制概念一樣，莫頓的企劃人員較傾向用物流中心來運送貨物，而非僅僅儲存在倉庫裡。 這些大型、高度自動化和電腦化的物流中心可以接收貨物、接訂單、控制庫存，而且可以迅速且有效率地將客戶訂購的貨物遞送到客戶手上。

物流企劃者所面臨的基本庫存問題，包括使用的庫存位置型式，以及應該如何放置這些貨品。處理這些問題的方法包括市場、產品和競爭性趨勢的分析，以評估維持庫存設施的費用與好處。舉例來說，在一個高度競爭的市場裡，產品的應用，譬如產品生產線的零件、委託可靠可以快速交貨、迅速處理並且交貨的物流中心，可能是競爭的必要特性。其他，較不重要的產品也許會儲存在少數幾個很小的倉庫裡。

訂單處理

在這個部分，莫頓的挑戰是去向客戶拿訂單，也就是從實體配送、處理以及正確快速地達成任務開始。

通常從接到客戶的訂單那一刻開始，訂單處理就包含了以下的動作：(1)確定客戶的信用狀況和產品的可用性狀況；(2)準備出貨單和發票，將副本寄給客戶和各個相關部門；(3)注意和記錄庫存數量；以及(4)如果有需要的話，預訂新的存貨。如果庫存不足應付目前的訂購數量，必須再加訂。

在整合莫頓的訂單處理系統和流通管道中的批發商的系統時，在必要時，莫頓會津貼電子觸控式端點銷售（Electronic Point of Sale, EPOS）的電腦化系統。類似現金紀錄，連接到通路中心裡的電子觸控式端點銷售終端，當存貨數量低於庫存管理程式所認定的等級時，電子觸控式端點銷售系統會記錄每一次的銷售，並自動地寄給經銷商訂單。

在規劃這個整合性的訂單處理系統時，會依次整合材料管理與實體配送的其他要素，規劃者將必須在費用（電子觸控式端點銷售非常昂貴）與及時性，與正確即時地處理訂單這兩者之間求取平衡。

庫存管理

以下三個關鍵庫存管理公式：追加訂貨點公式、經濟訂單數量公式（EOQ公式）和平均庫存公式，界定了應維持的庫存貨品數量、應該補充多少庫存數量，以及應該預訂多少數量做庫存補充。我們將假設莫頓應用這些公式，而爲電腦系統裝配廠訂購MM系統。

這三個公式的源起都源自莫頓一個觀念，莫頓理想上希望用完成每一張客戶的訂單方式，100%回應用戶對MM系統的需求。他們意識到庫存可能會產生不同的搬運成本，包括保險、利息、倉庫設備、產品過期銷毀、廢棄和損壞等等，所以運送龐大的倉儲貨物而完成所有的訂單，可能會產生過高的費用。另一方面，如果運送了數量不足的庫存品，又可能會產生銷售和利潤減少的情況，因爲客戶可能因此轉向那些可以更可靠地完成他們訂單要求的其他銷售者。所以，這個挑戰就是必須平衡成本和潛在的利潤。

1. 追加訂貨點公式：爲了達到成本與利潤之間的平衡，第一個公式就是所謂的追加訂貨點公式，也就是必須確保庫存有足夠數量，得以經常性地完成客戶的訂單要求，讓客戶滿意。這裡我們將說明莫頓的經銷商是如何應用這個公式，來確保客戶的訂單當時至少可以完成90%：

訂單交貨時間×使用率＋安全庫存量＝追加訂貨點

6天×每天2台MM系統＋5台MM系統＝17台MM系統

請注意，經銷商在下了一張訂購MM系統的訂單後，預期可能會花上六天的時間（交貨時間），訂購的貨品才會送達。在這段時間，經銷商每天可能會平均銷售出兩台MM系統。為了因應經銷商如果哪一天突然出售超過二台以上的MM系統（假設六台），就必須準備五台MM系統做為備用的安全庫存量。因此，當存貨的等級開始降到十七台MM系統以下（追加訂貨點）時，應該透過經銷商的電子觸控式端點銷售系統，放進一張訂單，追加訂購足夠數量的MM系統，而且在訂購的產品送達經銷商之前，要隨時注意客戶的需求。

2. 經濟訂單數量公式：經濟訂單數量公式（EOQ公式）主要是指在達到追加訂貨點（十七台MM系統）時，庫存數量也必須再追加訂購。當訂購數量增加時，規模經濟效果將會降低個別商品的訂購成本。舉例來說，一筆訂購單的處理費用可能是20美元，卻有可能是一張用來訂購一或一千台MM系統的訂單；很明顯的，如果是訂購了一千台當作庫存，每單位的訂購成本可以預期將會非常的低。不過，每一個項目的訂購單都有運送費用（如稍早之前的內容說明），因此，如果訂購了一千台MM系統，這些成本將遠遠超過訂單所省下來的費用。

經濟訂單數量公式係指訂購的費用，等於運送費用時（**圖20-1**）的平衡點（訂購量）。碰巧這也是訂購項目時總價最低的情況，公式如下：

$$EOQ = \frac{2SO}{iP}$$

公式中的S代表每年單位出售的數量，O等於開出一張訂單的費用，i等於運送成本，也就是售價的1%，P則是單位價格。

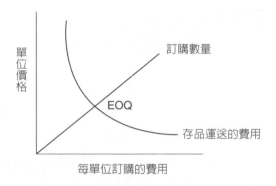

圖20-1 經濟訂單數量就是訂購與運送費用兩條曲線相交點

舉例來說，假設以下是一家經銷商訂購MM系統的數字：S是500，O是20美元，i是20%，P（每台MM系統的價格）是2,000美元。將這些數字套進EOQ 公式，就會出現數字七這個結果；也就是，每當追加訂貨點達十七台MM系統（根據第一個公式做確定）時，經銷商每次都應該再訂購七台MM系統。因為每年的銷售量是五百台，這一年將會開出七十一張訂單。

3. 平均庫存公式：莫頓的經銷商將之前兩個公式裡的數據運用到第三個公式，計算出平均庫存數量的大小（MM系統在任何時間下庫存的平均數量）。這個公式：

$$AI = \frac{OQ}{2 + ss}$$

平均存貨（AI）是每一訂購的庫存數量，OQ（從經濟訂單數量公式得來）除以2再加上安全庫存量（追加訂貨點公式中也有用到這個數字）。因此，假設莫頓的經銷商要維持五台MM系統的安全存量，平均庫存數將是8（7／2＋5）後的整數。平均庫存作為與其他競爭者的庫存管理結果比較的基準時，特別有用。例如，一個過高的平均庫存數字，可能表示經銷商的運輸成本太高了。

在物流功能中的權衡使成本效益更完善

實體物流成本，使整個物流系統更有效率。例如，建造能源及生產設備，雖然昂貴，但比起運送MM系統到遙遠的市場的運輸成本，也許更具成本效益。其他的權衡還可能涉及改變運輸模式、改善訂單傳送程序（例如，直接將訂單輸入電腦），以及將庫存廠房設施安置坐落在低成本地區。

國際觀點

本節將會檢視從國內市場裡區分出來的全球市場之物流環境的差別，包括因應長距離的移動，而使用不同的運輸模式，造成更高的運輸和倉儲成本；有更多的中間商介入物流的過程；這些中間人中，使用不同的貨幣和匯率而進行的交易；跨越邊界而面臨的不同規章與海關的檢查要求規定；濕度、偷竊以及破損等問題；不同的包裝／商標標籤要求；停靠碼頭和材料處理設備；以及各種海事保險、執照和其他進出口國家要求而準備的官樣文件。

首先將檢視有相互關聯的部分，通常是彼此對立的，這些差別在交通運輸、庫存、倉儲以及訂單處理功能上產生影響。然後，將檢視有關權衡的部分，如莫頓這樣的出口商，是如何運用這些功能而達到總體制／總成本制所設定的目標，以及他們用來計畫與執行這些權衡作法時，所運用的支援和組織化的系統。

交通運輸的考量和各項限制條件

國內市場的裝貨者能使用的運輸模式，在全球市場裡也一樣能使

用，但有相當大的差異。在全球市場上，產品透過產銷通路送到消費者，通常傾向空運和水運來運送產品，主要是考慮到運輸時間、成本和可靠性等因素。

運輸時間

運輸時間經常是全球運輸決策過程中最主要的考量，一個更迅速、更頻繁的交貨行為，可以在庫存量、海外的倉儲需求，以及資金的流通性等方面省下很多的費用。當及時庫存政策仍是爭議性的問題，或運送易腐壞和緊急貨品時，快速的交貨也能產生一種競爭優勢。不過，在全球市場裡，快速運輸是很昂貴的，在必須節省成本的考量下，則須經過分析來做最後的確定。

成本

根據以單一產品包裝，並透過航空貨運以及使用遠洋運輸，費用通常極為昂貴。但是，即使是很高的單價，在全球市場也會受到許多變數的管制或影響，例如，有利的匯率、供需模式以及單一運輸公司的壟斷優勢。用一個較寬廣的邏輯來看，較高的運輸成本從許多方面而言的確是必要且正當的，譬如當盈餘超過這些費用，或當客戶願為支付這些快速運輸的服務付費，或者產品本身（如鑽石）能夠吸收這種高昂的運輸成本。

可靠性

如同運輸時間一樣，運送的可靠性在競爭的優勢上可以產生盈餘。舉例來說，如果莫頓在日本的經銷商可以得知他們訂購的商品會在哪一天送達，他們就可以讓倉庫維持一個更低且便宜的安全庫存量，並且能夠更具競爭力以滿足客戶的需求。

交通運輸模式及優惠內容

基於運輸時間、成本以及可靠性方面的考慮，莫頓的物流企劃人員在執行策略性計畫以進入國外市場，並追求成長時，將重點放在下列運輸模式的相關優點。這些模式中，莫頓的國內市場很少運用到空運和水運這兩種運輸模式。

鐵路

跟國內市場一樣，鐵路在外國市場中也是最受歡迎的運輸模式，在長距離運送整批貨時，具備了速度、經濟與可靠性等特性。鐵路運輸在先進國家特別受到歡迎，如日本、法國與德國等，這些國家的「子彈」列車，使鐵路比起航空公司更具競爭性。

空運

高價值、高密度、易腐壞以及緊急貨物等，主導了全球市場的空運服務。在所有運輸模式中，空運是最昂貴的運輸模式，當一家公司在一個新的國家市場，或打算在目前已進入的市場中更積極擴大其經營時，也會運用航空運輸模式來測試或開啓在該地的經營。讓航空運輸成爲具吸引力的運輸選擇要素中，包括了更好的地面設施、貨櫃運輸以及可以利用大型飛機來運送笨重貨物等。

水運

在國際市場裡，有許多遠洋航運的選擇可以考慮運用，包括：(1)定期航班輪船服務：依計畫路線運送貨物和乘客；(2)包船服務：提供個人航行的契約式服務，或者是一段長時間的服務；(3)不定期航運服務：當有需求時，可配合不規則路線或時間行程而提供的服務。遠洋運輸服務也可以依載運的貨物型態而做分類，包括：(1)散裝貨船（breakbulk）：對那些過大而且不尋常的貨物很有助益；(2)貨櫃船：運送標準貨櫃到容易裝卸與綜合運輸；(3)滾動型貨輪（Roll-on-roll-off, RORO）：用渡船裝載卡車到目的地；以及(4)母子接駁船（Lighter Aboard Ship, LASH）：用渡船裝載接駁船到目的地，可以在內地的水運航道上操作處理。

不管如何，裝貨人選擇了水運，必須特別注意到船側的貨物是如何包裝的。

在國際市場裡，包裝受到美國海上貨物運輸法令的運輸費用的規範，該文指出：「運輸公司或者船塢，將無須對包裝不足之貨品的遺失或損害負起責任。」相關的考量，**圖20-2**說明全球市場裡有關產品所面臨的危險壓力；在危險的情況中產生的破損，加上偷竊的損失，實際上已經超過了因為火災、沉船以及撞船所產生的損失。

為確實避免這些危險的狀況，以及讓商品在抵達最後的目的地時，是處於一種安全、可維修以及完整的狀態，物流企劃人員應該因應各種

加速	加速	加速	加速	舉起
減速	減速	減速	掉落撞擊	投擲
離心力，當車子	掉落撞擊	岔開撞擊		滾動
行走在曲線道路		在曲線裡的離心		離心力
上時		力		偏航
振動		振動		搖動傾斜
				振動

圖20-2 在綜合運輸過程中的壓力

注意：每個運輸模式在裝櫃時運用了不同程度的壓力和限制，最常忽略的是與遠洋運輸有關的模式

資料來源：Reprinted with permission from *Handling and Shipping Management*, September 1980 issue, p.47; David Greenfield, *Perfect Packing for Export.* Copyright © 1980, Penton Publishing. Cleveland, OH.

不同的威脅和機會，例如，氣候變化、港口的天然特色和品質、內陸的運輸設備、重量（特別是以運費或關稅為計費基準時），以及進口的國家或者該公司所指定的特別包裝，而設計產品的包裝方式。

在全球市場裡，解決包裝問題的一個方法是綜合運輸貨櫃，大型鐵皮盒櫃可以安裝在卡車、船隻、鐵路車廂和飛機裡，避免可能發生的偷竊以及損害問題。舉例而言，一只裝載了石油鑽塔零件的貨櫃，可能在塔爾薩裝載上車，然後乘卡車以及火車到堪薩斯市，之後再被荷載上船，出發到沙烏地阿拉伯。

如同其他的運輸模式一樣，當出口商加入托運人協會時，水運的費用可以因此而降低。

 ## 交通運輸的權衡

要說明出口商在全球市場裡所運用的運輸模式權衡，是用一種稱為「海──空」交通（sea-air transport）的方法。這種方法結合了船隻（通常是最便宜的運輸模式）和飛機（通常是最快和最可靠的運輸模式）來避免高昂的費用以及因為長時間的載運而造成延遲的這兩個極端現象。舉例而言，很多日本貨主將在歐洲裝訂的貨物，運用船運的方式送到美國西岸；在那個地方而言，這批貨物是飛往歐洲的終點站。

透過這兩種模式的結合，整趟時間花費大約兩週，與全程運用水運要耗時四至五週的時間比起來，費用是全程使用空運大約一半的價格。有愈來愈多的日本和歐洲的貨主們採取這樣的作業模式，先航行到美國港口，然後從那裡再飛到南方。日本的海洋運輸業者在洛杉磯港口卸貨，接下來如果不是從那裡裝貨上機飛到邁阿密，就是用卡車裝載貨物開到邁阿密去。從邁阿密日益增多的海空港口，用空運處理貨物送到目的地，譬如巴西，如果全程用水路載運貨物一路從日本到南美洲，大概要花費一個月左右的時間，但利用這種「海──空」的運輸模式，只要費時大約十一天就可以了。對某些類型的貨物來說，例如，易腐壞的東

西，和一整批數量的產品等，必須單程個別載運，或使用其他的方法，「海——空」模式並非適用於每一種情況。

「海——空」模式成功的關鍵，在於轉運站的設備。首先，碼頭和飛機場之間必須有一條短捷又容易變換的交通路線。第二是能夠從一個運輸模式，快速卸貨到另一個運輸模式的能力。第三個重要的特色，是可以減少與國際運輸相關的海關、文書工作以及其他港口當局繁文縟節等事務。第四則是當地運輸業者給予指定的「海——空」貨物優先權的意願。當所有特徵都集結齊全時，「海——空」模式的運用將是一個非常好的模式❶。

倉儲設備的實用性與品質

很遺憾的，國外倉儲設備的實用性以及品質標準，可能並不符合出口商的需要，企劃人員面對的問題，包括必須長期、大規模投資在這樣設施上，以及必須證明市場的獲利潛力等。

為降低在國外設置倉儲設備費用，可採取的策略包括生產要素的差異化處理，以及運用海外貿易區。

1. 生產要素的差異處理：譬如勞工和資本的費用，通常存在於鄰近的國家之間，對設置倉儲和通路設備有好處。例如，在美國和墨西哥之間的美墨聯營工廠計畫（maquiladora program）允許公司在墨西哥進行勞動力密集的經營，並且原料和零件是自於美國，該公司得以免除墨西哥關稅。寄到美國的半成品或組成品，只須評估國外勞工的成本。

2. 保稅區：是個特別的地區，位於海關出入境之外，可以作為倉庫、包裝、檢查、貼商標標籤、展覽、組裝、製造，或沒有關稅負擔的轉運處等用途。保稅區域位於主要的港口，在主要的生產設施附近的內陸位置，並且可供如莫頓這類的出口商得以抵銷任

---

❶ "Sea-Air: Cheap and Fast, " *Global Trade*, February 1992, pp.16-18.

何增加的生產費用。例如，在中國特別經濟貿易區域的其中一個地區，設立一家出口商並在該地經營運作，在稅款上將可獲得許多的獎勵，包括支付較低的營業稅、用較低廉的費用取得土地和人力，以及為在此地區組裝的產品取得「當地製造」的身分。

全球市場的訂單處理

主要由於在莫頓國內的生產設備和國外市場的終端用戶之間的通路鏈中額外的中間人，包括通路、貨運運輸業者、報關行、捐客和銀行等，所以訂單處理的文書工作和費用急遽增加。當這些費用使得這些高昂的運輸和倉儲成本增加時，如以下的分析內容所顯示的，其對庫存的規模大小，和在全球市場的成本影響是可以察覺的（請注意：在國際市場上，所有的費用都是以稅後計算，以因應各國不同的稅務政策所造成的影響）。

假設現在莫頓試圖要進入印尼市場，將數字套入稍早之前所討論的庫存管理公式裡，並看看它會產生什麼變化。這些數字可能有些保守，而且可能適用於印尼的一個單一經銷商；例如，交貨時間可能輕易地增加到五十天以上。

追加訂貨點公式

1. 訂單的交貨時間從六天延長到二十四天，因為長距離、更多的通路中間商和協力廠商需要處理、管理，以及海關的延誤、材料處理和實體配送的延遲（例如，因運輸需要而做的特別包裝，以及不完備的內陸運輸等原因）。

2. 每天的平均銷售數是二台MM系統。

3. 安全庫存量要求加倍，從五台MM系統增加到十台，主要因為：(1)由於裝載貨物的運輸是在不同的運輸模式裡運作，所以交貨時間不一致；(2)比起國內市場來，在一個新的全球市場裡，銷售模

式較無法預期。

以上這些變數，使追加訂貨點從十七台增加到五十八台MM系統；也就是，當庫存量到達五十八台的級數時，將會訂購更多的存貨以備不時之需（二十四天×每天出售的二台MM系統＋安全庫存量十台MM系統）。

經濟訂單數量公式

1. 每年銷售量（s）仍然是五百個單位。
2. 下單的費用（O）從20美元增加到40美元，主要是因爲涉及更多中間商和協力廠商、跨越長距離、下單和催貨等所增加的文書工作和繁雜手續。
3. 每部MM系統的價格（P）從國內市場的2,000美金增加到新的外國市場3,000美金，主要是因爲運輸MM系統到印尼的費用，以及爲了要積極進入這個新市場的行銷成本，都一併涵括在物流成本中。
4. 占3,000美元售價1%的存貨運送費用，仍維持在20%。

雖然這些套入經濟訂單數量公式的數字應用到印尼市場的變化是相當明顯的，但訂購MM系統實際的經濟數量應該是只有當追加訂貨點到達時，才會從七台增加到八台。無論如何，印尼現在的平均庫存數量，已經從八台MM系統增加到十四台，還得加上急遽增加的庫存運送費用。

利用庫存防範通貨膨脹

在幫助確定庫存數量大小、追加訂貨點以及追加訂購數量的公式之外，另一個影響全球市場庫存政策的考量，是有關於貨幣匯率的波動。舉例來說，當地主國的貨幣即將要貶值時，增加庫存量，將可以降低出口商由於持用現金而造成在貨幣貶值上的損失。同樣地，大量的庫存可以避開高通貨膨脹率，不如現金，其價格可以隨著通貨膨脹率的上升而

同步增加。在這種情況下，出口商必須在防止通貨膨脹或是貨幣貶值之間，評估維持大批庫存與匯率落差所造成的盈餘兩者之間的權衡費用。

協調交通運輸

為了試圖打進全球市場，並在該市場中成長，提出無數他們預測的物流問題（除了價格、促銷以及產品設計／推展等之外），莫頓的企劃人員更毫不猶豫地聘僱外界專家，包括國際貨運運輸業者以及簽約的物流專家。

國際貨運運輸業者

因為一個單件貨物經由通路送到外國客戶手上的過程，與運輸模式的組合有關，所以莫頓的企劃人員運用了國際貨運運輸業者這類的專業公司，擔任國際廠商的仲介代理人。在結合裝貨與將貨物遞送到海外目的地這項工作上，貨運運輸業者在出貨文件以及包裝費用、準備必需的資料，以及預訂必要的裝載空間上，會提供建議給廠商。 貨運運輸業者會提供廠商划算的費用，因為滿載的運費遠比不到一車的裝載費用來得低上許多。他們也提供交通管理服務，如選擇最合理的運輸模式。

簽約的物流專家

全美前五百大企業大約三分之一以上採用，並在全球企業中逐漸受到青睞的是簽約的物流服務，也就是藉由與擁有專業物流經驗和專門技能的第三方的物流業者簽約，而進行物流管理。這些物流業者所提供的服務範圍極為廣泛，從以專利系統和數據資料庫為基礎的協商服務，到部分物流的工作轉包，都是使用他們自己的資產來進行整套的物流服務。在外國市場，跟提供全面物流功能的業者簽約而得到物流功能的好處，是在陌生的市場裡，得以利用當地的通路和設備網絡開始建立和維持材料管理及實體配送活動。**全球焦點20-1**就特別強調了從這種提供全

商業物流服務如何簡化國家半導體公司的交貨問題

今日，訊息之所以能在眨眼間就在全世界裡流通，半導體是促使這種情況發生的主要工具。有越來越多的半導體生產者體認到，他們自己的產品，也需要用同樣快的速度從生產者這端遞送到消費者的手上。

位於美國加州的國家半導體公司（National Semiconductor Corporation, NSC）就打算這麼做。這家公司意識到，想要用更快的速度運送貨物，它的全球供應網需要做一個徹底的檢查。舊的物流網路是採分散控制方式，被不必要的交替紊亂糾結，旗下包括了四十四家不同的國際貨運業者和十八家不同的空運運輸業者。「它的複雜性全因無法提供一個前後一致的服務」國家半導體公司全球物流部門的董事──凱文‧菲利普這麼說。

國家半導體公司希望將它的交貨時間從五到十八天，縮短到保證二天內送達。這個策略主要的要素，是徵募一家第三者物流公司，提供珍貴的專門技術，同時作為公司的必要基礎設施。國家半導體公司求助於聯邦快遞（Federal Express）的商業物流服務（Business Logistics Service, BLS）作合作夥伴。菲利浦這麼解釋：「我們公司可以在技術上做競爭；但我們不能在物流上做競爭，聯邦快遞的核心能力是遞送貨品；它們能做到我們不能做到的部分。」商業物流服務能夠提供國家半導體公司一個非常龐大且傑出的物流網路，擁有四百二十架飛機、一千八百六十九處全球設備、超過十萬台以上的電腦終端機、三萬一千輛路面車隊，以及超過九萬位以上的服務人員。菲利浦認為雙方的夥伴合作關係，就像「用了一群花了數十億在物流上的專家」。

資源來源："Macro Logistics for Microprocessors," *Distribution*, April 1993, pp.66-72.

面服務的合約安排中所得到的好處與利益。

物流功能管理

有兩個物流管理的功能可以提供給出口商做參考：自己動手，或者讓其他人來替你效勞。如果選擇了前者，會呈現兩種可能性：

1. 在一個集中的架構下，各地分公司和總公司的管理部門，將會向
   總公司一位有權協調和控制物流活動的負責人員報告。這種架構

可以幫助取得凝聚向心力、快速決策以及規模經濟，尤其當目標在全球市場迅速成長時，特別有效。一個潛在的不利因素，是敵意的產生，即當地經理在非他們控制能力所及的績效而獲得獎勵與報價的時候。

2. 在一種分散管理的架構下，子公司被視為盈利部門，經理會授權並要求發展與執行市場的行銷計畫和方案。這種架構當公司提供服務給許多不同的全球市場時，會表現得最好。這個模式的優勢，是擁有受到良好訓練和履行義務的本地經理，以及適應當地狀況的能力。不過，會失去一些有關集中架構的好處；這些好處包括協調不同市場的行銷計畫，以及取得運輸數量上的折扣。

本章觀點

本章檢視了國際市場裡的物流功能，包括材料管理和實體配送功能的包裝、交通運輸、庫存、訂單處理，和存貨控制。尤其是在全球市場，由於必須處理更長的運輸路線和更多的中間商，物流活動的高昂費用，通常是成功進入市場的最大阻礙。透過總體制和總成本制概念的引導，物流經理透過將物流功能抽離作為單一系統的組成部分，把這些高昂的費用改變成相當大的盈餘，利用彼此之間權衡交換的方法，用最少的費用產生最佳的效率。這一章也檢視了集中式、分權式或使用第三方的情況，端視哪一種情況才是管理物流功能最合適的方法。

觀念認知

 學習專用語

Average inventory formula	平均存貨公式	Materials management	材料管理
Carriage of Goods by Sea Act 根據海上貨物運輸法的運輸費用		Trageoffs	權衡
		Carriers	運輸公司
Economic Order Quantity(EOQ) 經濟訂單數量（EOQ）		Contract logistics	簽約的物流服務
		Order cycle	訂單週期
Electronic Data Interchange(EDI) 電子數據交換（EDI）		Order processing	訂單處理
		Packaging	包裝
Electronic point of sale(EPOS) 電子觸控式端點銷售系統（EPOS）		Physical distribution	實體配送
		Reorder point	追加訂貨點
Factor endowment differentials 生產捐贈差別		Storage	存貨
		Total costs	總成本制
Just In Time(JIT)	及時（JIT）	Total systems	總體制
Logistics management	物流管理	Tradeoffs	權衡
Intermodal containers	綜合運輸貨櫃	Transportation modes	運輸模式
Inventory management	存貨管理		

 配對練習

1.請將第一欄中的概念與第二欄的描述配對。

1.全球物流	a. 貨物及時送達公司
2.材料管理	b. 運送成品到客戶手上
3.實體配送	c. 產品進出國際企業的流動狀況
4.物流管理	d. 協調材料管理和實體配送

2.請將第二欄的描述與第一欄的物流功能配對。

1.包裝	a. 電子觸控式端點銷售系統
2.訂單處理	b. 滾動型資輪
3.存貨管理	c. 經濟訂單數量公式
4.交通運輸	d.根據海上貨物運輸法的運輸費用

3.請將第二欄中的庫存管理概念與第一欄中的描述配對。

1.庫存等級引發另一項訂單	a. 經濟訂單數量公式
2.當到達某等級時，訂購的數量	b. 追加訂貨點
3.下單的時間與貨物送達之間的期間	c.訂單週期
4.確認存貨在正確的時間送達	d. 及時庫存調節法

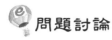 問題討論

1. 美國和俄羅斯兩者之間的通路系統差異極為驚人。例如，在1996年的美國，40%的發貨都是以快速回應的及時交貨方式運送出去，通路費用大約是總銷售金額的10%。在俄羅斯，快速回應經常是沒有回應，而且這些呆滯的通路費用大約是美國通路費用的300%。請根據物流的概念，討論有關這兩國之間成本效益差距不等的原因。

2. 物流系統在俄羅斯真正有效運作的，是麥當勞企業。在1988所簽署的一份合資協議（有史以來最大的食品公司和當時的蘇聯之間所共同簽訂的合作條約），這個企業到1993年以前，建立一家世界上最大的麥當勞餐廳，僱用了超過一千名員工，每天服務五萬名顧客，以及擁有一萬平方公尺的食品生產區和通路中心。 位於莫斯科市郊的Solntsevo通路中心供應了位於莫斯科中心的餐廳所需的食品，有來自整個俄羅斯已簽約的農場所提供高品質食品供應，包括牛肉、洋蔥、水果、萵苣、醃菜、牛奶、麵粉、奶油及多種可以製作出麥當勞最富盛名的薯條所用的馬鈴薯。在生產力滿檔的時候，肉品生產線每小時可以製造一萬個小餡餅，麵包生產線每小時可以製作出一萬四千個小圓麵包。倉儲的空間可以放置三千公噸的馬鈴薯，餡餅生產線每小時可以做出五千塊餡餅。和1993年後在俄羅斯設立的麥當勞連鎖餐廳一樣，原始的莫斯科

餐廳只接受盧布。

根據麥當勞企業的運作情況，請定義下列概念：實體配送、材料管理、物流管理、總體制、總成本制。

3. 請判斷何種運輸模式最適合於下列產品，並請說明理由：

(1) 兄弟聚會的小桶啤酒。

(2) 賈桂琳‧甘迺迪私人財產在紐約拍賣。

(3) 從沙烏地阿拉伯運到美國的石油。

4. 以下是三個存貨管理問題，第一個包含了追加訂貨點公式，第二個則是有關於經濟訂單數量，第三個則是有關於平均庫存規模大小：

(1) 追加訂貨點：假設一個消費性電子產品的經銷商每天平均出售五台電腦數據機；希望擁有二十台數據機的安全存量；他瞭解到大概平均要二十天的時間從製造商寄達貨品。當他下訂貨時，倉庫中應該會有多少數據機？

(2) 經濟訂單數量：假設對數據機的年需求量是一千台，每台的訂單價格是25 美元，而庫存的運送費是每個數據機售價100美元的25%。當到達追加訂貨點（如上）時，被預訂的數量大概是多少？一年中大概有多少張訂貨？

(3) 平均庫存規模大小：套用先前的情況和數字，這家公司的數據機平均庫存數應為多少？

解答

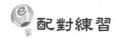

配對練習

1.1c，2a，3b，4d

2. 1d，2a，3c，4b

3. 1b，2a，3c，4d

問題討論

1. 導致差異的基本原由，要追溯到七十年前生產力的集中控制經濟壓力，但是這個手段是為了要配銷產品，例如，廣告公司、銀行以及批發和零售通路，通常這些單位都被認為是好逸惡勞、不事生產的中間商。因此，在俄羅斯的通路愈原始愈好，因此生產線效能很差，倉儲空間使用有限，通路和服務中心都顯不足，不能勝任的運輸設備，庫存管理系統也顯得不合時宜。在馬克思主義的中心計畫裡，最容易被忽視的是場地／時間／公用事業的擁有等這類因為有效率的物流系統而產生的價值。因此，舉例來說，如果你想在一家超級市場裡購買一個電子錶用的電池，這個情況應該是你會得到一個適當的電池，在便利的場所，當你需要它，用一個合理的價格買下來。在建立這些公用事業的過程中，通路系統同時執行了許多功能，通常比生產者執行得還要好，例如，找到顧客、使產品符合用戶的需求、將產品分級及儲存、籌措資金購買，以及發展第一手的商情。實際上，一個有效率的通路系統再加上多樣化的管道和中間商，通常可以降低我們購買產品時所付出的價格，就如類似的產品在一個強大又成熟的物流系統經濟體，以及在一個既弱且過時的物統系統經濟體裡，透過兩者的比價可以證明這個說法。

2. 實體配送包含許多層面的功能，涉及食品從俄羅斯的農場到生產配送中心，以及從配送中心到餐廳這段有效率的運送交貨功能。這段過程裡包括了包裝、運輸、訂單處理、庫存管理以及存貨等要項。材料管理包括系統、流程以及控管，以確保這些功能得以有效運作，在運送原料（譬如馬鈴薯、萵苣）和成品（如麥香堡）

到指定的位置，在指定的時間裡，保持適當的狀態。物流管理需
要實體配送、材料管理系統和各種活動的原始計畫，再加上總體
制和總成本概念。 總體制概念將會把全部實體配送的功能視為單
一綜合實體，任何一個地區的決定都會影響到其他地區內的決
定。例如，決定將原料從農場運送到處理中心，再從處理中心以
最迅速、最貴的方式運送到麥當勞餐廳，跟及時調節法的作法一
致， 可能可以巨幅地改善訂單處理、存貨和庫存管理功能的效
能。相關聯的總成本概念，可以確定成本效益是最優的選擇。例
如，在前述例子裡（大量投資在運輸和最先進的訂單處理及庫存
管理功能）；就產品的零浪費而言，迅速的準備、呈現、購買菜
單上的食物，可以輕易地證明這些花費是正確的。

3. 小桶啤酒：卡車運輸，因為在交貨過程中這類產品需要具靈活性
的運送方式，再者它只需運送到一小段距離的地方。

賈桂琳‧甘迺迪的財產：透過空運的方式，因為這類產品不但價
值高而且數量少。

石油：以管線運輸和水運為主，因為它不是固體的產品，而且必
須運送到長距離以外的地方。

4. 追加訂貨點：

訂單交貨時間×使用率＋安全存量＝追加訂貨點

$20 \times 5 + 20 = 20$

經濟訂單數量：

$$EOQ = \frac{2 (1000) (25)}{(0.25) (100)} = 500 = 22$$

平均庫存：$AI = OQ / 2 + ss = 22.5 + 20 = 43$

Marketing

第二十一章
網路行銷

本章概述

　　網路行銷將大幅度改進策略行銷的規劃流程，包括確認與定義目標市場區隔，擬定行銷組合，訂定行銷目標，執行行銷計畫以及衡量績效。有效率之網路行銷的關鍵，是一個能夠與企業群眾在網際網路上進行積極溝通，並且達成獲利目標的網站。

網路行銷的演變

　　網路行銷的發展，約始於50年代中期，當時企業首度開始大量運用電腦進行會計作業、薪資支付以及生產規劃。稍後，企業開始發展私人網路，以便與其他各個部門，以及與全球配銷管道進行採購下單、裝運指令、再下單表格，以及資訊交流。

　　隨後，70年代初，兩個初期的網路開始出現。第一個是美國國防部為組織內部國防相關研究而發展的，稱之為「高級研究計畫網路」（Advanced Research Projects Agency Network, ARPANET）。第二個則是與高級研究計畫網路相似，但係供非國防使用之研究人員與學術界使用的「國家科學網路」（National Science Foundation Network, NSFNet）。國家科學網路即是後來的網際網路的參考模式。

　　最後四種相關的發展，使得這些公營與私營網路相結合，而形成現代網路，如今，再與各個組織、全球網路（World Wide Web）、電子郵件，以及其他專屬網路合併。全球網路是有牛津物理學家提姆波諾李（Tim Berners-Lee）在瑞士幾內瓦物理實驗室所發展出來的網路。其次，企業界發展與公司內部電腦結合的各自電子商務內部網路，以及與公司電腦連接，並且發展出與企業外部之電腦結合的外部網路。第三，

與企業與個人用網路與網路伺服器等連結,達到了有效溝通所必備的快速與多種連結能力。第四,透過個人電腦或網路電視而與網際網路連結的顧客人數,已成長至符合商業用途的數量。

本世紀以來,美國網際網路溝通的急遽成長,包括亞馬遜(Amazon.com)、雅虎(Yahoo)、思科(Cisco)、IBM、微軟(Microsoft)以及昇陽電腦公司(Sun Microsystems)等美國企業,就占網路公司營業額的85%,約占網路公司股票市值95%,這主要是受到各種美國企業環境所造就,包括創投資金的挹注,企業與大學之間的緊密關係,法規寬鬆的企業環境,彈性的勞力市場,以及鼓勵接受風險與快速致富的風氣所致。

網路行銷的成長

網路行銷或稱電子商務,係指包括從製造商、中介商、顧客以及其他所有運用網際網路以助於貨品交易的企業彼此之間的活動。企業對企業(business to business)之間的市場,是網路行銷最大的一個市場區隔,2000年時的商業總額達500億美元,占網路行銷總額的三分之二以上。如今,95%以上的大型企業擁有自己的網站,其中約三分之二的企業運用網站進行銷售活動,其中一半表示其網站確實創造出盈餘。

運用網際網路的消費者人數,每十八個月即成長一倍,2000年時,北美地區已有超過八千七百萬網際網路使用者,在家中或在辦公室使用網際網路。這是全球市場的半數。其中有五千萬人口是線上消費者,亦即美國十四歲以上人口中四分之一的人數。

表21-1顯示美國網際網路使用者的人口統計變化,**圖21-1**則分析消費者何以會使用網路的原因。

表21-1 網際網路使用者人口統計之變動

	開始使用網路	過去一年	一年以上
	占所有網路使用者比例	46	53
占所有使用者比例	男性	48	55
	女性	52	45
年齡	18－29	25	30
	30－49	52	50
	50－64	16	15
	65＋	4	4
所得	50,000元＋	35	45
	30,000元－49,000元	23	22
	低於30,000元	23	16
教育	大學畢業	29	46
	大學肄業	32	30
	高中畢業	33	19
	低於高中	6	3
使用網路目的	工作	24	30
	娛樂	52	39
	混合用途	22	31

資料來源：Pew Research Center, 1998 telephone survey, www.people-press.org/tech98sum.htm

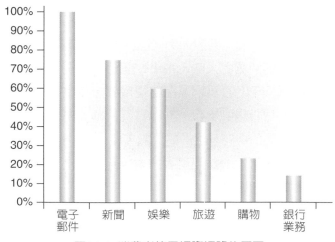

圖21-1 消費者使用網際網路的原因

網路行銷有助於策略規劃

網路行銷將可改進策略行銷規劃流程中的每一個成分，從擬定行銷目標，至訂定目標市場，以及訂定可反映出已規劃市場之本質與需求的行銷組合，並且控制可將市場與行銷組合結合的策略規劃。由於網際網路僅需要一個伺服器做連接，因而無論企業的規模大小，均可以在相同的水平上競爭。

這些網路行銷的優點，主要源自於大部分商業與溝通行為得以進行的四種網站：企業／品牌網站、資訊網站、販售網站以及服務網站。**市場焦點21-1**即顯示這些網站的有效率互動，而在行銷二手車的過程中，如何達成消費者與企業的預期目標。一項針對這些互動行為的分析中，將以下的網際網路要素予以定義。網際網路（internet）本身是一個提供資訊與交換資料，透過電腦網路聯繫的世界性網路。內部網路（intranets）則是企業內部電腦的連結（例如，將銷售網站與付費進入該網站的汽車經銷商連結的電腦網路。全球網路是一個運用使用共同規則而將資料（非電腦）進行超連結的集合體，各網站的二手車與新車的資料，以及其廣告標語，將與其他網站的銷售網站連結。全球網站負責人必須負責維護與改進每一個銷售網站。

網站販賣、服務與提供資訊

網際網路上有關策略行銷規劃的活動網站，大部分是有關企業／品牌、資訊、銷售與服務網站。這些網站可作為討論莫頓如何運用網際網路滲透全球市場的背景。

如何在網上購買汽車

為說明網路行銷如何便於買賣雙方進行交易,以及網路行銷與傳統行銷的差異,不妨參考如何透過網路購買汽車。基本上,這種流程也適用於其他任何產品或服務,從當地的超級市場,或全球其他賣場的採購。

潛在的買主可能希望避開強力推銷的壓力,以及傳統經銷商的討價還價過程,因而可能會決定試著拜訪網站上虛擬的經銷商展示間。

這種展示間有兩種形態:最常見的經銷商參考網站,以及線上購買網站。這兩種網站都提供資訊,協助買方做選擇,以及購買所選擇之汽車的方式。然而,第一種網站是由Autoweb.com以及Autobytel.com所負責,必須在投標價被接受後,前往經銷商處,填寫文件並且把車子開走。第二種網站,則是由CarsDirect.com與貨物經銷商InvoiceDealers.com等所負責,則無須前往經銷商處,而直接將車子交到買方手中。

這兩種網站都獲得來自當地汽車經銷商的龐大收益,有些經銷商會與一個以上的網站簽約合作。這些網站的其他大部分收益,都來自網站上的廣告,售後服務業務,以及少數情況下,對經銷商或買方所要求的費用。所有的網站都會試著讓買方彼此進行溝通,或與網站本身進行溝通,以作為廣告的傳布,並且傳遞有用的資訊,包括讚揚意見、恐怖故事以及個人對汽車與零件的喜好等。

汽車網站最常見的展示網頁包括以下特性:

- 對新、舊車的說明資料,通常都會以3D環繞音效作為背景,並且以淺顯易讀的表格註明特性。

- 新、舊車的比較,或對不同市場,或同款但不同型的車做比較(如箱型車、運動汽車等)。

- 滿意或不滿意的顧客回應意見。

- 包括各種選項、貸款與租金的費用,通常會考慮到各種因素(雙重選擇、長期或短期租用、不同的保險條件等)並且可連結至經銷商與金融服務網站。

買方拜訪經銷商服務網站或線上購買網站,將可以向Kelley Blue Book網站(kbb.com)或雅虎Yahoo網站(autos.yahoo.com)諮詢,瞭解有關新、舊車的價格、選項,與舊換新的價格等資料。這些服務網站通常也提供訊息欄、聊天室,並且連結到經銷商或金融服務網。

買方在使用服務網站,進行線上購物,或參考網站時,通常必須回答諸如想要尋找的車款的問題,並且提供有關電話號碼等資訊,以便進行交易溝通。通常買方的投標將會轉

送至特定區域內的經銷商手中，買方將會接獲經銷商在同一日內的報價。大部分的情況下，經銷商會承諾提供線上所報的價格。

買方可獲得的好處是速度、便利性與線上購物的經濟效益，他們的採購決策是依據客觀的資訊，並且獲得一個公道的價格。經銷商可以以較低價格供貨的原因，是銷貨成本較低，花費時間少，且減少了書面作業。

企業／品牌網站

這類網站是直接提供資訊而間接地促銷。可口可樂網址即是一個例子，網址中提供了公司的發展史、使命與產品介紹，讓瀏覽者可以與該公司的發言人進行互動，並且提供可口可樂蒐集家相關資訊，提供連接到運動與娛樂網站之服務，並且提供字謎與文字遊戲。這些網站都不販賣可口可樂的產品，但是卻可提升品牌形象資產，透過其他管道，而促進了可口可樂產品的銷售。

資訊網站

這類網站主要仰賴會員的忠誠度，營業額來自廣告或點閱率。例如，《華爾街日報》（*Wall Street Journal*）互動網站（www.WSJ.com），其營業額來自點閱即時財務消息與該報文章的讀者，以及促銷相關金融產品的廣告布條。這個網站也提供連接服務，讓訂閱者可以查詢市場與投資狀況，並且研究金融產品與市場。此外，這個網站的附屬計畫，也可以讓其他營業體將該網站整合至其他網站，《華爾街日報》則支付任何一筆點閱所產生的費用（即潛在點閱者向網主的廣告布條購買的一個過程）。

另一種資訊網站，則是雅虎（Yahoo）的搜尋引擎，協助網路瀏覽者找到自己想獲得的資訊。搜尋引擎營業額的開創，跟廣告布條類似，

是依據搜尋的類別而區隔。例如，當人們搜尋有關企業訓練課程的資訊，就可能會被導向莫頓電子公司的廣告布條。除了在雅虎（Yahoo）的搜尋，使用者也可以在拍賣網站上進行拍賣，而獲得最新消息，建立一個虛擬的線上商店，或加入一個虛擬的社群，以便於會員彼此分享各種資訊。

銷售網站

亞馬遜（Amazon.com）是一個銷售網站的實例（可以供顧客透過網際網路買東西的虛擬商店）。亞馬遜網站向全世界一百六十多個國家銷售超過五百萬本書、光碟、電腦遊戲與相關產品。在這個網站上，瀏覽者可以用作者名字、職銜、藝術家或關鍵字搜尋，可以獲得其他類似品味讀者對該書的參考建議，可以看到媒體或其他讀者的評論，或連接到其他推薦音樂與其他產品的網站。

大部分的銷售網站跟亞馬遜（Amazon.com）的設計一樣都是透過多層次的購買決策而鼓動顧客（第九章中探討過）。例如，戴姆樂·克萊斯勒（Daimler Chrysler）網站：(1)提出問題，答案則是協助潛在買主確認自己想要擁有哪種汽車的需求（確認問題）；(2)提供戴姆樂·克萊斯勒可滿足這項需求的產品項目（例如，Jeep Grand Cherokee車款）；(3)比較買主各種選項之特性與優點（選項評估）。當購買者選定了車款，他或她將可以從網站的經銷商處獲得一份報價（購買）。購買後評估則在服務網站提供，稍後將有所探討。

直接型錄行銷，例如，L. L. Bean（Iibean.com）廣泛地運用銷售網站，主要原因是由於線上型錄展示，比書面印製與郵寄成本低廉。

服務網站

威爾法構銀行（Wells Fargo）網站是一個這類網站之特性與優點的

絕佳實例。該行的自動取款機（Automated Teller Machines, ATMs）簡化顧客的金融交易，使得銀行得以無須增加人員，而把營業時間延長到二十四小時，並且在零售店設置自動取款機，在無須增加分行的情況下，擴張服務範圍。

在網路服務方面，威爾法構銀行的互動服務網站便於顧客查看帳款、查詢歷史交易資料、買賣股票、轉帳、付款、申請信用與家庭貸款。節省了服務顧客的電話與人員人事費用，足以補貼整個網站的費用。

聯邦快遞是另一個設計完善之服務網站的絕佳實例。聯邦快遞網站幫助顧客以互動式追蹤查詢包裹從最初起運點到終點站，節省了該公司每個月125,000美元的電話費與人事費，之前這些人必須回答顧客有關包裹在何處的問題。

設計完善的網站

與任何一個設計完善的促銷活動相同的，一個設計完善的網站，也應該把潛在顧客放在心上。這表示網站應該吸引潛在顧客去瀏覽，並且當潛在顧客上網時，透過互動而進行說服工作。

開創出使人們拜訪某一特定網站的需求，是透過平面廣告、電視廣告片、報紙等媒體等行銷網站的輔助方法（例如，Iwon.com網站即為拜訪者提供最高價值100萬美元的樂透獎）。良好的網站設計，應該避免抄襲其他網站，或給網站取一個過時或不相干的名稱。網站名稱應該在一個以上的瀏覽器註冊，並且應該立即開始宣傳。

一旦受到網站的吸引，潛在顧客應該被鼓勵以互利的方式進行互動。這表示網站應該提供有趣的資訊，一如前面所提過的可口可樂網站，為吸引顧客的興趣而規劃的特殊內容，包括買賣者、神祕愛人、運動狂與全球字謎遊戲玩家，而引起顧客的興趣。這些有趣的資訊，應該

定期更新，以避免過時，並鼓勵瀏覽者再度造訪。這應該也足以鼓勵潛在顧客確認個別與團體的需求，並且設計出可滿足這些需求的產品。如果沒有這些互動，電子商務網站的目的便失敗了。

無論其主要目的是販賣、服務、提供資訊，一個設計完善的網站，也應該具備一些次要的服務功能。例如，一個主要目的是銷售產品與提供服務的網站，也可以提供一些有關其歷史與目標的公關資訊，而一個主要係為提供服務或發布消息而設計的網站，應該也可以間接提供銷售的訊息。為達成這些多重的目標，所有的網站類型，販賣、服務、品牌、資訊，都應該與其他產品進行超連結。例如，一個銷售或資訊網站要促銷金融產品，便可能用布條廣告訴求訂閱金融刊物的折扣。

除了這些顧客導向的特性以外，所有網站的基本考慮因素尚包括：登記網域名稱、網站的所有權登記，並且獲得商標或所有權內容物的許可。

網路行銷如何協助建立市場

當莫頓電子公司的行銷人員開始執行擴張至國際市場的策略計畫時，莫頓已經有一套網路行銷系統，這套系統一如產品／市場策略計畫，或導引這些計畫的社會行銷概念，已經成為其企業使命中的一個要素。這個網路系統，是所有涉及於莫頓產品與系統之生產與行銷的營運領域，包括整合供應與配銷管道，使生產經濟與效益極致化，銷售自動化，確認與定義目標市場，並且擬定吸引這些目標市場的產品／價格／促銷／配銷的行銷組合。

莫頓運用網路行銷而在21世紀初期滲透進入英國市場，說明了網路行銷的用途與優點。兩個形成莫頓核心網路系統的網站，包括如下：

1. 一個公司／品牌網站：包括莫頓的背景資料（歷史、使命、財務

報表等），並且特別強調莫頓的特性與優點。此外，也包括了互動內容，鼓勵瀏覽者回答有關訓練的問題，而挖掘出對產品需求，並且讓瀏覽者得以閱覽與這些需求相關的莫頓訓練課程摘要。另一個部分則是從更廣泛的規模，提供訓練教材，除了莫頓以外，包括其他在莫頓網站登廣告的軟體與設備。此外，也推薦銷售MM系統的經銷商（附上網站名稱）。

2. 莫頓產品賣給組織市場中之買主的銷售網站：購買者採購量夠大，可以跳過經銷商，而直接向莫頓購買。這種網站與企業／品牌網站同樣地都鼓勵潛在顧客提出有關訓練的需求，與可以滿足這些需求的特定系統產品，訓練課程的規模，以及潛在顧客的支付能力。

3. 利潤導向網站：這種網站使企業界與專業人士提供一系列可以認證的線上課程。

4. 如果要與網站中樞，如美國線上（America Online）與微軟網路（Microsoft Network）進行連結將非常昂貴，通常高達100萬美元。然而，莫頓與美國線上的連結（與其他四百個電子商務夥伴），將可獲得二千五百萬個顧客連線。

5. 與入門網站連結，通常比網路中樞便宜，是最理想的方式。入門網站通常會把公司集結，並且鼓勵顧客購買商品，而非針對特定的銷售者。莫頓也將與其他公司結合而銷售訓練與發展系統。

6. 與其他訓練與發展產品或系統網站（包括服務、銷賣與品牌網站）連結，遠比入門網站與網路中樞便宜，並且如果其他公司的廣告布條出現在莫頓的網站，甚至還能創造營收。

這些網站與其他類別網站的成本（如為處理莫頓失敗的產品與系統的服務網站），也包括了與線上中樞、入門網站與相關網站的連接成本。

網路行銷始於供應商與經銷商

一開始，莫頓的採購中心是透過其網路，而搜尋與評估該公司所屬產業與MM系統部門所需之設備與供應商。所蒐集到的資訊，包括莫頓在英國生產所需設備的規格、送貨時間與價錢。所選擇出來的供應商與授權廠商，則透過內部網路系統而整合入莫頓的配銷系統，包括有效與具經濟效益的訂單與存貨處理，以及物流配送體系。此外，亦透過內部網路與網際網路，而選擇出負責銷售莫頓的產品、系統與服務的英國經銷商。

把注意力從供應商與經銷商，轉向顧客與潛在顧客，莫頓透過直接郵件與平面媒體廣告而宣傳其網站。莫頓品牌與銷售網站以特殊的誘因，鼓勵拜訪人們莫頓網站並且進行互動，包括依據個人性向／興趣測驗，而提出生涯規劃之建議，且拜訪者可以參加莫頓的課程，而達成獲得各種業務與專業知識的目標。

網路行銷的好處

莫頓致力於推動公司的網路行銷，也開始大幅度地擺脫傳統的行銷策略與方法。這些不同作法，強調了影響及於策略行銷規劃所有要素透過網路行銷的優點，尤其是確認出目標市場並予以定義，並且擬定出吸引這些目標市場的行銷組合。

在網路上找市場

莫頓行銷人員為找出並定義出目標市場，而運用網路行銷的拉回導向（pull-oriented）特質，意指人們自行點入莫頓網站，並且進行互動而

形成顧客，將取代或補足許多傳統的行銷研究工具與技巧的不足之處（例如，焦點團體與電話調查）。這種訊息將自行顯現出來，讓莫頓找出最有效的地理、人口統計、心理與行為資訊等目標市場特性，並據而擬定最具說服力的行銷組合。

依據網路資訊而訂定行銷組合

網路行銷將可以加強傳統行銷方式中行銷組合的所有組合因素，包括產品、促銷、地點與定價。

產品

網際網路上產品設計與發展策略的不同，將導致莫頓與其競爭對手產品線的需求，時時在改變。這種不斷變動的資訊來源，以及為配合產品而產生的需求，導致更重視重新規劃與客製化產品於服務。這也有助於莫頓生產、行銷、採購與財務功能各項之間的關係。

促銷

直接與間接的促銷策略，都受到莫頓進行網路行銷的影響。網路對直接促銷的主要影響，是改進所有銷售開創階段的績效。例如，以下是網路銷售如何有助於第十八章所提及之艾利克‧桑達姆（Eric Sandham）改善他所準備妥的銷售簡報之品質。

在調查與審查資格階段時，桑達姆參考資料庫與網站，而搜尋潛在公司的資料，如生產之產品、財務狀況、規模與成長紀錄，這將有助於他做出決定，以及莫頓產品可以滿足哪些需求。這些資料庫與網站，也可以與搜尋引擎以及聊天室的討論，一起在規劃與準備階段參考使用。在與顧客接觸的階段，包括直接接觸、簡介、處理反對意見與結案，網站也可以用來補充，提供莫頓系統的圖解，視覺方式處理反對者意見，並且透過客製化的網站，提供瀏覽管道而滿足顧客。電子郵件的詢問函

與個別提案（如新的訓練軟體）則屬於下一階段。

間接促銷則受到各種影響，網路廣告可以補足傳統平面與電子媒體，如今除了該公司的產品與服務外，也宣傳莫頓的網站（2000年超級杯足球賽時，共計有十七則商業廣告片是宣傳企業的網站）。由於出版持續地更新，莫頓的型錄與線上直接郵件，因而也獲得了經濟效益。

地點

與較傳統的方式相較，這是在整個配銷過程之中，最節省配銷的時間與金錢的方法。初期時，網路可以快速地評估新區域內之供應商與配銷商。隨後，在處理該區域的物流時，網際網路與內部網路系統，便可以自動提供訂貨、再下訂單與提供發票的功能。由於網際網路可以提供滿足顧客需求的配對服務，即及時存貨管理的方式，因而可以在有需要時，隨時向顧客提供莫頓無瑕疵的零件與材料。結果，與存貨管理相關的成本，例如，利息、倉儲與折舊等成本，皆大幅下降。

定價

從傳統行銷方式轉變為網路行銷，為莫頓在許多方面都省下了大量的費用，包括：(1)與供應商及配銷商建立更有效率的關係；(2)直接的銷售簡介與間接的促銷活動；(3)為定義目標市場之本質與需求的行銷研究；(4)可反映顧客需求與偏好的產品設計與發展策略；(5)顧客服務與後續作業。當行銷作業獲得改善，就可以達到節省成本的目的，使得莫頓比沒有整合性網路策略的競爭對手，擁有較大的定價空間。

網路行銷所帶來的這些好處，與其所提供的競爭基礎，以更好、更快的方式確認出目標市場，以及所有行銷組合要素的經濟性與效益，總合而使得莫頓能夠更快速而成功地滲透英國市場，並且再打入其他歐洲與亞洲市場。從傳統行銷轉變至網路行銷，對企業的策略規劃流程，也造成了許多的轉變，包括其目前設定的目標，以及評估績效的標準與控管。

本章觀點

　　網路行銷的大幅成長，包括便於企業體、顧客與其他全球網際網路之公眾彼此之間進行互動溝通的網際網路、內部網路與外部網路，對於傳統的行銷方式有相當大幅度的改變。可以銷售、提供服務與資訊，且設計完善的網站，有助於建立一個平等的競爭環境，並且在策略行銷規劃流程的各個階段，都提升效益與經濟效果，為符合這些市場的需求，從確認目標市場，以迄促進產品發展、促銷、配銷與定價策略。

觀念認知

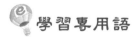 學習專用語

Banner headlines	廣告布條	Internet marketing	網路行銷
Click through	點閱	Intranets	內部網路
Company／brand sites	企業／品牌網站	Online buying	線上購物
E-commerce	電子商務	Portals	入門網站
E-mail	電子郵件	Reference sites	參考網站
Extranets	外部網站	Search engines	搜尋引擎
Host site	主持網站	Selling sites	銷售網站
Hubs	網路中樞	Servers	伺服器
Hypertext	超文字	Service sites	服務網站
Hyperlinks	超連結	Webmaster	網路管理員
Information sites	資訊網站	WWW（World Wide Web）	全球網路
Internets	網際網路		

配對練習

1. 請把第一欄中的公司名稱與第二欄的描述配對。

1. 雅虎（Yahoo）	a.伺服器
2. 聯邦快遞	b.網路管理員
3. 美國線上	c.搜尋引擎

2. 請把第一欄中的活動與第二欄的結果配對。

1.布條廣告	a.把網站連結
2.點閱	b積極參與
3.意向問卷	c.資訊交換

3. 請把第一欄中的專有名詞與第二欄的描述配對。

1.網際網路	a.用相同格式而把文件連結在一起
2.外部網路	b.把電腦網路連接起來
3.網路	c.把企業外部的電腦與企業內部網路連接在一起的網路

4. 請把第一欄中的網站功能與第二欄的描述配對。

1. 品牌	a.運動網站提供你最新得分消息
2. 銷售	b.Tide網站中的「在此購物」，指示你前往Ricky Rudd零售店
3. 資訊	c.聯邦快遞的網路服務員將追蹤你的包裹
4. 服務	d.你透過L. L. Bean網站訂購Dad襯衫

問題討論

1. 國內的旅遊市場預期在2000-2005年間可以成長一倍。請就購買者決策的各個階段（第九章討論內容），討論網路行銷如何可以

造就這個成長？以下五個問題都是關於這個情況：假設你有足夠的財力，為既有的三個產品，提供額外保證，而開創一個線上零售商，改進獲利的網站。

2. 什麼樣的企業，有什麼樣的績效，你會願意加入？

3. 你如何促銷你的網站，鼓勵人們進入你的網站？

4. 你如何從網站獲得利潤？

5. 營運你的網站時，將可能有哪些成本？

6. 以下的專有名詞各代表什麼情況：銷售網站、服務網站、資訊網站、品牌網站、內部網路、外部網路、點閱、布條廣告。

解答

配對解答

1.1c，2b，3a
2.1b，2c，3a
3.1b，2c，3a
3.1b，2c，3a
4.1b，2d，3a，4c

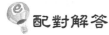問題討論

1. 第九章所討論過的購買者決策流程，說明了五個階段：確認問題、蒐集資料、評估選項、購買決策與購買後行為。線上旅遊服務也考慮購買者這些階段的行為：例如，廣告布條中，可能是購買者所面臨的旅遊問題（他或她需要度假），有關旅遊網站的比

較性資訊，購買者可以透過互動，而確認自己的度假需求，可能有助於找出各種度假的選項，並且比較不同的套裝旅遊，以及相關的成本與條件，針對某一套裝旅遊的購買決策，則透過購買而完成，購買後行為評估，則是購買者持續再進入度假網站，他或她可以互動方式，表達對所選擇的套裝旅遊滿意或不滿意的意見。

2. 身為網路管理員，你最主要的顧客，是提供保證的零售商（設備用品、個人電器、昂貴鐘錶等），另一個族群，是當保證書條款實施時提供修理服務的公司，其他族群，則是傳統上簽署保證書的保險公司。

3. 你最主要的顧客（零售商）可能因為幫你向他們的顧客提出保證，而為你的網站提供了最多的促銷服務。你最可能透過平面與電子媒體促銷你的網站與保證服務。對於潛在的零售商顧客而言，你的吸引力將是所產生的獲利（零售商通常從這種保證賺取30-75%的利潤），且這種保證將會提供他們與購買者聯繫的機會，未來可能會創造銷售額與服務費用。作為瀏覽你的網站的誘因，你可以提供最終顧客與保證相關的服務，例如，品牌產品的保證資料，以及這些產品的歷史，幫助購買者易於做決定。另一個銷售重點，是自動為你的網站提供保證，包括非經你的網站而購買者。有了這些資訊，最終使用者可以追蹤他們的保證，並且掌握保證的好處。

4. 你的網站將可創造至少四種收入來源：參與你網站之族群的佣金、零售商、修理店，與保險承攬者，他們會從這些參與，而獲得額外的銷售額，以及在你的網站上刊廣告的公司（例如，設備用品製造商與保險承攬商，可以保證你的網站將會被你的目標觀眾所瀏覽）。如果你的網站夠受歡迎，你可能甚至能夠收取閱覽的費用。

5. 成本包括設置網站的費用，結合網站參與者的費用，以及向最終

使用者提供保證的行政費用。此外，處理維修的機率很高，可能數年內無法產生獲利（投資人公認歷史上最成功的企業亞馬遜，在前四年均未能獲利）。爲說明這個任務的範圍，一家「立即擔保」（WarrantyNow）線上保證公司，在開始運作以前，必須與六萬家美國企業簽定合約。其他的後續費用則包括維護與更新網站費用，以及在其他網站與媒體的促銷費用。

6. 一個銷售網站是你的網站的一部分，最終使用者將可以獲得廣泛的保障，服務網站是當產品毀損時，最終使用者申請保障服務的地方，資訊網站是最終使用者參考（也可能是付費）某一歷史性資料的地方，品牌網站可能是一個訂定你的保險契約的大型保險公司，說明其歷史、使命，其產品與服務的網站。內部網站是你與網站夥伴在營運範圍內的連接網站，而外部網路則是內部網路以外而可以作爲業務使用的網路（如最終顧客與零售商之間的網路）。點閱是顧客所爲，或許是對其他網站的廣告布條的回應，而前往你的網站，也或許是購買你的服務，而廣告布條標語，則是企業想要接觸到你的市場成員，而在你的網站上端刊登的廣告。

Note

Note

Note

行銷學 Marketing   行銷叢書 3

著　　　者☞ Richard L. Sandhusen
譯　　　者☞ 江伯洋
出 版 者☞ 揚智文化事業股份有限公司
發 行 人☞ 葉忠賢
總 編 輯☞ 林新倫
執行編輯☞ 吳曉芳
登 記 證☞ 局版北市業字第 1117 號
地　　　址☞ 台北市新生南路三段 88 號 5 樓之 6
電　　　話☞ （02）23660309
傳　　　真☞ （02）23660310
劃撥帳號☞ 19735365　戶名：葉忠賢
法律顧問☞ 北辰著作權事務所　蕭雄淋律師
印　　　刷☞ 台裕彩色印刷製版股份有限公司
初版一刷☞ 2005 年 12 月
I S B N☞ 957-818-755-6
定　　　價☞ 新台幣 680 元
E-mail☞ service@ycrc.com.tw
網　　　址☞ http://www.ycrc.com.tw

國家圖書館出版品預行編目資料

行銷學 / Richard L. Sandhusen 著 ; 江伯洋譯
. -- 初版. -- 臺北市：揚智文化, 2005[民
94]
　　面；　公分 --（行銷叢書；3）
譯自：Marketing
　ISBN　957-818-755-6（平裝）

　1.市場學

496　　　　　　　　　　　　　94017988